裂缝性油气藏勘探与开采

赵良孝　陈明江　李洪玺　李方涛　编著

石油工业出版社

内容提要

本书系统全面地介绍了油气勘探开发中涉及裂缝的相关知识、裂缝的形成机理、裂缝的地质特征等，建立了一整套针对不同类型裂缝的测井识别方法和评价方法，讨论了三轴向地应力和岩石力学性质对裂缝状态和分布规律的控制，精炼论述了从不同尺度预测裂缝性储层范围的方法并探讨了对裂缝性储层进行有效开采的具体措施。

本书可为油气田勘探开发科研技术人员提供参考，也可为石油高等院校相关专业的师生提供一些解决实际生产问题的思路和方法。

图书在版编目（CIP）数据

裂缝性油气藏勘探与开采 / 赵良孝等编著 . -- 北京：石油工业出版社，2024.12. --ISBN 978-7-5183-7485-4

Ⅰ . P618.130.8；TE344

中国国家版本馆 CIP 数据核字第 2025Z96T37 号

出版发行：石油工业出版社
    （北京安定门外安华里 2 区 1 号 100011）
    网 址：www.petropub.com.cn
    编辑部：（010）64523760
    图书营销中心：（010）64523633
经 销：全国新华书店
印 刷：北京九州迅驰传媒文化有限公司

2024 年 12 月第 1 版 2024 年 12 月第 1 次印刷
787×1092 毫米 开本：1/16 印张：15.75
字数：390 千字

定价：150.00 元
（如出现印装质量问题，我社图书营销中心负责调换）
版权所有，翻印必究

序

地层岩石中孔、洞、缝、隙四类储集空间的多种搭配构成油气储层，其中有裂缝参与搭配的称为裂缝性储层。裂缝不仅是油气储层的一种储集空间，更是沟通各类储集空间的重要通道，对改善储层的渗透性能起到十分关键的作用，进而直接影响探井和生产井的成功率及产量产能。在四川盆地油气勘探开发中出现过许多"奇怪"现象：在储层孔、洞相似的产层直井不产气，近距离斜井产大气；围绕高产油气井周围打"梅花井"却不产油气；同一气藏高处产水低处产气；同一构造同一气藏气井产量十分悬殊等。这些难以捉摸的现象都是储层中裂缝发育程度的非均质性、各向异性和应力敏感性引起的。因此研究裂缝在地层中的成因、准确识别技术、分布规律及其在油气勘探开发中的应用十分重要。

赵良孝教授潜心研究 60 余年，从理论和实践两方面系统地、深入地剖析了裂缝构造这一复杂难题，编写了《裂缝性油气藏勘探与开采》一书，难能可贵。

该书从理论上充分论述了构造裂缝的形成机制及其地质特征，即分布的非均质性、延伸的各向异性和存在的应力敏感性，建立了整套裂缝的测井识别方法和裂缝性储层类型划分及其评价系统；提出控制裂缝构造分布和产状的基本因素是水平构造应力与上覆岩层压力构成的三轴向地应力；影响裂缝构造发育程度的主要因素是地层岩石和岩体的力学性质；裂缝性油气藏的勘探应以区域构造应力控制和区域构造裂缝为主的区块入手，进而由地层褶皱、断层控制的局部构造应力导致裂缝分布的裂缝圈闭的详探，通过地质录井、测井、地震多学科相结合找准裂缝性储层并对其有效性做出评价；优选井位、优化井身轨迹和方向，为直接钻达缝洞个体和集合体提供保障，以随钻成像测井和缝洞为目标的地质导向新技术实现缝洞体直接钻达，避免在裂缝性储层内因微小偏差而误钻到裂缝间的致密岩块。

该书还较详尽地讨论了提高裂缝性油气藏最终采收率的技术措施；根据天然裂缝产状与地应力关系提高水力压裂效果；合理开采速度，避免或减轻裂缝过早过快闭合，层间水或边、底水甚至外来水过快发生水窜，形成油气开采死区；实时利用生产动态测井、试井、油气藏数值模拟及生产史拟合等技术及时了解油气藏动态特征；及时治水、治堵，将其危害降至可控范围。

该书是一本理论性、实践性结合紧密，技术性和实用性较强的书，适合油气勘探与开采的工程技术人员阅读，也希望该书的出版能使石油高等院校的莘莘学子在系统学习理论知识的同时多了解些生产实践中的问题及其解决的思路和方法。

中国石油天然气股份有限公司西南油气田公司原副总经理
中国石油学会天然气专业委员会主任委员
中国石油天然气成藏与开发重点实验室学术委员

冉隆辉
2023年12月底于成都

前言

在长期油气藏勘探与开采的历程中，发现和可开采的裂缝性油气藏不是越来越少，而是越来越多，其储量和产量也越来越多，因此裂缝性油气藏在油气勘探和开采中的作用也越来越不可替代。根本原因有两条：一是裂缝不仅增加了油气藏的渗透率，为提高油气产量提供了保障，而且裂缝是各类溶蚀孔洞发育的重要通道，为增加油气储量起到十分重要的作用；二是越来越多岩性的油气藏被证明是裂缝性的，裂缝对其产能有着不可替代的贡献。

裂缝特有的地质特征，即非均质性、各向异性、应力敏感性，导致裂缝有效性的多变，给寻找、钻探和开采裂缝性油气藏造成了极大的困难。在寻找裂缝方面的困难主要表现在地应力方向、大小和三轴向应力关系的变化对裂缝形成的控制作用；地层岩性、力学性质、孔隙度、厚度等因素对裂缝发育程度的影响，导致构造裂缝分布具有很强的非均质性和各向异性，使得裂缝通常不是以面的状态分布，而基本呈点或线的方式存在。因此对裂缝的寻找既要有大的探测范围，又要有很高的识别分辨率，但这在测量技术上是相互矛盾的，很难二者兼顾，其结果就很容易造成对裂缝认识的多解性和不确定性。

针对寻找裂缝、钻探裂缝和开采裂缝性油气藏的困难，笔者根据多年来的经验和教训提供一点认识和方法，编写了本书，供终年辛勤奋战在裂缝性油气田领域的志士仁人参考，同时也为正在学习油气勘探和开采的莘莘学子增进一点认识。

第一章讨论了三类裂缝的形成机理、分布状态及几何特征。第二章主要对构造应力裂缝的地质特征做了系统的描述。第三章分别对宏观构造裂缝和微细裂缝的常规测井、成像测井识别方法做了详细的介绍。第四章对裂缝性储层的分类及解释模型、裂缝发育特征参数计算、各类裂缝性储层参数计算、裂缝性储层含流体类型判别、裂缝性储层综合评价和裂缝性油气藏储量计算等方面的方法做了系统的描述。第五章从裂缝形成的控制因素、裂缝发育程度的影响因素、裂缝形成后导致裂缝有效性变异的次生因素等三个方面讨论了现今存在裂缝的状态和分布规律。第六章针对四个裂缝预测的目标，以裂缝发育的地质规律为指导，以裂缝集合体的声学属性为依据，利用地面地震、垂直地震剖面、井间地震、声波成像测井等信息将探测范围逐步缩小，分辨率逐渐增高，达到对裂缝性储层范围的准确控制。第七章针对裂缝性储层的特征，讨论了如何进行有效开采的措施。

本书在编写过程中得到了中国石油川庆钻探工程公司地质勘探开发研究院的领导和专家的大力支持，同时也得到了张树东、张强、罗宁、黄勇斌、罗迪、周文的很多帮助，在此表示衷心的感谢。

由于笔者水平有限，本书可能存在不足之处，敬请读者批评指正。

目录

第一章 裂缝的类型及形成机理 … 1
- 第一节 构造应力裂缝 … 1
- 第二节 非构造应力裂缝 … 6
- 第三节 次生变异裂缝 … 10

第二章 裂缝的地质特征 … 13
- 第一节 裂缝的产状及组合类型 … 13
- 第二节 裂缝的形态和尺度 … 15
- 第三节 裂缝的密度 … 17
- 第四节 裂缝的充填 … 18
- 第五节 裂缝的期次 … 20
- 第六节 裂缝的非均质性和各向异性 … 24
- 第七节 裂缝的应力敏感性 … 27

第三章 裂缝的测井识别方法 … 29
- 第一节 宏观裂缝的常规测井识别方法 … 29
- 第二节 宏观裂缝的成像测井识别方法 … 38
- 第三节 假裂缝的测井鉴别方法 … 41
- 第四节 微细裂缝的测井识别方法 … 58

第四章 裂缝性储层评价 … 66
- 第一节 裂缝性储层类型及解释模型 … 66
- 第二节 裂缝发育特征参数计算 … 69
- 第三节 裂缝性储层参数计算 … 89
- 第四节 裂缝性储层含流体类型判别 … 99
- 第五节 裂缝性储层综合评价 … 105
- 第六节 裂缝性油气藏储量计算 … 112

第五章 裂缝的发育规律 … 122
第一节 构造应力裂缝形成的控制因素 … 122
第二节 构造应力裂缝发育程度的影响因素 … 134
第三节 裂缝形成后的变异因素 … 146

第六章 裂缝的预测 … 158
第一节 裂缝预测的目标 … 158
第二节 裂缝预测的总体技术构架 … 163
第三节 可能发育裂缝区块的预测技术 … 164
第四节 裂缝圈闭的预测技术 … 170
第五节 裂缝性储层的预测技术 … 177
第六节 缝洞个体特征预测 … 190

第七章 裂缝性油气藏开采 … 194
第一节 井身轨迹和方向的优选 … 194
第二节 裂缝性储层的水力压裂改造 … 199
第三节 合理开采速度 … 205
第四节 实时动态监测 … 209
第五节 及时治理 … 222

参考文献 … 243

第一章　裂缝的类型及形成机理

任何裂缝的形成归根到底都是应力作用的结果，因此裂缝的命名、分类及形成机理应以形成裂缝的应力类型及其作用方式来定义。

形成裂缝的应力基本可分为构造应力和非构造应力两大类。形成的裂缝又分为构造应力裂缝、非构造应力裂缝、构造应力与非构造应力共同作用形成的次生应力裂缝三大类。构造应力裂缝是地壳构造运动产生的应力，并以外力的方式作用于地层产生的裂缝；非构造应力裂缝是地层中由于各种原因产生的非地壳构造运动的应力，并以内力的方式作用于地层产生的裂缝；次生应力裂缝是构造应力和非构造应力以内、外应力共同作用于地层所产生的裂缝。

第一节　构造应力裂缝

构造应力裂缝包括区域构造应力裂缝和局部构造应力裂缝两类。前者主要是在来自大陆板块运动产生的区域构造应力直接作用下形成的裂缝；后者是区域构造应力使地层发生局部褶皱或断裂而伴生的裂缝和派生出的次级构造应力作用于地层所形成的派生裂缝。

一、区域构造应力裂缝

1. 区域构造应力裂缝的形成机理

在区域构造应力作用下，岩层未发生褶皱和断裂时，岩石按三轴向地应力作用原理破裂而产生的裂缝称为区域构造应力裂缝。

区域构造应力裂缝有三种性质的裂缝，即剪切裂缝、扩张裂缝和拉张裂缝，这三种裂缝的形成机理如图 1-1-1 所示。图中 σ_1 为最大主应力，σ_2 为中间主应力，σ_3 为最小主应力。当三轴向主应力均为压应力时，产生两组共轭剪切裂缝，如图 1-1-1(a) 所示，其锐夹角平分线平行于最大主应力 σ_1，钝夹角平分线平行于最小主应力 σ_3，同时产生一组扩张裂缝，其走向平行于最大和中间主应力（σ_1 和 σ_2），如图 1-1-1(b) 所示。当三轴向主应力中至少有一个主应力为张应力时（最小主应力 σ_3），除产生两组共轭剪切裂缝外，还产生一组拉张裂缝，其走向仍然平行于最大和中间主应力（σ_1 和 σ_2），如图 1-1-1（c）所示。

虽然拉张裂缝与扩张裂缝均为张性缝，且其走向也都平行于 σ_1 和 σ_2，垂直于 σ_3，但是由于岩石的拉张强度比扩张强度约低 10~50 倍，因此拉张缝远比扩张缝发育得多，即拉张缝的张开度、延伸长度一般都大于扩张缝。

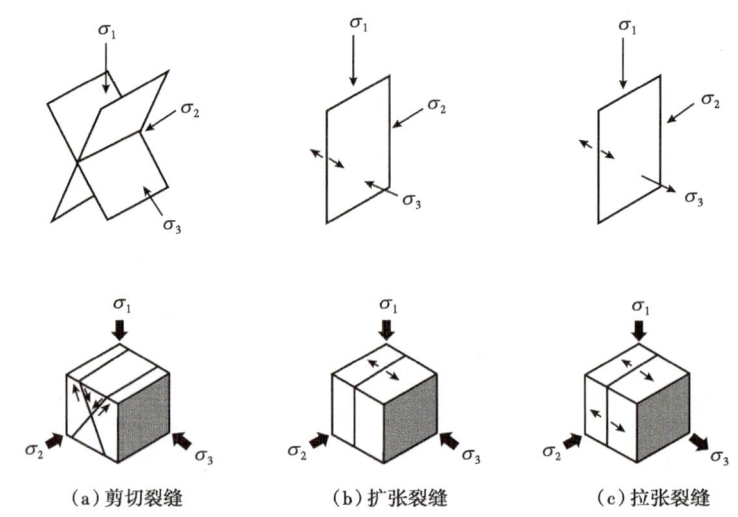

图 1-1-1　三轴向地应力与裂缝性质和产状的关系

2. 区域构造应力裂缝的基本性质

区域构造应力裂缝具有四点基本性质：(1) 三组裂缝交线总是平行于中间主应力 σ_2；(2) 区域构造应力裂缝通常只有其中一组发育，一般是某一组共轭剪切缝最发育；(3) 区域构造应力裂缝延伸远，张开度大，穿层多，但密度小（即间距大），数量少，因此发育范围广，裂缝产状稳定，对油气运移和聚集的影响很大；(4) 由于地壳上区域构造应力以水平构造应力为主，因此最大水平主应力一般为最大或中间主应力，所以区域应力裂缝多为垂直裂缝或高角度斜交裂缝。

二、局部构造应力裂缝

局部构造应力裂缝包括褶皱构造应力裂缝和断层应力裂缝两类。

1. 褶皱构造应力裂缝

（1）形成机理。

岩层在区域构造应力作用下将发生褶皱变形，由于岩层结构的差异，使其各处褶皱程度有所不同，于是在褶皱强烈处导致应力集中。当应力超过岩石破裂强度时，岩层将产生褶皱构造应力裂缝，简称为褶皱裂缝。

（2）褶皱裂缝的类型。

褶皱裂缝的地质分类有三种方案：一是按裂缝面与褶皱面交线同褶皱轴方向成平行、垂直、斜交关系分为纵裂缝、横裂缝和斜裂缝；二是按裂缝产状与地层产状关系分类，根据两者走向成平行、垂直和斜交而分为走向裂缝、倾向裂缝和顺层裂缝；三是按裂缝发育在褶皱的部位分为构造翼部的Ⅰ类裂缝、构造轴部的Ⅱ类裂缝、剖面上的Ⅲ类裂缝。

在实际应用中，为了对裂缝进行精细的描述，常将地质分类和应力分类综合在一起分为Ⅰ类、Ⅱ类、Ⅲ类、Ⅳ类褶皱裂缝，如图 1-1-2 所示[1]。图中Ⅰ类裂缝是在最大主应力 σ_1 垂直于层理面，中间主应力 σ_2 平行于层理面走向，最小主应力 σ_3 平行于层理面倾向的三轴向应力作用下形成。Ⅰ类裂缝在走向剖面上表现为 X 剪切缝及纵张垂直缝，平面上表现为水平的纵裂缝。Ⅱ类裂缝是在中间主应力 σ_2 垂直于层理面，最大主应力 σ_1 平行于层理面走向，最小主应力 σ_3 平行于层理面倾向的三轴向应力作用下形成。Ⅱ类裂缝在走向剖面上表现为垂直的纵裂缝，在平面上表现为 X 剪切缝及纵张缝。Ⅲ类裂缝是中间主应力 σ_2 垂直于层理面，最大主应力 σ_1 平行于层理面倾向，最小主应力 σ_3 平行于层理面走向的三轴向应力作用下形成。Ⅲ类裂缝在倾向剖面上表现为一组平行的垂直裂缝，在平面上表现为横向的 X 剪切缝及横张缝。Ⅳ类裂缝是在最小主应力 σ_3 垂直于层理面，中间主应力 σ_2 平行于层理面走向，最大主应力 σ_1 垂直于层理面走向的三轴向应力作用下形成。Ⅳ类裂缝主要为 X 剪切缝，张性裂缝不发育，因此主要在走向剖面有 X 剪切缝和在平面上有纵张裂缝。

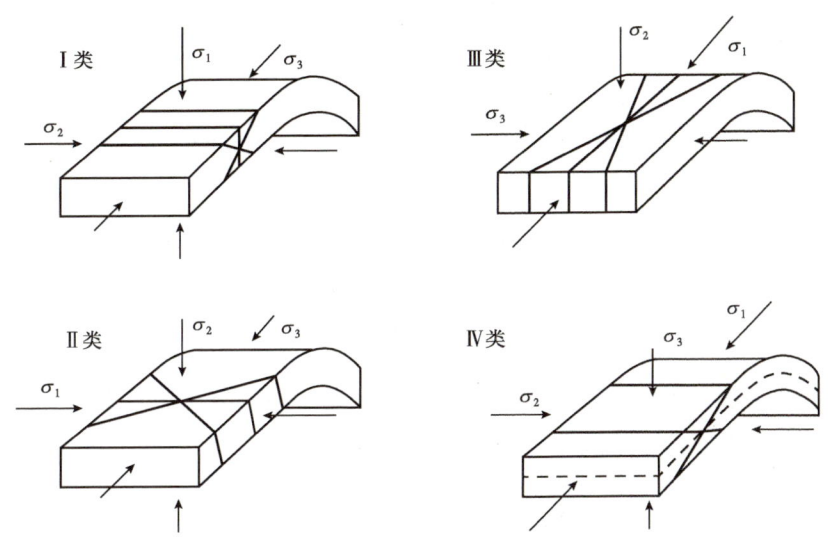

图 1-1-2　与褶皱有关的主要裂缝组系的一般特征（据 Stearns，1968）

由于在褶皱变形过程中，不同构造部位的力学性质是变化的，因此裂缝的发育也是多种多样的，不能用简单的关系来描述。在褶皱扩张部分，如背斜的顶部，上覆岩层压力为最大主应力，中间主应力平行构造轴线，最小主应力垂直构造轴线，理想的裂缝形式为一组高角度的张性缝和与之呈锐夹角的一组共轭剪切缝，还有一组与构造轴线垂直的追踪张性缝；剪切缝和追踪张性缝都是在褶皱形成初期产生的平面"X"形剪节理和追踪张节理；在褶皱挤压部分，如背斜的内弧和翼部，上覆岩层压力为最小主应力，中间主应力平行构造轴线，最大主应力垂直构造轴线，理想的裂缝形式为两组低角度裂缝，一组水平张性缝或层间缝，另一组为与之呈锐夹角的一组共轭剪切缝。根据模型实验的结果，这些部位的裂缝主要是早期的平面"X"形剪节理，在挤压变形过程中基本保持不动，既不扩展，也不产生新的裂缝，但有明显的层间滑动和脱空。戴弹申对这一现象进行了较好的总结[2]，如图 1-1-3 所示。

（3）褶皱裂缝的地质特征。

张性裂缝的产状不很稳定，形状不规则，常具有树枝状或网络状，延伸较短，裂缝面粗糙不平，无擦痕。两组共轭剪切裂缝的产状相对较稳定，形状也较规则，裂缝面较平而光滑，仅因形成时的剪切滑动而具有擦痕，在两组共轭剪切裂缝中，常常以其中一组较发育。

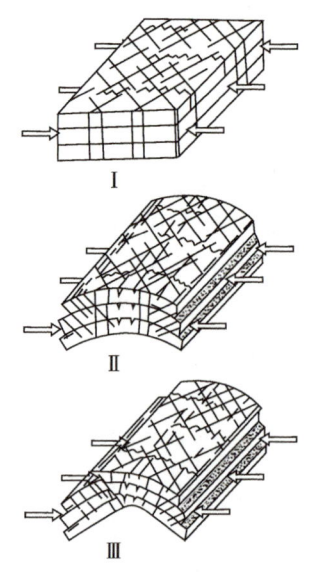

　　Ⅰ—岩层褶皱前，在侧压力作用下，产生初序次的一对共轭扭裂缝（垂直层面）及与侧压力平行的横张裂缝

　　Ⅱ—岩层褶皱过程中，产生与侧压力垂直的二次纵张裂缝和一对倾斜的共轭扭裂缝（斜交层面）

　　Ⅲ—沿倾斜扭裂缝产生压性冲断层，并在断层两盘的拖拉褶曲上，产生低序次和低级别的各组裂缝

图 1-1-3　与褶皱作用有关的裂缝形成模式图（据戴弹申等，1990）

（4）褶皱裂缝的分布状态。

　　褶皱裂缝的分布与三轴向地应力的方向、大小密切相关，但由于在三轴向地应力作用下，叠加上了地层褶皱变形所派生的应力，使得褶皱裂缝的分布被复杂化，图 1-1-4 是其在空间和平面上分布的基本状态[3]。

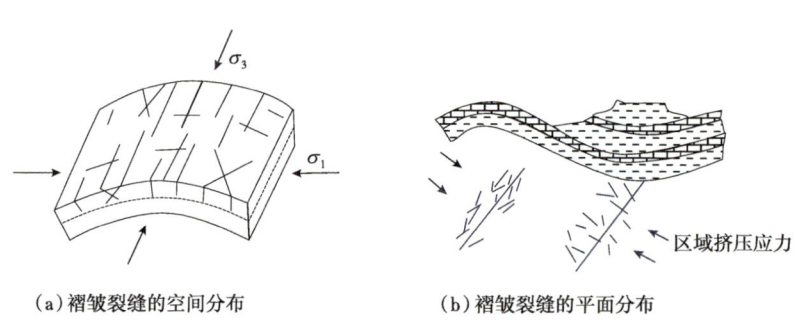

(a)褶皱裂缝的空间分布　　　　(b)褶皱裂缝的平面分布

图 1-1-4　褶皱裂缝的基本分布状态

2. 断层构造应力裂缝

（1）断层构造应力裂缝的形成机制。

　　地层在三轴向区域构造应力 σ_1、σ_2、σ_3 作用下，可能产生两组共轭剪切裂缝、一组张性裂缝。但通常以某组剪切裂缝较为发育，因此这组裂缝容易在构造应力和重力的作用下产生裂缝面的相对错动，进而形成断层，如图 1-1-5 所示。当垂向应力为最大主应力时形成正断层；垂向应力为最小主应力时形成逆断层；垂向应力为中间主应力时形成走滑断层（平移断层）。由此可知，在断层的形成过程中，既产生了与断层同时发生的伴生裂缝，也会由于断层面的剪切错动而产生新的派生裂缝；在断层基本形成后，剩余构造应力重新分布，在某些应力集中处派生出新的次生裂缝。

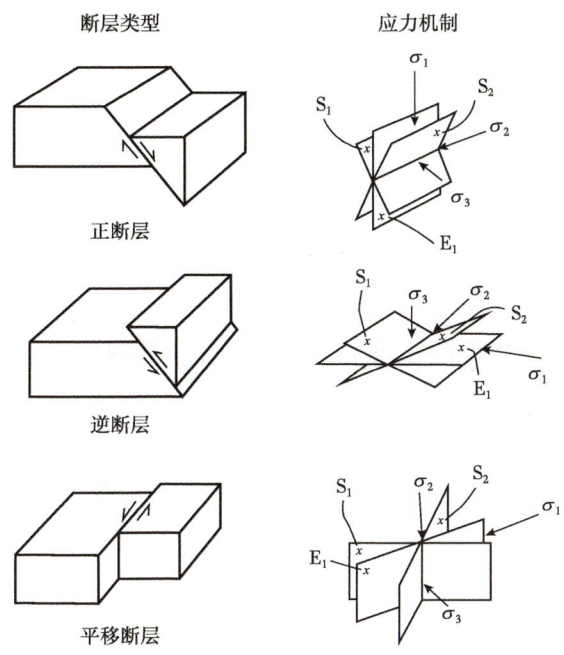

图 1-1-5　三轴向地应力关系与断层类型及其伴生裂缝的关系

（2）断层构造应力裂缝的特征。

①断层伴生裂缝的特征和分布。

断层伴生裂缝是地层在三轴向区域构造应力作用下产生的三组裂缝中未发生剪切错动的两组构造应力裂缝，通常为一组张性缝和一组共轭剪切缝。因此断层伴生裂缝具有区域构造应力裂缝的特征，只不过其中最发育的裂缝已演变成了断层。由此可知，逆断层的伴生裂缝基本为近水平的张性缝和低角度的剪切缝，以剪切缝为主；正断层的伴生裂缝为近垂直的张性缝和高角度的剪切缝，以剪切缝为主；走滑断层的伴生裂缝为近垂直的张性缝和剪切缝，以张性缝为主。

断层伴生裂缝按其产状的不同分为羽状张性裂缝和羽状剪切裂缝两种，分别如图 1-1-6 所示[4]。图中 F 为主断层面，T 为张裂缝，S_1、S_2 为剪裂缝；D 为小褶皱轴面，A 为最大应变轴，C 为最小应变轴。羽状张裂缝与断层面锐夹角相交，与断层所夹的锐角指示本盘运动方向。羽状张裂缝与断层的关系所反映的应力状态是：裂缝与断层面的交线代表 σ_2，与张裂缝垂直的方向代表 σ_3，σ_1 垂直于 σ_2 并位于张裂缝面上。

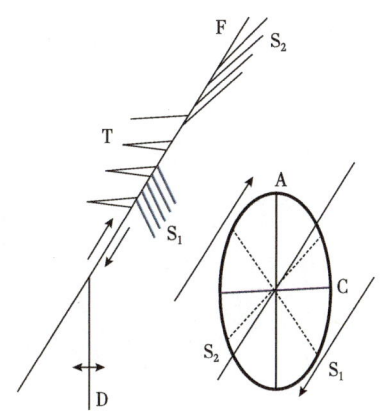

图 1-1-6　断层伴生裂缝的平面分布图

剪裂缝有两组，一组与断层钝夹角相交，通常不太发育；另一组与断层锐夹角相交，一般小于 150°（约为内摩擦角的一半），与断层所夹锐角指示本盘运动方向，但由于太接近断层面，故常遭破坏，难以用作两盘相对运动的标志。一般与断层相关的剪裂缝不如张裂缝稳定。

②断层派生裂缝的特征和分布。

a. 断层牵引褶皱派生裂缝的特征和分布。

断层面在相对剪切错动中，必然遭受一定的摩擦阻力，当促使错动和阻止错动的应力都很强时，将会导致地层在向前移动方向上产生牵引褶皱而派生出新的褶皱裂缝。

这种派生的褶皱裂缝，主要发生在逆断层，特别是逆冲断层中。因为当逆断层上盘在向上移动中，遭受的摩擦力是挤压应力和上盘地层重力产生的摩擦力之和，使上盘地层遭受巨大阻力而发生牵引褶皱，故在褶皱局部凸起部位形成张性裂缝。逆断层下盘在向下移动中，遭受的摩擦力是挤压应力和下盘地层重力产生的摩擦力之差，故滑动阻力远小于上盘，因此一般发生的牵引褶皱较小，所以在下盘中产生的裂缝少，且规模也较小。

b. 应力重新分布派生裂缝的特征和分布。

区域构造应力作用在断层形成之后，一般都不可能耗尽，但由于断层的形成，改变了地层的状态，剩余应力将发生重新分布，特别在地层形态和破裂程度突变处容易造成应力集中，当其达到岩层破裂条件时，则将派生出新的裂缝。因此，这些剩余应力派生裂缝多分布在断层的末端。

第二节　非构造应力裂缝

在地层中产生的非构造应力基本有三种类型，即成岩过程中产生的应力、成岩后地层中产生的各种地质应力、油气成藏中产生的膨胀应力。因此非构造应力裂缝也就有成岩应力裂缝、成岩后地质应力裂缝、成藏应力裂缝三类。

一、成岩应力裂缝

1. 压实成岩作用应力裂缝

（1）成岩压裂缝。

当脆性岩石颗粒直接接触时，压实作用产生的强大压力可能造成粒内裂纹或裂缝，如石英颗粒、砾石中的裂纹和裂缝，如图1-2-1所示。

（a）细粒石英砂岩中的裂纹

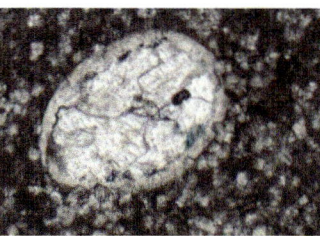
（b）砾石粒内裂纹

（c）砾石内及砾石间的裂缝

图1-2-1　成岩压裂纹和裂缝实例

（2）压溶缝。

压溶缝可由上覆岩层压力或水平构造挤压力形成，如图1-2-2所示的水平缝合线和近垂直缝合线就是典型的压溶缝。

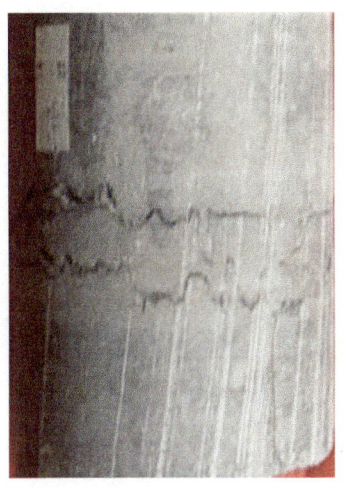

（a）水平缝合线　　　　　　　　　（b）近垂直缝合线

图 1-2-2　垂直压力与水平挤压应力形成的缝合线

2. 收缩成岩作用应力裂缝

（1）岩石脱水收缩作用裂缝。

岩石因脱水体积缩小而形成的裂缝，如黏土、含水石膏因失水体积缩小 38% 而产生的裂缝；在粉砂岩、砂岩、石灰岩、白云岩中也会因失水而产生裂缝。

（2）矿物相变收缩作用裂缝。

矿物相变使体积缩小而产生的裂缝，如方解石转变为白云石其摩尔体积可减小 13%，蒙皂石转变为伊利石体积也有近似的减小而形成裂缝。

脱水和矿物相变产生的裂缝可在岩石中形成粒间缝，或形成三维空间中的多边形裂缝体，通常称为"鸡笼状裂缝"，如图 1-2-3 所示。

（a）粒间成岩裂缝　　　（b）砾岩的砾间裂缝　　　（c）白云岩中"鸡笼状裂缝"

图 1-2-3　收缩成岩裂缝实例

（3）干裂缝。

风化面上岩石体积缩小形成二维空间的干裂缝，不同于脱水和矿物相变产生的三维空间的体积收缩裂缝，其缝壁弯曲，呈锯齿状，如图 1-2-4 所示。

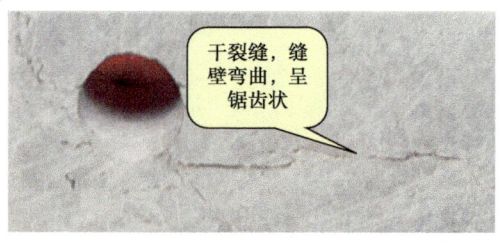
(a) 奥陶系灰岩中发育的干裂缝

(b) 奥陶系灰岩中被方解石充填的龟裂纹

图 1-2-4　干裂成岩裂缝实例

二、成岩后地质营力裂缝

1. 溶蚀缝及与溶塌有关的裂缝

（1）溶蚀缝。

地层中所见到的溶蚀缝主要有对可溶性岩石的选择性溶蚀缝、沿缝合线的溶蚀缝、沿层理面的溶蚀缝、沿构造缝的溶蚀缝等四种。选择性溶蚀缝的缝面极不规则，无组系性，一般张开度较小，但缝的密度较大；成岩压溶缝合线和构造压溶缝合线一般多被方解石、泥质、沥青质充填，但部分方解石充填缝合线可能被溶蚀，形成沿缝合线分布的溶蚀缝及串珠状溶孔，成为有效的储渗空间；沿层理面的溶蚀缝常呈组系性，缝面较规则，但一般张开度很小；沿构造缝的溶蚀缝多形成于古风化壳附近，如塔里木石炭系、奥陶系剥蚀区在晚海西期形成的溶蚀缝，川南、川西南地区下二叠统顶部，川东地区石炭系顶部风化剥蚀作用形成的溶蚀缝，其开度较大，缝壁极不规则，有时被泥砂质或淡水方解石半充填或全充填，如不被矿物充填，可成为很好的有效裂缝。图 1-2-5 给出了各种溶蚀缝的实例。

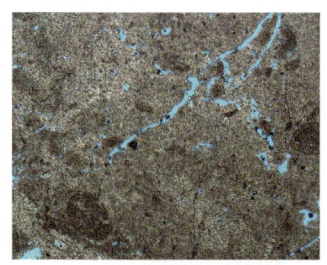
(a) 白云岩中选择性溶蚀缝

(b) 沿缝合线的溶蚀缝

(c) 石灰岩中沿构造缝的溶蚀

图 1-2-5　各类溶蚀缝实例

（2）溶塌裂缝。

在碳酸盐岩的风化壳中，当溶蚀孔洞十分发育，且洞径很大时，使洞顶岩石失去足够的支撑而脱空形成"饼裂"状的裂缝，甚至坍塌充填于溶洞中并形成坍塌裂缝，如图 1-2-6 所示。这类由于岩溶形成的"饼裂"状裂缝或溶塌裂缝，其有效性一般都较差，只有再经岩溶改造后方能成为较有效的裂缝。

(a) 石灰岩中"饼裂"裂缝　　　　　　(b) 灰质云岩中坍塌破裂缝

图 1-2-6　溶塌缝在岩心中的特征

2. 差异应力裂缝

在地层中，局部的地应力差达到或超过岩石的破裂强度时，就将产生差异应力裂缝。

（1）差异压实裂缝。

地层中岩石的密度差别较大，如岩盐为 2.04g/cm³，泥岩为 2.4~2.5g/cm³，含水石膏为 2.35g/cm³，白云岩为 2.87g/cm³，硬石膏为 2.98g/cm³，而一些基性、超基性火山岩，如橄榄岩、纯橄榄岩、辉石岩等的密度达 3.1~3.7g/cm³。一旦当密度差异较大的两种岩层在横向上相接触，且其中有一种为塑性地层时，则它们对各自下伏地层的压实作用产生较大的差异，这就是差异压实作用。

出现差异压实的地质环境很多，如生物礁与泥岩横向接触，火成岩基底突起与泥岩横向接触，砂岩尖灭于泥岩中，岩盐、石膏、泥岩等韧性岩体挤入上覆岩层，或岩浆侵入围岩形成的底辟构造，都有可能造成横向相邻岩体的差异压实。当差异压实诱发的应力超过岩石破裂强度时，将产生差异压实裂缝。

（2）超压地层破裂缝。

①超压地层破裂缝的形成机理。

超压地层破裂缝又称为天然水力破裂缝，它是在储层形成后，由于地层压实、构造挤压、矿物体积膨胀等原因使得储层孔隙空间体积减小，而其间流体又不能及时泄流，导致压力异常增高。由于孔隙流体压力在各个方向上相等，所以岩石在最小地应力方向上受到最大的张性应力，一旦该张应力大于岩石的抗张强度与综合水平地应力之代数和时，就可能形成超压地层破裂缝。用函数关系表示为：$p_f - \sigma_h \geq T$

$$\sigma_h = \sigma_v \left(\frac{\mu}{1-\mu} + S_h \right) \quad (1\text{-}2\text{-}1)$$

式中：p_f 为孔隙流体压力，MPa；σ_v 为上覆岩层压力，MPa；σ_h 为较低水平就地应力，它是 σ_v 派生的侧向应力与最小水平构造应力之代数和，MPa；T 为岩石抗张强度，N/m²；μ 为泊松比；S_h 为地层在上覆岩层压力作用下发生的侧变系数。

②超压地层破裂缝的特征。

一是具有明显的方向性。由天然水力破裂缝的形成机理可知，它属于张性破裂缝，且是在最小主应力方向上扩张，在最大主应力方向上延伸，因此应具有一定的方向性且缝面较平直，与构造裂缝相似。

二是发育程度与地层中原有微细裂缝状态相关。天然水力破裂缝的发育程度除受地层压力与就地构造应力强度及其差异大小控制外，还与地层中微裂缝的发育状态密切相关。因为在沿微细裂缝延伸方向上的岩石抗张强度降为零，故易于形成水力破裂缝。所以地层中微细裂缝的存在可以大大促进水力破裂缝的发育，而且还可能在多个方向上形成网状裂缝。

三是天然水力破裂缝具有极大的应力敏感性。由于天然水力破裂缝是张性应力作用下的产物，因此应力敏感性极强，导致具有水力破裂缝的岩石在地层中与在地面情况下的张开度和物性参数差别很大。因此具有天然水力破裂缝产层的产能递减很快，特别是开采不合理造成地层压力下降过快时，产能递减速度将会超过指数递减特性，使最终采收率受到很大损失。

③超压地层破裂缝对储层的作用。

储层在超压作用下，除了产生天然水力破裂缝外，还会使原有的孔隙和裂缝得到进一步改善，从而明显提高储层的渗透率。一般在前陆盆地天然气储层中，容易形成较高的异常压力。因为物性相对差，生成的油气不能在大范围内运移，也不易散失，随有机质不断生成聚集，势必引起储层压力升高，导致异常高的地层压力。如位于四川龙门山造山带前缘与相邻扬子地块古陆（克拉通）之间的川西前陆盆地须家河组须二段中地层压力系数均在 1.5 以上，结果形成了大量微细的天然水力破裂缝。

三、成藏应力裂缝

在烃源岩中，有机质热成熟体积膨胀，特别在有机质向油气转化的过程中，常伴随着体积的膨胀，在地层中产生巨大的扩张应力，当其超过岩石抗张强度可产生网状微细裂缝，沿缝还可发育不规则的孔隙，如图 1-2-7 所示。图中可见分布于硅质等脆性矿物间的含有机质的网状微细裂缝和孔隙。

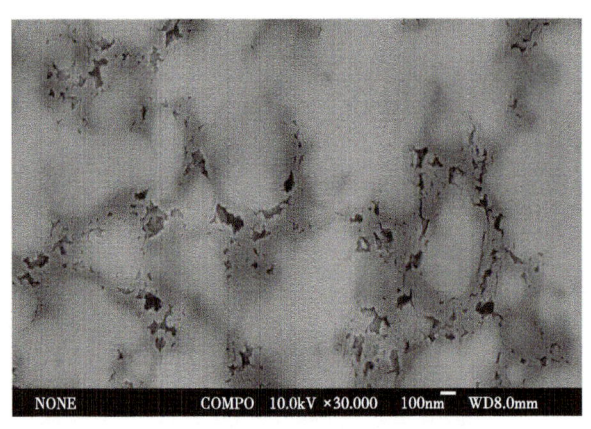

图 1-2-7　薄片中的成藏应力裂缝

第三节　次生变异裂缝

次生变异裂缝有两类，一类是地层中原有的潜在裂缝（闭合裂缝）和岩石力学的弱面，如层理面、风化剥蚀面、缝合线等在某种应力作用下发育成的张开裂缝，可称为激活裂缝；另一类是原有的裂缝，包括构造应力裂缝和非构造应力裂缝在某种应力作用下被改造的裂缝，可称变异裂缝。次生变异裂缝对于油气勘探、开发、储存都有着十分重要的意义。

一、激活裂缝

1. 层理面激活裂缝

在地层中，有两种应力作用可使层理面被激活成裂缝，一是水平构造挤压应力；二是地层脱空产生的垂直拉张应力。

（1）水平构造挤压应力作用。

层理面在水平构造挤压应力作用下，导致层面分离而形成裂缝。由于地下存在的构造应力基本以水平构造应力为主，因此在地层中经常可见到层理面中会有一些较微细的裂缝或裂纹。在岩心渗透率测量中常可见到平行于层理方向的渗透率多数高于垂直于层面方向的渗透率，这在页理十分发育的页岩地层中最为常见。所以页岩页理的发育程度在一定程度上会影响页岩气储层的产量，这已在很多页岩气藏的勘探、开发中得到证实。

（2）垂直拉张应力作用。

当地层中存在规模较大的溶洞时，其顶部地层将受到向下拉张应力的作用，如地层中层理较发育时，则在洞顶部的层理面会因脱空而形成裂缝。这在碳酸盐岩地层和盐膏地层中，由于其易溶性，可常见大型溶洞，其顶部会产生较多的脱空激活裂缝。

2. 风化剥蚀面激活裂缝

风化剥蚀面上由于遗留下了大量未被冲走的岩块和较粗大的颗粒，因此在上覆岩层沉积后，在地层中就构成了一个岩石力学的弱面。当其在水平挤压应力作用下较容易被撑开而形成裂缝。这种激活裂缝虽然不像层理面激活裂缝在纵向上那样十分密集，但其张开度可能较大，且在横向上可延伸很远。这不仅可在油气藏形成时提供有利的油气运移通道，而且在油气的勘探和开发中也有重要意义。

3. 缝合线激活裂缝

由于缝合线是在成岩过程中因压溶作用而形成的，一般都处于全充填的闭合状态，但在构造应力作用下仍可能张开而产生一些微细裂纹，如再经地下水的溶蚀作用，可能成为有一定渗透性的裂缝。在塔里木奥陶系碳酸盐岩储层中可常见到一些缝合线形成的有效裂缝。

二、变异裂缝

1. 变异裂缝的基本概念

在地层中存在的空隙空间有孔隙、洞穴、裂缝，由于它们形状的差异，造成了不同的应力敏感程度。孔隙和洞穴形状基本为球形或椭球形，故在较强大的应力作用下发生形状和体积的变化较小；裂缝的形状基本为扁平形，故在较强大的应力作用下，其形状和体积均会发生较大的变化。理论研究和实际统计资料表明，孔洞与裂缝在相同有效应力（外部应力与空隙空间中流体压力之差）作用下，裂缝孔隙度和渗透率的变化比孔洞的变化大得多，因此裂缝应属于应力敏感性的空隙空间。

地层中的应力，无论是构造应力还是非构造应力，总是处于变化之中，稳定是暂时的和相对的。因此在地质岁月中，裂缝的形状和体积，以及具有的孔隙度和渗透率是随之而变异的，但在实际应用中，将裂缝缓慢的、微小的变异忽略，而只关注那些突发的、较大的变异，以此来定义变异裂缝。

2. 变异裂缝的类型

根据地层中裂缝在受有效应力作用后物性的变化状况来定义变异裂缝的类型。将有效应力作用导致裂缝物性变差的变异裂缝称为负向变异裂缝，将有效应力作用导致裂缝物性变好的变异裂缝称为正向变异裂缝。

（1）正向变异裂缝。

当裂缝体所受有效应力在垂直裂缝走向上减小，促使裂缝趋于张开，导致裂缝渗透率明显增高，或当有效应力在有利于裂缝发生剪切滑动方向（优势裂缝方向）上增大，促使裂缝剪切错动[5]。如图1-3-1（a）所示，对于脆性地层，当有效应力方向与裂缝面法线方向的夹角在60°左右时，有效应力最容易使裂缝面产生剪切滑动；图1-3-1（b）中标号为1的长粗黑线所示的裂缝处于发生剪切滑动的优势方向。因为该方向在剪切破裂莫尔圆中处于图1-3-1（c）中1黑点的位置，即裂缝面所受的剪切应力最大，最先与剪切破裂线相切，即造成裂缝面的错动，形成擦痕面。擦痕面在砂岩和石灰岩，特别是石灰岩中可使裂缝内部连通性变好，以提高其渗透率。而且近来随着对页岩油气层大范围的勘探和开发，也越来越多地发现页岩中存在着这种因剪切滑动形成的擦痕面，可改善储层微细裂缝的渗透性。此外在用水力压裂对裂缝性储层进行改造中，发现除了可产生张性的人工压裂缝外，如果能根据天然裂缝的走向和三轴向地应力的关系优选出合理的井身轨迹，还能使较多的天然裂缝得以改造，可进一步提高储层的产量。

由上可知，无论是地下有效应力场的作用，还是人工附加应力的作用，在适当的条件下，均可使地下原有的裂缝得以有益的改造，成为正向变异裂缝。

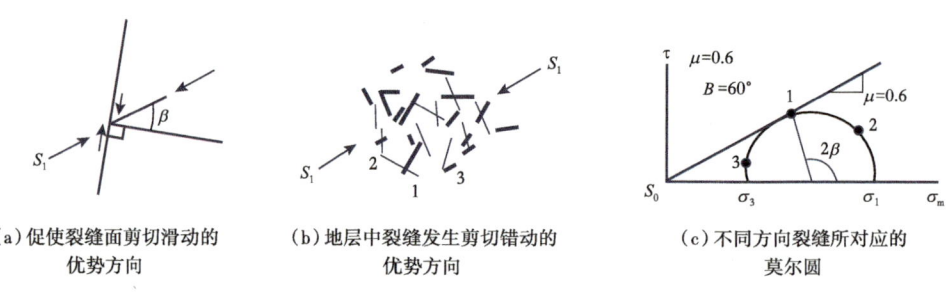

(a) 促使裂缝面剪切滑动的优势方向　　(b) 地层中裂缝发生剪切错动的优势方向　　(c) 不同方向裂缝所对应的莫尔圆

图 1-3-1　裂缝面产生剪切滑动优势方向与有效应力的关系

（2）负向变异裂缝。

当裂缝体所受有效应力在垂直裂缝走向上增大，促使裂缝趋于闭合，或有效应力方向偏大和偏小于60°时，如图1-3-1（b）中的长细线和短粗线所示，以及图1-3-1（c）中莫尔圆上的2、3黑点所示，裂缝面未产生剪切滑动，故不能改善裂缝的连通情况。因此将以上两种变异裂缝均称为负向变异裂缝。

如当裂缝性储层处于开采中后期，裂缝体中的压力较快下降，所受的有效应力明显增大，导致裂缝张开度变小。此时如开采速度过大，可使储层裂缝过早成为负向变异裂缝，导致最终采收率变小。又如在水力压裂施工中，当井身轨迹和方向与地下三轴向应力及天然裂缝走向不相匹配时，将使天然裂缝趋于闭合，降低储层的渗透性。因此在油气勘探开发中，如何力所能及地增加正向变异裂缝，尽量减少甚至避免负向变异裂缝，均是值得重视和研究的课题。

第二章　裂缝的地质特征

裂缝的形成机制基本决定了裂缝的地质特征，包括裂缝的产状及组合类型，形态、尺度和密集程度，形成的期次和充填程度，非均质性、各向异性和应力敏感性。由于裂缝的这些地质特征决定了裂缝性油气藏、裂缝性储层中油气水的分布、富集、压力和岩体的物理性质，特别是力学性质与碎屑岩、火成岩油气藏、储层具有很大的差异，因此决定了对裂缝性油气藏和储层的识别、评价、寻找发育规律，直至预测和开采的理念和方法均有较大的不同，因此对裂缝地质特征的认识是后面各章节所叙述的诸多机理、方法、结论的基础和依据。

第一节　裂缝的产状及组合类型

一、裂缝产状的定义

裂缝的产状是以裂缝面的走向、倾向和倾角三因素来确定。地质上以地理方向坐标和海平面方向为参照系来描述裂缝的产状。裂缝面走向由东、南、西、北方向分别确定为南北向、东西向、北西—南东向、北东—南西向。裂缝面倾向为与裂缝面走向垂直的方向；裂缝倾角由裂缝面与海平面方向的夹角确定，二者平行为 $0°$，相互垂直为 $90°$。

在测井图上，裂缝走向和倾向仍以地理方向坐标为参照系，因此与地质上的定义一致。但对裂缝倾角，由于是以测井信息对裂缝的响应特征来描述，故以井轴为参照系来定义，即将裂缝面与井轴的夹角作为裂缝倾角。当夹角小于 $10°$ 时的裂缝定义为垂直裂缝；夹角大于 $80°$ 时的裂缝定义为水平裂缝；夹角为 $10°\sim30°$ 的为高角度裂缝；夹角为 $30°\sim60°$ 的为斜交裂缝；夹角为 $60°\sim80°$ 的为低角度裂缝。测井定义的裂缝倾角虽与地质上的真倾角有差别，但便于与岩心直观描述的倾角对比，因为通常岩心中对裂缝倾角的描述也是以井轴为参照系。

由于测井定义的倾角与实际地下的裂缝产状可能不完全一致，特别对于大斜度井和水平井，会差别很大，甚至刚好相反，地层中的低角度缝在测井响应上则成为高角度缝，这在测井解释和资料分析时必须注意。为此在地层倾角测井和成像测井中对测井倾角已校正其为真倾角，即裂缝面与海平面的夹角。

二、裂缝产状的组合类型

地层中的裂缝不可能是孤立的，总是由多条裂缝按不同的方式组合在一起，而这种不同的组合方式，无论对测井响应，还是对储层的储渗性能、流体产出状况都有较大的影响，因此有必要对裂缝的组合特征进行分类。根据各种产状裂缝的组合状态及其对储层流体渗流特征影响的差异，可将裂缝组合分为以下三种类型。

1. 单组系开启型裂缝系统

当裂缝面彼此基本平行时，称为单组系裂缝，它包括单组系低角度裂缝、单组系斜交裂缝和单组系高角度裂缝，如图 2-1-1 所示。对于单组系裂缝，因其裂缝走向基本一致，裂缝间基本不发生交叉，因而裂缝对被切割的岩块不构成封闭，通常形成开启型裂缝系统。

 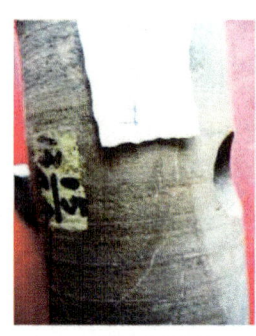 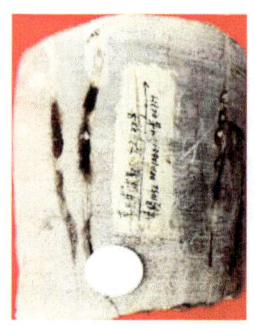

(a) 单组系低角度缝　　　　(b) 单组系斜交缝　　　　(c) 单组系高角度缝

图 2-1-1　单组系开启型裂缝系统在岩心中的特征

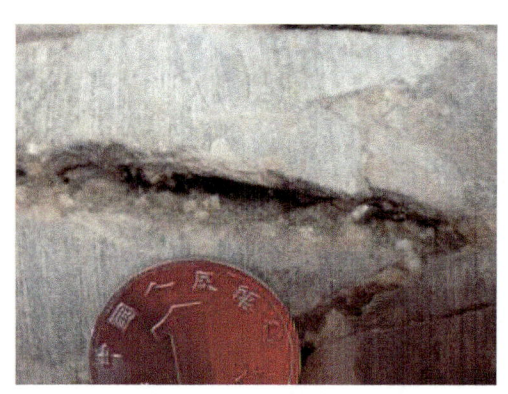

2. 多组系开启型裂缝系统

该系统中的裂缝至少具有两种不同的走向，故裂缝会发生相交，但裂缝对被切割岩块不构成封闭，即形成双组系开启型裂缝系统，如图 2-1-2 所示。

3. 多组系封闭型网状裂缝系统

该系统中的裂缝至少具有三种不同的走向，裂缝间不仅会发生交叉，而且裂缝对被切割的岩块构成全方位封闭，即形成多组系封闭型网状裂缝系统，如图 2-1-3 所示。

图 2-1-2　多组系开启型裂缝系统在岩心中的特征

 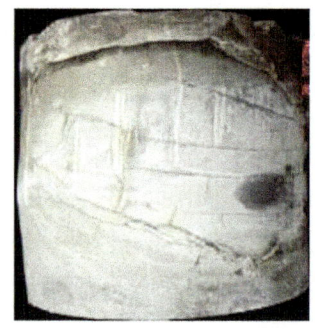 

图 2-1-3　多组系封闭型裂缝系统在岩心中的特征

根据这三类裂缝系统的地质特征可建立相应的理论模型，如图 2-1-4 所示，便于对各类裂缝系统进行参数计算和分析。

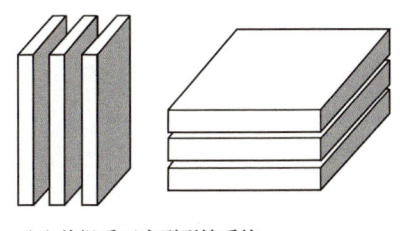 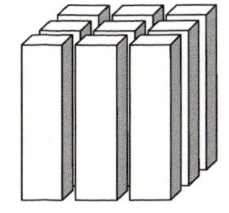 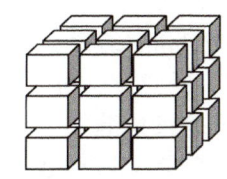

（a）单组系开启型裂缝系统　　　（b）多组系开启型裂缝系统　　　（c）多组系封闭型裂缝系统

图 2-1-4　裂缝组合类型分类模型

第二节　裂缝的形态和尺度

一、裂缝的形态

裂缝的表面特征以平面为主，但常有一定的起伏，其剖面特征为具有一定宽度的平直或弯曲的条带。构造裂缝通常较平直，具有明显的组系性和方向性；非构造裂缝则弯曲度较大，且不规则，无明显的组系性和方向性。由于裂缝中常有岩溶或矿物沉淀和充填作用，故缝宽变化较大，尤以碳酸盐岩中的裂缝，因岩溶作用较强，导致其缝宽变化常比碎屑岩、火成岩、变质岩中的裂缝更强烈。

裂缝形状主要是指裂缝面的弯曲程度，它在很大程度上反映了裂缝的形成机理。一般构造裂缝的缝面较平直，只有经过溶蚀改造后的构造缝会出现不规则的缝面，但比之非构造裂缝，如溶蚀缝、压溶缝、干裂收缩裂缝等的缝面弯曲程度来说，仍然要小得多。

二、裂缝的尺度

裂缝的尺度是用其张开度和延伸长度来表述，按照这一概念可将裂缝分为宏观裂缝、微细裂缝和潜在闭合裂缝。由于三者对储层的作用及研究方法各有不同，故需分别讨论。

1. 宏观裂缝

将张开宽度在 0.15mm 以上、延伸长度在 100mm 以上、肉眼容易识别、仪器容易探测的裂缝称为宏观裂缝。宏观缝又按其缝宽大小细分为大于 1000mm 的巨缝、10~1000mm 的大缝、1~10mm 的中缝、0.15~1mm 的小缝，如图 2-2-1 所示。

（a）奥陶系灰岩中的X形宏观裂缝　　（b）奥陶系灰岩中含油的宏观裂缝　　（c）嘉陵江灰岩中的宏观裂缝

图 2-2-1　岩心中的宏观裂缝特征

宏观裂缝可将岩石切割成一定形状的岩块，把岩石的储渗空间明显分成裂缝系统和岩块基质孔隙系统。这两个系统不仅孔隙度、渗透率有很大的差别，含水饱和度也有明显不同，因此常被称为双重介质。例如对于油气层来说，裂缝系统具有低孔隙度、高渗透率、低含水饱和度的特征；基质岩块孔隙系统较之裂缝系统具有高孔隙度，低渗透率、含水饱和度较高的特点。

2. 微细裂缝

将裂缝宽度在 0.15mm 以下、接近或略大于孔隙直径、延伸长度在 100mm 以下、肉眼难以识别、仪器不易探测的裂缝称为微细裂缝。

（1）微细裂缝的地质特征。

①微细裂缝不能像宏观裂缝那样将岩石切割成一定形状的岩块，但可与岩块基质孔隙密切联系在一起构成一个统一的储渗体系，明显提高储层的渗透率，但这种渗透率的增高，不能直接用孔隙度来表述；②微细裂缝基本不改变储层流体的赋存状态和渗流方式，故对于有微裂缝发育的储层仍可归属于单一介质，按照孔隙型储层来处理；③即使在孔隙度相当高的储层中也可发育大量微细裂缝；④即使在没有宏观裂缝发育的储层中，仍然会使孔隙度与渗透率的相关性明显变差，且趋向于低孔高渗的特征。

（2）微细裂缝的分类。

微细裂缝中，既有构造应力微裂缝，也有非构造应力微裂缝。脆性的、组构较均匀的岩石主要形成粗大的宏观构造裂缝，微裂缝相对较少；而塑性较强、组构非均质性也较强的岩石则主要形成微细而密集的构造微裂缝，宏观构造裂缝则较少。构造微裂缝虽较密集，但仍具有一定的组系性，且形状较为规则，如图 2-2-2 所示。

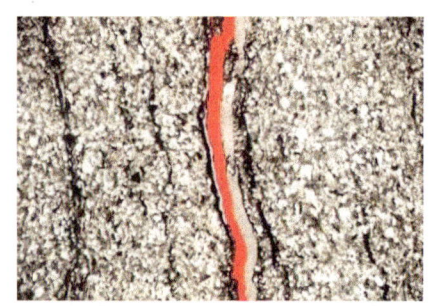

（a）砂岩中缝宽0.02~0.1mm的构造微缝　　（b）白云岩中的构造微缝

图 2-2-2　构造应力微细裂缝实例

在非构造应力裂缝中的成岩裂缝和成藏裂缝多为微裂缝。这类微裂缝多呈网状分布，无明显的组系性，形状也不规则，如图 2-2-3 所示。非构造应力微裂缝具体特征因形成机理不同而异。一般在成岩压实过程中形成的压裂缝主要分布于脆性岩石颗粒内部，如石英颗粒裂纹、砾石裂纹等；在成岩体积收缩形成的微裂缝是因岩石脱水体积缩小或矿物相变体积缩小而形成的裂缝，如黏土、含水石膏因失水体积缩小38%产生裂缝，粉砂岩、砂岩、石灰岩、白云岩中失水产生裂缝，方解石转变为白云石其摩尔体积可减小13%，蒙脱石转变为伊利石体积也有近似的减小，体积收缩微裂缝主要分布于颗粒间，或形成粒间微缝，或在三维空间中形成多边形裂缝体，通常称为"鸡笼状裂缝"；风化面上岩石体积缩小形成的干裂缝，它们为近似垂直于层面的多组系二维空间微裂缝，与脱水和矿物相变产生的三维空间的体积收缩裂缝有明显的不同。

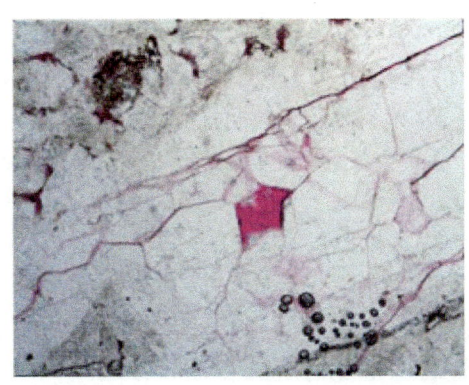 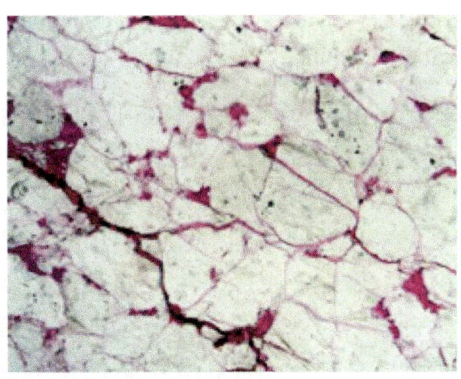

图 2-2-3 砂岩中的成岩微裂缝

（3）微细裂缝的作用。

微细裂缝不能将岩石切割成一定形状的岩块，而是与岩块基质孔喉密切联系在一起构成一个统一的储渗体系。由于微细裂缝可产生与岩石基质相同数量级且常具方向性的额外渗透率，因此可以明显提高储层的渗透率，但微细裂缝基本不改变储层流体的赋存状态和渗流方式，故将仅有微裂缝而无宏观裂缝发育的岩石归属于单一介质，并按照孔隙系统来处理。因此微裂缝不是潜在的或可能的裂缝，而是实实在在已存在于地层中，并对地层渗透率有贡献的裂缝。但长期以来人们多重视宏观构造裂缝，而往往忽视了微细裂缝的作用。事实上，由于微裂缝的张开度范围可达 0.002~0.15mm（2~150μm）。苏联马克西莫夫研究结果表明，当裂缝宽度在 0.0001~0.25mm 之间时，只要地层压力超过流体的重力作用，就可在其间流动。因此有相当一部分微细裂缝对地层流体的渗流是有效的。法国国家石油研究院通过实验测定结果表明，当裂缝中的油、水分布达到平衡时，其束缚水膜厚度为 0.16μm，则裂缝壁两边的水膜厚 0.32μm，而天然气分子直径为 $(3.8~5.9) \times 10^{-4}$μm，石油分子直径为 $(4.8~30) \times 10^{-4}$μm，因此在地层压力作用下，油气完全有可能通过相当一部分微细裂缝。

对多个油气藏资料分析结果表明，大部分构造微裂缝是有效的；在成岩微裂缝中，体积收缩微裂缝和压裂缝通常也可成为有效裂缝，只有干裂缝、压溶缝如不经改造，通常是无效的。

3. 潜在裂缝

潜在裂缝是张开度接近于零的裂缝，它是地层中存在的一些力学薄弱面，在自然情况下无任何储渗意义，但地层被钻开后，随着应力的释放会形成应力释放裂缝，具有微小的张开度，在成像测井图上有较清晰的响应；在取出的岩心中会形成卸载张开裂缝，但在裂缝面上看不到钻井液的侵入痕迹，表明在地下是完全闭合的，所以这种裂缝常称为潜在裂缝。正是这些潜在裂缝，在射孔、压裂酸化等储层改造施工中容易破裂变为张开裂缝，从而改善储层的渗滤性能，因此在对裂缝性储层评价时，仍需进行描述。

第三节 裂缝的密度

裂缝的密度是指裂缝之间距离的大小，它是评价裂缝发育程度的主要指标之一，同时也是计算裂缝孔隙度、渗透率、含水饱和度的重要参数。但由于裂缝产状及其组合类型的差异及变化，使之难以确切给出一个合理而实用的定义和测量方法。为此前人提出了多种计算裂缝间距的方法，如利用各相间120°的三个特征方向去测量裂缝间距并将得到的数据用统计方法处理成一个360°分布的全矢量与间距分布的关系。Hudson等（1983）提出了一个确定岩石中间距矢量的全二维数组的统计方法；Narr等（1984）提出了一个用岩心数据准确描述间距的统一几何法。虽然这些可在一定程度上反映出裂缝发育的密度，但由于裂缝产状的多变性，使之难以实际操作，对计算结果的准确性也不好评估。笔者认为裂缝密度的定义和计算方法应该以裂缝的产状及组合类型为依据来设计，因此本书将针对三种裂缝产状类型来设置裂缝密度的定义和计算方法。

对于单组系开启型裂缝系统，用裂缝平均间距，即在垂直裂缝走向方向上单位距离内的裂缝条数作为裂缝密度，如图2-3-1所示。

对于多组系开启型裂缝系统，用垂直裂缝纵向延伸方向的平面上单位面积中被裂缝切割岩块的平均面积作为裂缝密度，即岩块平均面积越小裂缝密度越大，测井中常以平方米（m^2）为单位进行统计，如图2-3-2所示。

对于多组系封闭型网状裂缝系统，用被裂缝切割岩块的平均体积作为裂缝密度，即单位体积岩石内被裂缝切割岩块的平均体积。平均体积越小，裂缝密度越大，测井中常以立方米（m^3）为单位进行统计，如图2-3-3所示。

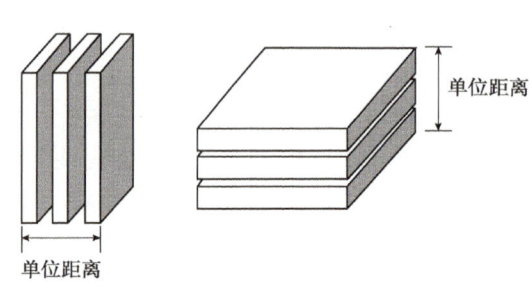

图2-3-1　单组系开启性裂缝系统的密度测量示意图

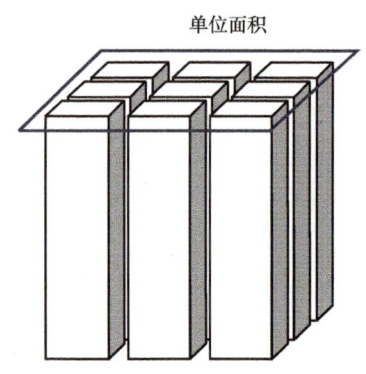

图2-3-2　多组系开启性裂缝系统的密度测量示意图

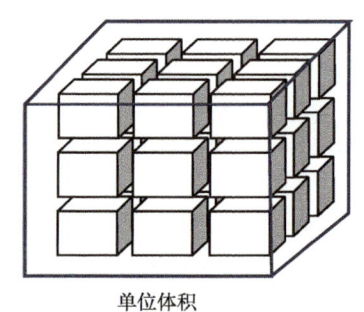

图2-3-3　多组系封闭型裂缝系统的密度测量示意图

第四节　裂缝的充填

裂缝中有无矿物充填及充填矿物的性质、方式及程度对裂缝的有效性有很大的影响，需分别进行讨论。

一、裂缝充填程度对储层的影响

按照裂缝充填程度的不同,可分为无充填、全充填、局部充填三类。

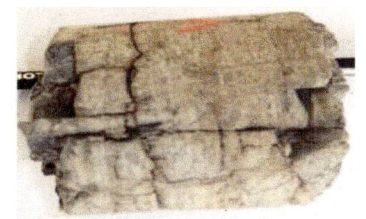

灯四段岩心中的无充填裂缝

图 2-4-1　无充填裂缝岩心实例

无充填裂缝中基本无任何矿物充填。在两种条件下可形成无充填裂缝,一是裂缝在形成后很快被油气充满,缝中已无可动地层水,故无沉淀矿物的充填;二是现今构造应力形成的裂缝。无充填裂缝可能具有很强的渗流能力,但在后期各种地应力作用下,因缺乏充填物的支撑而容易趋于闭合,故一般张开度不大,且在地层中较少见到,如图 2-4-1 所示。

全充填裂缝又称为闭合裂缝,它是指裂缝面之间完全被某些岩石、矿物充填的裂缝,因此全充填缝已无渗流能力,成为无效缝,如图 2-4-2 所示。全充填裂缝在自然情况下无任何储渗意义,但却构成了地层中的岩石力学薄弱面,在钻井、射孔、酸压等施工中容易破裂变为一定程度的张开裂缝,可提高储层的渗滤性能,因此在对裂缝性储层评价时,仍需进行描述。

(a)方解石全充填缝　　(b)沥青全充填缝　　(c)泥质全充填缝　　(d)黄铁矿全充填缝

图 2-4-2　全充填裂缝岩心实例

局部充填裂缝是被某些岩矿充填,但仍保留部分空间被地层流体充满,如图 2-4-3 所示。局部充填裂缝,既具有较高的渗流性能,而且也较为广泛地存在于地层中,因此需要重点关注。

(a)方解石局部充填缝　　　　　(b)云岩中的局部充填缝

图 2-4-3　局部充填裂缝实例

二、充填物性质及其对储层的影响

裂缝充填物的性质很杂,其中最常见的是泥质、硅岩、方解石、白云石、黄铁矿、沥

19

青等。由于它们的物理性质差别较大，因此对储层裂缝的测井识别方法及储层改造效果都有很大的影响。

1. 易溶矿物充填对储层的影响

当裂缝中充填可溶矿物，如方解石、白云石、石膏等，在地下水作用下，可形成沿裂缝分布的溶蚀孔洞，改善裂缝性储层的渗透性和储集能力，而且由于这些矿物均具高电阻率特征，因此在裂缝中是否被溶蚀及溶蚀程度容易被电成像测井探测到，故便于评价其对储层的影响。

2. 不溶矿物充填对储层的影响

当裂缝中充填不易溶矿物，如泥质、沥青、黄铁矿等，其充填程度就完全决定了对储层的伤害程度。可用电阻率、成像测井、自然放射性、体积密度等测井信息予以识别，评价其对储层的伤害程度。

三、充填类型及其对储层的影响

1. 混杂充填型

混杂充填型是外来岩石碎屑角砾或颗粒通过地层垮塌直接嵌入或地下水的搬运进入对裂缝的充填。因此充填物成分较复杂，但常以泥质充填较多，且充填程度变化较大。因此对储层有效性的影响差异较大。这类充填型主要发生在风化壳的裂缝中。

2. 矿物沉淀充填型

裂缝中未被溶质饱和的地层水，在温压条件满足所溶矿物析出条件时，将发生沉淀而充填于裂缝内。常见充填物主要是方解石、白云石这类易溶矿物。这类充填型多发生于较古老的地层中，且充填程度一般都较高，多数成为全充填的无效裂缝。但同样由于这些矿物的易溶性，使其沉淀物又被重新溶解而形成新的、有效的溶缝和溶洞，这在对较古老地层的裂缝性储层勘探、开发中应予以重视。

3. 自生矿物充填型

在地层中常有多种自生矿物生成，并可对孔隙或缝洞进行充填。如自生黏土矿物高岭石，既可充填于粒间孔隙中，也能充填于破裂的陆源碎屑裂隙中，所幸的是高岭石颗粒较大，结晶较好，使得粒间仍可保留一些微孔隙，对储层渗透率伤害相对较小。但自生绿泥石、伊利石、蒙脱石等，不仅颗粒小，且大多以包膜形式充填于储层岩石颗粒周围，以衬边形式充填于孔缝壁上，从而对储层渗透率有极大的伤害。自生钾长石，包括正长石、歪长石、微斜长石、燧石等自生硅质矿物可充填于碎屑岩和石灰岩的缝洞中。这种充填一方面伤害储层渗透率，另一方面还由于钾长石的高放射性和高电阻率，给测井解释造成困难。自生黄铁矿对裂缝的充填多出现于富含有机质的地层中，可以自形晶或它形晶的形式存在，其高密度和低电阻率的特征常常影响测井裂缝的识别和评价。

第五节　裂缝的期次

一、裂缝期次的基本概念

对于较古老的地层，一般都经历了多次构造运动的作用，而不同时期的各次构造运动的应力方向和大小往往有所不同。加之历次构造运动时，由于地层的埋深、上覆岩层压力、厚度及其与上下地层的组合状态均会有一定的变化，因此所受的三轴向应力、岩石力学性质都会发生变化，这就必然使得不同时期对应的各次构造运动形成的裂缝产状、规模也就会有差异，从而造成不同期次的构造裂缝。至于成岩裂缝，在不同时期也会有不同的特征，但它不像构造裂缝那样在时间上具有突变性，而是具有与成岩环境变化相对应的渐变性，因此成岩裂缝的期次性不像构造裂缝那样明显，但因与成岩环境密切相关，故对研究成岩裂缝的发育规律有重要作用。

二、裂缝期次的确定方法

对构造裂缝形成期次的确定方法基本有三类：一是根据裂缝组系的相互切割关系来推断裂缝发育相对期次的定性判别方法；二是根据裂缝充填物的地球化学特征来近似定量化地确定裂缝的发育期次；三是声发射测量历次构造的地应力来确定裂缝发育的期次。

1. 裂缝组系切割关系分析法

由于构造裂缝一般都较规则，且具有明显的组系性，因此不同时期形成的构造裂缝具有明显的切割关系，即较早的构造裂缝被较晚的构造裂缝切割，如图 2-5-1 所示。由图可见，岩心中至少有三个期次的裂缝。较早时期的裂缝以水平缝为主；较晚时期的垂直缝切割了较早的水平缝；更晚的斜交裂缝切割了较早的水平缝和垂直缝。

2. 裂缝充填物地球化学特征分析法

（1）裂缝充填物的稳定同位素特征分析法。

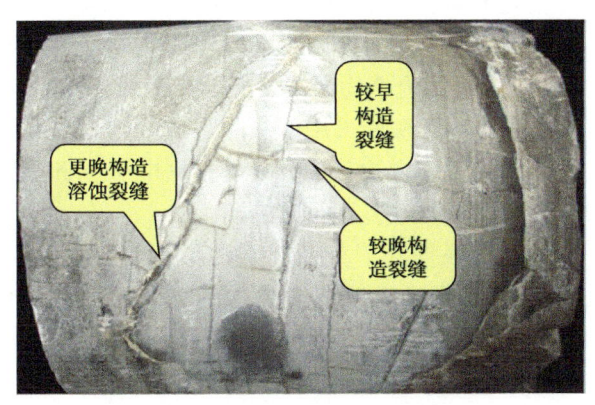

图 2-5-1　不同期次裂缝的切割关系

根据裂缝充填物所含稳定同位素相对丰度的差异可以确定它们形成的期次。如氧有稳定同位素 ^{16}O 和 ^{18}O，碳有稳定同位素 ^{12}C 和 ^{13}C，它们的相对丰度可分别用以下公式计算：

碳稳定同位素的相对丰度（‰）：

$$\delta^{13}C = \frac{\left(\frac{^{13}C}{^{12}C}\right)_{样品} - \left(\frac{^{13}C}{^{12}C}\right)_{标准}}{\left(\frac{^{13}C}{^{12}C}\right)_{标准}} \times 1000 \qquad (2\text{-}5\text{-}1)$$

氧稳定同位素的相对丰度（‰）：

$$\delta^{18}O = \frac{\left(\frac{^{18}O}{^{16}O}\right)_{样品} - \left(\frac{^{18}O}{^{16}O}\right)_{标准}}{\left(\frac{^{18}O}{^{16}O}\right)_{标准}} \times 1000 \qquad (2\text{-}5\text{-}2)$$

($^{13}C/^{12}C$)$_{标准}$是美国南卡罗来纳州白垩系皮狄组箭石的 $^{13}C/^{12}C$，以此作为全世界统一的碳稳定同位素丰度标准，简称 PDB（Peedee Belemnite Standard）。

还可根据 Epstein 提出的氧同位素测温方程进行测温计算，可以了解其形成时的大致埋深。

$$t(℃) = 31.9 - 5.55(\delta^{18}O - \delta^{18}O_w) + 0.7(\delta^{18}O - \delta^{18}O_w)^2 \quad (2-5-3)$$

式中：t（℃）为裂缝充填矿物形成时温度值，℃；$\delta^{18}O_w$ 为形成矿物时水介质氧同位素的相对丰度，‰PDB；$\delta^{18}O$ 为矿物所含氧同位素的相对丰度，‰PDB。

（2）裂缝充填物的包裹体测温资料分析法。

裂缝充填物包裹体是裂缝充填物在形成过程中捕捉并被岩石封闭起来的流体物质。这些流体可以是水质，也可以是烃类，其相态可以是单相，或双相，甚至为多相，但是它们的密度和成分从包裹体形成时起将不再变化。通过对包裹体均一温度，即两相变为一相时的温度测量，利用 Smith（1963）提出的压力校正图版就可求得流体捕获时的温度。于是根据裂缝中不同包裹体捕获温度的差异可以确定裂缝形成的期次。

（3）裂缝充填物的电子探针成分分析法。

由于电子探针可用以探测物质中的微量元素，因此如果知道某些微量元素与构造运动时期及沉积环境的关系，则可根据电子探针测得的裂缝充填物中具有代表性的微量元素种类和含量，确定裂缝的形成期次。

笔者根据哈萨克斯坦某油田××99 井裂缝充填方解石的电子探针成分分析成果（图2-5-2）确定半充填构造缝中的充填物为铁方解石；全充填缝中的充填物为方解石，且为两个不同时期的充填，因为第一期粒状方解石所含 Mn、Na 元素比第二期粗晶方解石多，说明半充填缝中的充填物与全充填缝中的充填物分别为两种不同环境下的产物。

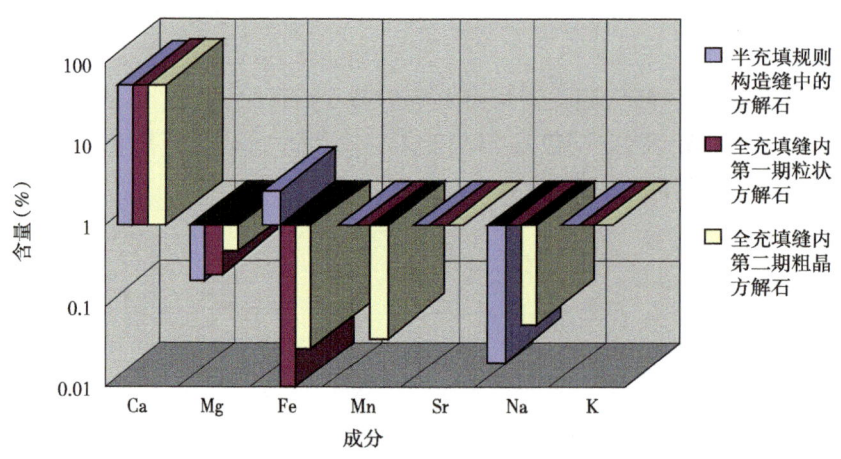

图 2-5-2　××99 井裂缝充填方解石电子探针分析结果

3. 岩石声发射实验确定裂缝期次法

声发射为材料内部缺陷（一般为格里菲斯微裂纹）在加载过程中失稳扩展，能量快速释放而产生的一种瞬态弹性波现象，这一现象被德国学者 J.Kaiser（1956）发现，故称

Kaiser 效应。通过大量研究发现声发射活动对材料载荷历史的最大载荷值具有记忆能力，因此根据样品的声发曲线上的 Kaiser 效应点的个数及对应的载荷值可以知道岩石受荷历史，即岩石经历了多少次地应力的作用和最大一次地应力作用时的最大及最小水平主应力。

对哈萨克斯坦某油田石炭系两口井 4 组岩心进行的声发射实验，获得了三期地应力值，反映出研究区地层有三个破裂期（微裂纹），如图 2-5-3 所示。经过计算获得了最大地应力作用时的最大水平主应力 σ_H 及最小水平主应力 σ_h，见表 2-5-1，且最大水平主应力对应的是最后一期的实验载荷值。这说明石炭系经历了三次构造应力的作用，最后一次构造应力最强。更有意义的是最后一次的最强构造应力的最大水平主应力和最小水平主应力分别与测井计算的现今最大水平主应力 σ_H（40~46MPa）和小型水力压裂测量的最小水平主应力（15~26MPa）较为接近。这表明声发射所求得的最大构造应力是现今构造应力。

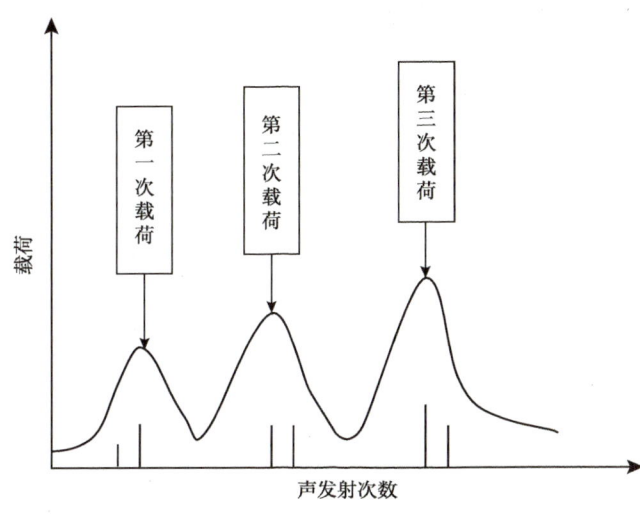

图 2-5-3　声发射测量示意图

表 2-5-1　声发射测量的历次应力值

井号	井深（m）	层位	应力类型	声发射计算的主应力（MPa）
××99A	3657.61	Kr2	σ_v	101.23
			σ_H	51.21
			σ_h	22.35
	3755.44	Kr2	σ_v	99.76
			σ_H	49.42
			σ_h	20.14
××92	2841.13	Kr1	σ_v	87.24
			σ_H	43.14
			σ_h	18.65
	3625.81	Kr2	σ_v	105.21
			σ_H	53.29
			σ_h	24.51

综合来看，研究区储层中天然破裂期次至少有三期，主要形成中晚期构造裂缝和溶塌裂缝。

三、裂缝期次在油气勘探中的意义

裂缝期次的研究在油气勘探中有助于分析裂缝发育规律、古构造应力和古构造运动的演化以及分析裂缝对成藏的作用。

由于构造裂缝是在相应的构造应力、构造形态、断层性质和地层环境条件下形成的，因此它的产状、规模、分布必然与这些条件密切相关。另一方面，不同的构造运动时期，一般都有不同的构造应力、构造形态、断层性质和地层环境，即使某些条件相似，也总存在一些不同的地质条件，因此不同构造运动时期形成的裂缝必然有其特有的产状、规模和分布特征。掌握了裂缝发育的期次，就可根据当时的应力、构造、地层条件去寻找那个时期裂缝发育的规律。

不同构造运动时期形成的裂缝，相互间常会具有一定的切割关系，据此可判断历次构造运动的时间顺序。再通过裂缝中的包裹体分析、放射性同位素分析可进一步确定构造运动的时代，为古构造应力计算和构造演化史研究提供信息。

对裂缝性油气藏，其成藏的重要条件是裂缝形成的时期必须与烃源岩生烃、运移路径在时间和空间上相匹配，因此在对裂缝性油气藏进行评估时，必须在分析裂缝产状及发育程度的同时认真研究裂缝的形成时间和空间分布。

第六节　裂缝的非均质性和各向异性

裂缝的非均质性和各向异性包括裂缝发育形态造成的非均质和各向异性、裂缝分布规律形成的非均质和各向异性两个方面的性质。前者可认为是裂缝的微观非均质性和各向异性，对识别、评价和开采裂缝油气藏具有重要的意义；后者则是宏观的非均质性和各向异性，对预测和勘探裂缝有重要的意义。

一、裂缝发育形态的非均质和各向异性

具体到地层中的一组裂缝，其特有的产状、形状、密度、组合状态、综合发育程度决定了它相应的非均质性和各向异性。

1. 裂缝发育形态的非均质性

裂缝发育形态的非均质性是指一组裂缝体中的裂缝形状、密度、张开度、充填程度等状态将随其发育范围的不同而有较大的变化，从而造成对裂缝体进行各种探测的结果，将会随其探测范围的差异而有较大的不同。这就必然造成对小直径岩心、全直径岩心的观察和测量，用不同探测深度和垂直分辨率的测井信息的分析和评价，用大尺度的地震资料的探测，进行大范围地质剖面调查的认识等诸多方法判断的结果各不相同。这种不同，不存在谁对谁错的问题，关键是如何从这些差异中找出裂缝体的非均质性特征和变化规律。这就是研究裂缝发育形态非均质性的基本方法和意义所在。

2. 裂缝发育形态的各向异性

裂缝物性的各向异性是指一组裂缝体的物理性质随方向变化的性质，它是由裂缝体中

的主裂缝系走向所决定，具体体现在渗透率、声波速度、电阻率、力学性质等多种信息变化与裂缝走向的关系。例如在平行于裂缝走向的方向上，渗透率变大，纵横波速度增高，电阻率明显降低，杨氏模量和泊松比增大，抗压强度降低；相反，在垂直裂缝走向的方向上，渗透率变小，纵横波速度降低，电阻率明显增高，杨氏模量和泊松比减小，抗压强度增大。

二、裂缝分布的各向异性和非均质性

一个区块的构造应力裂缝，包括构造应力直接作用产生的区域构造应力裂缝和该构造应力使地层变形或断裂而派生的构造应力作用形成的局部构造应力裂缝。但无论何种构造应力裂缝，其分布状况均要受构造应力的控制，而构造应力具有两大特点：一是具有强烈的方向性；二是构成三轴向应力关系的复杂性和多变形。第一个特点决定了主裂缝系统的发育方向，导致裂缝分布的各向异性；第二个特点决定了裂缝系统发育程度的变化，导致裂缝分布的非均质性。

1. 裂缝分布的各向异性

（1）区域构造应力裂缝的各向异性。

区域构造应力裂缝的各向异性主要受裂缝形成时三轴向地应力的大小和方向的控制，如图2-6-1所示。当垂向主应力为最大主应力时，裂缝系统为垂直裂缝和高角度裂缝，其走向基本平行于最大水平主应力，即中间主应力。因此在这个方向上的地层渗透率大，纵横波速度增高，电阻率明显降低，杨氏模量和泊松比增大，抗压强度降低；在与之垂直的方向上则这些参数的变化刚好相反。当垂向主应力为中间主应力时，裂缝系统均为垂直裂缝，其走向基本平行于最大水平主应力，即最大主应力，因此在这个方向和与之垂直的方向上，各种具方向性的地层参数将出现与上所述相似的各向异性。当垂向主应力为最小主应力时，裂缝系统为水平裂缝和低角度裂缝，因此在水平方向和垂直方向上，各种具方向性的地层参数将出现与上所述相似的各向异性。

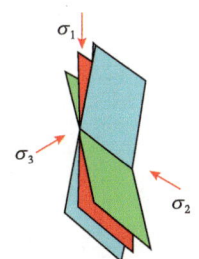
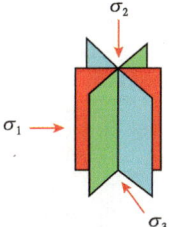
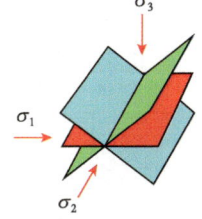

(a) 裂缝系统走向基本平行于最大水平主应力 σ_2，在 σ_2 与 σ_3 方向上具方向性的地层参数产生最强的各向异性

(b) 裂缝系统走向基本平行于最大水平主应力 σ_1，在 σ_1 与 σ_3 方向上具方向性的地层参数产生最强的各向异性

(c) 裂缝系统为水平裂缝和低角度裂缝，在水平方向与垂直方向上具方向性的地层参数产生最强的各向异性

图2-6-1 区域构造应力裂缝的各向异性与三轴向地应力的关系

（2）局部构造应力裂缝的各向异性。

局部构造应力裂缝主要是地层褶皱和地层断裂形成的伴生裂缝及次生裂缝。如地层褶皱顶部的裂缝主要沿长轴方向发育，而构造肩部的裂缝则基本垂直于构造长轴方向发育。

逆断层派生裂缝主要在断上盘牵引褶皱顶部并沿断层面走向发育。裂缝发育方向及其产状的变化也给所在地层的多种物理性质造成了明显的各向异性。例如在四川茅口组碳酸盐岩储层内，单组系低角度裂缝电阻率测井特征具有低电阻率及负差异特征，单组系高角度裂缝具有高电阻率及正差异特征。

2. 裂缝分布的非均质性

（1）区域构造应力裂缝分布的非均质性。

区域构造应力裂缝的特征是张开度较大，在纵横向上延伸较远，但裂缝间距很宽。因此裂缝的非均质性很强，即有裂缝处的裂缝发育程度很高，偏离裂缝处则基本无裂缝发育。

例如四川盆地在1958年3月10—16日的短短6天中，川中龙女寺女2井、南充构造充3井、蓬莱镇构造蓬1井分别在侏罗系凉高山组、大安寨组获得高产油流，一个月后，广安构造凉高山组相继喷油。因此于1958年10月宣布川中会战，至1959年初完钻123口，多在获油井周围附近以梅花式布井，但获工业油井仅有37口，且稳定产油井只有9口，故同年4月决定结束会战。这说明区域构造应力裂缝的分布具极强的非均质性。

（2）局部构造应力裂缝分布的非均质性。

褶皱局部构造应力裂缝主要在地层扭曲、褶皱曲率变化率较大处发育；断层构造应力裂缝主要发育在断层牵引褶皱强烈处和断层消失、交会处，因此这类裂缝体多以"点"状或"鸡窝"状的特征分布，故在很短的距离内，裂缝的分布状况就可能发生很大的变化。例如四川盆地T18井常规测井在井段2659.8~2670.6m、2687.4~2689m反映储层裂缝发育很差，射孔测试无显示，但径向探测深度达8m的BARS（井眼声波反射和折射测量）测井处理结果表明该段距井眼约6m处有裂缝发育，经压裂酸化后产气$40.17×10^4m^3/d$，无阻流量高于$200×10^4m^3/d$，如图2-6-2所示。

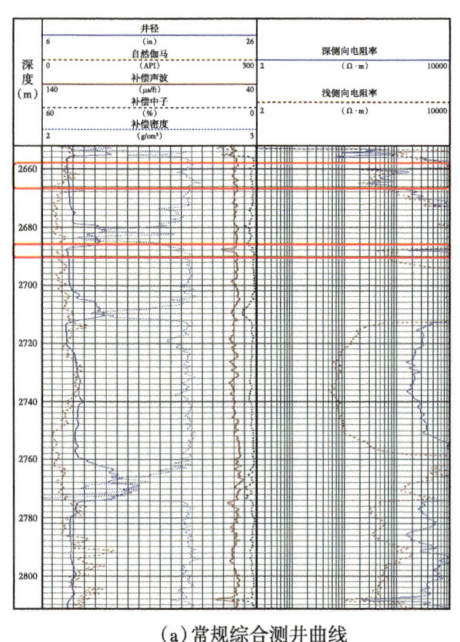
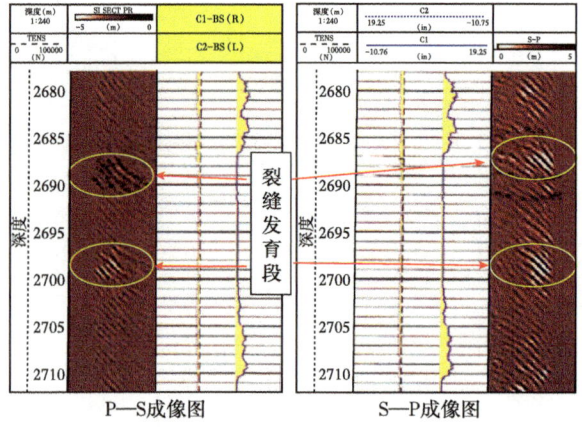

(a) 常规综合测井曲线　　(b) BARS测井处理结果图

图2-6-2　T18井常规测井和BARS测井对比图

三、裂缝各向异性和非均质性的形成机理

地下裂缝体的非均质性和各向异性特征，主要取决于裂缝的形成机理。假设当构造应力十分均匀地作用在一个广大的区块和巨厚的地层上，即使该应力很强，如果该区块和地层都非常均匀，则难以产生裂缝。相反，当应力主要作用在区块或地层的某一部分，即使应力较弱，但区块和地层中存在某些形态变异或破裂之处，则很容易发生应力集中，从而促成裂缝的发育。由此可知，既然裂缝是地层中应力集中的产物，因此对于同一期次构造裂缝来说，不可能呈片状分布，而只能呈点状或线状分布，故必然具有很强的非均质性和各向异性。

第七节 裂缝的应力敏感性

对于地下的各种空隙空间，通常用长宽比来划分裂缝与孔隙。长宽比大于 10∶1 的定义为裂缝，长宽比小于 10∶1 的定义为孔洞，因此裂缝的基本形状特征是扁平形，而孔洞的基本形状为球形或椭球形。正是这一特征决定了裂缝对应力的敏感性，即在法向应力作用下容易闭合或张开，在切向应力作用下容易发生剪切错动。而且裂缝随所受有效应力增加而逐渐闭合、张开或错动的程度并非线性关系。如在压应力作用下，其加载初期裂缝闭合最快，当应力约增加 30% 时，裂缝就可达到 70% 的闭合程度。因此要了解裂缝的闭合程度，就需知道其所承受的有效应力值及其加载速度。相比之下，孔洞的应力敏感性就远不如裂缝，实验结果表明孔洞的闭合压力比裂缝大 100~1000 倍。

一、裂缝对法向应力作用敏感性的测量

在实际应用中，要想通过直接测量裂缝宽度的变化来衡量其应力敏感性，不仅难以实现，更不好量化。因此通常采用建立裂缝渗透率与作用应力之间的关系来评价裂缝张开度对应力的敏感性。例如裂缝随着埋深的增加或油气层的枯竭，使其所受垂向有效压应力增大，导致渗透率明显降低，且下降程度远高于岩石基质孔隙渗透率。大量实测资料表明，当孔隙渗透率降低 10%，则裂缝渗透率下降 70%。

二、裂缝对法向应力作用敏感性的影响因素

1. 裂缝孔隙度的影响

裂缝孔隙度与总次生孔隙度的比值越小，即裂缝在次生孔隙中占的比例越小，也就是沿裂缝的溶蚀孔洞越发育，裂缝的压缩系数也就越小，即裂缝的应力敏感性越低。

2. 裂缝充填程度和充填方式的影响

裂缝充填程度越高，其充填物质既可在裂缝受到法向压应力时起到对裂缝面闭合的支撑作用，又可在裂缝受到法向张应力时起到对裂缝面的牵拉作用，因此使应力作用对裂缝张开度变化的影响减弱。

裂缝充填方式是指充填物在裂缝中的分布状态和充填物的性质。一般呈均匀分布的泥质充填对法向应力的敏感性强，充填非均匀分布的硅质、钙质、白云质对法向应力的敏感性弱。

3. 岩石力学性质的影响

裂缝应力敏感性与地层岩石的脆性有关。实验结果表明,裂缝应力敏感性随岩石脆性增加而增强,其原因是岩石脆性越强,则延性越弱,因此有效应力的作用主要消耗在裂缝的闭或张上,而基本未用作岩石的形变,如图2-7-1所示。图中给出了砂岩和白垩裂缝宽度(纵坐标)与静水围压(横坐标)的实验关系。由此可以看到脆性更强的砂岩其裂缝宽度随围压增大而减小的幅度和速度均比白垩大。

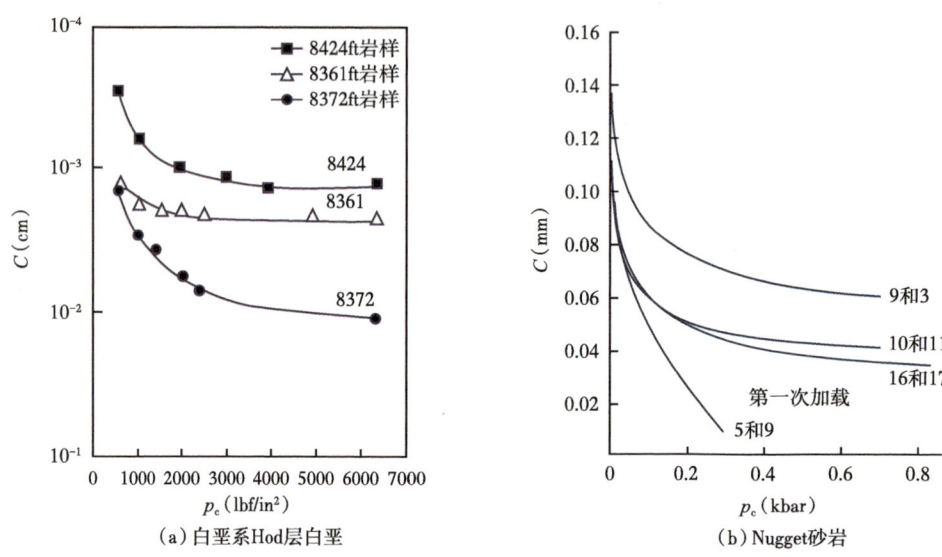

图 2-7-1　裂缝宽度 C 与静水围压 p_c 的关系(据纳尔逊 R.A.,1991)

三、裂缝剪切错动对应力的敏感性

当有效应力处在有利于裂缝发生剪切错动的方向(优势裂缝方向,如图1-3-1所示)时,裂缝剪切错动的敏感性会明显增强。裂缝一旦发生剪切错动后,在裂缝壁会形成擦痕面和微细次生裂纹,特别在孔隙度较低的砂岩或石灰岩中较为发育,而且由于这些岩石含有大量不发生粉末化和碎裂作用的物质,因此不会形成像断层泥那样的碎屑,故有利于提高裂缝的连通性和渗透率。

综上所述,裂缝的地质特征,特别是它的非均质性、各向异性、应力敏感性三大特征,对裂缝识别、评价、预测、开采和治理的方法和效果都有重要影响,这在后面各章节中将一一详细叙述。

第三章 裂缝的测井识别方法

对裂缝性油气藏或储层进行合理评价,必须首先准确识别裂缝。但由于地层中的天然裂缝不仅千差万别,更有多种貌似裂缝的地质事件与之混杂,误判裂缝的情况时有发生。地质剖面的勘测、岩心观察和岩化分析是识别裂缝的重要手段和方法,但由于地下与地面裂缝状态的差异,裂缝发育状况在纵横向上的巨大变化,如何获得地下连续的、真实的裂缝信息,显然仅靠地面调查和岩心分析是不够的,而测井是对此欠缺最好的弥补。本章针对这一问题,较系统地探讨了各种识别裂缝的测井信息和使用方法,在此基础上进一步给出了鉴别真假裂缝、识别宏观裂缝与微细裂缝的原理和方法。

第一节 宏观裂缝的常规测井识别方法

一、深、浅双侧向电阻率识别法

1. 双侧向测井曲线的裂缝响应特征

裂缝对双侧向测井的影响十分巨大,主要体现在两个方面,一是对电阻率值的影响,导致地层电阻率畸变;二是对电阻率各向异性的影响,使同一地层的纵向和横向电阻率不同,也使深、浅双侧向对同一状态裂缝的响应各不相同。造成这些影响的根本原因在于裂缝和侧向测井两方面的性质。一方面是裂缝特有的性质,包括裂缝的产状及其组合特征、裂缝开度、裂缝纵向延伸长度、裂缝侵入半径等状态的多样性和变异性;另一方面是双侧向测井电流路径特有的方向性。两者相互作用的结果就造成了双侧向测井曲线对裂缝特有的响应特征。

(1)各种裂缝产状的双侧向测井曲线特征。

裂缝的产状直接影响测量电流路径和方向,使深、浅双侧向测井曲线形态、电阻率值及其差异有所不同。笔者通过水槽模型实验研究了裂缝产状对双侧向深、浅电阻率值及其差异的响应特征,如图3-1-1所示。从图中可以看到,裂缝的存在不仅造成双侧向测井电阻率值明显下降,而且还会出现反映裂缝产状的深、浅双侧向电阻率差异。对于倾角大于75°的高角度裂缝,电阻率

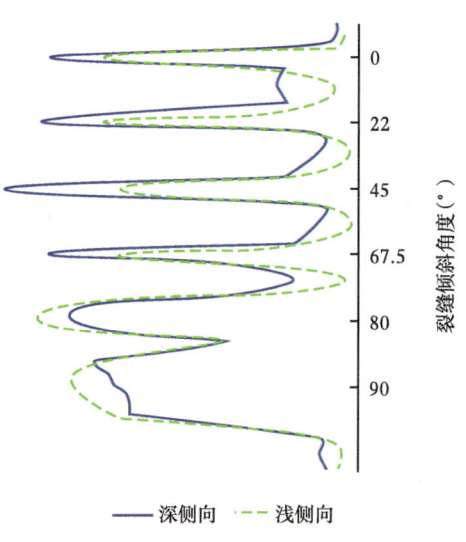

图 3-1-1 裂缝倾角与双侧向曲线特征的模型实验结果

在致密高电阻率背景上呈缓慢下降，尤以深侧向下降更少，故深、浅双侧向电阻率为正差异，当存在倾角为 90° 的垂直裂缝时，为最大正差异；对于倾角小于 30° 的低角度裂缝，电阻率呈"尖刺"状下降，深、浅双侧向电阻率呈负差异，或基本无差异；对于倾角为 30°~75° 的斜交裂缝，电阻率剧烈下降，负差异幅度增大，尤其当裂缝倾角为 45° 时这一特征最为明显，但当裂缝倾角大于 45° 后，随着倾角的增大，电阻率下降减缓，负差异值缩小；当裂缝倾角达到 70°~75° 时，深、浅电阻率差异基本消失。网状裂缝的深、浅双侧向电阻率值及其差异性质取决于裂缝的组合状态，当高角度裂缝占优势时呈正差异，当低角度裂缝占优势时呈负差异或无差异。当高、低角度裂缝都比较发育时，则正、负差异交替出现，曲线形状起伏较大，其起伏的频度反映了裂缝的发育程度。需要注意的是，上述裂缝的双侧向测井曲线特征仅适用于基质岩块致密、裂缝无限延伸且无任何充填的情况。

（2）裂缝张开度对双侧向测井曲线的影响。

裂缝张开度主要影响深、浅电阻率的差值，如图 3-1-2 所示[6]。高角度裂缝随其张开度的增大，深、浅电阻率间的正差异幅度明显增加；水平裂缝及低角度裂缝随其张开度的增大，深、浅电阻率间的负差异幅度仅略有增加。

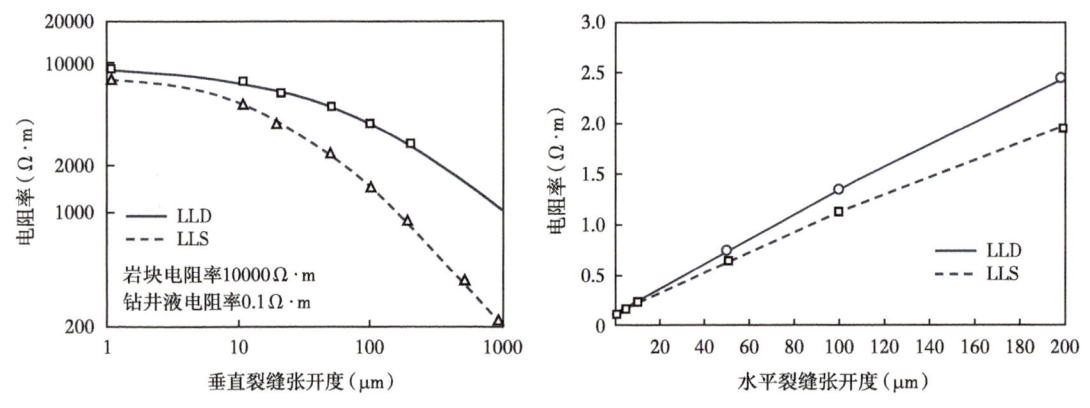

图 3-1-2　裂缝张开度对深、浅双侧向电阻率的影响（据 Sibbit et al.，1985）

（3）钻井液侵入深度对双侧向测井曲线的影响。

对于垂直裂缝，当钻井液侵入深度低于 4cm 时，不影响深、浅电阻率，二者基本相等，随着侵入深度的增加，深、浅电阻率呈正差异迅速增大，直到侵入深度增大到 40cm 后，深、浅电阻率基本保持恒定的正差异。对于水平裂缝，钻井液侵入深度对深、浅电阻率的影响很小，二者十分接近，但需注意的是，当侵入深度在 40cm 附近时，深、浅电阻率差异性质要出现反转，即小于 40cm 时为正差异，大于 40cm 时为负差异，如图 3-1-3 所示[6]。

（4）垂直裂缝纵向延伸的双侧向测井曲线响应特征。

垂直裂缝纵向延伸的双侧向测井曲线响应特征如图 3-1-4 所示。当垂直裂缝纵向延伸长度小于 1m 时，深、浅电阻率呈很小的正差异；当纵向延伸长度在 1~5m 时，正差异迅速增大；但增大到 5m 后，就基本保持恒定的正差异[6]。

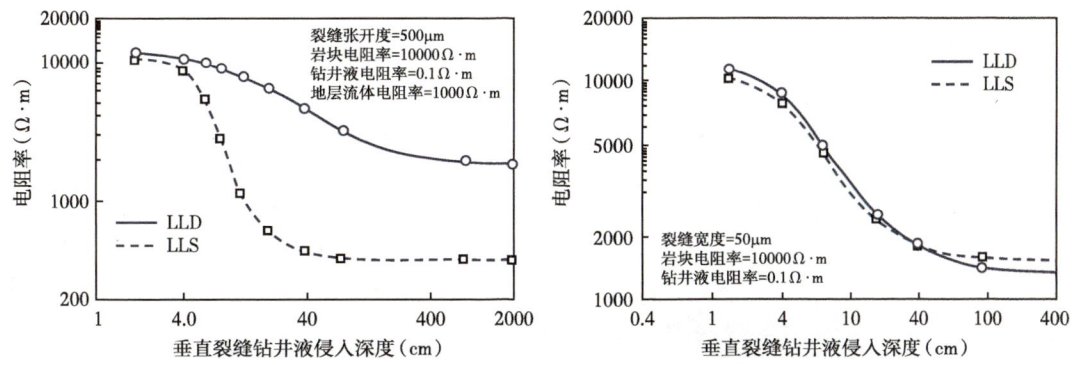

图 3-1-3　钻井液侵入深度对深、浅双侧向电阻率的影响

（5）水平裂缝的双侧向电阻率曲线特征。

随着双侧向测井电极系记录点与水平裂缝垂直距离的变化，深、浅电阻率值的差异虽然很小，但正负性质却要发生变化，即在距离小于 1.0m 时为负差异，大于 1.0m 后为正差异；在 0.4m 和 1.0m 无差异，如图 3-1-5 所示[6]。

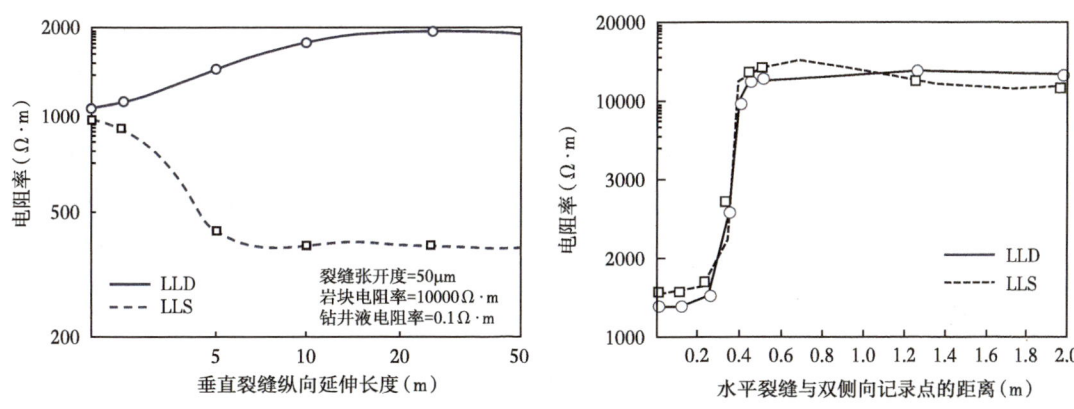

图 3-1-4　垂直裂缝纵向延伸长度对深、浅电阻率的影响

图 3-1-5　水平裂缝电阻率与裂缝距离的关系

2. 格罗宁根效应和电极系数畸变效应对双侧向的影响

格罗宁根效应和电极系数效应可造成双侧向测井曲线的畸变，使其常与裂缝响应特征相混淆，造成对裂缝识别的误判。

（1）格罗宁根效应的影响。

当低电阻率地层上覆有很厚的高电阻率地层，如巨厚的膏盐地层时，测量电流难以从地层返回到回路电极，而主要从井筒中进入回路电极，故使其具有负电位，使参考电压变为负值，导致深侧向测量电阻率异常增高。此外由于这一效应对深侧向测井最为显著，对浅侧向影响却很小，故而形成大段的正差异，这就是格罗宁根效应，如图 3-1-6 所示。图中黄色条带为测量电流，由于格罗宁根效应不能流入地层，而沿井筒钻井液进入回路电极。

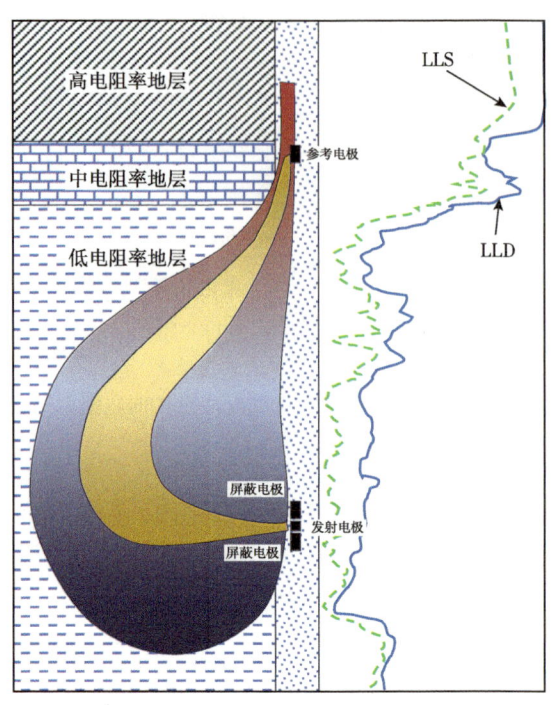

图 3-1-6　格罗宁根效应原理图

在厚层的石灰岩剖面中，常会遇到一种与格罗宁根效应原理相似，但结果完全相反的效应。它是在相对低电阻率储层上部覆盖了比较厚的高电阻率致密灰岩地层，电流场的畸变程度虽未达到格罗宁根效应使回路电极电位变为负值的程度，却使参考电位电极具有一定的正电位，导致目的层测量电阻率异常降低。这一现象在四川泸州地区二叠系石灰岩剖面中时有发生，因此又称作"泸州效应"。

无论是格罗宁根效应，还是"泸州效应"，都造成目的层电阻率异常，前者容易误解释为油气层，后者容易误解释为水层。

（2）电极系数 K 的刻度条件与实际井剖面条件差异过大的影响。

在双侧向测井中，有时会出现大段乃至全井段深、浅双侧向的正差异或负差异，无论用钻井液侵入、井眼扩径、厚度变化、裂缝产状、格罗宁根效应等影响都不能圆满解释这一现象，于是很容易将其判断为测井仪器的问题而进行重新测量，结果浪费了大量时间，可曲线特征依旧如故。

上述问题的实质是电极系数 K 值畸变所致。电极系数 K 值的刻度，最初是在均匀无限介质中进行，后来发现用该刻度测得的电阻率与实际地层电阻率相差过大，于是改为在有井条件下进行刻度，使测量结果得到明显改善。但是井下条件千差万别，完全可能出现刻度条件与实际测井条件相差过大，故造成测量电阻率与实际地层电阻率的差异，而这种差异，对深、浅双侧向的影响又不一致，所以最终导致深、浅双侧向测量结果的系统差异。例如仪器是在石灰岩条件刻度，则在低电阻率的砂泥岩剖面发生系统的差异；如在砂泥岩条件下刻度，则在高电阻率剖面发生系统的差异。这就是常常整个井剖面都出现某种性质差异的原因所在。

在遇到上述情况时，可对测量结果进行系统校正，方法是将深、浅双侧向曲线在井眼较规则的泥岩段重合，并令其电阻率值等于区域泥岩层电阻率。

此外，利用双侧向测井的深、浅电阻率与微球形聚焦测井或微侧向测井或八侧向测井的微电阻率响应进行相关对比来识别裂缝的方法，对地层中规模和开度均较小的裂缝识别较为有效。特别是井眼较规则时，如微电阻率测井曲线在深探测电阻率曲线变化的背景上会发生锯齿状且不完全相关的起伏，则可能是在发育较大规模裂缝的背景上还有网状的微细裂缝发育。但在应用深、浅、微侧向电阻率特征识别裂缝时需注意以下各种情况：

①在致密岩层段，微侧向或微球形聚焦测井曲线基本沿着双侧向曲线变化，即两者电阻率曲线的起伏次数比较接近。

②要排除井筒扩径的影响。因为除开泥质层的蚀变性扩径和膏盐层的溶蚀性扩径外，就是致密岩层的应力崩落造成的椭圆形坍塌扩径，而在裂缝发育段井壁一般不会垮塌，故应排除大井眼造成的微电阻率降低层段。

③应排除薄层状沉积构造或泥质条带的影响，因为它们可导致微电阻率下降且呈锯齿状起伏。

二、声波测井识别法

1. 声波时差异常识别方法

实验研究结果表明，声波时差与裂缝倾角大小及其发育程度有密切的关系，声波时差随裂缝倾角的减小和裂缝率的增大而增高，如图 3-1-7 所示。

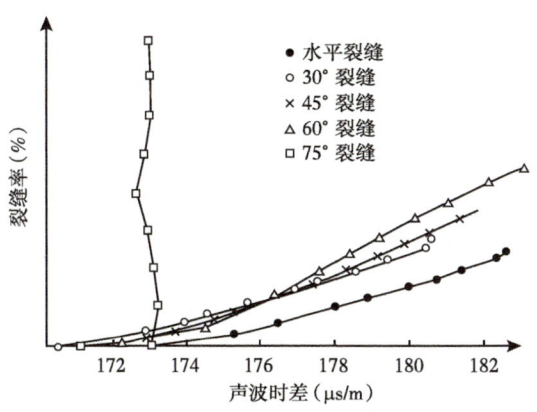

图 3-1-7　声波时差与裂缝倾角及裂缝率的关系

现场实测声波资料表明，低角度裂缝不仅可造成局部时差增高，甚至发生周波跳跃，其特征是出现较孤立的，且仅向时差增大方向周波跳跃，而高角度裂缝和垂直裂缝则不发生周波跳跃，且时差也基本不增大。根据声波时差周波跳跃判断低角度裂缝时，需排除井眼不规则造成声波时差周波跳跃，其特征是仪器进入和离开大井眼时出现分别向时差增大和减小两个方向周波跳跃；天然气渗入井筒造成声波时差周波跳跃，其特征是出现一连串不规则的高时差周波跳跃异常，与薄层状构造形成的周波跳跃特征具有一定的相似性，需结合其他测井曲线进行综合判别，如图 3-1-8 所示。

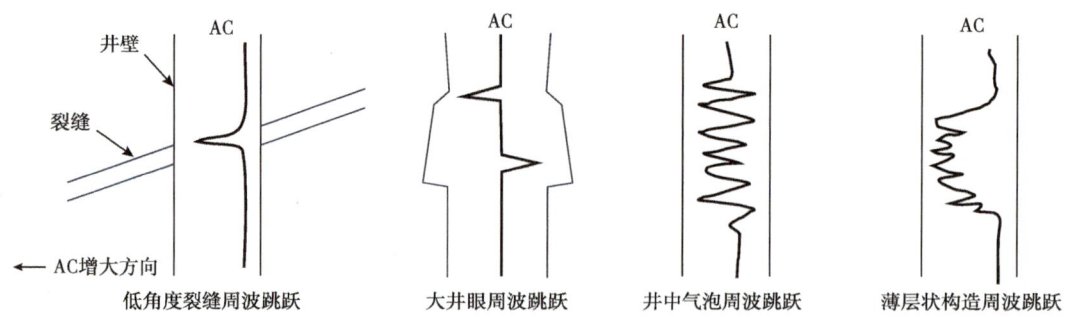

图 3-1-8　不同原因声波周波跳跃特征示意图

根据上述声波测井响应特征，可以较好地识别裂缝。如图 3-1-9 所示的 ×61 井茅一$_b$ 中 4903~4907m 声波时差明显周波跳跃，中子孔隙度略有增大，深、浅双侧向电阻率明显降低且基本重合，为典型低角度裂缝的响应特征，测试产气 $23.15×10^4 m^3/d$。

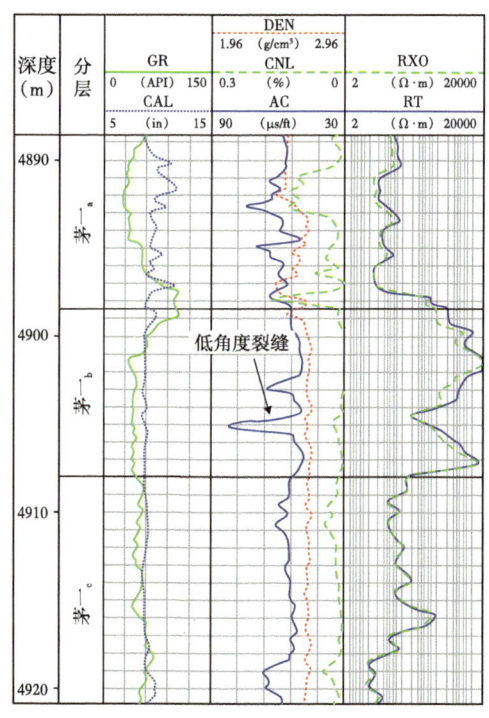

图 3-1-9　×61 井茅一$_b$ 中发育的低角度裂缝性储层

2. 声波波形、变密度测井特征识别方法

实验研究和现场实测声波测井资料表明，声波能量在高角度裂缝基本不发生衰减，因此波形和变密度图呈现均匀、连续条纹的特征。低角度裂缝会造成声波幅度衰减和时差增高，故变密度图呈现不连续的间断条纹特征；网状裂缝同时具有高角度裂缝和低角度裂缝的波形和变密度特征，因此常表现为"人"字形干涉条纹。

三、测井信息非相关性分析法

由于裂缝在纵向、径向、水平方位上的宽度、密度、弯曲度常有很大的变化，因此具有很强的非均质性和各向异性，给探测深度、纵向分辨率、探测方位、探测机理各不相同的测井曲线造成剧烈的起伏及曲线间强烈的非相关性。而对于孔隙或分布较均匀的中小溶蚀孔洞，各测井曲线变化相对平缓、圆滑，呈"U"字形特征，且变化趋势基本一致，相互间具有一定的相关性。因此分析各种测井曲线自身的特征及相对变化趋势可定性识别裂缝。

1. 裂缝导致三孔隙度曲线间的非相关性

（1）声波时差。

理论与实验研究均表明，对于高角度裂缝，无论其发育程度如何，声波时差均无增高趋势，其值基本为岩石骨架时差。当裂缝发育程度相同时，随着裂缝倾角的减小，声波时差逐渐增大；对于低角度裂缝或水平裂缝，声波时差将显著增高，甚至发生"周波跳跃"。

（2）中子孔隙度。

中子孔隙度大小取决于地层中的含氢指数，包括岩石孔隙中所含流体、黏土矿物结晶水、束缚水、岩石骨架的孔含氢指数等。由于裂缝的孔隙度很小，一般都低于1%，因此裂缝对中子含氢指数的贡献远小于地层其他介质的贡献，特别当裂缝含气时，其含氢指数对应的中子孔隙度几乎可忽略不计。

（3）密度。

密度测井仪是极板推靠型仪器，对于均匀、各向同性地层，密度测井孔隙度近似为地层总孔隙度；对于非均质性较强的裂缝性地层，密度测井值的大小易受极板与裂缝的相对位置影响而呈现锯齿状或尖刺状起伏，导致密度孔隙度可能高于或低于地层总孔隙度。

由此可见，裂缝会导致密度、声波时差以及中子孔隙度三者呈现明显的不一致甚至相反的变化趋势，即非相关性变化，其相对变化特征与裂缝产状密切相关。因此根据三孔隙度曲线间的非相关性不仅可以识别裂缝，鉴别裂缝的产状，进而还可鉴别孔隙、溶洞，如图3-1-10所示。

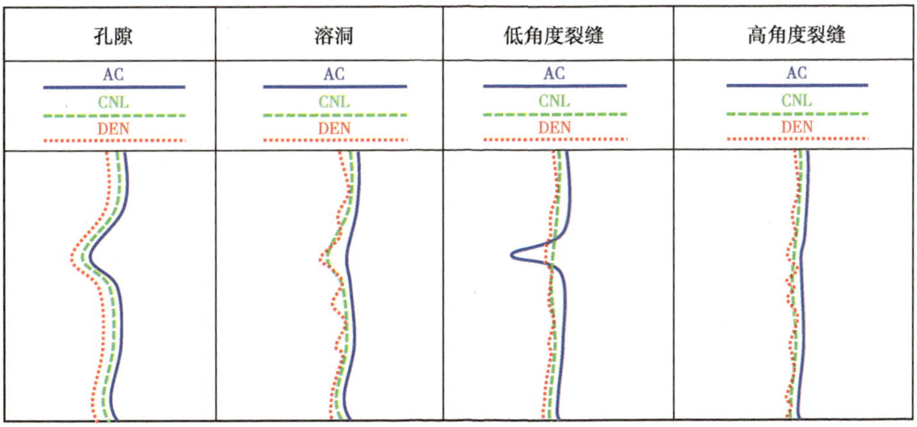

图3-1-10 三孔隙度曲线对不同空隙空间类型的非相关性变化特征

2. 裂缝导致深、浅探测电阻率之间的非相关性

天然裂缝的产状、张开度和充填程度的变化常常导致深、浅探测电阻率的高低和差异性质出现非相关性变化，如图3-1-11所示。高角度裂缝常导致深、浅探测电阻率呈现大幅度正差异特征；低角度裂缝常导致深、浅探测电阻率无差异或负差异；网状缝常导致深、浅探测电阻率同时具有正差异和负差异或无差异。

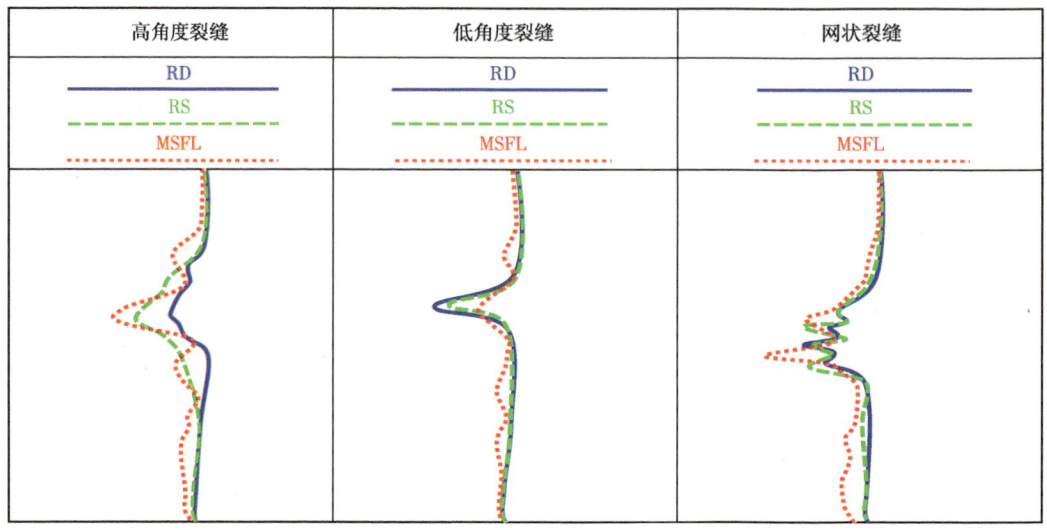

图3-1-11　不同裂缝产状所导致的深、浅探测电阻率差异特征

3. 裂缝导致电阻率与孔隙度之间的非相关性

孔隙性储层电阻率应随孔隙度增大而下降，但当地层中有低角度裂缝时，即使孔隙度很低，也会造成电阻率的剧烈下降；相反，如地层中只发育高角度裂缝，即使孔隙度较高，其电阻率降低也不明显。

4. 裂缝导致储层孔隙结构指数 m 值（胶结指数）的变化

对于孔隙性储层，其 m 值一般在1.7~2.2范围内变化。当储层中有裂缝时，因裂缝的导电截面积变化较小，可使 m 值接近于1。实验结果表明，对于低角度裂缝，m 值趋向于1.1，高角度裂缝趋向于1.5，网状裂缝接近于1.3。

四、测井交会图版识别裂缝

1. 孔隙度—电阻率交会法

在已知储层流体纵向分布条件下，对油气层做孔隙度与电阻率交会，如有明显落入水层区的点，应为裂缝所致。因为裂缝对钻井液的深侵入状态，使其电阻率总是呈降低的趋势，一般会降到含水饱和度50%刻度线以下。如×9井2452~2492m段，测试产纯气 $50.5×10^4 m^3/d$，但该段测井数据在电阻率与孔隙度交会图中却有相当多的交会点掉入含水饱和度高于50%的水区范围，如图3-1-12所示。显然这些交会点对应地层应是裂缝响应所致，因为在该层段内，没有隔层，不可能形成多个气水系统，因此判断该段裂缝发育。

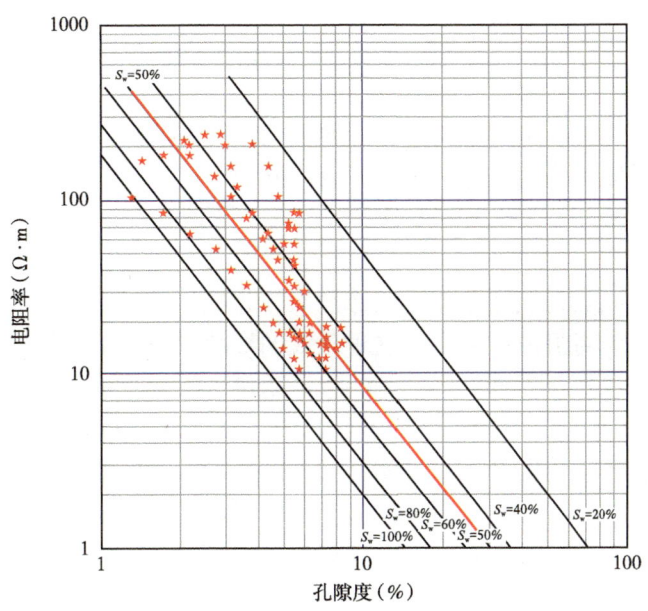

图 3-1-12　孔隙度—电阻率交会图识别裂缝

2. 孔隙度—含水饱和度交会图法

对于孔隙—裂缝型纯气层，其孔隙度与束缚水饱和度的关系在孔隙度—含水饱和度交会图中为单支双曲线函数，但因裂缝的深侵入特征，使其含水饱和度增高，而孔隙度并无变化，故导致交会点向曲线右侧偏离。因此在已知储层流体纵向分布条件下，对油气层做孔隙度—含水饱和度关系曲线，如有明显跳离双曲线函数特征的点子，应为裂缝所致。图 3-1-13 为 ×ZZ 井测试产纯气层段孔隙度—含水饱和度交会图，较多孔饱交会点明显偏离双曲线函数关系，应为裂缝发育所致。

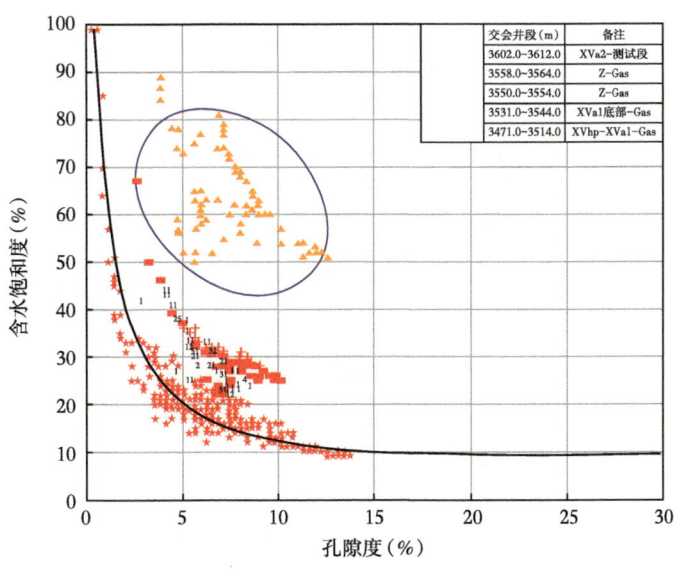

图 3-1-13　纯气层段孔隙度—含水饱和度交会图

第二节 宏观裂缝的成像测井识别方法

目前的成像测井主要有电成像测井和超声波成像测井两种。裂缝在这两种成像测井图上的形状基本一致，但探测效果有所不同，故需分别论述。

一、电成像测井

天然张开裂缝和泥质充填裂缝在电成像图上均为低阻黑色条纹，而被不导电矿物全充填的裂缝在成像图上为高阻白色条纹，这种条纹的形状取决于裂缝的产状，垂直缝为平行于井轴的竖直条带，水平缝为垂直于井轴的水平条带，斜交裂缝在展开的平面成像测井图上为正弦波形曲线。但以下几种情况将表现出异常的特征：一是受溶蚀的裂缝多表现为不规则且宽窄变化很大的暗色条带；二是相互交叉的裂缝可以形成网状、树枝状等组合的暗色条带；三是天然裂缝可以切割任何地质体，包括层理、角砾、不同岩性的地层；四是未充填的天然裂缝导电性较强，动态和静态图像电阻率较低，颜色均较深。图 3-2-1 是各类天然裂缝在成像图上的特征示意图。

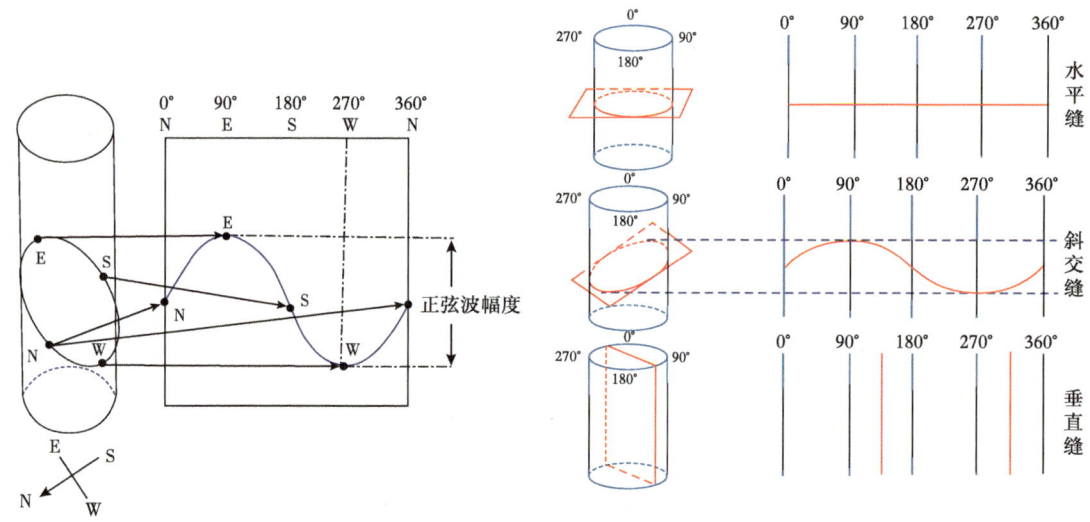

图 3-2-1　水平缝、斜交缝和垂直缝在成像图上的特征示意图

斯伦贝谢测井公司推出了全井眼地层微电阻率扫描成像测井（FMI）和方位电阻率成像测井（ARI）。FMI 在成像处理图上给出了静态和动态成像图。静态图中的图像色度是按统一的电阻率值刻度，因此可对全测量段成像图形的电阻率进行对比，有助于分析地层电阻率的高低和裂缝的发育程度，但常因图形与背景色调的反差较弱，使局部地质特征显示不够清晰；动态图中的图像是根据各井段图形的具体情况通过调节图像间和图像与背景间的色度使之相互间的色调反差增强，从而使目标图像更为清晰。所以在对地层和裂缝进行纵向对比分析时宜用静态成像测井图，在对某层段裂缝特征分析时宜用动态成像测井图，如图 3-2-2 所示。

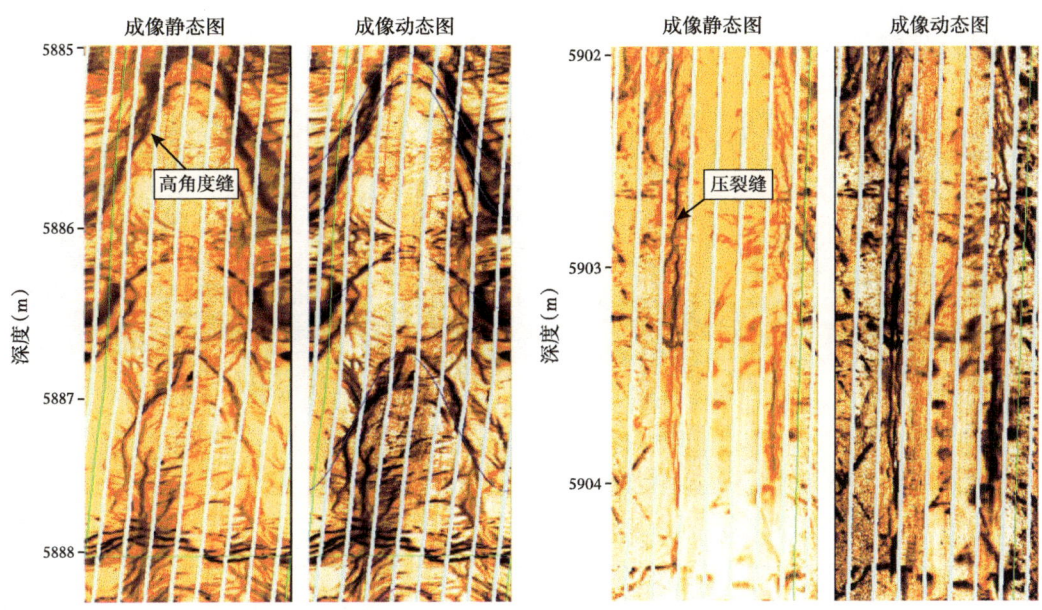

图 3-2-2　FMI 成像测井处理的静态图和动态图

此外在成像图右侧还常用不同颜色的蝌蚪图和玫瑰图标出相应深度处天然张开裂缝、天然充填裂缝、诱导裂缝、层界面以及相应的真倾角度数和倾向方位。如图 3-2-3（a）所示。蝌蚪图头（圆圈）位置指示裂缝的真倾角，蝌蚪图尾（短线）方向指示裂缝倾向方位；玫瑰图指示某一层段内裂缝倾向的变化状况，如图 3-2-3（b）所示，并可绘制出全井段裂缝倾向或走向的玫瑰图，如图 3-2-3（c）所示。

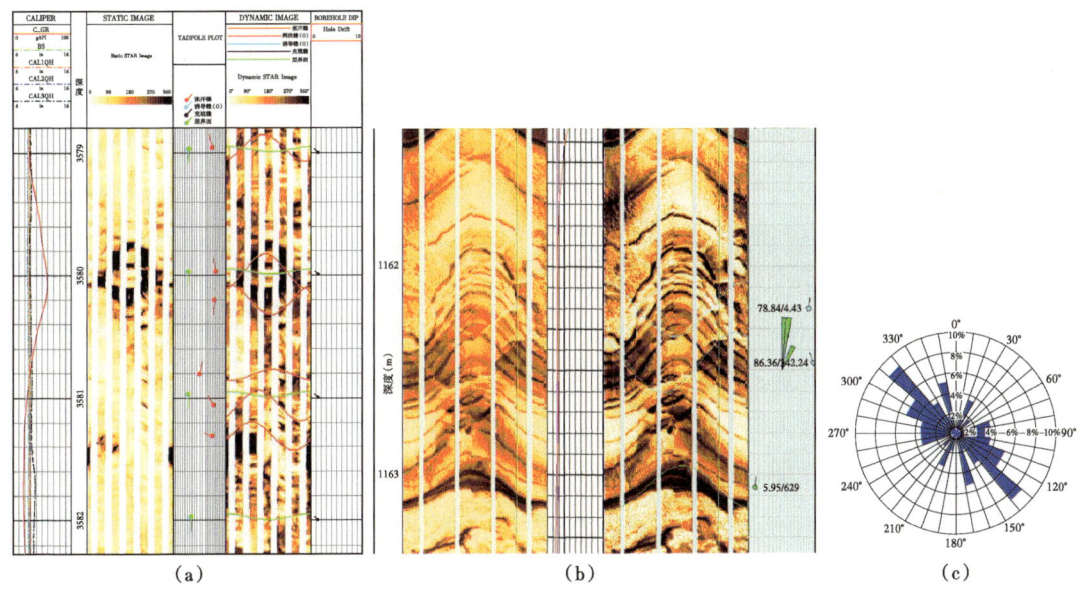

图 3-2-3　FMI 成像测井处理的裂缝产状图

图 3-2-4 给出了各种裂缝产状的电成像测井特征，图 3-2-5 总结了不同产状裂缝的常规测井和成像测井响应模式。

深度（m）
6552
6553
6564
6565
6566
5490
5491
6341
6342
6343
6650
6651
SX1井斜交缝
SX1井垂直缝
Z20井高角度缝
YB5井水平缝
YB5井网状缝

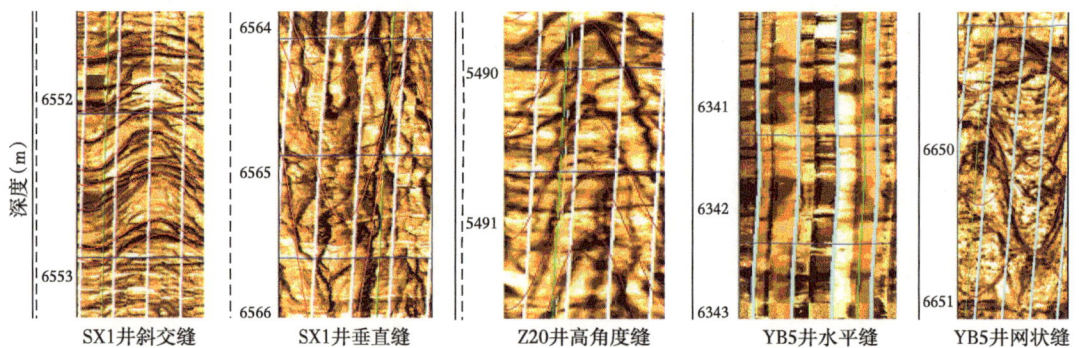

图 3-2-4　不同产状裂缝在成像测井图上的特征

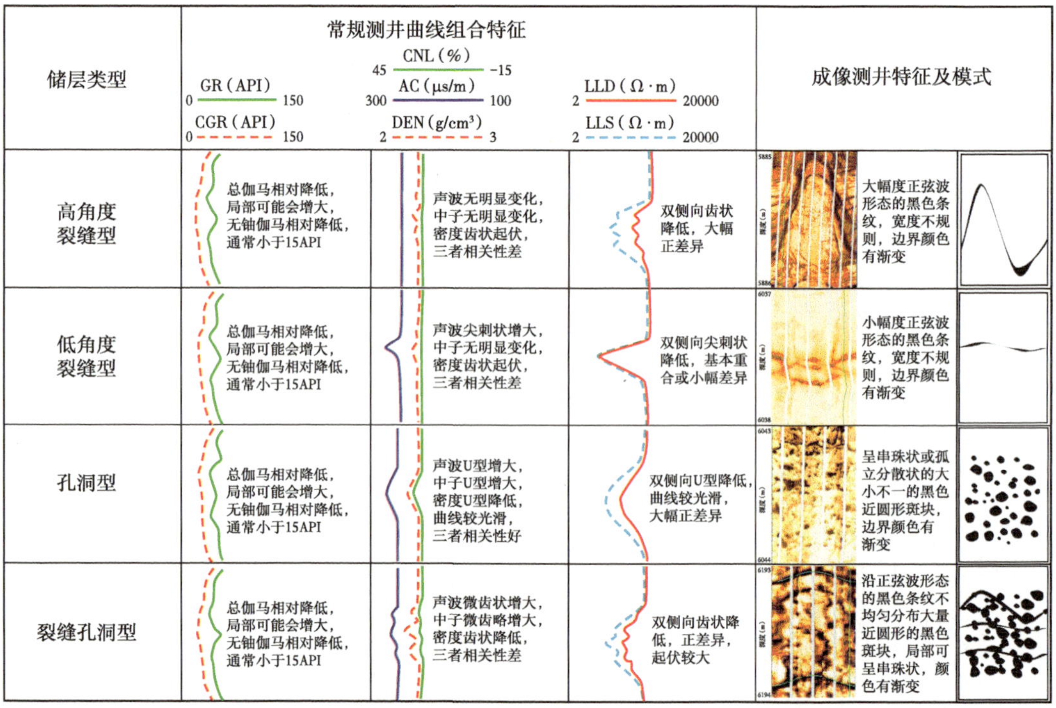

储层类型
常规测井曲线组合特征
GR（API） 0 150
CGR（API） 0 150
CNL（%） 45 -15
AC（μs/m） 300 100
DEN（g/cm³） 2 3
LLD（Ω·m） 2 20000
LLS（Ω·m） 2 20000
成像测井特征及模式
高角度裂缝型
总伽马相对降低，局部可能会增大，无铀伽马相对降低，通常小于15API
声波无明显变化，中子无明显变化，密度齿状起伏，三者相关性差
双侧向齿状降低，大幅正差异
大幅度正弦波形态的黑色条纹，宽度不规则，边界颜色有渐变
低角度裂缝型
总伽马相对降低，局部可能会增大，无铀伽马相对降低，通常小于15API
声波尖刺状增大，中子无明显变化，密度齿状起伏，三者相关性差
双侧向尖刺状降低，基本重合或小幅差异
小幅度正弦波形态的黑色条纹，宽度不规则，边界颜色有渐变
孔洞型
总伽马相对降低，局部可能会增大，无铀伽马相对降低，通常小于15API
声波U型增大，中子U型增大，密度U型降低，曲线较光滑，三者相关性好
双侧向U型降低，曲线较光滑，大幅正差异
呈串珠状或孤立分散状的大小不一的黑色近圆形斑块，边界颜色有渐变
裂缝孔洞型
总伽马相对降低，局部可能会增大，无铀伽马相对降低，通常小于15API
声波微齿状增大，中子微齿略增大，密度齿状降低，三者相关性差
双侧向齿状降低，正差异，起伏较大
沿正弦波形态的黑色条纹不均匀分布大量近圆形的黑色斑块，局部可呈串珠状，颜色有渐变

图 3-2-5　不同产状裂缝的常规测井和成像测井响应模式

二、超声波成像测井

斯伦贝谢测井公司用于裸眼井的超声波成像测井（Ultrasonic Borehole Imager，UBI）可同时测量声波幅度和传播时间（传播半径），通过处理可得到声幅成像和时间成像（井径成像）两种图形，可用于识别裂缝和了解井壁坍塌的方位和特征。利用声成像的两种成像图不仅可识别裂缝，还能评价裂缝的充填状态。因为当张开裂缝穿过井筒时，会使声波的

传播时间增长及声幅衰减，故在两种成像图上均可形成相应的黑色条带；当裂缝被泥质全充填时，因泥质的声阻抗与钻井液接近，故反射能量很弱，使声幅成像显示为暗色条带，但声波传播路径不能反映泥质充填裂缝，故传播时间成像图无响应；当裂缝被高密度的矿物，如方解石、白云石或硅质全充填时，因其声阻抗远大于钻井液，故反射能量很强，使声幅成像不能反映，同样声波传播路径也不能反映裂缝，故时间成像图也无响应。因此利用声波成像测井可鉴别无充填裂缝与泥质充填裂缝，以弥补电成像测井之不足。

三、声、电成像测井比较

1. 测井条件的比较

对井内流体性质的要求：FMI 和 ARI 适应于在水基钻井液中测量，一般不能用于油基钻井液中测量；UBI 适合在油基钻井液中测量，不适合在高密度钻井液中测量。

对井眼形状的要求：ARI 因探测深度较大，基本可用于各种井眼形状下测井；FMI 因探测深度很小，故要求井壁较规则、平整；UBI 因为是通过测量反射声波能量大小和传播路径长短来探测裂缝的存在和形状，因此不仅要求井壁较规则，而且椭圆度要小，否则将使图像杂乱，甚至产生很宽的无信号死区。

2. 探测裂缝效果的比较

三种成像测井都能识别裂缝，但以 FMI 的分辨率最高，可观察到十分细小裂缝及其产状。FMI 只能鉴别张开裂缝与非导电矿物充填裂缝，不能区分张开缝与泥质充填缝和泥质条带，因两者均为黑色条带。ARI 方位电阻率成像分辨率最低，只能反映张开度较大的裂缝或将多条邻近的细小裂缝反映成一条较宽的、较模糊的裂缝；UBI 对裂缝的分辨率介于 FMI 与 ARI 之间，对裂缝探测的优势在于可鉴别张开裂缝与泥质全充填或局部充填裂缝，可鉴别张开裂缝与泥质条带。

第三节 假裂缝的测井鉴别方法

对于天然裂缝，利用常规测井或成像测井的响应特征，一般可以较准确地予以识别。但是由于地层中存在着大量貌似裂缝而实际上不是裂缝的地质事件；此外还会遇到钻井中形成的各种诱导裂缝，会对天然裂缝的识别产生很大的干扰。因此在用测井信息识别天然裂缝时，必须排除这些非天然裂缝造成的假象。

一、非均匀岩石构造的鉴别

地层中的非均匀岩石构造可由特殊的沉积环境或成岩环境形成，也可由较强的构造运动产生。其中部分非均匀岩石构造的测井响应特征与天然裂缝十分相似，但它们一般不具有储渗价值，因此必须予以识别，否则将影响对裂缝性储层的正确评价。在碳酸盐岩地层中常见的非均匀岩石构造有薄层状构造、眼球状构造、石灰岩团块构造，燧石结核（条带）状构造和豹斑状构造等。它们自身的测井响应特征及其与裂缝响应特征的差异各不相同。

1. 薄层状构造

薄层状构造是指形成于水体深、浅变化较频繁的沉积环境中、单层厚度小于 0.1m 的一种成层构造。在与测井资料的对比分析中表明，当单层厚度小于 0.2m 时，其常规测井响应特征就会发生明显的变化，因此本书将单层厚度小于 0.2m 的层状构造称为薄层状构造。

薄层状构造的层界面通常呈水平或近水平状，层与层之间常含有泥质、有机质和束缚水，地层流体基本不能渗流，故不能构成有效储层。薄层状构造的测井响应特征与厚层状或块状构造具有明显的差异。如图 3-3-1 所示，薄层状构造在成像测井图上表现为一组近平行的、较规则的、与邻层反差明显的黑色条带。

  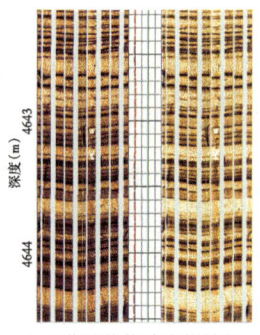

（a）薄层状构造与块状构造对比剖面　　（b）薄层状构造剖面　　（c）薄层状构造成像特征

图 3-3-1　薄层状构造地质剖面电成像测井特征

在常规测井图中，薄层状构造的双侧向测井电阻率呈尖刺状降低且深、浅电阻率基本重合或小幅度负差异；声波时差增高甚至"周波跳跃"；密度略降低且常呈锯齿状；中子孔隙度呈小幅度锯齿状增大；自然伽马和无铀伽马仅略有增大。但值得注意的是，由薄层纯石灰岩所形成的薄层状构造自然伽马可能较低，而由薄层石灰岩和灰质泥岩或泥岩互层所形成的薄层状构造自然伽马则相对较高。此外，层与层之间所含泥质或有机质的多少也同样影响自然伽马的高低，如图 3-3-2 所示。图中薄层状构造的常规测井特征与低角度裂缝特征十分相似，但成像测井图上的黑色条纹不仅基本相互平行，且宽度较稳定，与天然裂缝有显著的区别。

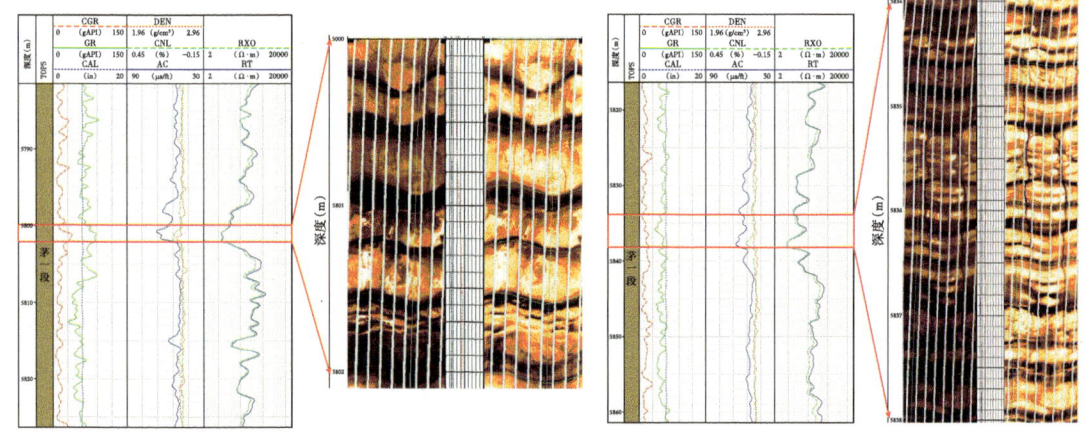

图 3-3-2　薄层状构造的常规测井和成像测井的响应特征对比

2. 眼球状构造

眼球状构造是发育于石灰岩地层中的一种特殊沉积构造。如图 3-3-3 所示，它由"眼球"和"眼皮"两部分组成，"眼球"为浅灰至深灰色、质地较纯的石灰岩，呈孤立的似扁球体状；"眼皮"为分布于"眼球"周围的深灰至灰黑色、含有机质的、呈连续弯曲的薄层灰质泥岩或泥质灰岩。"眼球"大小不均，其长轴较短的仅几厘米，较长的达数米，一般为20~50cm；"眼皮"的单层厚度一般仅几毫米。通常，由于"眼球"较致密，而"眼皮"则具有被束缚水充填的、十分微细的层间缝隙，只能通过电流而不能渗滤地层流体，故无储集意义。但在塑性相对较强的"眼皮"与脆性的"眼球"岩石间互的情况下，构造应力的作用易在"眼球"与"眼皮"之间以及"眼球"内部产生一些微细裂缝。这些微细裂缝在特定的沉积条件下可能储集一些自生自储的天然气，故在钻井中常有气侵、井涌，甚至发生井喷，在取出的岩心中也时有气泡冒出。但由于这些裂缝一般十分微小，连通性差，基质孔隙度极低，不能形成具有工业价值的产层。只有当"眼球"岩性很纯，"眼皮"不甚发育，又有断裂等强烈构造应力作用时，才可能形成低—中产气层。

眼球状构造的常规测井响应通常表现为自然伽马较高，一般大于40API且起伏较大，无铀伽马与总自然伽马起伏基本一致，但明显低于总自然伽马，出现大幅度分离，反映了有机质含量较高的特征；双侧向电阻率整体较低，但略高于薄层状构造，呈锯齿状起伏，基本重合或小幅负差异；声波时差呈锯齿状增大，局部甚至会"周波跳跃"，通常在50~65μs/ft之间；中子孔隙度变化较小，小幅增大，通常在0~4%之间；密度曲线呈齿状小幅降低，通常为2.6~2.7g/cm³；三孔隙度曲线变化趋势基本一致；在电成像测井图上，"眼球"为较圆滑的浅色扁球体被暗色或黑色不规则条纹包围，如图3-3-3所示。

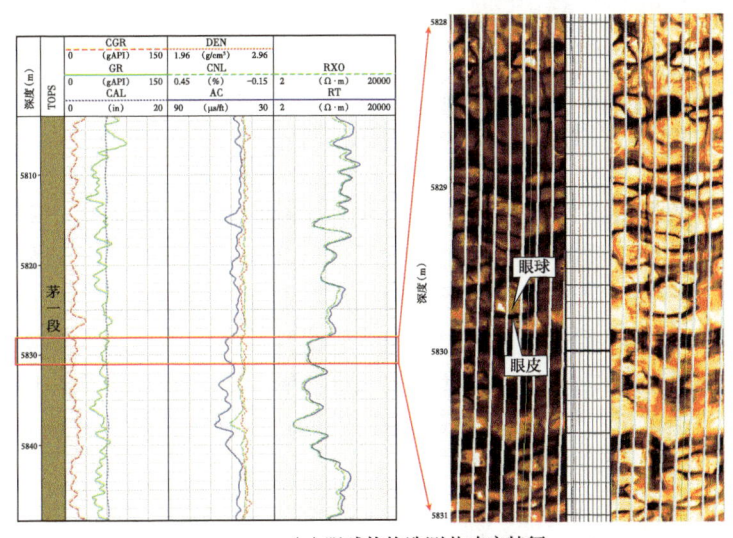

（a）眼球状构造测井响应特征　　　　　　（b）眼球状构造地质剖面特征

图3-3-3　眼球状构造在地质剖面中和电成像测井图上的特征

3. 石灰岩团块构造

石灰岩团块构造不是一种原生沉积构造，而是原始地层在较强的构造应力作用下发生的一种破裂现象。这种破裂所形成的裂缝基本被细粒物质或泥质充填，一般不能成为有效储层。

石灰岩团块构造的常规测井和成像测井响应特征与天然裂缝储层颇为相似，需予以鉴别。如图3-3-4所示，常规测井响应特征表现为自然伽马和无铀伽马同时齿状增大，有一定起伏；声波时差和中子孔隙度小幅增大，密度齿状小幅降低；双侧向电阻率微齿状降低，小幅正差异。与眼球状构造相比，石灰岩团块构造的声波及中子孔隙度的增大幅度以及电阻率的降低幅度都略小。在电成像测井图上，石灰岩团块构造与网状裂缝相似，同时又与眼球状构造具有一定的相似性。但石灰岩团块构造的浅色团块与眼球的最大差别是其具有不规则的棱角状特征，而眼球形状较圆滑。

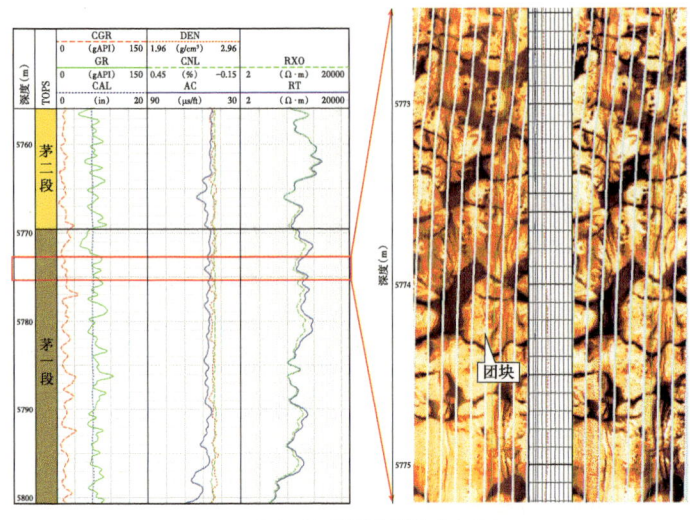
(a) 石灰岩团块测井响应特征

(b) 石灰岩团块地质剖面特征

图 3-3-4　石灰岩团块构造测井响应特征及地质剖面特征

4. 燧石结核（条带）构造

燧石呈孤立的团块状或连续条带状不均匀地分布于石灰岩中构成燧石结核或燧石条带状构造。这种非均匀岩石构造一般都很致密，不能成为储层，但其常规测井响应与天然裂缝具有一定的相似性，表现为较低的自然伽马和无铀伽马，声波时差小幅增大，中子孔隙度略有降低，密度小幅降低，双侧向电阻率略有增大，曲线较光滑，深、浅电阻率基本重合或小幅正差异。因此仅用常规测井曲线难以与裂缝性含气层相鉴别，但在成像测井图上具有很明显的近白色的团块或条带特征，与周围岩石形成鲜明的色度反差，易与天然裂缝相鉴别，如图 3-3-5 所示。

5. 豹斑状构造

豹斑状构造是由石灰岩局部白云岩化形成，白云岩化处孔隙度相对较高，但石灰岩基质孔隙度很低，白云岩斑块孤立，连通性差，无法形成有效储层。如古宋剖面上茅二$_b$中的一块具豹斑状构造的岩石，白云岩化豹斑处分析孔隙度为 1.5%~2%，而周围未白云岩化灰岩的孔隙度均在 1% 以下。由于豹斑状构造中的孔隙分布极不均匀，从整体来看，孔隙的连通性很差，很难形成有效的孔隙型储层，如图 3-3-6（a）所示。

豹斑状构造的常规测井响应特征是自然伽马相对较低；因白云石成分增多，使光电系数 P_e 值降低；密度升高，其增高幅度，取决于石灰岩白云岩化程度；声波时差、中子孔隙度因受白云岩化孔隙度增大影响而增高；双侧向测井电阻率小幅降低且有正差异，表明孔隙在径向上分布不均，如图 3-3-6（b）所示。豹斑状构造在电成像测井上特征不明显，难以识别，一般表现为非均匀孤立分散的黑色斑块，与溶蚀孔洞特征颇为相似。

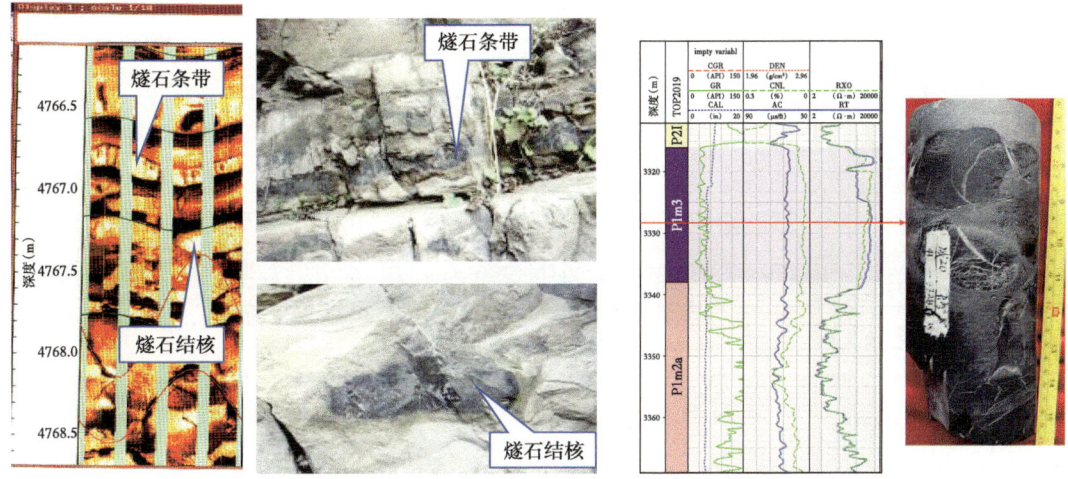

(a) 燧石结核（条带）成像测井及剖面特征　　(b) 燧石结核（条带）常规测井及岩心特征

图 3-3-5　燧石结核（条带）的测井、剖面及岩心特征

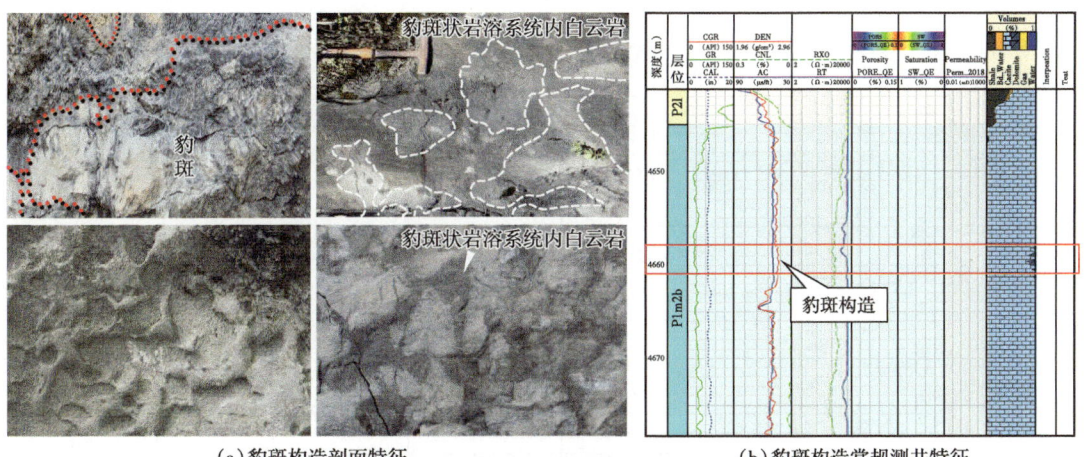

(a) 豹斑构造剖面特征　　(b) 豹斑构造常规测井特征

图 3-3-6　豹斑状构造的测井响应特征

对于各种非均匀岩石构造，可以根据它们特有的常规测井和成像测井响应特征予以识别，特别是成像测井更为有效。但当其几种非均匀岩石构造和天然裂缝交织在同一井段时，常会发生误判。这时最好再用井间对比方法来鉴别。

由于非均匀岩石构造都与沉积环境和成岩环境密切相关，因此在纵、横向上的分布应具一定的区域性和层段性，从而为利用测井曲线的纵、横向对比来鉴别创造了条件。如四川盆地川西北地区在茅一段发育的眼球状构造和栖一$_a$顶部的薄层状构造层就具有很好的区域性和层段性。薄层状构造声波增大明显，电阻率也显著降低，其形态变化在各井中具有很好的可对比性；眼球状构造的声波时差略有增大，电阻率降低幅度小于薄层状构造，但其形态变化在各井中仍然具有较好的可对比性，如图 3-3-7 所示。

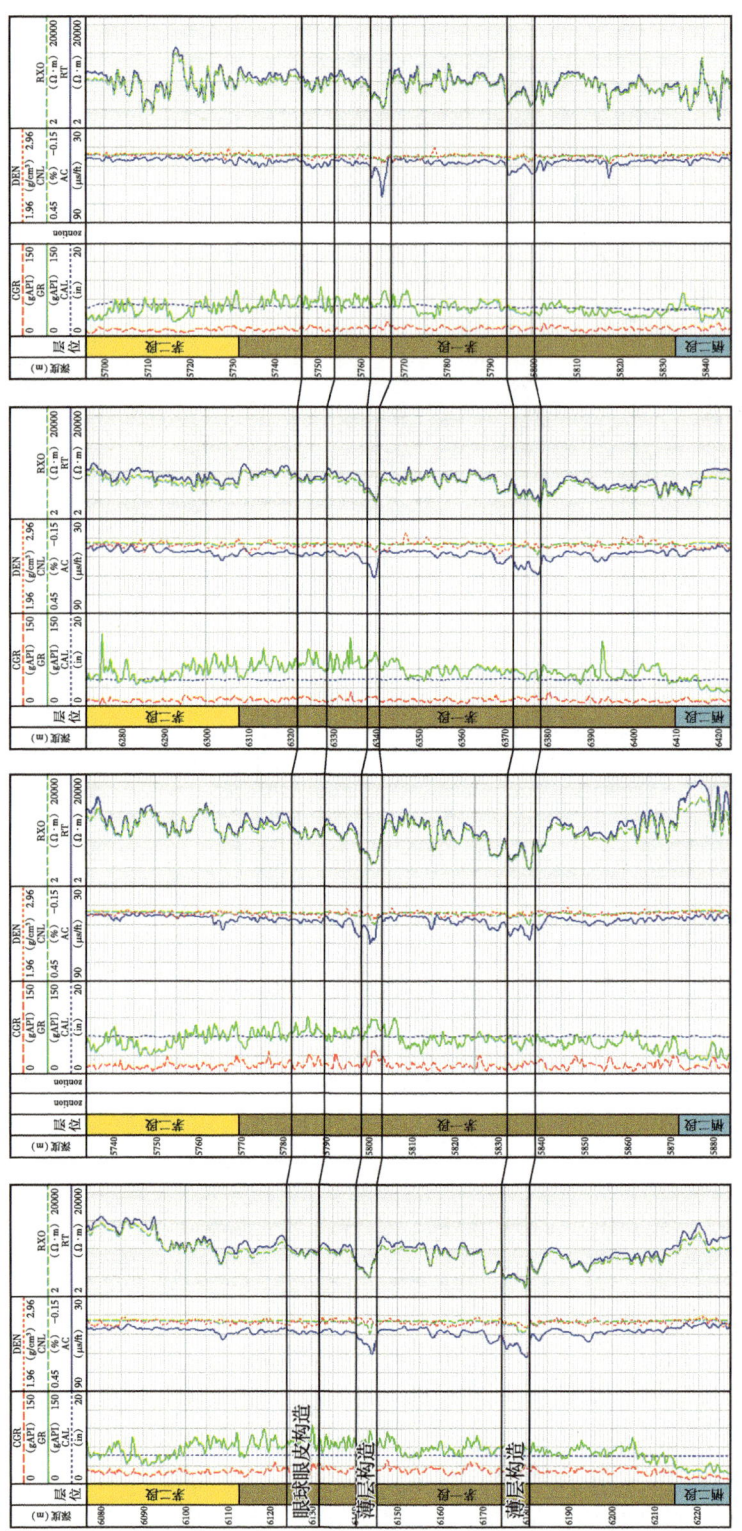

图 3-3-7 川西北地区茅一段薄层层构造和眼球状构造层的纵、横向对比

二、钻井诱导事件的鉴别

钻井过程中,由于地应力过强的非平衡性、钻井液密度选取不够合理等因素的作用,常会发生井壁坍塌、诱导压裂缝、应力释放裂缝等事件,而这些事件无论在常规测井还是成像测井中都会出现貌似天然裂缝的特征,很容易造成测井解释的误判。

1. 诱导压裂缝的鉴别

当钻井中遇到地应力非平衡性过强,或钻井液密度过高,或二者兼有时,将使井壁上产生的井周切向应力减小,尤其在最大水平主应力方向上可变为负值,于是由切向应力变为张性应力。一旦该张应力超过岩石的抗张强度 σ_t 与最小水平主应力之代数和时,则在垂直井筒中形成诱导压裂缝,其性质为垂直的张开裂缝,与天然裂缝有许多相似之处,不仅为其鉴别造成困难,而且还可能导致钻井液的严重漏失。这是由于压裂缝内无地层流体,故在钻井液漏入其中时不存在压力平衡问题,致使漏失将持续到缝内装满钻井液为止,因此漏速和漏失量都可能较大。如压裂缝一旦与储层或断层连通,其漏失量将难以估计,甚至造成钻井液失返,必须施行堵漏方可继续钻进。更为严重的是,一旦钻井液漏失量超过泵入量,使液柱压力下降,这时如果在压裂漏失段之上有高压储层,则可造成井涌,甚至井喷,以致形成钻井中"上吐下泻"的恶性事故。同样天然裂缝也会造成钻井液的漏失,且其漏速和漏失量会随裂缝发育程度、地层压力与钻井液柱压力之差的大小的不同而有很大的变化,但与对诱导压裂缝漏失的处理方法却不能一样,因为一般不能采用水泥堵漏的方法,这会造成对储层的巨大伤害。因此如何准确鉴别诱导压裂缝与天然裂缝就十分重要。

利用常规测井和成像测井均可鉴别诱导压裂缝与天然裂缝,如两者相互结合则不仅可以鉴别诱导压裂缝与天然裂缝,而且还可更清楚地认识诱导压裂缝的性质和特征。

(1) 常规测井识别方法。

在常规测井中,自然伽马和三孔隙度曲线对诱导压裂缝均无典型特征,主要根据双侧向电阻率的"双轨"现象来鉴别诱导压裂缝与天然裂缝。因为直井中的诱导压裂缝,其深浅双侧向电阻率曲线呈十分光滑、相互平行、小幅度的电阻率降低和大幅度正差异的特征,形状貌似铁轨,故称为"双规"现象,如图 3-3-8 所示。

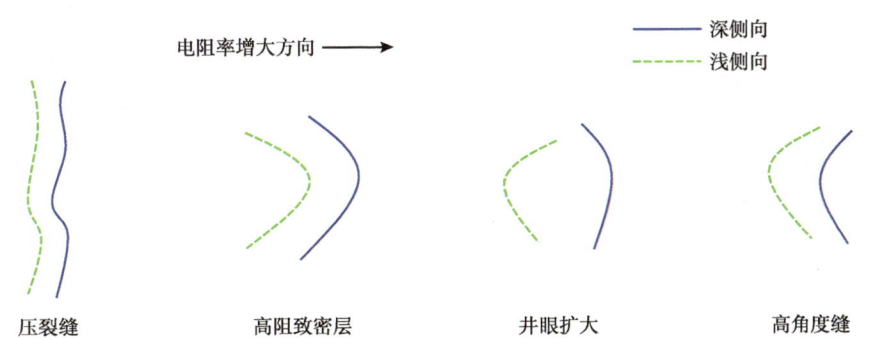

图 3-3-8 各种因素导致的双侧向电阻率正差异特征示意图

(2) 成像测井识别方法。

直井中的钻井诱导压裂缝在成像测井图上,由一条中间的张性裂缝和两侧的共轭剪切缝形成的黑色条纹组成。张性缝走向与最大水平主应力方向平行，且呈180°对称；共轭剪切缝或平行于张性缝，或呈羽状分布于张性缝两侧，这主要取决于压裂缝形成时的三轴向应力关系，如图3-3-9所示。

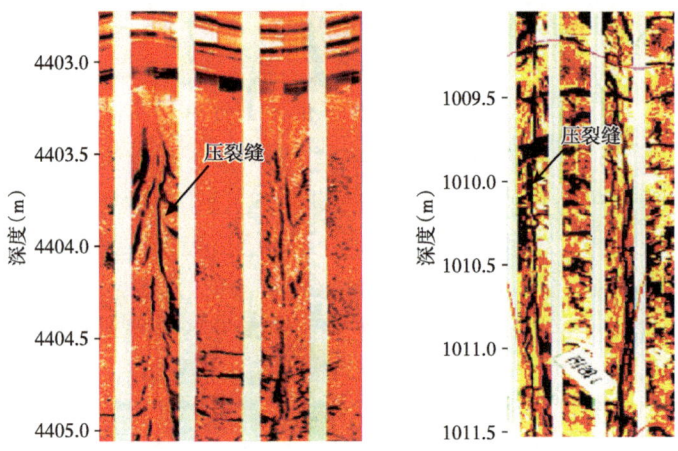

图3-3-9　直井中诱导压裂缝的成像测井特征

但在遇到下面几种情况时，压裂缝在成像测井图中的上述特征不复存在，给压裂缝的识别造成困难。

一是当上覆岩层压力为最小主应力时，压裂缝变为水平张性缝和低角度共轭剪切缝，与低角度天然裂缝极为相似，这时只能根据成像测井图上的黑色条纹是否规则、是否有充填和溶蚀特征来进行鉴别。

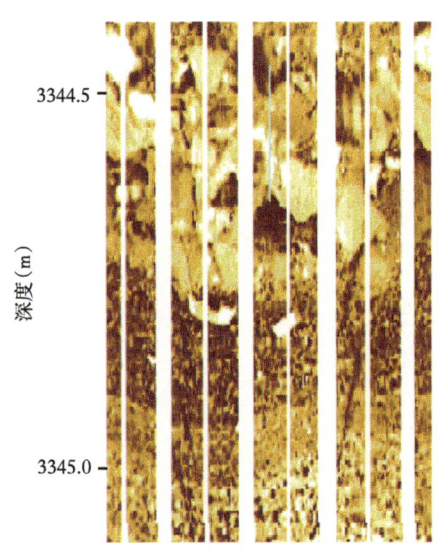

图3-3-10　斜井中的压裂缝在成像测井图上的特征

二是当井眼严重椭圆时，压裂缝的方向将受最小水平主应力S_h与最大水平主应力S_H的比值S_h/S_H与椭圆井眼短轴直径a对长轴直径b的比值a/b之间关系的控制。当S_h/S_H大于a/b时，诱导压裂缝产生在长轴方向；当S_h/S_H小于a/b时，诱导压裂缝出现在短轴方向。因此需要配合双井径测井曲线来解释。

三是压裂缝在斜井中的成像测井特征呈类似闪电或锯齿状，其张性压裂缝以一定的角度与井壁相交，裂缝面呈相互平行的单组系出现，但该裂缝并不完全切割井筒，而是分布在井壁上一个较窄的条带范围内，如图3-3-10所示。此时仍然只能根据成像测井图上的黑色条纹是否规则、是否有充填和溶蚀特征来进行鉴别。

2. 应力释放缝的鉴别

应力释放缝是地层被井钻开后，为保留有较多剩余应力的地层提供了应力释放的条件，而应力释放又会使地层中处于闭合状态的潜在的裂纹产生微小幅度的张开，这就是应力释放裂缝或称为卸载裂缝。由于在相对致密的地层中可保存较多的剩余应力，因此应力释放缝主要在致密层段出现。应力释放缝不仅可出现在井壁上，也可在取出的岩心中观察到。由于应力释放缝的张开度十分微小，径向延伸也非常浅，故在常规测井曲线上十分微弱，难以确认。因此主要在高分辨率的成像测井图上进行识别。

应力释放缝在成像测井图上表现为一组接近平行的、呈正弦波形态的黑色条纹，其拐点方位指示最大水平主应力方向。但一般波形都不完整，在顶端或底端不连续。图3-3-11是同一井段中的应力释放缝在常规测井和成像测井图上特征的对比。显然常规测井不能确定是否为应力释放缝，既可能是高电阻率的致密层，也可能是压裂缝；而成像测井可基本确定是应力释放缝，唯一可怀疑的是可能为一组高角度斜交裂缝，但从常规测井特征却可以肯定不是斜交裂缝，因电阻率并未降低，因此用常规测井和成像测井综合判断应力释放裂缝可提高判别准确性。

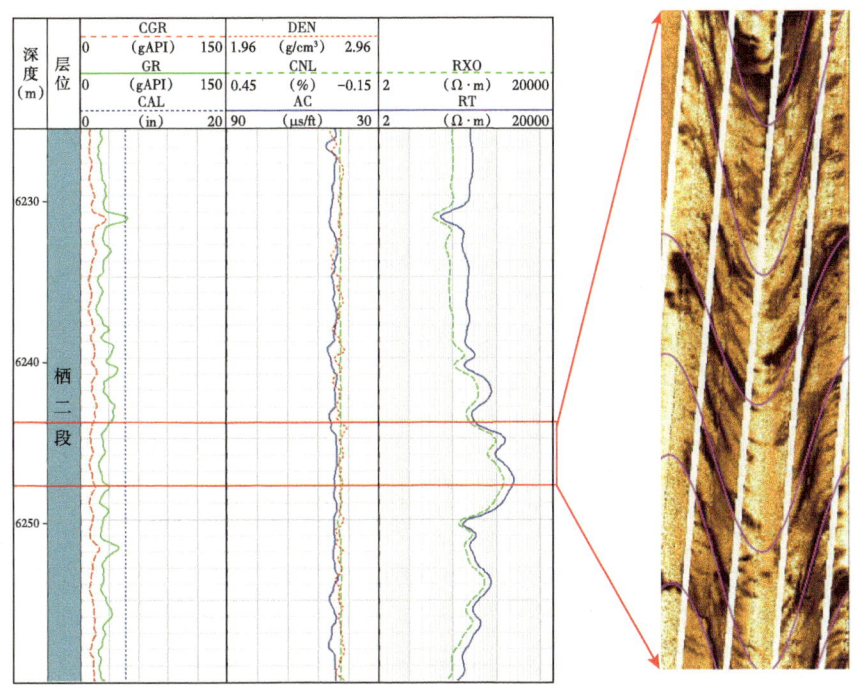

图3-3-11　应力释放缝的常规测井与成像测井响应特征

3. 井壁应力崩落的鉴别

当钻井中遇到地应力非平衡性过强，即最大水平主应力与最小水平主应力之差过大或钻井液密度过低，地层压力过低，或二者甚至三者兼有时，将使井壁上产生的井周切向应力增大，特别在最小水平主应力方向上，该切向应力迅速增加，一旦增加到能满足井壁岩石的剪切破裂条件时，就将发生井壁应力崩落。井壁应力崩落一定发生在最小水平主应力方向上，由此决定了它的特征是呈椭圆形，其长轴大于钻头直径，方向为最小水平主应力方向；短轴等于钻头直径，方向为最大水平主应力方向。根据上述这些特征，就可用测井资料鉴别天然裂缝与井壁崩落痕迹。

（1）常规测井鉴别方法。

用双井径测井可对天然裂缝与井壁应力崩落相鉴别，但首先需鉴别各种类型的井壁坍塌。因为井筒可能发生 5 种类型的井壁坍塌：除地应力性崩落外，还有发生于膏盐地层的溶蚀性坍塌，其形状基本为圆形，直径大于钻头直径；发生于泥岩地层的冲刷性坍塌，为椭圆形，其长、短轴均大于钻头直径；发生于井斜较大，且岩石强度较低井段的键槽状变形，为非对称的椭圆井眼；发生于具有弹塑流变特性地层的岩石弹塑变形井眼，呈椭圆形，其长、短轴均小于钻头直径，只有应力崩落性坍塌的椭圆井眼是长轴大于钻头直径，短轴等于钻头直径，由此可将其与其他 4 种井壁坍塌相鉴别，如图 3-3-12 所示。

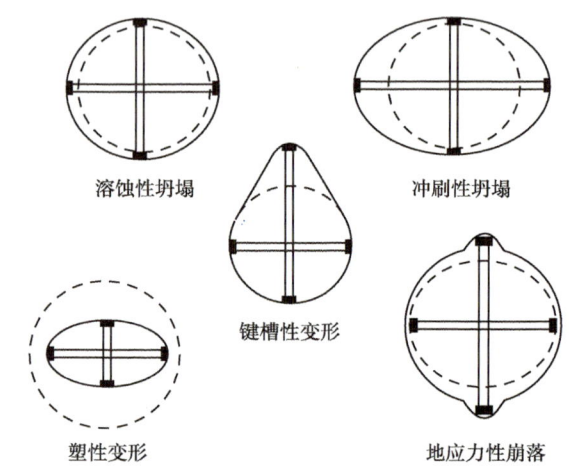

图 3-3-12　五种井壁坍塌的井眼形状及井径变化特征

在识别其为应力崩落性井壁坍塌后，可与天然裂缝相鉴别，因为天然裂缝段对应的井壁形状有两种情况：一种是井壁不发生任何坍塌的情况，此时井眼为圆形，且井径基本等于钻头直径。这是由于裂缝的发育，导致地层中的应力已大量释放，使地层趋于稳定所致。这时用其他常规测井曲线判断有无裂缝即可；另一种情况是井壁发生了应力崩落性坍塌，则需用裂缝识别测井来鉴别井壁应力崩落与天然裂缝。如指示的裂缝方向固定，且均在最小水平主应力方向上，则为井壁应力崩落所致，如指示的裂缝方向有不同程度的变化则为天然裂缝。

（2）成像测井鉴别方法。

井壁应力崩落无论在电成像还是声成像回波幅度测井图上均呈两条 180° 对称的黑色条纹。与天然垂直裂缝的区别在于以下三个特征：一是应力崩落具有严格的方向性和对称性；二是黑色条带宽度不稳定；三是不发生较大的弯曲，如图 3-3-13 所示。

4. 机械破碎裂缝的鉴别

钻井中由于钻具的旋转和振动会在井壁上产生一些细小的机械破碎裂缝。因其张开度和径向延伸均很小，对常规测井基本没有影响，仅在电成像测井图上呈一组类似正弦波形的暗色条纹，如图 3-3-14 所示。这些微细裂纹对储层的储渗性能没有贡献，故切勿将其当作天然裂缝。

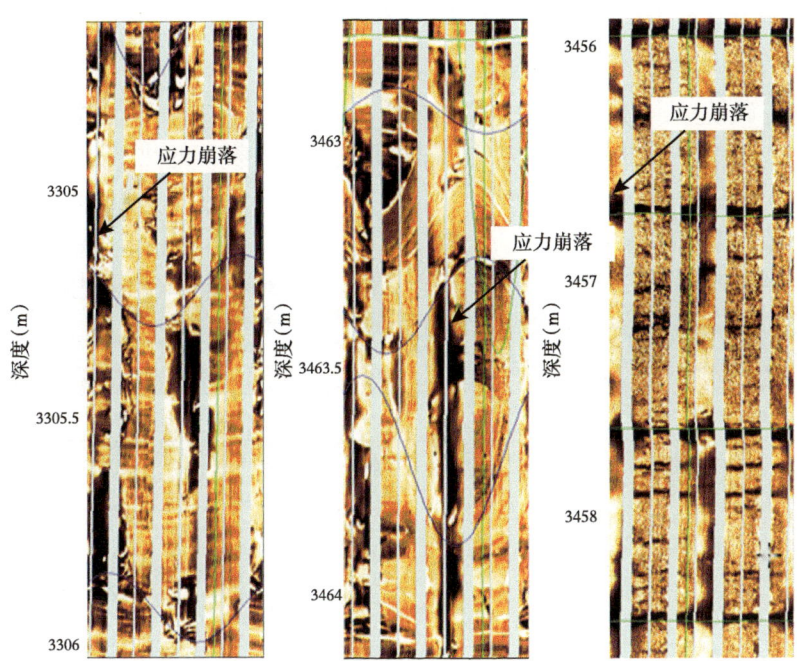

图 3-3-13　井壁应力崩落在成像测井图上的特征

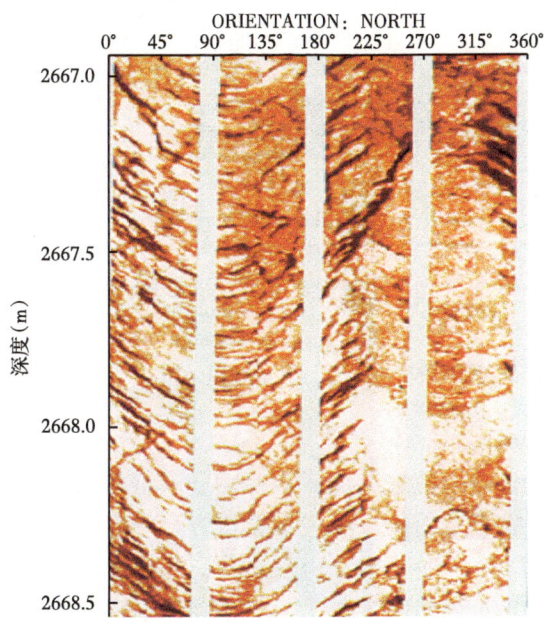

图 3-3-14　钻井机械破碎裂缝的成像测井特征

5. 井壁热差裂纹的鉴别

钻井中循环钻井液的温度与地层温度之间常有较大的温差，这种温差会产生一种热差应力增量 $\sigma^{\Delta t}$，其值可由以下公式计算：

$$\sigma^{\Delta t} = \frac{\alpha_t E \Delta t}{1-\mu} \qquad (3\text{-}3\text{-}1)$$

式中：E 为静杨氏模量，GPa；Δt 为地层与钻井液的温差，℃；μ 为泊松比；α_t 为线性热膨胀系数，（℃$^{-1}$），随地层中硅含量增多而迅速变大，因为石英的热膨胀系数比其他矿物高很多。

当井液柱温度低于地层温度时，产生的热差应力对井壁岩石起拉伸作用，因此当该热差足够高时，可在井壁产生拉张裂纹，如图 3-3-15 所示。因这些微细裂纹对储层的储渗性能没有贡献，故勿将其当作天然裂缝。

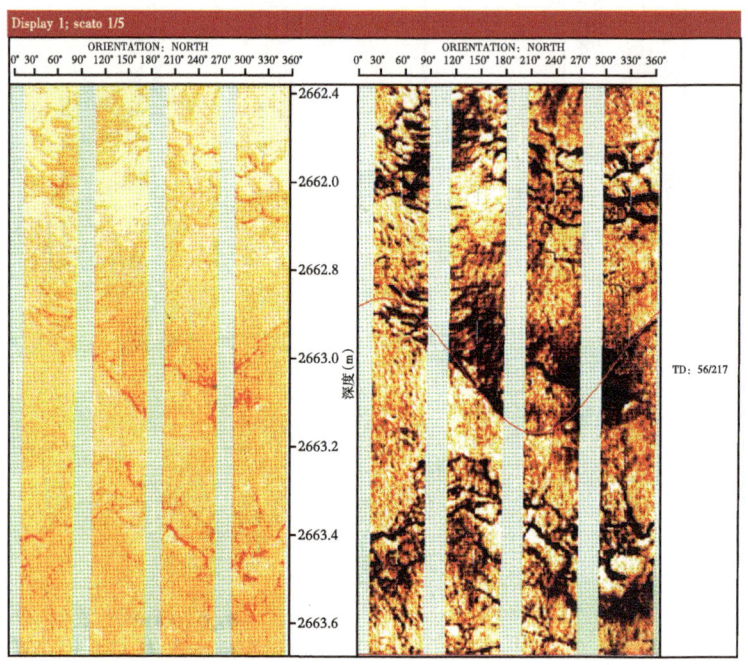

图 3-3-15　井壁热差裂纹的电成像测井特征

三、其他非裂缝地质特征的鉴别

1. 泥质条带

泥质条带普遍存在于各类岩性地层中，而且由于其成分、宽度、赋存状态的变化，使之测井响应特征与天然裂缝十分相似，需仔细分析方可予以鉴别。

（1）常规测井识别方法。

泥质条带的常规测井响应特征通常表现为自然伽马增高，电阻率"尖刺"状降低，中子孔隙度和声波时差增高，体积密度下降，如图 3-3-16 所示。但当地层中有机质含量增高或裂缝中沉淀了高放射性矿物时，也会造成自然伽马增高和电阻率降低，此时需参考自然伽马能谱测井判断是否为泥质。当缝被泥质全充填时，其自然放射性因受纯岩性致密围岩的影响而增高并不明显，而电阻率却因致密围岩对电流的屏蔽而明显降低，此时很容易误判为有效裂缝。对于这种情况，则需综合成像测井资料予以鉴别。

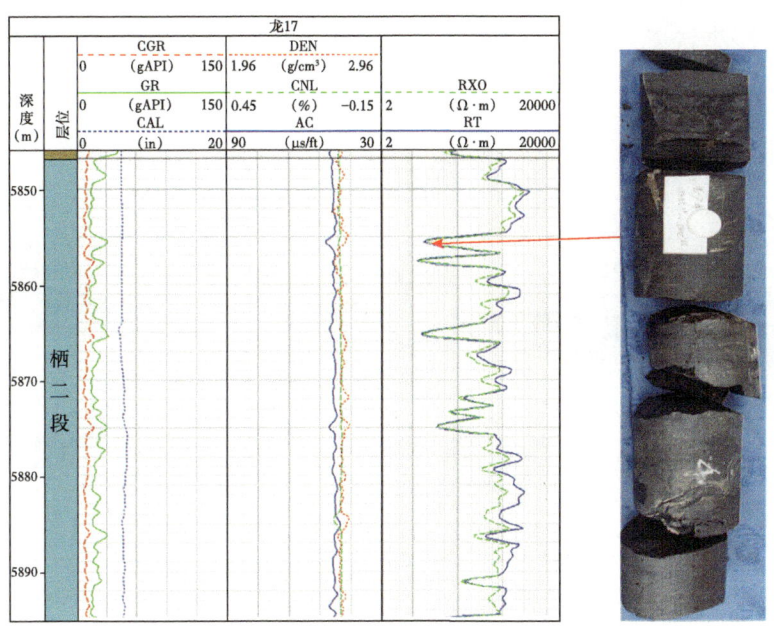

图 3-3-16　泥质条带的常规测井响应特征

（2）成像测井识别方法。

泥质条带在成像测井图上呈较规则的水平或近水平黑色条纹，且边界清晰，宽度较稳定，色调向外无逐渐变浅的浸染特征，如图 3-3-17 所示。天然裂缝有较明显的色度向外逐渐变浅和宽度多变的特征，均为裂缝中常有岩溶所致。

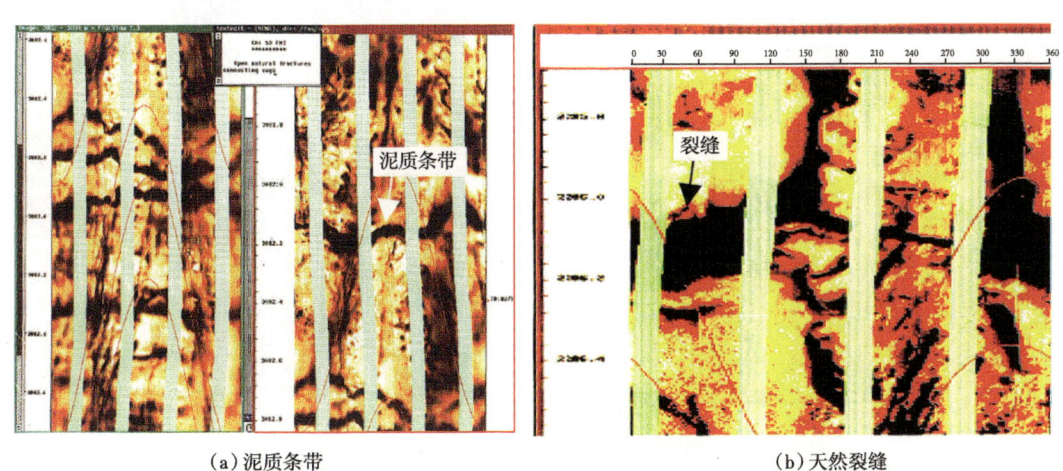

（a）泥质条带　　　　　　　　　　　　　（b）天然裂缝

图 3-3-17　泥质条带与天然裂缝的电成像测井特征对比

对于很细的泥质条纹或泥质全充填与局部充填裂缝可综合常规测井、电成像测井、声成像测井特征予以鉴别，如图 3-3-18 所示。如自然伽马增高，电阻率降低，成像测井暗色条纹不规则、宽度变化较大，无浸染特征则，声波井径图像无显示，则为泥质全充填裂缝,如图3-3-19所示。若自然伽马增高,电阻率降低,成像条纹不规则、宽度变化较大,有浸染特征,声波井径图像有连续或不连续的黑色条纹,则为泥质局部充填裂缝。

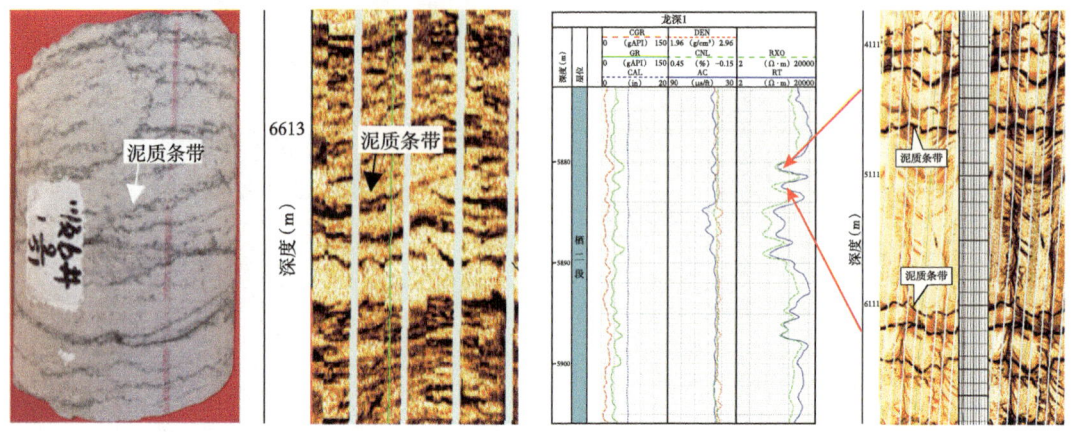

(a)泥质条带岩心照片及成像测井特征　　　　(b)泥质条带常规及成像测井特征

图 3-3-18　泥质条带电成像测井特征

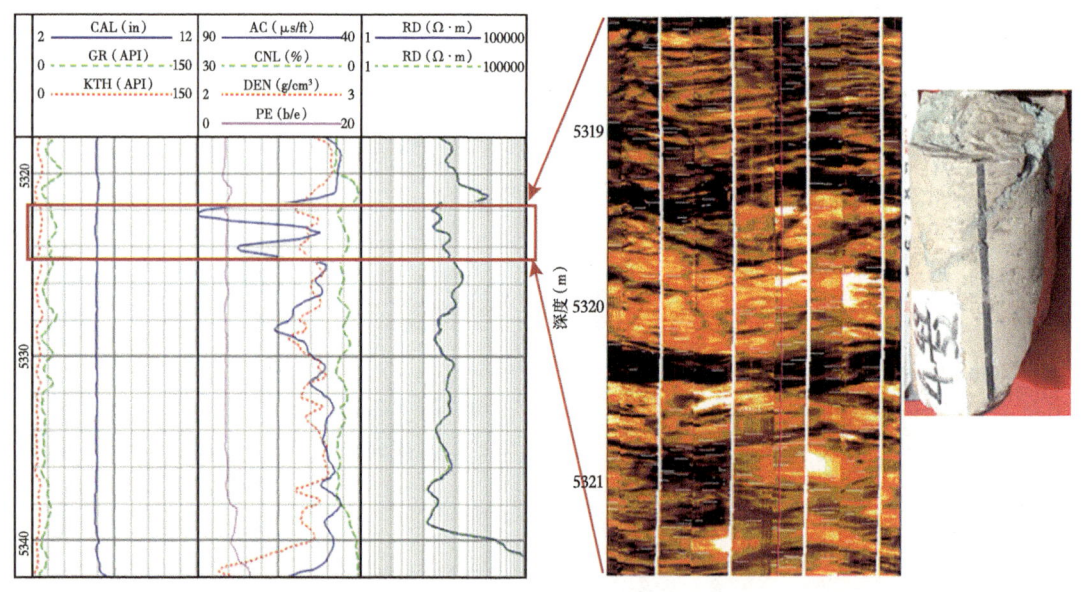

图 3-3-19　泥质全充填裂缝的测井响应特征及岩心照片

2. 缝合线

缝合线是岩石在地应力作用下发生压溶作用形成的裂纹。图3-3-20给出了缝合线的形成机理及形状特征示意图,图3-3-21是岩心和成像测井图上的缝合线,其中垂直压溶缝合线接近水平,水平压溶缝合线接近垂直。

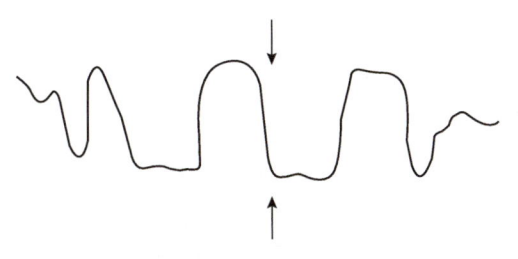 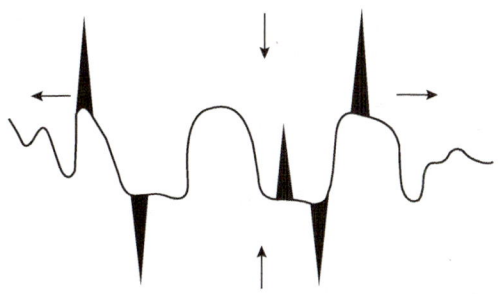

(a)单轴向压应力形成的缝合线　　　　　　(b)三轴向压应力形成的缝合线及张性裂纹

图 3-3-20　缝合线的形成机理

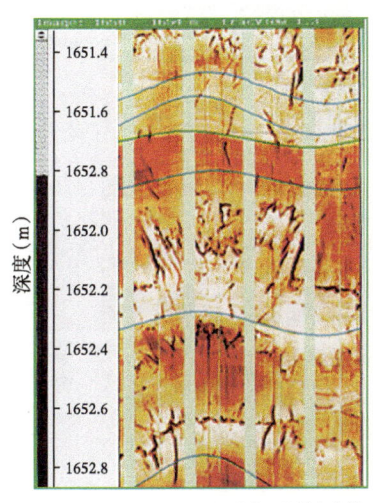 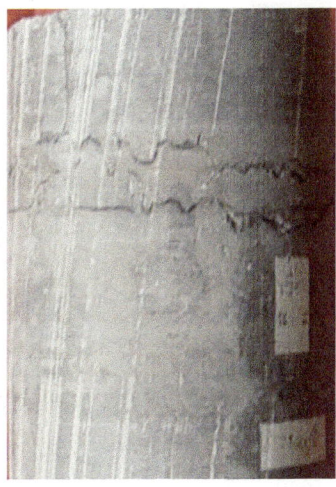

(a)垂直压溶缝合线电成像测井及岩心照片　　　　(b)水平压溶缝合线岩心照片

图 3-3-21　缝合线的成像测井及岩心特征

缝合线在常规测井图上没有明显特征，不能予以准确识别，这是因为缝合线一般都发育在致密地层中，因此常分布在双侧向电阻率出现高电阻率且常具正差异的层段。缝合线的识别主要根据成像测井图上呈一条以垂直于挤压应力方向的黑色线条为主，其两侧出现大量尖刺状的、接近平行于挤压应力方向的微细深色条纹。

3. 断层面和断层破碎带

断层面是断层两盘错动留下的破裂面。断层破碎带是断盘错动中因摩擦、牵引褶皱导致岩石破碎形成的裂纹。它们的作用和特征不仅与天然裂缝有所差异，而且不同类型的断层之间也不尽相同，需分别讨论。

（1）断层类型的识别。

正断层和逆断层在成像测井上的显著特征为断层面上下岩层的错动，而裂缝没有岩层的错动。当正断层通过井筒时，在常规测井图上看不到断点，只能看到地层的缺失；在成像测井图上可看到断层面，其形状虽与裂缝相似，但因对地层层面有上下错动的切割关系，而区别于天然裂缝，如图3-3-22（a）所示。当逆断层通过井筒时，在常规测井图上可看到断点和地层按顺序的重复状况；在成像测井图上可清楚看到上下盘地层的错动关系，如图3-3-22（b）所示。但在走滑断层中，其两盘地层基本为平行错动，因此在测井图上看不到地层的缺失和重复，只能看到类似于裂缝的响应特征。

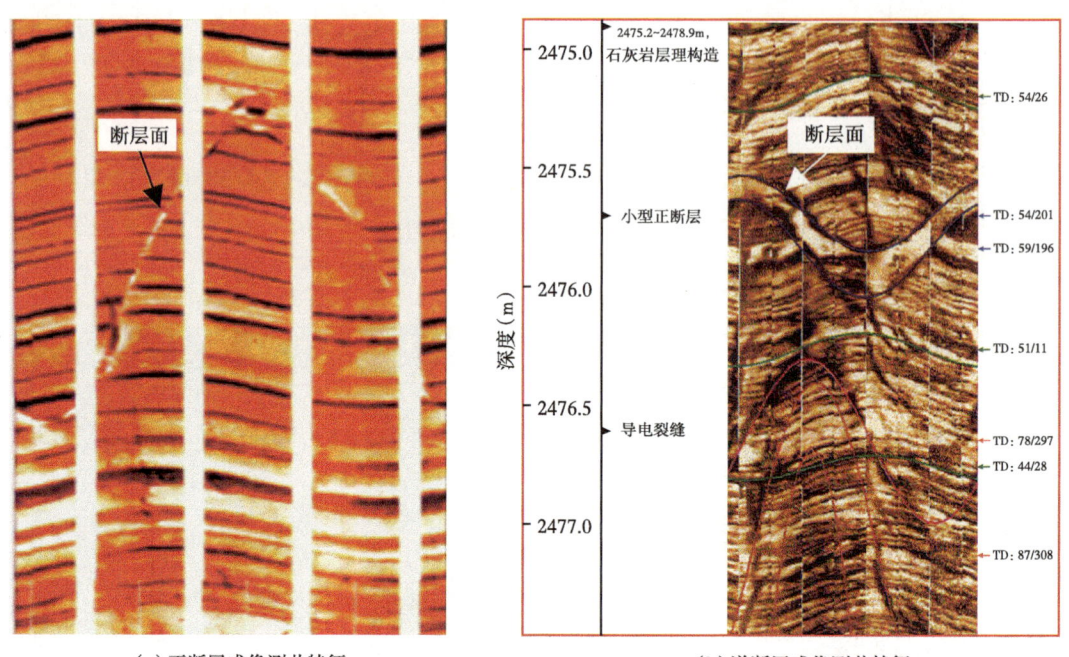

(a) 正断层成像测井特征　　　　(b) 逆断层成像测井特征

图3-3-22　断层面的成像测井特征

（2）断层面的差异。

逆断层的断层面是上下盘剪切错动形成的摩擦面。强烈的摩擦作用，一方面在断层面上产生了大量的断层泥，在断层面附近形成断层破裂带，表现为极度不规则的暗色条纹，还可见角砾的特征。因此当井身穿过断层面时，断点处一般会出现自然伽马增高和电阻率降低的特征，断点附近会常出现杂乱的裂纹，另一方面断上盘在向上移动中因受到巨大的摩擦阻力而使地层发生牵引褶皱，派生出次一级的褶皱裂缝。逆断层造成的岩石破碎带中的裂纹，如图3-3-23所示。

正断层和走滑断层的断层面上的摩擦作用远不如逆断层强，因此一般不会产生断层泥和断层破碎带，但在断层附近要产生与断层共生的天然裂缝。

4. 塑性地层揉皱

塑性较强的地层，如石膏层、泥质层在强大的构造应力作用下可能发生柔性变形而成为揉皱构造，其形状因地应力作用的大小和方向不同而各异。一般可见椭圆形或尖顶的"人"字形，如图3-3-24所示。

本小节对一些假裂缝的鉴别方法进行了详细解释，同时也绘制了各自的常规测井和成像测井的响应模式，如图3-3-25所示。利用该模式图可准确区分天然裂缝和各种假裂缝。

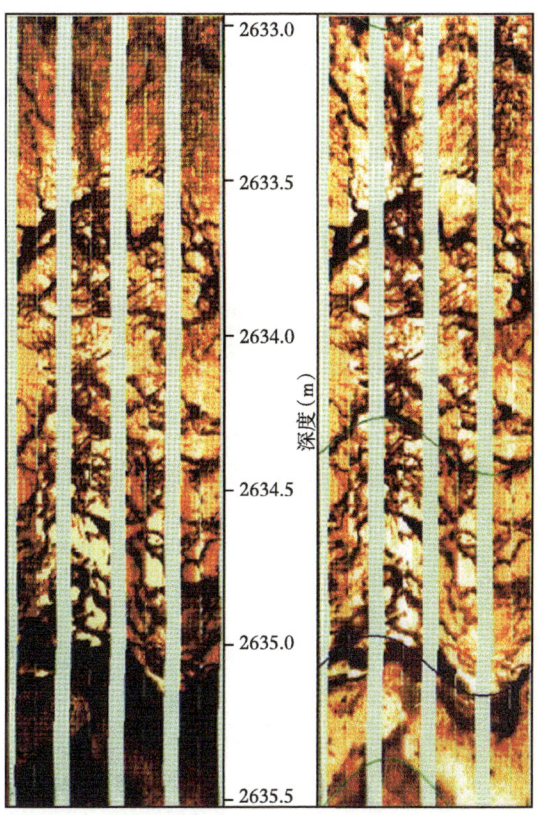

图 3-3-23 逆断层破碎带中的裂纹和角砾

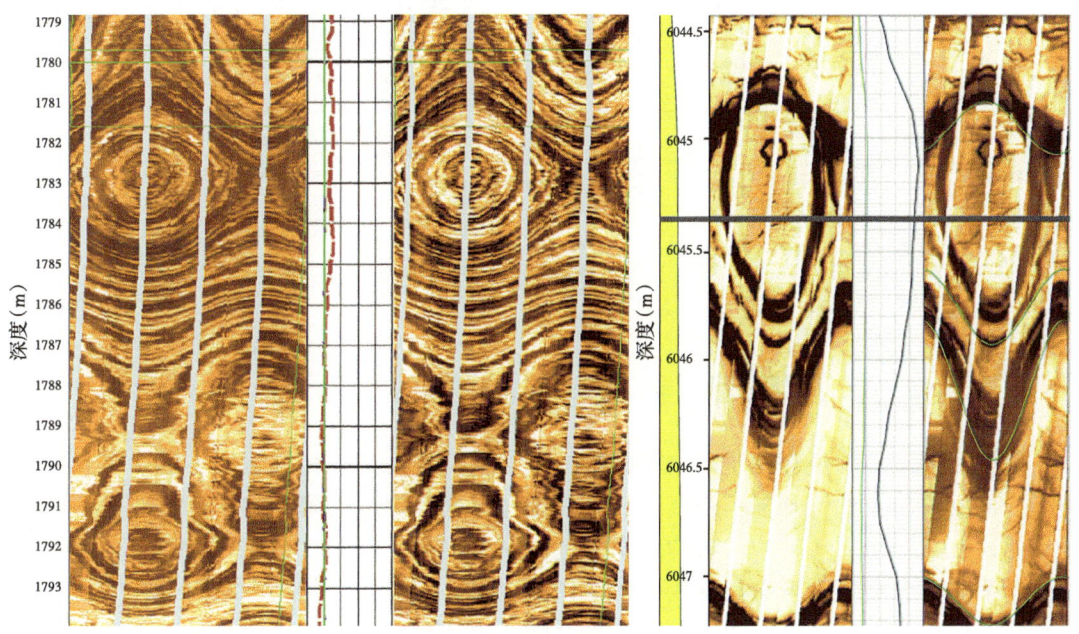

图 3-3-24 塑性地层揉皱构造的成像测井特征

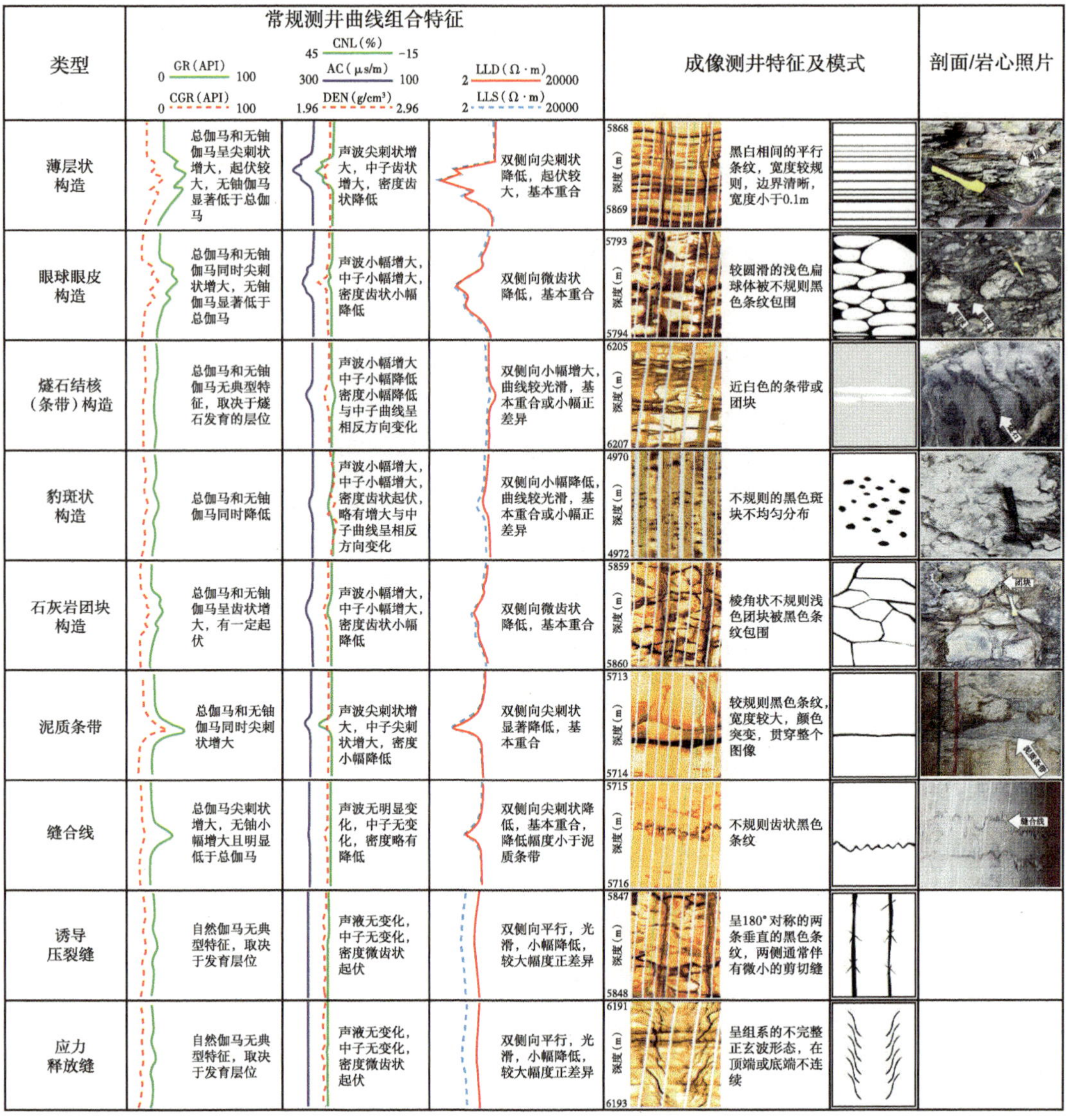

类型	常规测井曲线组合特征 GR(API) 0-100 / CGR(API) 0-100	CNL(%) 45 to -15 / AC(μs/m) 300-100 / DEN(g/cm³) 1.96-2.96	LLD(Ω·m) 2-20000 / LLS(Ω·m) 2-20000	成像测井特征及模式		剖面/岩心照片
薄层状构造	总伽马和无铀伽马呈尖刺状增大，中等起伏较大，无铀伽马显著低于总伽马	声波尖刺状增大，中子齿状增大，密度齿状降低	双侧向尖刺状降低，起伏较大，基本重合	5868–5869	黑白相间的平行条纹，宽度较规则，边界清晰，宽度小于0.1m	
眼球眼皮构造	总伽马和无铀伽马同时尖刺状增大，无铀伽马显著低于总伽马	声波小幅增大，中子中幅增大，密度齿状小幅降低	双侧向微齿状降低，基本重合	5793–5794	较圆滑的浅色扁球体被不规则黑色条纹包围	
燧石结核（条带）构造	总伽马和无铀伽马无典型特征，取决于燧石发育的层位	声波小幅增大，中子小幅降低，密度小幅降低与中子曲线呈相反方向变化	双侧向小幅增大，曲线较光滑，基本重合或小幅正差异	6205–6207	近白色的条带或团块	
豹斑状构造	总伽马和无铀伽马同时降低	声波小幅增大，中子小幅增大，密度齿状起伏，略有增大与中子曲线呈相反方向变化	双侧向小幅降低，曲线较光滑，基本重合或小幅正差异	4970–4972	不规则的黑色斑块不均匀分布	
石灰岩团块构造	总伽马和无铀伽马呈齿状增大，有一定起伏	声波小幅增大，中子中幅增大，密度齿状小幅降低	双侧向微齿状降低，基本重合	5859–5860	棱角状不规则浅色团块被黑色条纹包围	
泥质条带	总伽马和无铀伽马同时尖刺状增大	声波尖刺状增大，中子尖刺状增大，密度小幅降低	双侧向尖刺状降低，基本重合	5713–5714	较规则黑色条纹，宽度较大，颜色突变，贯穿整个图像	
缝合线	总伽马尖刺状增大，无铀小幅增大且明显低于总伽马	声波无明显变化，中子无变化，密度略有降低	双侧向尖刺状降低，基本重合，降低幅度小于泥质条带	5715–5716	不规则齿状黑色条纹	
诱导压裂缝	自然伽马无典型特征，取决于发育层位	声液无变化，中子无变化，密度微齿状起伏	双侧向平行，光滑，小幅降低，较大幅度正差异	5847–5848	呈180°对称的两条垂直的黑色条纹，两侧通常伴有微小的剪切缝	
应力释放缝	自然伽马无典型特征，取决于发育层位	声液无变化，中子无变化，密度微齿状起伏	双侧向平行，光滑，小幅降低，较大幅度正差异	6191–6193	呈组系的不完整正玄波形态，在顶端或底端不连续	

图 3-3-25 假裂缝的测井响应模式

第四节 微细裂缝的测井识别方法

微细裂缝不仅广泛存在于砂岩和碳酸盐岩，甚至在泥岩、页岩地层中也常有大量微细裂缝。储层评价及油气开采实践表明，微裂缝对提高储层渗透率和测试产量都有不可忽视的作用，尤其对于以页岩为代表的致密油气储层，因其孔径很小，宏观裂缝发育较少，使得微细裂缝对其油气开采更具有重要的作用和贡献。但是由于微细裂缝的张开度和长度都很小，不仅目前的常规测井曲线不能直接反映，就连高分辨率的成像测井也难以细致、全面地观察到，这就给微细裂缝的识别和评价造成很大的障碍。为此有必要在加深对微细裂缝地质特征认识的基础上,进而探索和寻找识别和评价微细裂缝的方法。

一、微细裂缝地质特征与测井响应的关系

微细裂缝虽然张开度小、长度短,造成常规测井信息响应非常微弱,难以直接识别单一微细裂缝的存在,但是微细裂缝多呈网状分布,无明显的组系性,因此其非均质性和各向异性比宏观裂缝低得多。这就使得常规测井信息对微细裂缝系统会有一定的综合响应,如电阻率降低、时差增高,中子孔隙度增大,从而为常规测井信息识别微细裂缝系统奠定了地质、物理基础。但是由于影响常规测井信息的地质因素较多,因此对微细裂缝的解释存在较大的多解性。

在高分辨率电成像测井图上可较清晰地看到宏观裂缝,并可对其形状、张开度、物性参数等进行半定量的描述;但对于微细裂缝只能大体看到其组合及分布状态,难以做精细的描述和评价,如图3-4-1所示。

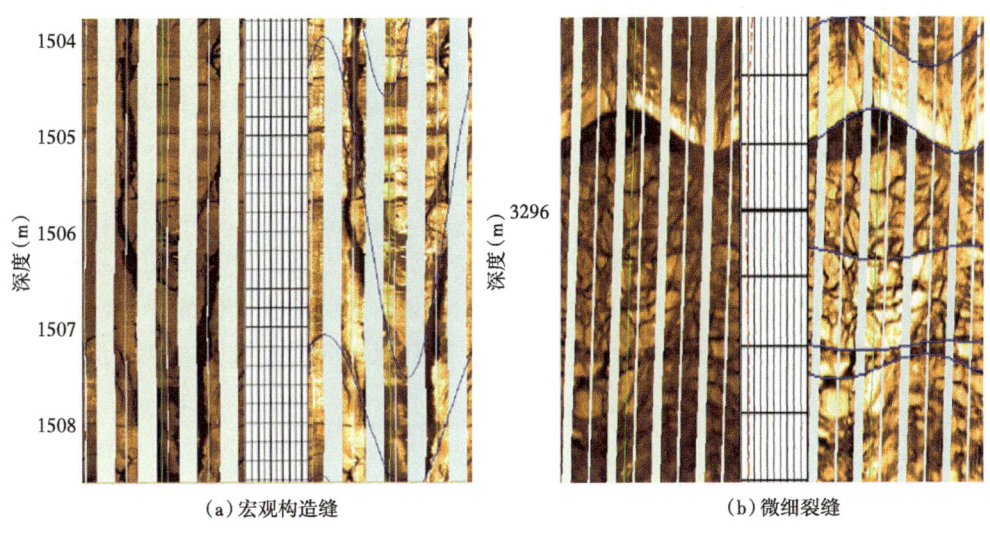

图 3-4-1　宏观构造裂缝和网状成岩微细裂缝的电成像测井特征

二、微细裂缝系统的综合测井识别方法

1. 补偿中子—声波时差(CNL—AC)交会法

由于微细裂缝系统多呈网状分布,故在地层中构成了多个波阻抗界面,导致声波时差增高,但由于裂缝孔隙度较低,使中子孔隙度很小,这样二者就会出现差异。因此,在鉴别确无宏观裂缝的条件下就可判断有无微细裂缝。例如阿姆河气田某井在3430~3470m、3303~3318m两段,成像测井判断无宏观裂缝发育,但在CNL—AC交会图中,3430~3470m段的中子—声波交会点(黄点)呈良好的线性关系,且十分平直,说明该段为孔隙性地层,无微细裂缝发育;而3303~3318m段的补偿中子—声波时差交会点(红点)却呈明显非线性特征,且在孔隙度增加很少的背景下,声波时差却明显增高,应是微细裂缝发育的响应特征,如图3-4-2所示。

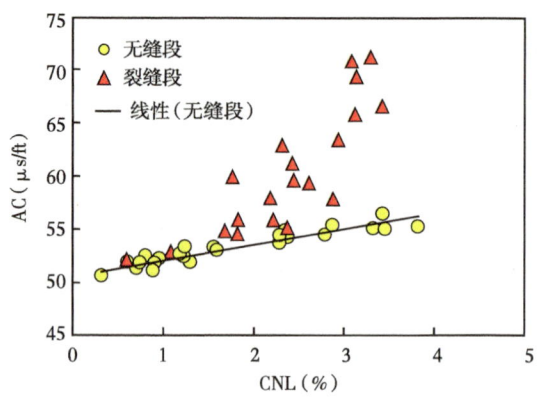

图 3-4-2　CNL—AC 交会图识别微细裂缝

2. 孔隙度—电阻率（ϕ—RT）交会法

当储层中既无宏观裂缝，又无微细裂缝时，其钻井液侵入深度较之有裂缝的储层浅得多，故当二者岩性和孔隙度相同时，无裂缝地层的电阻率将明显高于裂缝性储层的电阻率。因此可对油气层进行孔隙度—电阻率交会的关系来识别裂缝，再用成像测井来判别有无宏观裂缝，如孔隙度—电阻率交会结果有裂缝，成像测井显示无宏观缝，则有微细裂缝发育。如图 3-4-3 所示，由阿姆河气田某井气层段的 ϕ—RT 交会图可看出 ϕ—RT 具有两种关系，黄点呈良好的相关性，且电阻率值系统偏高；而红点的相关性明显变差，且电阻率值系统降低。由此可知黄点对应的层段以孔隙为主，且基本无裂缝发育，而红点对应的层段有裂缝发育。如成像测井显示无宏观裂缝，则红点对应的地层应为微细裂缝所致。

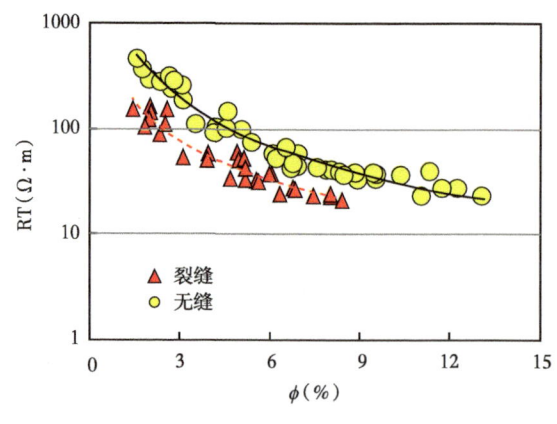

图 3-4-3　ϕ—RT 交会图

3. 实测与理论计算纵横波速度比关系分析法

（1）理论基础。

刘祝萍等实验结果表明同一岩样产生裂缝后所测纵波速度比产生裂缝前下降 20.9%~21.9%，横波速度下降 8.4%~16.9%。因此纵横波速度比和泊松比将随着裂缝的发育而降低。该实验结果为用纵横波速度比识别裂缝奠定了理论基础，但能否识别微细裂缝，还需解决两个问题：一是有无其他影响纵横波速度比的因素，如有，怎样消除这些因素；二是纵横波速度在精度或灵敏度上能否反映微细裂缝的存在。如解决不了这两个问题，则纵横波速度比对微细裂缝的识别只具有理论上的意义，而无实际应用的价值。

（2）消除非裂缝因素对纵横波速度比的影响。

纵横波速度比除受裂缝影响外，还有多种非裂缝因素的影响，如岩性、含流体类型、岩石承受的有效应力、孔隙度等。

①岩性影响。

对于致密岩石来说，v_p/v_s 值反映了岩性的变化，如石灰岩为 1.88、白云岩为 1.83、泥岩 1.7、岩盐为 1.79、黄铁矿 1.58 等。对于这一影响因素，根据测井优化处理结果，得到岩石成分及其百分含量，就可消除其影响。

②流体类型的影响。

众所周知，地层含天然气将使纵横波速度比下降，以此来鉴别气与水。但这就与对裂缝的判别相混淆了，因为它们均使纵横波速度比降低。幸好，纵横波速度比对含气饱和度的敏感区非常窄，仅在 0~15% 范围内，纵横波速度比才随含气饱和度增大而降低，如图 3-4-4 所示。由于通常纯气层的含气饱和度一般为 60%~85%，气水同层含气饱和度为 20%~60%，都在不敏感区，因此可将气层对纵横波速度比的影响当作常数，即可根据实际资料得到一个区域性的流体校正值：

$$\Delta \frac{v_p}{v_s} = \left(\frac{v_p}{v_s}\right)_水 - \left(\frac{v_p}{v_s}\right)_气 \tag{3-4-1}$$

这样对气层或气水同层的纵横波速度比只需减掉该流体校正值，而水层则不需减。

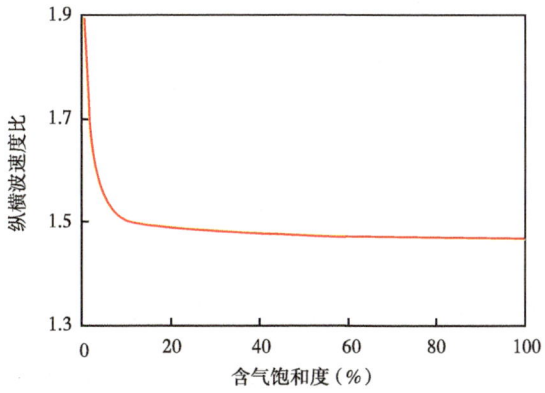

图 3-4-4　纵横波速度比与含气饱和度的关系曲线

③有效应力和孔隙度的影响。

实验研究表明岩性、有效应力和孔隙度均会影响纵横波速度比（图 3-4-5）[7]，因此可拟合出相应岩性在无裂缝发育状况下的有效应力、孔隙度与纵横波速度比的函数关系式，根据研究区地层的岩性、有效应力和孔隙度就可算出相应的纵横波速度比校正值。

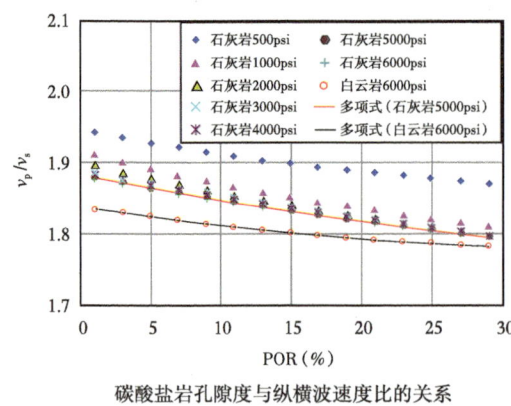
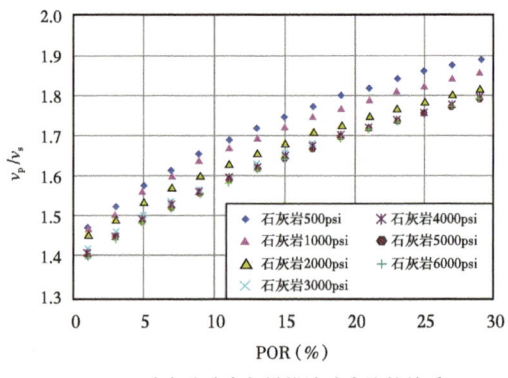

碳酸盐岩孔隙度与纵横波速度比的关系　　　　砂岩孔隙度与纵横波速度比的关系

图 3-4-5　在不同有效应力作用下孔隙度与纵横波速度比的关系

在对纵横波速度比进行了岩性、流体类型、有效应力、孔隙度校正后,其大小就可较准确地反映裂缝发育程度。基于成像测井判断无宏观裂缝发育时,则可评估微细裂缝的发育程度。

（3）应用方法。

由偶极横波测井或阵列声波测井提取的纵波和横波时差生成一条纵横波速度比曲线,再根据建立的裂缝识别模式,分别生成气层（包括气水层）和水层的裂缝判别标志线。比较纵横波速度比曲线与裂缝判别标志线,如纵横波速度比值低于标志线值的层段有裂缝发育再配合成像测井,如其上无明显宏观裂缝发育,则说明有微细裂缝发育;如成像测井图上只有宏观裂缝,可近似认为无微细裂缝发育,不会对储层评价造成大的影响;如成像测井图上同时具有宏观裂缝和微细裂缝,就需要计算微细裂缝发育指数。

如对于石灰岩储层有无微裂缝发育的判断可用以下模式:

对于气层和气水同层,有裂缝发育的判别模式为:

$$VPS < VPS_M - 0.1 - 0.0034\phi$$

对于水层：有裂缝发育的判别模式为：

$$VPS < VPS_M - 0.0034\phi$$

式中：VPS 是 v_p/v_s 的简写，VPS_M 是根据岩石成分百分含量计算的理论骨架纵横波速度比值。

如判断有裂缝,而成像测井显示无宏观裂缝,则应有微裂缝发育;如成像测井显示既有宏观裂缝,又有微细裂缝,则需计算微细裂缝发育指数。为此需首先把微细缝和宏观缝当成一个储集体,然后根据各井实测纵横波速度比 VP/VS 与理论计算纵横波速度比 VPVST 的关系,再计算综合裂缝发育指数,它同时包含了宏观缝和微细缝的信息。因此,用 VP/VS—VPVST 关系法计算的裂缝发育指数减去成像测井计算的宏观裂缝发育指数,就可得到微细裂缝的发育指数,用 FM3 表示,计算模型如下:

$$FM3 = (1 - VPVSDL/VPVSD) \times W3 - f(FPL, FVPA, FVDC, FVAH、FVTL) \times W4$$

$$VPVSD = VPVST - VPVS$$

$$VPVST = A3 \times POR^{\wedge}B3$$

式中：FM3 为 VP/VS 关系法计算的微细裂缝发育指数；VPVSDL 为 VP/VS 关系法计算出的裂缝指数下限，常数；VPVSD 为 VP/VS 关系法计算出的裂缝指数；W3 为 VP/VS 关系法计算出的裂缝指数权系数；FPL 为成像测井计算的宏观裂缝孔隙度下限，为常数；FVPA 为成像测井计算的宏观裂缝孔隙度，FVPA 为成像测井计算的宏观裂缝孔隙度；FVDC 为成像测井计算的宏观裂缝密度，条/m；FVAH 为成像测井计算的宏观裂缝张开度，μm；FVTL 为成像测井计算的宏观裂缝长度，m；W4 为成像测井裂缝孔隙度计算出的裂缝指数权系数；VPVS 为实测的纵横波速度比；VPVST 为仅与孔隙和上覆地层压力有关时，计算的理论 v_P/v_S，用以消除孔隙度上覆地层压力的影响；A3 为 VP/VS 与孔隙度有关的系数，常数；B3 为 VP/VS 与孔隙度有关的指数，常数。

4. 孔隙度指数 m 值识别方法

（1）方法原理。

阿尔奇公式中的 m 值在碎屑岩储层测井评价中定义为胶结指数，在碳酸盐岩储层测井评价中定义为孔隙结构指数，但不管如何命名，其实质都是储层空隙空间结构的反映。差异在于空隙空间结构变化的机理不同，在碎屑岩中的空隙空间结构主要与胶结程度相关；在碳酸盐岩中的空隙空间结构主要与裂缝和溶蚀孔洞的状态相关。

碳酸盐岩储层测井解释的理论研究及实际经验表明，m 值的物理意义是空隙空间导电截面积变化率的函数，变化率越大，m 值越大；相反，变化率趋向于零，则 m 值就趋近于 1，如图 3-4-6 所示[8]。图 3-4-6（a）和图 3-4-6（b）的导电截面积均不变，故 m 值均为 1；而图 3-4-6（c）和图 3-4-6（d）的导电截面积均发生变化，故 m 值将大于 1。

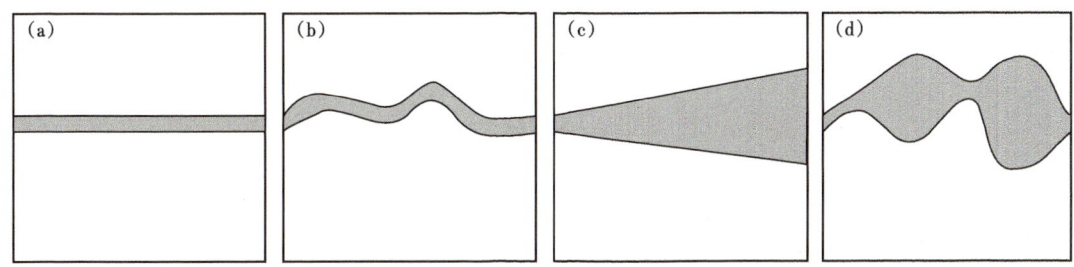

图 3-4-6 m 值物理意义示意图

将 m 值的物理意义引申到地质概念中，则需假定地层岩石骨架为绝缘体，只有储层空隙空间才能成为导电的路径，因此导电路径截面积的变化就取决于空隙空间类型及其组合结构的变化。

对于纯裂缝来说，其导电截面积的变化很小，故 m 值应接近于 1。但实际地层中的裂缝不可能总是平直的，常常由于溶蚀或充填的存在，使裂缝的宽窄和弯曲度都在变化，而且裂缝还经常连接着大大小小的溶蚀孔洞，因此 m 值应该大于 1。实际测算结果表明，它在 1.1~1.5 范围内变化，通常低角度裂缝趋向于 1.1，高角度裂缝趋向于 1.5，网状裂缝接近于1.3。

对于孔隙导电来说，由于孔、喉径变化比裂缝张开度变化大，使孔隙的 m 值大于裂缝，在实际地层中，一般为 1.7~2.2。对于孔洞型储层或缝洞型储层，其孔洞和缝洞的导电截面积变化率将比孔喉之间的变化率还要大，使其 m 值比孔隙的 m 值更大，一般可达到 1.8~4.0。对于纯溶洞的导电截面积变化率最大，故 m 值可达到 2.0~5.0，甚至更大。国外实验结果得到的 m 值与空隙空间类型的关系也基本符合上述规律，如图 3-4-7 所示[9]。

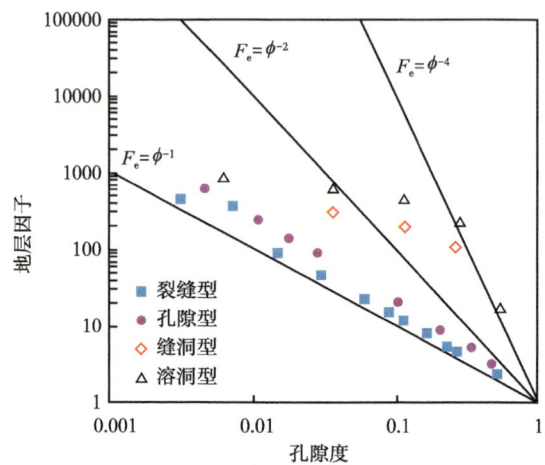

图 3-4-7　国外实验 m 值与空隙空间类型的关系

（2）m 值的计算方法。

①水层 m 值的计算。

可利用 100% 含水层的阿尔奇公式计算：

$$m = \frac{\lg \dfrac{R_w}{R_0}}{\lg \phi} \quad （3-4-2）$$

式中：ϕ 为孔隙度；R_w、R_0 分别为地层水和 100% 含水地层的电阻率，$\Omega \cdot m$。

②油气层 m 值的计算。

油气层的含水饱和度近似等于束缚水饱和度，而且饱和度指数 n 值在剖面中相对较稳定，可取区域性经验常数，于是可用阿尔奇公式计算 m 值：

$$m = \frac{\lg R_w - \lg R_t - n \lg S_{wir}}{\lg \phi}$$

式中：n、R_w、R_t、S_{wir} 分别为饱和度指数、地层水电阻率、深探测电阻率和束缚水饱和度。

第一步：计算毛细管束缚水孔隙度 ϕ_{wir}。

根据核磁共振测井得到的横向弛豫时间 T_2 曲线，由其在某种岩性的 cutoff 值积分面积为毛细管束缚水孔隙度；或由一条向 T_2 增大方向孔隙度逐渐变小的曲线（taper）积分面积求得毛细管束缚水孔隙度，如图 3-4-8 所示。研究表明，岩石的 T_2 截止值并不是固定值，而是一条向 T_2 增大方向孔隙度逐渐变小的圆锥性曲线。用水饱和样品进行离心前后测量结果也证明，束缚水和可动水之间并无截然分界线，即无固定的截止值。因此毛细管束缚水孔隙度应由 taper 曲线积分求得更为合理。

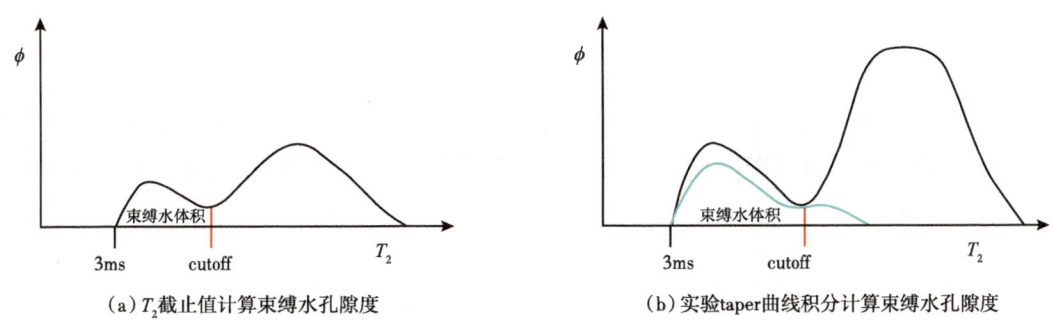

图 3-4-8　用 T_2 计算束缚水孔隙度的两种方法示意图

第二步：计算束缚水饱和度：$S_{wir}=\phi_{wir}/\phi_T$，其中 ϕ_T 为总孔隙度，可由核磁共振计算，也可用密度，中子测井资料计算。

第四章 裂缝性储层评价

裂缝性储层中并非只有裂缝，通常还有基质孔隙和溶蚀孔洞，而且这些不同的空隙空间还有着多样的组合状况，构成了不同类型的裂缝性储层，包括裂缝型储层、裂缝—孔孔洞型储层、裂缝—孔隙型储层。不同的裂缝性储层具有不同的储渗空间结构和流体赋存状态，使得测井响应机理和特征随之产生较大的差别，因此其储层参数计算、流体性质判别、储量计算、综合评价的方法会有所不同，与孔隙性储层所用的相关方法存在较大差异，这正是本章予以重点论述的内容。

第一节 裂缝性储层类型及解释模型

一、裂缝性储层的类型及测井划分方法

有裂缝发育的储层统称为裂缝性储层。但由于在裂缝性储层中，常有孔隙、洞穴发育，且孔、洞与裂缝的搭配和分布又经常不同，导致储渗性能、测试产量、最终采收率均有很大的差异，因此有必要对裂缝性储层进行分类。

根据对裂缝性储层中孔、洞、缝分布状况的调查和大量岩心、薄片的观测以及成像测井响应特征，可将其细分为裂缝型储层、裂缝—孔隙型储层、裂缝—孔洞型储层三类。

1. 裂缝型储层地质及测井响应特征

裂缝型储层的地质特征是由裂缝尺度和产状及其组合方式所决定。按其尺度的不同分为宏观裂缝型储层和微细裂缝型储层。宏观裂缝型储层又可按其裂缝的产状及组合方式的不同细分为高角度裂缝型储层、低角度裂缝型储层、网状裂缝型储层。微细裂缝型储层基本为网状裂缝型储层，但在层理十分发育的地层中，可出现低角度的微细裂缝型储层。

高角度裂缝型储层在成像测井上表现为倾角大于70°的正弦波形或近垂直的暗色条带。在常规测井图上表现为深、浅电阻率曲线呈正差异、较圆滑状的系统降低；声波纵波时差曲线基本无变化，接近岩石骨架的时差值，纵波能量基本不衰减；密度曲线可呈锯齿状变化或无变化，基本保持岩石骨架密度值；中子孔隙度曲线基本不增大或略有增大；井径曲线一般较规则。

低角度裂缝型储层在成像测井图上表现为倾角小于30°的正弦波形或近水平的暗色条纹。在常规测井图上表现为深、浅电阻率曲线呈尖刺状的负差异或无差异特征，且电阻率值剧烈下降；声波纵波时差增大甚至周波跳跃；密度曲线呈尖刺状降低；中子孔隙度曲线基本不增大，或略增大；井径曲线一般较规则。

网状裂缝型储层在成像测井和常规测井中都同时具有高角度裂缝和低角度裂缝的特征。

微细裂缝型储层在高分辨率的电成像测井图上可看到微细的黑色条纹。一般成岩微裂缝和成藏微裂缝呈网状分布；构造微裂缝呈组系分布，常与宏观构造裂缝并存。微细裂缝型储层在常规测井曲线上无特殊响应特征，不能直接用以识别。只能通过多种测井信息交会并配合成像测井进行综合解释方可识别，并可对微细裂缝的发育程度做出半定量的评价，具体方法详见第三章第四节微细裂缝的测井识别方法。

2. 裂缝—孔洞型储层地质及测井响应特征储层

裂缝—孔洞型储层可细分为两类：一类是孔洞与裂缝呈分离状态，称为洞缝型储层。这可能是裂缝形成于孔洞发育之后的缘故。因为在同一地层中，裂缝的发育与孔洞的存在呈负相关性，故使裂缝与孔洞相互分离，从而造成了主要储集空间与渗流通道的分离。另一类是孔洞基本沿裂缝或沿层面分布，或沿层面与裂缝交会处分布，统称为缝洞型储层。这可能是由于孔洞形成于裂缝发育之后的缘故，因为地下水主要沿裂缝渗流所致。这类储层的裂缝和孔洞既是储集空间又是渗流通道，因此最终采收率可能远高于洞缝型储层。

裂缝—孔洞型储层的常规测井响应同时具有裂缝和孔洞的响应特征。其电阻率下降明显，且同时具有尖刺状和圆弧状降低特征，深、浅电阻率差异特征取决于裂缝的产状及组合状况；声波时差具有程度不同的增大；密度兼有尖刺状和圆弧状降低的特征；中子孔隙度具有程度不同的增高；井径常有扩径特征。如综合分析常规测井曲线的特征，可发现裂缝—孔洞型储层的三孔隙度曲线常呈强烈的非相关性，其通常情况是中子孔隙度增大，声波时差增大与否取决于缝洞的连通性，密度呈不规则的起伏；电阻率曲线特征主要受裂缝产状及发育程度的控制，即电阻率曲线起伏越大、越多，深、浅电阻率差异越明显，表明缝洞越发育。

3. 裂缝—孔隙型储层的测井划分方法

裂缝与岩块基质孔隙并存的储层为裂缝—孔隙型储层。孔隙是主要的储集空间，裂缝是主要的渗流通道，孔隙与裂缝中具有不同的流体赋存状态。在原状油气层中，裂缝基本被油气充满，其饱和度可达90%以上，但孔隙的油气饱和度则随孔隙结构的变化和裂缝发育程度的不同而有很大的差异，一般可在50%~80%的范围内变化。在井剖面中，由于钻井液对裂缝的深侵入，使得在测井仪器探测范围内的裂缝中基本被钻井液充满，但在孔隙中，则由于钻井液呈切割式侵入而可基本保持原始的含油气状态。

基于裂缝—孔隙型储层特有几何特征和流体赋存状态，使声波、中子孔隙度增大，密度呈锯齿状起伏，电阻率曲线在圆弧形降低的背景上间断出现齿状降低，深、浅电阻率曲线差异性质取决于裂缝的产状。裂缝—孔隙型储层的成像测井特征表现为在整体深色背景上隐约可见黑色的正弦波形态条纹。

二、裂缝性储层的测井解释模型

对裂缝性储层类型的划分及测井响应特征的描述只能定性地评价储层。为此必须在充分认识各类裂缝性储层对流体的储集、赋存、渗流以及侵入状态的基础上建立测井解释模型。

影响各类裂缝性储层流体的储集、赋存、渗流以及侵入状态的基本因素有三个：一是裂缝的产状及组合特征；二是被裂缝所切割岩块的形状、大小及被裂缝封闭的程度；

三是孔隙、孔洞在裂缝和岩块中的分布状况。正是这三个基本因素决定了裂缝性储层的测井解释模型。

1. 裂缝与岩块的组构模型

裂缝与岩块的组构模型是依据裂缝的产状、组合特征、对岩块的切割方式及封闭程度来建立的。共有单组系垂直缝开启式模型、单组系水平缝开启式模型、多组系垂直缝开启式型模型、多组系网状缝闭合式模型等四种模型（图2-1-4）。

裂缝与岩块的组构模型是裂缝性储层评价的根本模型，它决定了储层中各种裂缝之间的关系，裂缝与被切割岩块之间的关系。所以它控制了裂缝中流体与岩块孔洞中流体的状态、钻井液对裂缝和岩块侵入的特征、裂缝导电性与岩块导电性的关系。因此它成为建立孔隙度、渗透率、饱和度计算模型的依据。

2. 流体分布模型

流体分布模型是建立在常规测井径向探测范围内裂缝与被裂缝切割的岩块孔洞中的流体类型及其饱和度的模型，如图4-1-1所示。

单组系水平裂缝储层的流体分布模型：裂缝被钻井液充满，即钻井液饱和度$S_m=1$；岩块孔洞中的含流体状况分为两部分，靠近井筒一侧为钻井液与地层水的混合液，其饱和度为$S_x=S_{wb}^{\frac{1}{2}}$；背离井筒一侧为地层水，其含水饱和度为S_{wb}。

单组系高角度裂缝性储层的流体分布模型与单组系水平裂缝储层相同，仅在分布方式上有差别，使得导电模型不同。

开启型多组系高角度裂缝储层的流体分布模型：裂缝被钻井液充满，即钻井液饱和度$S_m=1$；岩块孔洞中含地层水，其含水饱和度为S_{wb}。

闭合型多组系裂缝储层的流体分布模型与开启型多组系高角度裂缝储层相同，仅在分布方式上有差别，使得导电模型不同。

单组系水平缝储层模型

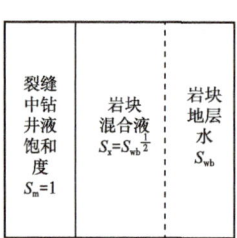
单组系高角度缝储层模型

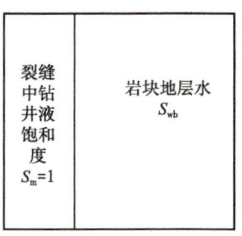
多组系高角度缝储层模型

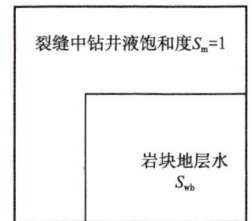
网状缝储层模型

图 4-1-1　裂缝—孔洞型储层流体分布模型

3. 导电模型

导电模型是将裂缝和孔洞作为导体，而岩石骨架作为绝缘体，不参与导电。因此在开启型模式中，裂缝的电阻由钻井液电阻率和裂缝孔隙度确定；岩块的电阻由混合液电阻率和孔洞孔隙度确定；储层的电阻由裂缝电阻与岩块电阻并联确定。在闭合型模式中，岩块的电阻由地层水电阻率和孔洞孔隙度确定；裂缝的电阻分为两部分，分别由1/2裂缝孔隙度与钻井液电阻率确定；储层的电阻由岩块电阻与部分裂缝电阻串联，再与部分裂缝电阻并联确定，如图4-1-2所示。

图 4-1-2 裂缝—孔洞型储层导电模型

第二节 裂缝发育特征参数计算

一、裂缝张开度计算

常规测井仪器纵向分辨率较低，不能将裂缝个体分开，而只能在其纵向分辨率范围内对与井壁相切割的所有裂缝张开度的总和进行计算。目前主要根据双侧向测井资料来计算这种裂缝张开度。对于成像测井仪器，其纵向分辨率可将裂缝个体分开，故可在对单位井段范围内计算裂缝总张开度基础上，进行单条裂缝张开度的计算。

1. 双侧向测井法

该方法最早由斯仑贝谢测井公司西比特（A.M.Sibbit）等提出，根据裂缝产状使用不同的计算公式。对高角度裂缝张开度用以下公式计算：

$$\Delta C = 4 \times 10^{-4} \varepsilon C_m \tag{4-2-1}$$

式中：$\Delta C = \dfrac{1}{R_s} - \dfrac{1}{R_d}$ 为深、浅侧向电导率差，mΩ/m；ε 为裂缝张开度，μm；C_m 为钻井液电导率，mS/m；R_d、R_s 分别为深、浅侧向电阻率，Ω·m。

对水平裂缝张开度用以下公式计算：

$$C_d - C_b = 1.2 \times 10^{-4} \varepsilon C_m \tag{4-2-2}$$

式中：C_d，C_b 分别为深侧向电导率、岩块电导率，mΩ/m。

C_b 值可由与解释层邻近的非裂缝性地层读取，也可在求得解释层的孔隙度后，用下式近似计算：

$$C_b = 1/R_b = \left(\phi^m S_w^n\right)/R_w \tag{4-2-3}$$

式中：m 为岩石的胶结指数；n 为岩石的饱和度指数。

用双侧向测井资料计算裂缝张开度是一种近似的方法，主要适用于单组系裂缝的张开度计算。

2. 电成像测井法

1）单一视裂缝平均宽度（FVA）的计算

（1）计算方法。

FMI 电成像的纵向分辨率虽然可将裂缝个体分开，但由于裂缝的张开度常比 FMI 的分辨率还要小得多，因此不能直接从图像上读出裂缝的张开度，而只能根据电阻率色度的深、浅来计算。为此需用有限元法进行模拟，建立起裂缝宽度与电导率异常之间的关系，才能计算裂缝的宽度，具体步骤如下：

① 建立电导率异常宽度及色度与偏心距 $S.O$（即电极与井壁的距离）的关系。

设裂缝处的电导率为 I_b/V_o，它与裂缝的垂直距离 Z 及 $S.O$ 的关系如图 4-2-1 所示[10]。图中每一个点都是对于 5 种 $S.O$ 值的平均值。

② 计算电导率异常的面积。

电导率异常面积 A 用以下积分公式计算

$$A = 1/V_e \int [I_b(z) - I_{bm}] dz \qquad (4-2-4)$$

式中：V_e 是测量电位差，A 值表示电导率异常的面积，也表示测量电流在裂缝处由致密岩石处的电流 I_{bm} 增大到 I_b 时额外增加的电流。

模拟结果表明，虽然 $S.O$ 不同，异常的宽度和高度都不同，但是积分值 A 却基本一致，可用平均值来表示，如图 4-2-2 所示[10]。

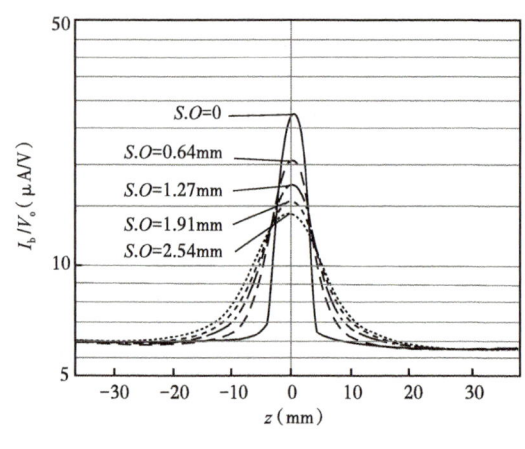

图 4-2-1　z 值与 $S.O$ 的关系

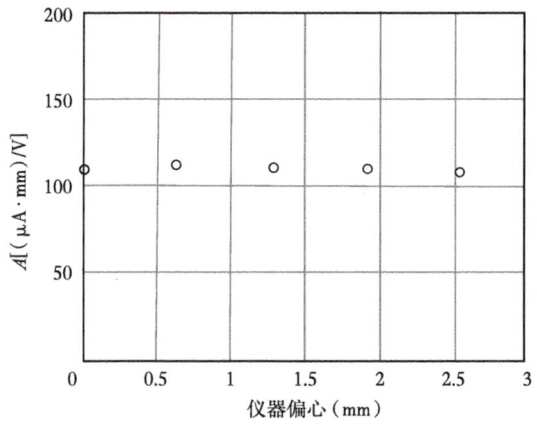

图 4-2-2　A 值与 $S.O$ 的关系

③ 建立 A 值与裂缝倾角、裂缝张开度 W、地层电阻率 R_{xo} 的关系。

建立不同 $S.O$ 时的平均 A 值与裂缝倾角、裂缝张开度 W、地层电阻率 R_{xo} 等三个参数的关系，如图 4-2-3 所示[10]。

④ 裂缝张开度计算公式的推导。

由图 4-2-3 可知，作为一级近似处理，可将 $S.O$ 及裂缝倾角对 A 值的影响忽略，而只保留 W 和 R_{xo} 对 A 值的影响，即建立 R_{xo}/R_m 与 AR_m/W 之间的关系，如图 4-2-4 所示[10]。

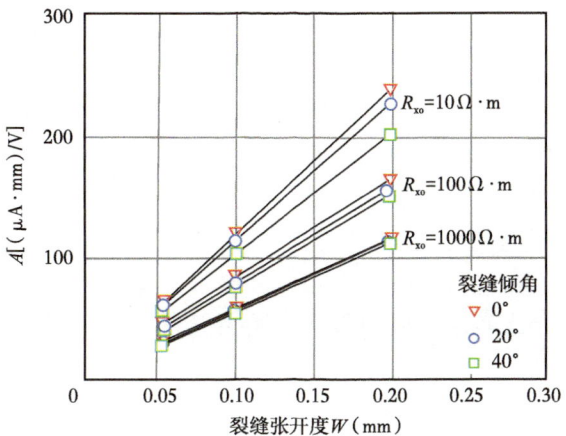

图 4-2-3　A、R_{xo}、W 与裂缝倾角关系

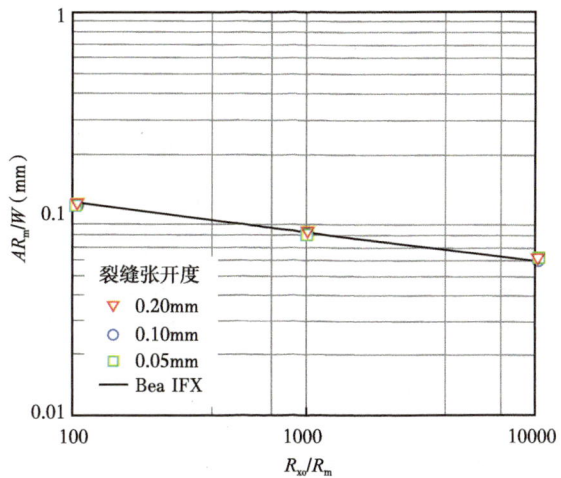

图 4-2-4　R_{xo}/R_m 与 AR_m/W 之间的关系

由图可拟合出以下公式：

$$AR_m/W = 1/C(R_{xo}/R_m)^{b-1} \tag{4-2-5}$$

式中：$C=0.004801\mu m^{-1}$；$b=0.863$。它们均与仪器结构有关。

该公式的相关系数为 0.982，整理后可得如下的 W 计算公式：

$$W = aAR_{xo}{}^b R_m{}^{(1-b)} \tag{4-2-6}$$

由于 b 近似为 1，故 $R_m{}^{(1-b)}$ 项趋近于 1，则上式可简化为

$$W = aAR_{xo}{}^b \tag{4-2-7}$$

71

式中：A 为由裂缝造成的电导率异常的面积，m^2；R_{xo}、R_m 为分别为地层侵入带电阻率和钻井液电阻率，$\Omega \cdot m$；W 为单位井段中全部裂缝的平均宽度，μm。

（2）应用条件。

用成像测井资料计算裂缝张开度的最大优点是不受裂缝产状的限制，这是用双侧向测井资料所无法比拟的。但计算结果正确与否，还受以下两个条件的控制：一是对裂缝的拾取是否正确，所以如何辨别真、假裂缝，区分天然裂缝与诱导裂缝是该项技术的前提和关键；二是对张开裂缝的判别是否正确，因为在井剖面中常有一些被导电矿物如黄铁矿、黏土等全充填的裂缝，它们在电成像图形中与张开缝很容易混淆。为此需注意前面在裂缝识别技术中所讨论的方法，或者采用后面叙述的用裂缝充填程度的方法，以弥补用成像测井资料计算之不足。

2）视裂缝平均水动力张开度（FVAH）的计算

（1）计算方法。

视裂缝平均水动力张开度是将成像测井确定的各条裂缝的平均面缝率引申到各条裂缝的平均单位体积率的概念：

$$\text{FVAH} = \sqrt[3]{\frac{\sum(LA^3)}{TL}} \qquad (4-2-8)$$

式中：A^3 是将成像测井得到的裂缝张开度作为一个立方体的体积单位，然后再乘上与该体积单位宽度基本相同的这段裂缝的长度 L 作为该段裂缝的体积。如此可得出成像测井图上整条裂缝各段的体积，对其求和 $\Sigma(LA^3)$，得到整条裂缝的总体积，再除以总长度 TL 就得到整条裂缝的加权平均体积，经开 3 次方后，就成为裂缝的加权平均张开度。如此求得的裂缝张开度，因引入了井壁附近裂缝体积的概念，因此称为水动力裂缝张开度。但是并未包括裂缝径向延伸的张开度变化情况，故只能成为视裂缝平均水动力宽度。

图 4-2-5 中的左边两道给出了由成像测井得出的每条裂缝的平均张开度（FVA）和视裂缝平均水动力张开度（FVAH），各裂缝张开度点对应的深度为该条裂缝拐点处的深度，即裂缝走向方位对应的深度。最右侧一道展示了电成像测井处理的裂缝张开度（黑线），计算的视裂缝平均水动力张开度（彩色线），彩色线的刻度值，从 0.0001~100mm。如绿色线表示的张开度为 0.1~1.0mm。

（2）应用条件。

在用于定量分析时，需要利用测试结果或岩心分析资料进行刻度。当裂缝中有矿物充填，或测井仪器偏心时，计算结果只能用于定性分析。

由上述各种方法计算的裂缝张开度，其物理、地质意义有所不同。侧向测井计算的裂缝张开度是在其纵向分辨率范围内所有水平张开缝或所有垂直张开缝的总张开度。如其中有不同倾斜角度的裂缝存在，则使计算结果有较大的误差。用电成像测井计算的单一视裂缝平均张宽度（FVA）是在单位井段内所有不同产状裂缝的平均张开度。用电成像测井计算的视裂缝平均水动力张开度（FVAH）是在单位井段内各条裂缝的平均张开度。在用上述这些不同概念的裂缝张开度计算裂缝孔隙度时，将有不同的计算方法。

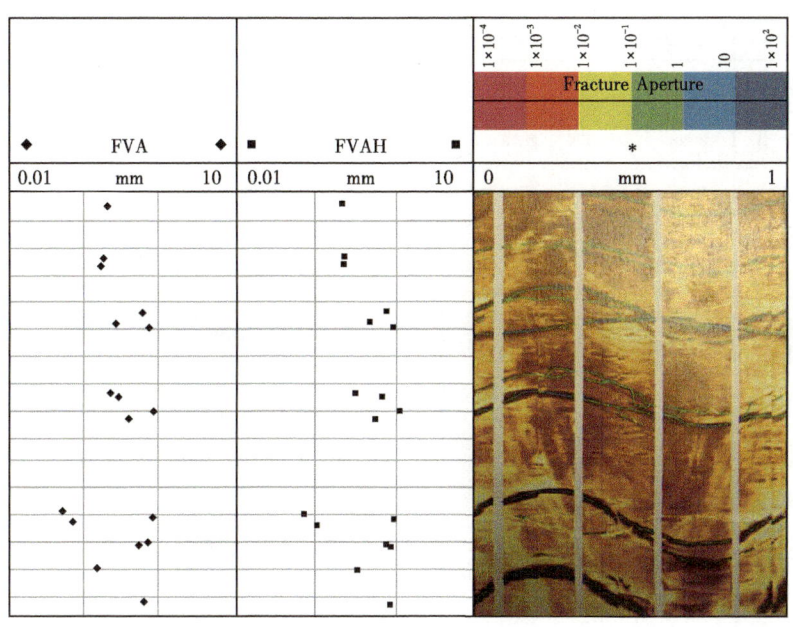

图 4-2-5　视裂缝平均水动力宽度处理图

二、裂缝密度和裂缝长度的计算

裂缝密度是指一组接近平行的裂缝在单位距离内的条数；裂缝长度是指裂缝在其走向和倾向上延伸的距离。两者均是评价裂缝发育程度的重要参数。在地质上主要通过地质剖面调查和岩心观测确定。在测井评价中是根据成像测井资料进行处理得到，其裂缝密度单位为 1m 井段中的裂缝条数；裂缝长度单位为 1m 井段内所拾取裂缝长度之和，如图 4-2-6 所示。

三、裂缝径向延伸长度计算

裂缝的径向延伸长度是指与井筒相交的裂缝由井壁向地层中延伸的长度。这一裂缝参数对储层评价和钻井工程均有十分重要的意义。但要精确计算其大小却极其困难，目前只能根据深、浅双侧向测井响应来近似估计裂缝的径向延伸长度。

由于浅侧向测井的径向探测深度为 30~50cm，而深侧向的径向探测深度为 2~3m。因此对于径向延伸小于 30~50cm 的高角度裂缝，深、浅双侧向都因主要反映基岩的电阻率，故而呈高电阻率特征，且电阻率差异也不大，其深、浅双侧向比值小于 5；当裂缝径向延伸在 0.5~2m 时，浅侧向就基本只受侵入带影响，而深侧向还将受到基岩电阻率较大的影响，故浅侧向电阻率明显降低，而深侧向电阻率仅略有降低，所以出现大幅度的正差异，其比值可达 5~11；对于径向延伸大于 2~3m 的高角度裂缝，深、浅侧向电阻率均降低，正差异幅度减小，其比值仍小于 5。故可建立如图 4-2-7 所示的图版。将该图版用于塔里木地区 LN8 井进行裂缝径向延伸长度解释，其比值小于 5，裂缝径向延伸大于 2~3m。测试产油 376 m³/d，产气 90×10⁴m³/d。

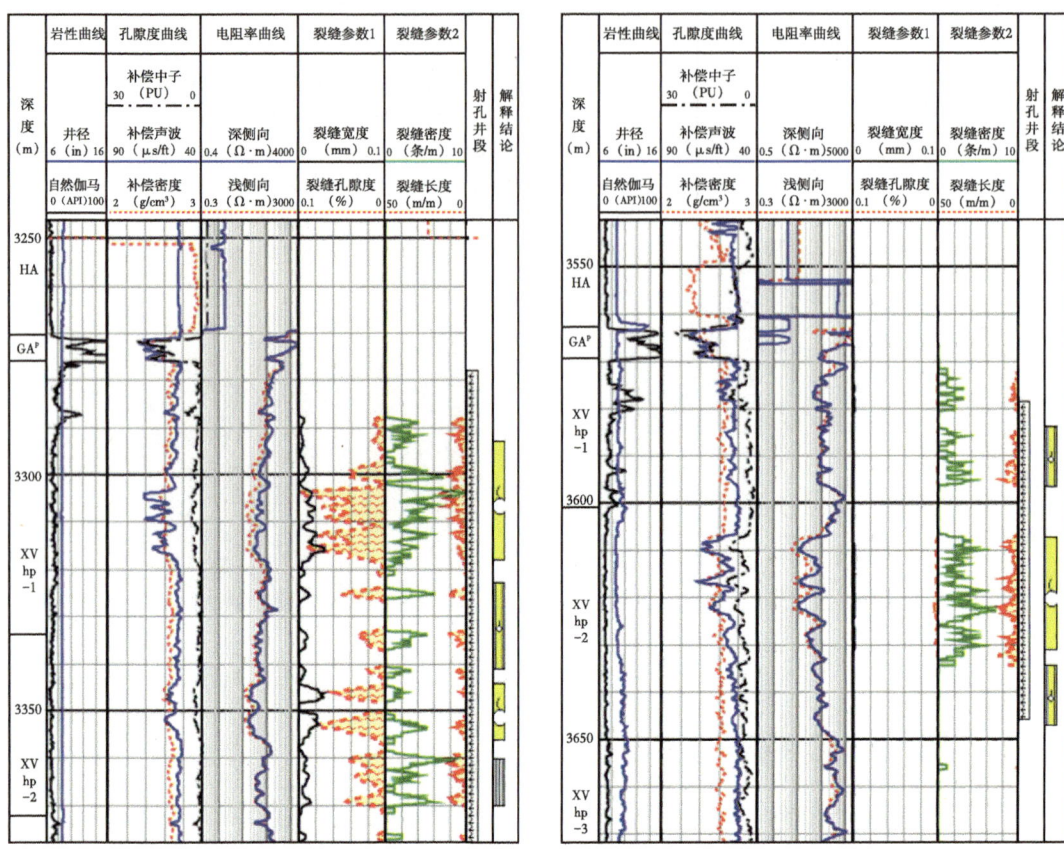

图 4-2-6　A-22 与 A-21 井由电成像计算的裂缝密度和长度

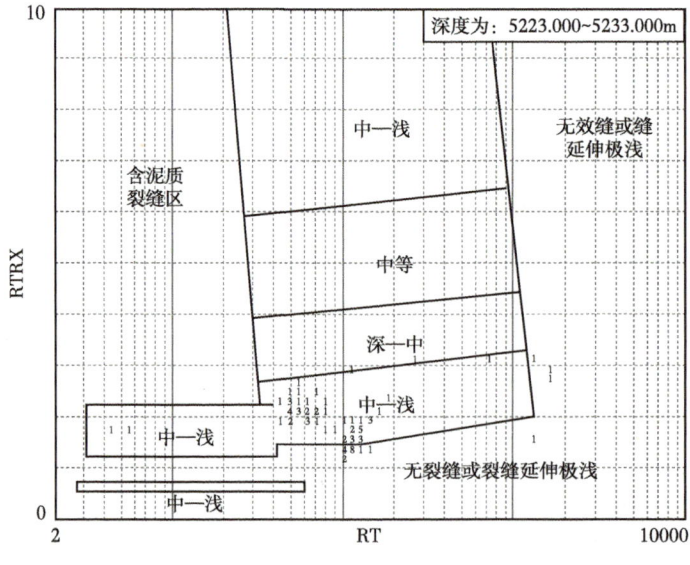

图 4-2-7　裂缝径向延伸长度判别图版及轮南 8 井裂缝评价结果图

但在应用该图版时，常由于各地区、地层岩石电阻率、裂缝发育特征和测井仪器的差异，不能直接利用理论图版来计算裂缝径向延伸长度。需根据实际测井资料，结合不同井裂缝的岩心观察和测井裂缝解释的成果，同时参考裂缝对储层产能的影响情况，对不同产层裂缝的径向延伸情况进行分析后，建立相应地区的裂缝径向延伸长度解释图版。图4-2-8（a）是针对某研究区高角度裂缝径向延伸长度的计算图版：在排除孔隙度对电阻率的影响后，当深侧向电阻率小于200Ω·m时则解释裂缝径向延伸度为深，200~400Ω·m为中等，400~2000Ω·m解释为浅，大于2000Ω·m解释为极浅；深、浅双侧向的比值降低，裂缝径向延伸度变浅。图4-2-8（b）图是应用结果，图中计算裂缝径向延伸长度与储层评价和测试结果有一定的相关性，即红点对应裂缝发育好，测试产量相对较高，黄点、浅蓝、深蓝点依次裂缝发育变差，测试产量降低。

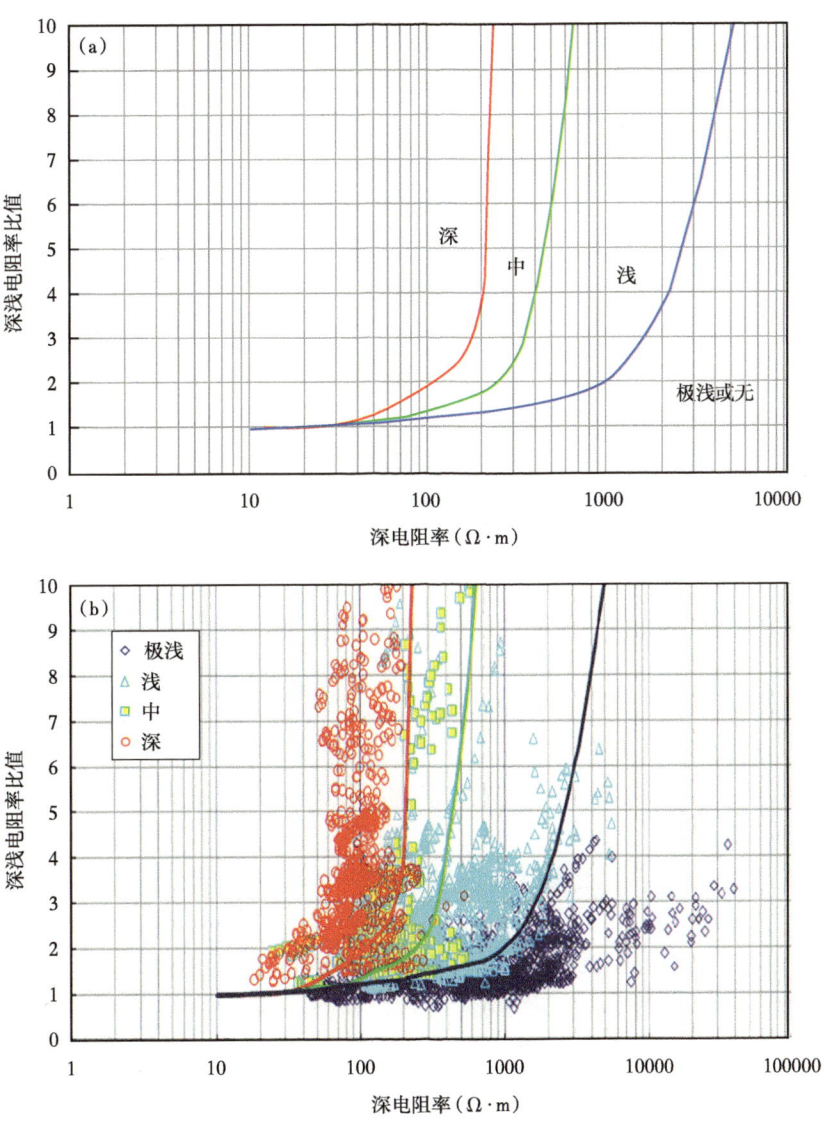

图4-2-8 高角度裂缝径向延伸度计算图版

四、裂缝充填程度

裂缝的充填程度直接影响其有效性。张开度再大、延伸再长的裂缝，一旦被完全充填，裂缝对储层的贡献也就不复存在；相反，未完全充填的裂缝，哪怕是较小的裂缝，甚至微细裂缝，对储层也会有较大的贡献。因此对裂缝充填程度的计算，对裂缝性储层的评价至关重要。下面将针对几种不同物理性质充填物的充填程度进行计算。

1. 不导电固体矿物充填程度的计算

裂缝中充填的不导电固体矿物主要有方解石、白云石、硅质等。这些矿物在成像测井图中的响应与岩石骨架的响应基本一致，即均为浅色或白色，因此可将充填物当作岩石骨架，故在成像测井图上所看到的黑色条带就可当作未充填的裂缝，这样对于储层评价来说，可不需再去计算其充填程度。

如为了研究成岩作用、古岩溶作用，需要了解这些矿物沉淀及其溶解的程度，可根据成像测井所反应的裂缝背景宽度计算出裂缝的理论渗透率值，再用 RFT 或 MDT 测得实际的渗透率值，则可由二者之差与理论渗透率的比值得到裂缝的充填程度。

2. 导电固体矿物充填程度的计算

裂缝中充填的导电固体矿物主要有黄铁矿和泥质。由于其良好的导电性，使之其在裂缝中的充填特征不能与缝中的地层水或侵入钻井液相区别，不能用电成像测井来计算其充填程度。

由于黄铁矿的体积密度很大，达 $5.0g/cm^3$，而地层水或钻井液密度近似为 $1\sim2g/cm^3$，因此利用密度测井容易予以鉴别，不会将其误解释为张开裂缝。

对裂缝充填泥质的识别，关键在于能否将其与正常沉积泥质条带相鉴别和泥质全充填与局部充填相鉴别。因为直接从成像测井图或常规测井曲线特征看，二者基本一致。

正常沉积泥质层的自然伽马与中子孔隙度在直角坐标系中有近似线性关系，其自然伽马值或无铀伽马值与中子孔隙度具有近似的正相关线性关系，如图 4-2-9 中绿色交会点所示。但对于在裂缝中充填的泥质，因未受到上覆岩层的压实作用，其束缚水的百分含量远比受到压实作用下正常沉积含泥地层或泥岩层中泥质的束缚水百分含量高，故裂缝中泥质的中子含氢指数要比正常沉积地层中泥质的含氢指数高得多。而且如果当裂缝未被泥质全充填，则未充填部分将被钻井液占据，造成中子孔隙度进一步增大。因此在中子孔隙度与无铀伽马交会图上，充填泥质的交会点将向中子孔隙度增大的方向偏离正常沉积泥质的线性关系，从而有可能鉴别正常沉积泥质与裂缝充填泥质，如图 4-2-9 红色和黑色交会点所示。

对于泥质充填程度，可采用无铀伽马与电阻率交会法、斯通利波能量衰减法和声、电成像测井对比法进行评价。

实际资料表明，正常沉积泥质层的无铀伽马与电阻率在直角坐标系中有近似单边双曲线函数关系，在双对数坐标系中则有线性关系，如图 4-2-10 中绿色交会点所示。对于裂缝中的充填泥质，因为束缚水含量高于正常沉积泥质，故在相同泥质含量情况下，充填泥质有较低的电阻率，而且泥质充填程度越低，交会点将电阻率降低方向偏离正常沉积泥质线越远，因此有可能根据这一原理来定性判断裂缝的充填程度，如图 4-2-10 中黑色和红色交会点所示。

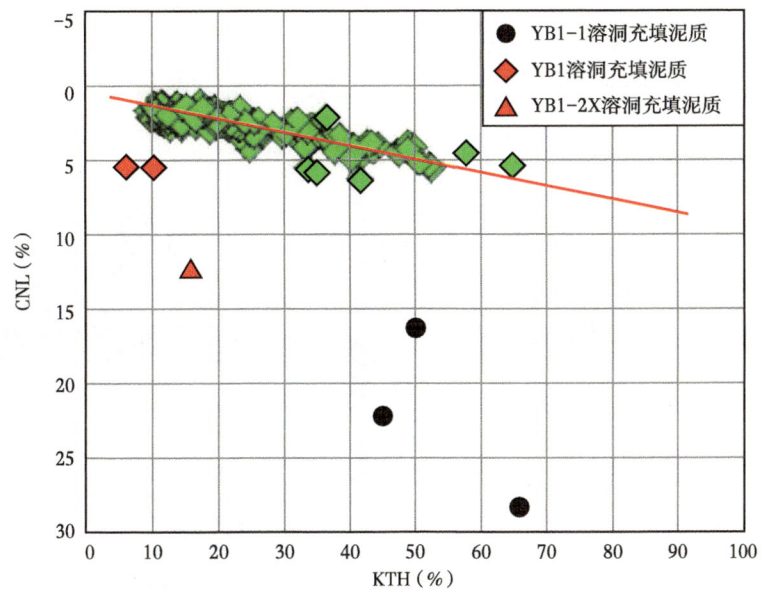

图4-2-9 无铀伽马与中子孔隙度交会图

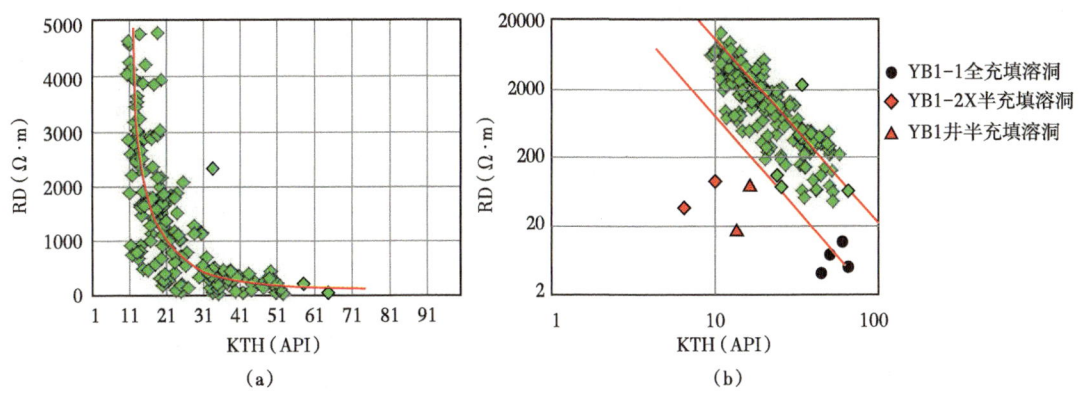

图4-2-10 正常沉积地层中泥质含量与电阻率的交会图

对于1m以下的泥质夹层或含条带状泥质、团块状泥质以及分散状泥质的碳酸盐岩地层，一般不引起时差增高和能量衰减，只出现杂乱的波形干涉；而对于1m以上的泥质夹层仅时差增加，能量则基本不衰减。因此当自然放射性增高斯通利波能量有衰减则是泥质局部充填的缝洞（图4-2-11），如无衰减则是沉积的泥质层或是泥质全充填的缝洞（图4-2-12）。

此外，根据声、电成像测井的原理，对于自然伽马增高的含泥层段，如电成像和超声时间（井径）成像上均为黑色条带，且二者长度基本一致，应为泥质均匀充填于裂缝壁；如电成像为黑色条带，超声时间成像无对应的黑色条带，则为泥质全充填裂缝或为沉积泥质条带；如电成像显示为多个黑色斑块，超声时间成像显示为半截黑（缝中局部泥质偏离井壁）或全黑（缝中局部泥质紧贴井壁），则为泥质非均匀的局部充填裂缝，二者差别程度越大，泥质充填程度越高。

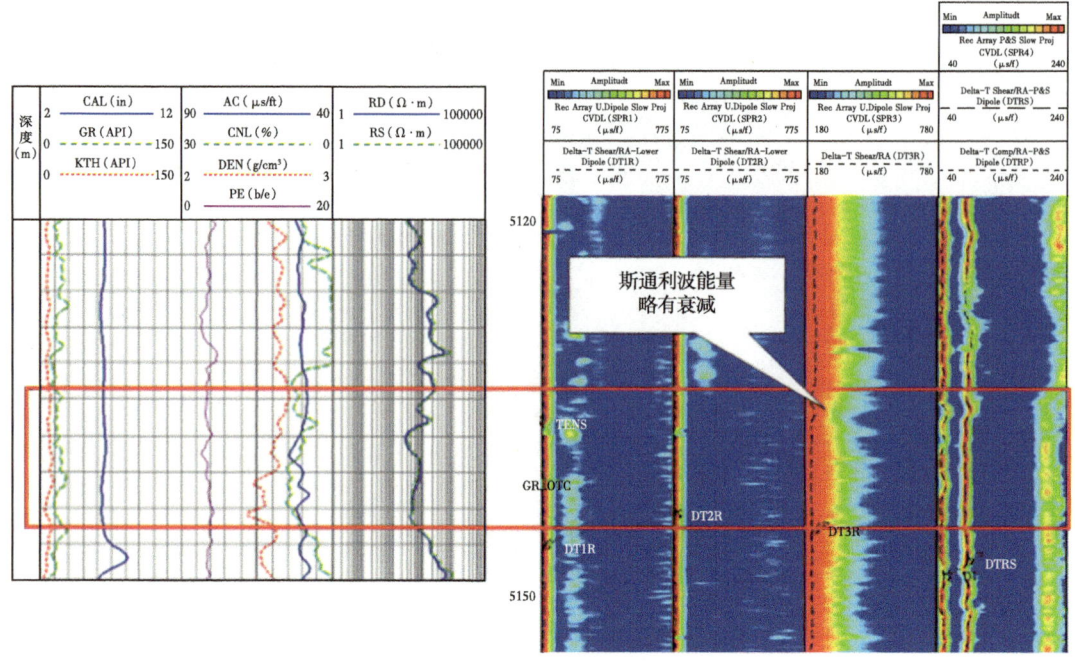

图 4-2-11　局部充填缝洞型储层斯通利波衰减特征

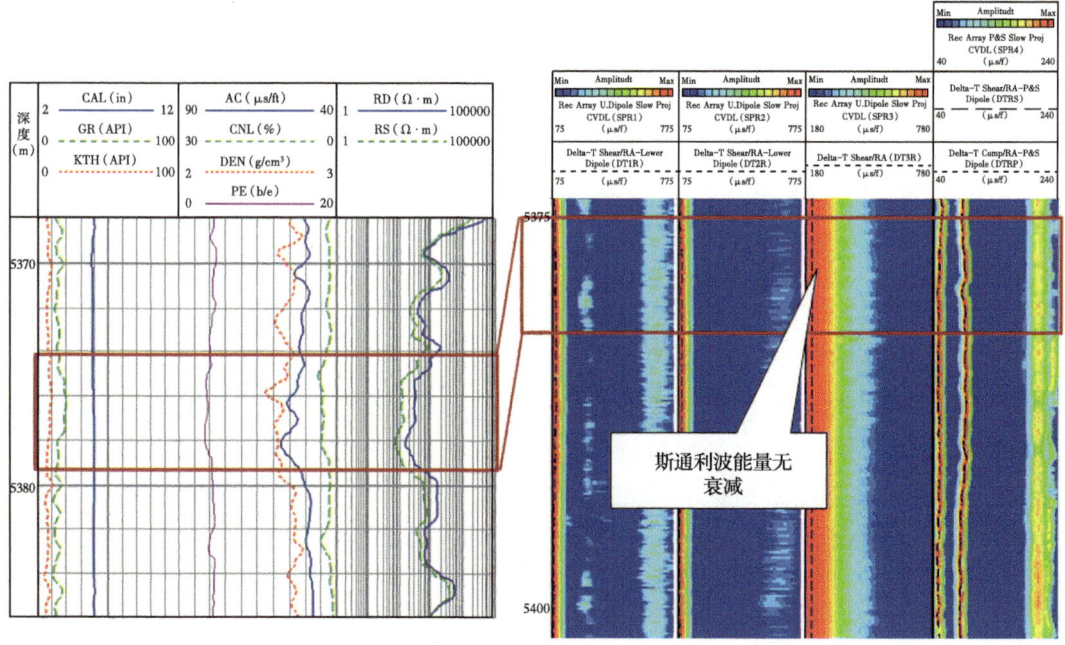

图 4-2-12　泥质全充填裂缝发育段斯通利波衰减特征

3. 沥青质充填的识别及充填程度的计算

1）沥青的测井响应特征及识别

沥青可分布于岩石骨架中，也可充填于孔隙、孔洞、裂缝中，其对储层的有效性影响极大，需进行准确的识别和评价。

沥青具有较高的自然放射性，这可能是沥青中吸附有含铀放射性同位素所致；与岩石骨架相比，沥青具有一定的含氢量和较低的密度值；此外，沥青也具有较高的电阻率。通常可采用测井视孔隙度与岩心分析孔隙度比较法和自然伽马能谱法识别含沥青层段。

当岩心空隙空间中含有沥青，测井孔隙度将大于岩心孔隙度，如岩心孔隙空间中无沥青，则二者应很接近。可以此判别储层空隙空间中有无沥青，而且还能以测井孔隙度与岩心孔隙度之差的大小近似反映沥青充填的程度。该方法的应用条件是沥青只分布于空隙空间中，不能分布于岩石骨架中。同时，焦沥青的无铀伽马值通常高于泥岩，因此在沥青发育段的无铀伽马与总伽马的差异值要比泥岩段高，以此可区分泥岩与焦沥青。

此外，我们还需要正确区分沥青和煤层。表 4-2-1 列出了各种煤的理化性质和测井响应特征。由表可见，各种煤之间比较相近的测井响应特征是低密度、低自然放射性、低光电吸收指数、高电阻率、高时差、高中子含氢指数。而沥青的测井响应特征是高自然放射性，特别是铀放射性高，中子含氢指数略有增大，低密度，较高电阻率。因此区分沥青和煤层主要依据自然放射性和中子孔隙度的差异。

表 4-2-1 煤的类型及性质

类型		无烟煤	烟煤	褐煤	泥炭
元素成分（质量分数）	碳	93.471	84.179	73.002	55.201
	氮	0.981	1.473	1.277	3.219
	氧	2.739	8.747	20.519	37.503
	氢	2.808	5.602	5.202	4.077
测井响应	ρ_b（g/cm³）	1.366~1.473	1.101~1.240	0.988~1.190	0.887~1.040
	P_e（b/e）	0.159	0.168	0.2	0.25
	ϕ_N（%）	41.4	>60	54.2	25.8
	Δt_c（μs/ft）	105	120	140~160	
	GR（API）	10	不定	10~25	<10
微量元素		不吸附铀	几乎不吸附铀	有时吸附铀	

2）固态沥青含量的定量计算方法

（1）用密度和核磁共振测井计算固态沥青含量。

①密度测井的响应。

当储层中含有沥青时，无论沥青分布于岩石骨架中，还是充填于孔隙、孔洞或裂缝中，都适用于以下的密度测井响应方程：

$$\rho_b = \phi_b \rho_{bb} + \phi_f \rho_{bf} + (1 - \phi_b - \phi_f) \rho_{bma} \quad (4-2-9)$$

式中：ρ_b 为密度测井测得的体积密度，g/cm³；ϕ_b 为沥青充填的孔隙度；ρ_{bb} 为沥青的体积密度，g/cm³；ϕ_f 为流体充填的孔隙度；ρ_{bf} 为充填于孔洞缝中流体的体积密度，g/cm³；

ρ_{bma} 为岩石骨架体积密度，g/cm³。

由于密度测井仪的探测深度较浅，基本只探测到被钻井液或其滤液充满的冲洗带。对于某一特定研究地区或地层，其流体密度可通过实验分析确定，如川中地区的龙王庙组，则计算密度孔隙度公式中的流体密度可近似取为 1.1g/cm³；焦沥青的密度范围为 1.075~1.360g/cm³，沥青实测密度为 1.308g/cm³；岩石骨架密度值 ρ_{bma} 可根据优化处理的岩石成分（不包括沥青）计算得到；ρ_b 由密度测井获得。这样方程中只有两个未知数 ϕ_b 和 ϕ_f，因此如知道 ϕ_f，就可求得 ϕ_b。

②核磁共振测井的响应。

核磁共振测井的孔隙度只反映流体充满的孔隙度 ϕ_f，包括束缚流体孔隙度和可动流体孔隙度。它不能反映孔隙中固体物质充填的那部分空间，因为固体中的氢核与周围介质紧密固结在一起，因此氢核的弛豫时间很短，一般仅几百微秒。因此用核磁共振测井得到的有效孔隙度即为 ϕ_f。将其代入上述的密度方程就可求得沥青充填的孔隙度 ϕ_b。如果沥青全部充填于储层空隙中，则可进而求得沥青在空隙中的体积百分含量 $V_{b\phi}$，见式（4-2-10）。该参数可于评价沥青对储层的伤害程度。

$$V_{b\phi} = \phi_b / (\phi_b + \phi_f) \qquad (4\text{-}2\text{-}10)$$

（2）用总有机质等价沥青含量的计算方法。

目前用测井资料计算 TOC 的方法主要有两种，一是用电阻率和声波时差的 $\Delta \lg R$ 法，但用该法时，需注意三个问题：一是电阻率基线因岩性不同而有较大的变化，故不适用于岩性变化较大的页岩；二是它主要反映孔隙中的有机质，对骨架中的有机质不敏感，因此当有机质不在孔隙中时，TOC 与电阻率基本无相关性；三是孔隙中含油气时，使 TOC 增高，只有当孔隙中全含水时，TOC 与电阻率的相关性才可能较好。另一种方法是自然伽马能谱铀曲线法。由于沥青属于有机质，而有机质对铀元素具有吸附作用。例如对龙马溪组和筇竹寺组岩样的实验分析结果表明，自然伽马能谱测井所得的铀曲线与岩心分析 TOC 有很好的相关性，由此可建立两者之间的拟合关系，用自然伽马能谱铀曲线计算 TOC。

TOC 是地层中有机质的总含量，而有机质经过长期演变，都基本变为酐酪根，所以现在地层中的有机质主要都是酐酪根，约占有机质总量的 95%~97%。地层中的酐酪根有腐泥型、腐殖型、过渡型三种类型，但干酪根的类型并非一成不变，在漫长的地质岁月中，将向油气或碳质、沥青质演变。一般腐殖型往天然气和碳质方向转化，腐泥型往石油和沥青质方向转化。根据干酪根转化程度的不同，将其分为三种状态：一是未成熟状态，表示正向油气方向演变，例如四川三叠系中的干酪根即属此种状态；二是过成熟状态，表示已变成碳质或沥青质，例如四川震旦系、石炭系中的碳质均属过成熟状态；三是过渡型状态，介于上述两种状态之间，例如四川二叠系中的有机碳就属此种状态。由此可知，处于过成熟状态的腐泥型干酪根其有机质含量与 TOC 有较密切的对应关系，故可近似将 TOC 含量等同于沥青质含量。

五、裂缝综合发育程度

前面所讨论的各种裂缝参数都是从不同角度去反映裂缝的发育特征，但却不能完整地反映裂缝的发育程度。同样在岩心观察中所获得的裂缝密度、面缝率等参数也只反映了裂缝在面上的发育特征，而不能在三维空间中反映裂缝的发育程度。因此需要寻找一种能反映储层岩体裂缝发育程度的评价方法。

1. 岩体破裂特征分析法

（1）计算岩体完整性系数。

目前主要采用岩体破裂特征来评价裂缝的综合发育程度。具体方法是分别计算岩体的完整性系数和破裂系数，然后建立两者的关系，以实现对裂缝综合发育程度的评价。

实验研究结果表明，岩石纵波速度与相应岩石骨架纵波速度比值的平方，可综合描述岩体的完整性：

$$K_v = (v_m / v_R)^2 \qquad (4\text{-}2\text{-}11)$$

式中：v_m 为岩体的纵波速度和时差，m/s；v_R 为岩石骨架的理论纵波声速，m/s，可根据岩性确定。

比值 K_v 反映了岩体的完整性。即岩体越完整，v_m 越高，Δt_m 越低，则 K_v 就越大，裂缝就越不发育；反之 K_v 越小，则岩体的裂缝越发不发育；当 K_v 等于 1 时，则岩体中无裂缝发育。但在应用上述公式时必须考虑孔隙度和裂缝产状对纵波速度的影响，并进行相应的校正。

①孔隙度的校正。

当岩体中有孔隙发育时，也会造成纵波速度的降低，或其时差的增大，因此会使 K_v 降低。为此必须对孔隙度影响进行校正。

当岩体中同时具有裂缝和孔隙时，应满足以下威利时间平均公式：

$$\Delta t_m = (1 - \phi_p - \phi_f) \Delta t_R + \phi_p \Delta t_f + \phi_f \Delta t_f \qquad (4\text{-}2\text{-}12)$$

如近似假定孔隙和裂缝中的流体纵波声速相同，则可计算出由孔隙造成的纵波时差 $\phi_p \Delta t_f$，因此实测 Δt_m 减去 $\phi_p \Delta t_f$ 就只有裂缝和岩石骨架对时差的贡献，这样就可算出只有裂缝影响的完整系数 K_v：

$$K_v = \left(\frac{\Delta t_R}{\Delta t_m - \phi_p \Delta t_f} \right)^2 \qquad (4\text{-}2\text{-}13)$$

式中：ϕ 为孔隙度；Δt_f 为孔隙中流体的纵波时差。

②裂缝产状校正。

由于只有斜交裂缝和低角度裂缝才使纵波速度降低，而高角度裂缝，特别是垂直裂缝对纵波速度基本没有影响。因此该方法只适用于倾角低于 75° 的裂缝对地层完整性的评价。但需注意的是，当低角度裂缝十分发育时，可能造成纵波时差周波跳跃，则不能用完整系数来评价计算岩石体的完整性系数。

（2）计算岩体破裂系数。

实验研究结果表明，岩体的动杨氏模量随着裂缝整体发育程度的增高而明显减小，这是因为杨氏模量是动弹性系数的倒数，在数值上等于引起岩石单位长度相对变化所需要的应力。岩体越破碎，岩石发生单位长度的变化所需的应力越小，即杨氏模量越小，从而提供了用杨氏模量大小判断裂缝综合发育程度的基础。但杨氏模量的大小还受岩石性质的影响，必须予以消除，为此用杨氏模量的相对变化值来描述岩体裂缝发育程度：

$$R_F = (E_{ma} - E)/E_{ma} \quad (4\text{-}2\text{-}14)$$

式中：R_F 为岩体破裂系数，是指岩体杨氏模量相对于岩石骨架杨氏模量的变化率；E 为岩体动杨氏模量，GPa；E_{ma} 为岩石骨架的杨氏模量，GPa。

式中 E 的计算方法如下：

$$E = 2G(1-\mu) \quad (4\text{-}2\text{-}15)$$

$$G = a\rho_b / \Delta t_s^2 \quad (4\text{-}2\text{-}16)$$

$$\mu = \left[0.5(\Delta t_s/\Delta t_c)^2 - 1\right] / \left[(\Delta t_s/\Delta t_c)^2 - 1\right] \quad (4\text{-}2\text{-}17)$$

式中：G 为切变模量，GPa；μ 为泊松比；a 为单位换算系数，若 Δt 单位为 μs/ft，则 $a=1.34\times10^4$。

由杨氏模量计算的破裂系数基本不受裂缝产状的影响，但受孔隙度和含流体类型的影响。图 4-2-13 是石灰岩和白云岩动杨氏模量与孔隙度的关系，由图可知，杨氏模量随孔隙度增加而降低。图 4-2-14 是杨氏模量与含流体类型的关系，含水岩石的杨氏模量高于含气岩石的杨氏模量，而且含气与含水时的差异程度还与孔隙度密切相关，这就必然影响到该方法的应用效果，需对其进行校正。

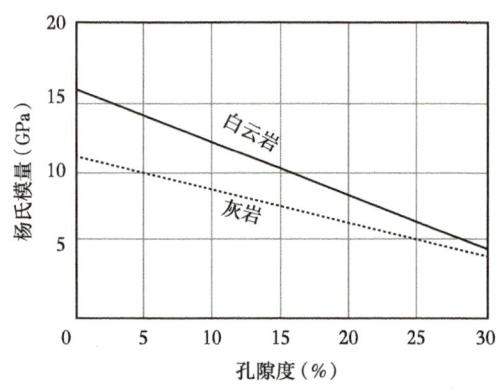

图 4-2-13 石灰岩和白云岩动杨氏模量与孔隙度的关系

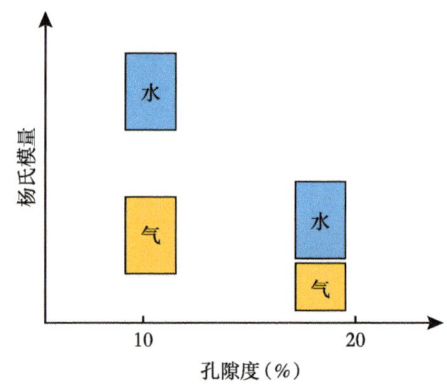

图 4-2-14 杨氏模量与含流体类型的关系

（3）建立完整系数与破裂系数的关系。

对完整系数与破裂系数两种参数经过校正后，可建立起与裂缝综合发育程度的关系，这种关系已被实际测量的结果所证实，见表 4-2-2[26]。由表可知，岩体完整系数与破裂系数密切相关，均可用以推断岩体的破裂特征。

表 4-2-2 岩体完整系数和破裂系数与岩石破裂特征的对应关系表（摘自陶振宇《岩石力学的理论与实践》）

岩石类别		I	II	III	IV	V
弹性波参数	完整系数	> 0.75	0.5~0.7	0.35~0.50	0.20~0.35	< 0.2
	破裂系数	< 0.25	0.25~0.50	0.5~0.65	0.65~0.8	> 0.8
岩体特征			完整、坚硬、新鲜	成块状、裂隙稍发育、稍风化	碎裂状、裂隙发育、风化	松散、裂隙很发育、强风化	散塑、裂隙极发育、严重风化

2. 裂缝综合发育程度计算模型

为了量化裂缝综合发育程度，采用宏观裂缝发育程度指标、微裂缝发育程度指标以及裂缝的渗滤性三个单项指标合成裂缝发育程度指标（FI），作为裂缝综合发育程度计算模型。

（1）宏观裂缝的综合发育程度指标计算模型。

$$FI1 = f(1 - FPL/FVPA \times W11, 1 - FDL/FVDC \times W12, 1 - FHL/FVAH \times W13, 1 - FLL/FVTL \times W14)/f(W11, W12, W13, W14) \quad (4-2-18)$$

式中：FI1 为电成像法计算的宏观裂缝发育指标；FPL 为成像测井计算的宏观裂缝孔隙度下限；FDL 为成像测井计算的宏观裂缝密度下限，条/m；FHL 为成像测井计算的宏观裂缝张开度下限，μm；FLL 为成像测井计算的宏观裂缝长度下限，m/m；FVPA 为成像测井计算的宏观裂缝孔隙度；FVDC 为成像测井计算的宏观裂缝密度，条/m；FVAH 为成像测井计算的宏观裂缝张开度，μm；FVTL 为成像测井计算的宏观裂缝长度，m；W11、W12、W13、W14 分别为裂缝孔隙度、密度、张开度、长度所占的权重系数。

（2）微细裂缝发育程度指标计算模型。

利用补偿中子—声波时差交会法、孔隙度—电阻率交会法、纵横波速度比关系法来计算微细裂缝发育程度指标（第二章第七节），这里不再作叙述。

$$FI2 = FM1 \times W21 + FM2 \times W22 + FM3 \times W23 \quad (4-2-19)$$

式中：FM1 为 CNL—AC 关系法计算出的裂缝指标；FM2 为 ϕ—RT 关系法计算出的裂缝指标；FM3 为 VPVS—VPVST 关系法计算出的裂缝指标；W21、W22、W23 分别为 FM1、FM2、FM3 的权系数；FI2 为微细裂缝发育指标。

（3）裂缝渗滤性指标计算模型。

斯通利波能量的衰减是孔隙或孔洞与裂缝渗透性共同的贡献。因此，利用斯通利波能量的衰减量来评价裂缝的渗透性时，应消除孔隙或孔洞的渗透性影响，从而建立裂缝渗透性指标计算模型：

$$FI3 = f(ASTC) = f(1 - ASTFL/ASTF) \quad (4-2-20)$$

$$ASTF = f(AST - ASTP) \quad (4-2-21)$$

$$ASTP = f(A \times POR) \quad (4-2-22)$$

式中：AST 为裂缝与连通孔隙造成的斯通利波能量总衰减量，%；ASTP 为仅有孔隙时造成的斯通利波能量衰减量，%；ASTF 为仅有裂缝造成的斯通利波能量衰减量，%；ASTFL 为斯通利波能量衰减裂缝指示下限，为常数，隐含为 5；A 假设只有孔隙时，孔隙度与斯通利波能量衰减量的关系系数；FI3 为裂缝渗透性指示。

（4）裂缝发育程度综合评价指数。

裂缝发育程度既要考虑宏观裂缝的发育程度，而且还要考虑微细裂缝的发育程度，同时还必须考虑其渗透性。因此，可建立裂缝发育程度综合评价指数计算模型如下：

$$FI = FI1 \times W1 + FI2 \times W2 + FI3 \times W3 \quad (4-2-23)$$

式中：FI 为裂缝发育程度综合评价指数；FI1 为电成像计算出的宏观裂缝指标；FI2 为三种方法计算出的微细裂缝指标加权；FI3 为斯通利波能量衰减计算出的裂缝指标；W1、W2、W3 分别为 FI1、FI2、FI3 的权重系数。

裂缝发育程度综合评价指数的计算涉及宏观裂缝、微细裂缝和裂缝渗滤性三项权系数（W1、W2、W3）。通过三个因素的分析研究认为：宏观构造缝主要影响产量，微细裂缝主要影响渗透性；裂缝的渗滤性决定储层品质的好与差。根据三项单项指标与酸后产量的相关性分析认为宏观裂缝及渗滤性与产量相关性较好。如图 4-2-15 所示，A22 井计算的裂缝发育指数最高达到 0.2，与岩心观察裂缝发育程度和电成像测井结果一致。

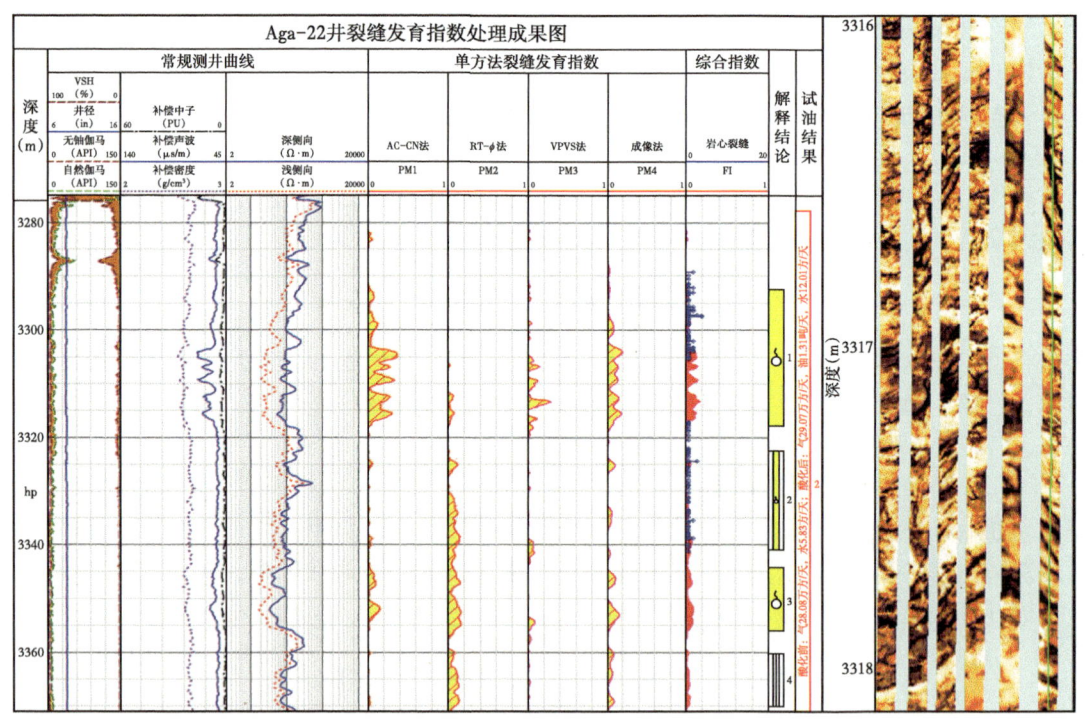

图 4-2-15　A22 井裂缝发育指数处理成果图

六、裂缝有效性的评价

裂缝广泛存在于地下岩层中，但是在众多裂缝中，特别是在较古老地层的裂缝中，大多数或已闭合，或已被各种各样的岩矿完全充填成为对储层毫无贡献的无效裂缝，而真正具渗滤性能的裂缝却为数不多。因此对裂缝有效性评价就十分重要。

1. 裂缝有效性的概念

众所周知，被矿物全充填的裂缝是无效裂缝，而只有具一定张开度的裂缝才可能成为有效缝。从理论上讲，裂缝的张开度必须大于裂缝两个面上束缚水膜的平均厚度再加上油、气分子直径，才能成为有效裂缝。如对于碳酸盐岩来说，其束缚水膜的平均厚度约为 0.16μm，裂缝两壁束缚水膜厚 0.32μm。而天然气分子的直径为（3.8~5.9）×10^{-4}μm，油分子直径为（4.8~30）×10^{-4}μm。因此对天然气来说，裂缝宽度只要大于 0.4μm 就应为有效缝；对于油来说，裂缝宽度大于 0.5μm 就应为有效缝。如考虑到毛管压力的作用，将 4~5μm 定为有效裂缝张开度的截止值较为合适。如再考虑到裂缝的充填作用导致其张开度有一定程度的减小。因此目前一般将 10μm 作为有效裂缝宽度的下限，即不论在原始状况下，还是在开采中、后期，裂缝张开度需大于该截止值才能成为有效裂缝。

2. 裂缝有效性的评价方法

利用常规测井资料对裂缝有效性进行评价十分困难，原因是裂缝孔隙度很低，三孔隙度测井信息的响应非常微弱；裂缝产状复杂，使之裂缝张开程度对电阻率的影响规律难以控制。为了避开这些不利条件的影响，开展裂缝有效性评价方法的研究很有必要。

利用成像测井可以较准确地计算裂缝张开度和评价裂缝的有效性，但成像测井的探测深度很浅，基本只反映井壁附近裂缝的张开程度，而井壁附近的状况与地层内部的状况可能差别很大，导致成像测井对裂缝有效性评价具有局限性。

（1）声波能量衰减特征评价裂缝有效性。

实验研究结果表明，对于岩石物理状态的变化，测量声波衰减性质比波速测量要灵敏得多。衰减这个参数的重要性在于它主要不取决于岩石宏观的整体性质，而主要是由岩石的微观性质诸如岩石内部裂纹的密度、分布、构造以及孔隙流体的相互作用等所决定[11]。因此用声波衰减特征来综合描述裂缝有效性具有可行性。

反映声波传播衰减特征的参数有衰减系数 α 和品质因子 Q。对于弹性体，其 Q 值为无穷大，α 值为零。但随着岩石中裂缝的发育，岩石的非弹性特性逐渐加强，Q 值也随之减小，α 值随之变大。由于 Q 值和 α 值都是描述岩石非弹性性质的，故他们之间可以互换，即：

$$\frac{1}{Q} = \frac{\alpha v}{\pi f} \quad (4\text{-}2\text{-}24)$$

式中：v 为波速，m/s；f 为频率，s^{-1}。

因此，如测得声波的 Q 值或 α 值，可由以下关系式评价裂缝的综合发育程度。

$$\alpha = \frac{1}{\Delta R} \ln\left(\frac{A_1}{A_2}\right) \quad (4\text{-}2\text{-}25)$$

式中：ΔR 为 R_1、R_2 两个声波测量探头的距离，m；A_1、A_2 分别为 R_1、R_2 测得的波幅。衰减系数的量纲是长度的倒数，用该公式计算的单位是奈培/米（Np/m）或直接用 1/m。另外也可用分贝/米（dB/m），两者的转换关系为1Np=8.686dB。

由于波幅的衰减不仅与裂缝发育程度有关，还要受岩性、孔隙度和围压的影响，因此需要进行校正。为此可在井剖面中选取与储层相同岩性而孔隙度不同，但无裂缝发育的层段建立衰减系数与孔隙度的关系。用同样方法也可建立围压与衰减系数的关系。从而实现衰减系数对岩性、孔隙度、围压的校正，进而用岩心、薄片的裂缝发育程度对衰减系数进行刻度，就可用来评价裂缝发育程度了。

（2）斯通利波能量衰减率评价裂缝有效性。

斯通利波是一种管波，在井筒中的传播相似于一个活塞的运动，在径向上给井壁产生一个交替的压力和张力，使井壁在径向上发生膨胀和收缩，这时如地层中存在有效渗滤空间并与井筒连通，将使井液和地层流体可沿着渗滤通道流进和流出，从而消耗能量，使其幅度降低；相反，则不会发生因流体流动导致的能量衰减。这是造成斯通利波能量衰减的最主要原因，故可用来判断裂缝的有效性。

从现有诸多实测斯通利波能量衰减特征与储层裂缝发育状况以及尔后实测结果有较好的对应关系。如图4-2-16所示，T18井成像测井显示沿裂缝发育溶蚀孔洞，无滤饼，斯通利波能量明显衰减，测试产气$3×10^4m^3/d$。Z2井成像测井显示有少量低角度裂缝，溶蚀孔洞不发育，斯通利波能量基本未衰减，测试产水$2m^3/d$，微气。Z3井成像测井显示沿裂缝发育溶蚀孔洞，无滤饼，斯通利波能量明显衰减，测试产气$4×10^4m^3/d$，产水$0.7m^3/d$。天东23井成像测井显示为成岩裂缝，斯通利波能量未衰减，测试微气。

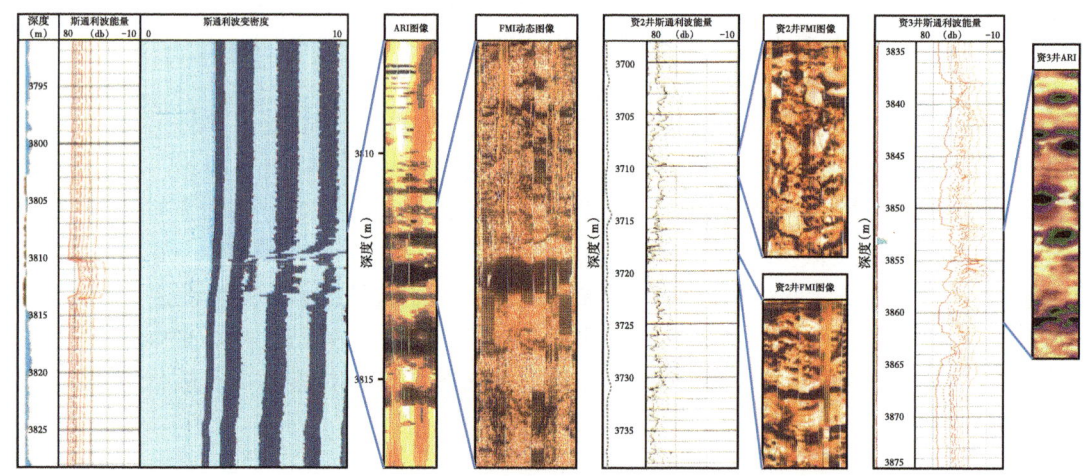

图4-2-16 斯通利波能量衰减与成像测井对应特征

斯通利波能量衰减评价裂缝有效性还需要解决滤饼、不同仪器间的系统差异和孔洞的影响。

①滤饼的影响。

有效的孔隙性储层或微细裂缝发育的裂缝—孔隙性储层多有滤饼形成，而滤饼会阻止流体在井筒与地层之间的流动，故斯通利波不发生衰减或衰减较少，但不能说明裂缝是无效的。可由井径曲线分析是否有滤饼存在，但需仔细分析成像测井对缝洞的响应特征。因常见的井径曲线基本都是密度测井或成像测井的推靠式极板所测，故反映的是整个极板与井壁的接触状况，若该段中的裂缝张开度和溶蚀孔洞的大小差别较大，则在该段中会存在有、无滤饼相间出现的状况，而极板反映出的特征却是全被滤饼覆盖的假象。因此只用井径曲线判断有无滤饼时就可能发生误判。

②不同仪器间的系统差异。

不同测井仪器和不同声波测井方法及处理程序，使测得的斯通利波能量可能有较大的差异，因此在根据斯通利波能量衰减程度判断裂缝的有效性时，必须进行系统校正。如斯伦贝谢的 DSI 仪器测井所处理的能量值为线性刻度，变化较小，为 0~100 之间；阿特拉斯的 XMAC 能量值在 0~1000 之间变化；哈里伯顿的 WSST 能量值在 0~1×10^6 之间变化。因此为了统一，可以斯伦贝谢的测量系统为标准，将其他两家公司的资料通过求取对数，均转换为线性关系，使其值均统一在 0~10 之间。

③消除孔隙和孔洞对斯通利波能量衰减的影响。

斯通利波能量衰减不仅反映裂缝的渗透性，也反映孔隙和孔洞的渗透性。因此，利用斯通利波能量衰减评价裂缝有效性时，需要消除孔隙和孔洞的影响。为此可根据不同的井，选择无裂缝段的斯通利波能量衰减建立其与孔隙度的关系校正模型：

$$ASTF = f(AST，ASTP) \qquad (4-2-26)$$

$$ASTP = f(A3 \times POR) \qquad (4-2-27)$$

式中：A3 为假设只有孔隙时，孔隙度与斯通利波能量衰减量的关系系数。

（3）横波速度各向异性分析法。

对于水平方向为轴向对称均匀介质的速度各向异性地层，简称 HTI 型介质，其速度各向异性可由有效的单组系垂直裂缝或由非平衡性水平地应力两个因素引起。形成的机理是当横波在这类介质中传播时，在同一个传播方向上将被分裂成两个偏振方向相互垂直的横波，它们以不同的速度和能量传播，速度高者为快横波，低者为慢横波。快横波方向指示了有效裂缝走向或最大水平主应力方向；快、慢横波的速度差和能量差的大小反映了各向异性的强弱，即地应力的非平衡性越强，裂缝发育程度越高，张开度越大，则快、慢横波的速度差和能量差越大。因此在排除地应力不平衡性造成的各向异性后，根据快、慢横波的速度差和能量差的大小就可反映裂缝有效性的程度。

通过偶极横波测井的交叉偶极方式测得的挠曲波在经过处理后可以获得地层快、慢横波的速度、能量和方向。在 HTI 型各向异性地层中，由于快横波信息既可反映裂缝的走向及其有效性，又可反映水平地应力的不平衡性，因此要想用以研究裂缝，必须首先鉴别引起各向异性的原因，并排除地应力非平衡性的影响。理论和实验结果表明，利用快、慢横波频散曲线特征可以达到这一目的。因为当井旁存在非平衡地应力作用时，快、慢横波的频散曲线将发生交叉，而由裂缝引起的快、慢横波频散曲线将基本保持相互平行，如图 4-2-17 所示[12]。因此在利用快、慢横波频散曲线特征排除地应力非平衡性的影响后，就可根据快、慢横波的时差各向异性及能量差各向异性的大小来判断裂缝的发育程度及其有效性。通常为了应用方便，采用百分时间差和百分能量差来反映各向异性的大小，即当偶极横波发生分裂，而频散曲线不发生交叉，则说明有裂缝存在，且其百分时间差和百分能量差越大，裂缝的有效性越好。

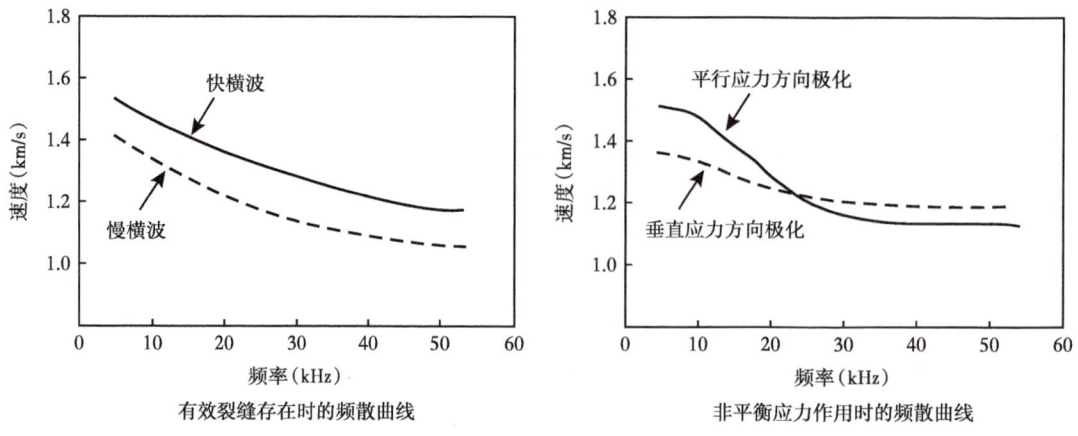

图 4-2-17 有效裂缝和非平衡应力作用下快、慢横波频散曲线特征

在应用上述方法判断裂缝的有效性时需注意以下几点：

①只有当百分最小能量接近于零，且百分最大、最小能量之差较大时，其结果才能较真实反映地层的各向异性。

②处理图中给出了快横波的方位和方位误差，其方位误差的范围越大，快横波方位的可信度就越低，因此应选择误差范围较小的层段来应用各向异性系数。

③当成像测井图上既无天然裂缝特征，又无由应力释放裂缝、诱导压裂缝或井壁应力崩落等现象反映的非平衡地应力作用特征，而偶极横波却发生了分裂，这很可能是泥岩自身的各向异性或倾斜薄地层层面影响所致，需要排除，不能用来评价裂缝及其有效性。

总之，利用偶极横波成像测井信息处理获得的斯通利波能量衰减程度及快、慢横波频散曲线特征和百分时间差、百分能量差各向异性强弱可以判断地下天然裂缝的有效性，从而为裂缝性储层评价提供了非常重要而又用常规测井资料难以获得的资料和依据。

（4）现场快速评价方法。

前面几种评价裂缝有效性的方法需要有成像测井、偶极横波测井资料时方能应用。但在现场仅有常规测井资料时，虽然不能定量地评价裂缝的有效性，却可用快速评价方法来定性判别裂缝的有效性。该方法的原理是根据不同产状的有效裂缝与双侧向深、浅电阻率的差异和补偿中子测井与补偿声波测井曲线叠合的差异来定性评价裂缝的有效性。

对于倾斜裂缝，若为张开的有效缝，则深、浅电阻率有一定的正差异，且差异大小与裂缝张开度有近似的正相关性；声波时差明显增大，而中子孔隙度因裂缝的体积很小，故测量值很低，因此声波与中子曲线叠合的差异较明显。对于高角度裂缝或垂直裂缝，如为张开的有效缝，则深、浅电阻率有大段的正差异；但声波时差基本为岩石骨架时差，中子孔隙度仍很低，故声波与中子曲线叠合的差异较小，或者基本重合。对于低角度裂缝或水平裂缝，如为张开的有效缝，则深、浅电阻率基本重合或微小的负差异，且电阻率降低十分明显；声波时差增高，甚至发生周波跳跃，而中子孔隙度仍然很低。

根据上述测井相应特征，可鉴别出各种产状的有效裂缝。而对于各种产状的无效裂缝，则双侧向呈现微小差异，且电阻率下降幅度小或无；中子—声波曲线叠合差异微弱或者无差异。

在应用该方法时，需排除各种非天然裂缝因素对常规测井响应特征的影响。如储层孔隙发育、大井眼、井斜角、钻井液低侵、钻井诱导压裂缝等均会出现类似于天然裂缝的某些响应特征。具体方法可参考第三章的裂缝识别方法。

基于前述方法评价标准组合，建立了裂缝有效性综合评价标准，见表4-2-3。

表 4-2-3　裂缝有效性综合评价标准

有效性	张开度（um）	径向延伸	ST 衰减量（%）	裂缝综合发育指数
好	AH ≥ 10	深	ASTC ≥ 20	FI ≥ 0.15
中	AH ≥ 10	中	10 ≤ ASTC < 20	0.1 ≤ FI < 0.15
中	AH < 10	深	10 ≤ ASTC < 20	FI ≥ 0.15
差	AH ≥ 10	浅	ASTC < 10	FI < 0.1
差	AH < 10	中	10 ≤ ASTC < 20	0.1 ≤ FI < 0.15
极差	AH < 10	浅	ASTC < 10	FI < 0.1

第三节　裂缝性储层参数计算

裂缝性储层的孔隙度、渗透率、含水饱和度是对裂缝性储层进行评价的基本参数。但值得注意的是这些参数并非固定不变，而是随着地质岁月的变化和储层的开采而发生或快或慢的变化，因此将对这些参数的静态和动态特征进行讨论。

一、裂缝性储层孔隙度计算

1. 裂缝孔隙度的基本概念

通常将地层孔隙度定义为单位体积岩石中孔隙空间所占的比例。但这一定义对于裂缝孔隙度来说具有极大的不确定性。这是由于裂缝具有很强的非均质性和各向异性，造成裂缝性储层中不同位置处单位体积岩石内裂缝体积有很大的差异，不同大小的岩石体积内裂缝体积所占的比例也有很大的变化。归根到底就是如此定义的裂缝孔隙度是一个随计算体积变化而变化的不定量。这样将造成用小直径岩心与全直井岩心测量的裂缝孔隙度不同；用声波时差、中子含氢指数、体积密度测井获得的裂缝孔隙度也因各自的径向探测深度、垂向分辨率不同，即探测的岩石体积不同而有差异。如此根本无法判断哪一种测量方法得到的孔隙度可真正代表裂缝孔隙度。事实上，问题并不出在哪种测量方法上，而是出在对裂缝孔隙度的定义上。因此笔者认为应采用裂缝的平均密度和平均张开度来定义裂缝孔隙度更为合理。

2. 裂缝孔隙度的计算方法

（1）双侧向电阻率计算裂缝孔隙度。

从对各种测井孔隙度含义的分析中可看出，电阻率孔隙度对裂缝孔隙度最为敏感。所以目前国内外都趋向于用双侧向测井曲线计算。

对于网状裂缝孔隙度，可用以下公式计算：

油气层：
$$\phi_f = [R_m(C_S - C_d)]^{\frac{1}{m_f}} \tag{4-3-1}$$

水层：
$$\phi_f = \left(\frac{C_s - C_d}{C_m - C_w}\right)^{\frac{1}{m_f}} \tag{4-3-2}$$

式中：R_m 为钻井液电阻率，$\Omega \cdot m$；C_d、C_s 分别为深、浅双侧向电导率，mS/m；m_f 为裂缝孔隙度指数，其值 1.1~1.5，依裂缝充填程度选取，充填程度越低，m_f 越小。

应注意的是，在应用这两个公式计算裂缝孔隙度时需考虑以下两点：①在计算油气层裂缝孔隙度时假定了钻井液与地层水的电导率相同，因此只有当钻井液与地层水的电导率差别不大时，才可取得较好的效果。②这两个公式都只适合于对网状裂缝性储层的孔隙度计算，而不能用于单组系裂缝，无论是高角度裂缝，还是低角度裂缝均不能用来计算裂缝孔隙度。

（2）单一深探测电阻率计算裂缝孔隙度。

用深、浅双侧向电阻率计算裂缝孔隙度，常受到深、浅双侧向电阻率差异性质的影响，而差异性质又受裂缝倾角、钻井液电阻率的影响，使得计算结果误差较大，可采用单一电阻率计算：

$$\phi_f = \left[\frac{R_m(R_b - R_d)}{R_d(R_b - R_m)}\right]^{\frac{1}{m_f}} \tag{4-3-3}$$

式中：R_d 为深探测电阻率，$\Omega \cdot m$；R_b 为岩块电阻率，$\Omega \cdot m$，它决定于岩块的孔隙度及饱和度。其值可按下式计算，也可近似取邻近同种岩性无裂缝发育段的电阻率。

$$1/R_b = (\phi^m S_w^n)/R_W \tag{4-3-4}$$

在以下几种情况时用单一深探测电阻率计算裂缝孔隙度较好：①电阻率背景值太低，故与裂缝电阻率的反差很小，使得裂缝张开度与深、浅双侧向电阻率差异之间几乎没有明显的关系；②由于井眼变化太大或仪器问题使浅双测向资料不好；③裂缝基本为垂直裂缝和高角度裂缝时，可近似用裂缝与岩块并联的物理模型来计算裂缝的张开度，进而计算其孔隙度。这样就弥补了用深、浅探测电阻率不能计算单组系垂直裂缝孔隙度之不足。

（3）成像测井计算裂缝孔隙度。

$$P_f = \frac{\sum W_i L_i}{I \pi D} \tag{4-3-5}$$

式中：P_f 为裂缝孔隙度；W_i 为第 i 条裂缝的平均宽度，mm；L_i 为第 i 条裂缝在单位井段内（一般选为 1m）的长度，m；D 为井径，cm；I 为单位井段长度，m。

值得注意的是成像测井计算的裂缝孔隙度实际上是面缝率。

二、裂缝性储层渗透率的计算

1. 裂缝固有渗透率的计算

对于一条孤立裂缝的渗透率称为裂缝固有渗透率，其计算公式如下：

$$K_f = \frac{d^2}{12} \tag{4-3-6}$$

式中：K_f 为裂缝渗透率，mD；d 为裂缝宽度，μm。

在计算裂缝固有渗透率的计算公式中，未考虑裂缝产状及组合特征对储层渗透率的影响，可事实上这种影响是存在的，为此根据前面对裂缝产状及组合特征的分析，将其归结为三种类型，每种类型有不同的渗透率计算公式。

单一的水平裂缝或相同走向的垂直裂缝都属于单组系裂缝，其形状类似于板状，故又称之为平板状模型。井剖面中单组系裂缝的渗透率计算采用下式：

$$K_f = 8.50 \times 10^{-4} R_d^2 \phi_f^{m_f} \tag{4-3-7}$$

式中：m_f 为裂缝孔隙度指数（它反映了裂缝宽窄和充填程度变化的大小，即裂缝导电截面积的变化率。因此 m_f 越大，使 ϕ_f 对渗透率的贡献越小。m_f 值一般取 1.3，但对发育较好的粗大裂缝，可取 1.1 到 1.0；弯曲程度高、宽窄变化大的微细裂缝可取 1.5，甚至更大一些）；R 为裂缝径向延伸系数（当裂缝径向延伸大于 2~3m 时，可近似看成无限延伸，则 $R=1$；当延伸为 0.5~2m 时，称作中等延伸，则 $R=0.8$；当延伸为 0.3~0.5m 时，称作浅延伸，则 $R=0.4$；当延伸小于 0.3m 时，称作极浅延伸，则 $R=0.1$）；d 为裂缝宽度，μm。

对于井筒之间的地区，可根据裂缝间距和裂缝张开度来计算其渗透率。裂缝宽度可由邻井岩心观测或成像测井获得。裂缝间距可通过影响裂缝间距的地质因素，即岩石成分、粒度、孔隙度、地层厚度、构造位置来估算（参看本书第五章第二节对裂缝发育程度影响因素的叙述），其渗透率计算公式如下：

$$K_f = \frac{e^3 (\cos\alpha)^2}{12D} \tag{4-3-8}$$

当 $(\cos\alpha)^2$ 趋近于 1 时，

$$K_{fr} = K_r + K_f \tag{4-3-9}$$

式中：K_r 为岩石基质渗透率，mD；K_f 为裂缝渗透率，mD；K_{fr} 为裂缝性储层渗透，mD；e 为裂缝宽度，mm；D 为裂缝间距，m；α 为裂缝面走向与井轴的夹角。根据公式可制作成裂缝渗透率计算图版，如图 4-3-1 所示。

多组系垂直裂缝型形状类似于火柴棍，故又称之为火柴棍模型，其渗透率计算公式为：

$$K_f = 4.24 \times 10^{-4} R d^2 \phi_f^{m_f} \tag{4-3-10}$$

网状裂缝型又称之为立方体模型，其渗透率计算公式为：

$$K_f = 5.66 \times 10^{-4} R d^2 \phi_f^{m_f} \tag{4-3-11}$$

式中：d 为裂缝宽度，μm；ϕ_f 为裂缝孔隙度。

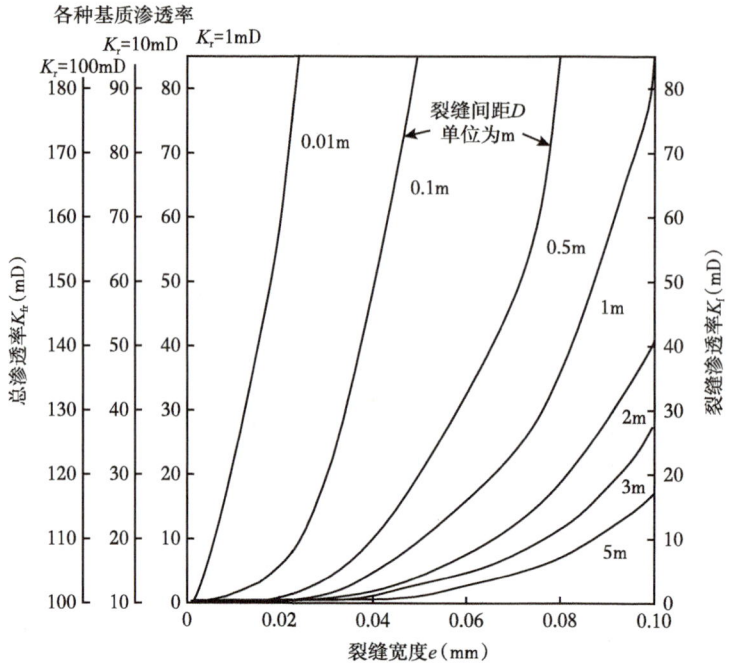

图 4-3-1 用裂缝宽度和裂缝间距计算裂缝渗透率的图版

2. 裂缝—孔隙型储层渗透率的计算

（1）水平裂缝—孔隙型储层。

如果裂缝和孔隙处于双孔双渗情况下，即裂缝和孔隙均能同时向井筒产出地层流体，则在垂直于井轴方向上，裂缝和岩块的渗透率处于"并联"状态，因此储层的总渗透率应该是两者的加权平均值，即 $K=K_b\phi_b+K_f\phi_f$，且总渗透率表现出各向同性的特征。在平行于井轴方向上，裂缝和岩块的渗透率处于"串联"状态，故储层总渗透率应基本为岩块孔隙渗透率，即 $K \approx K_b$。因此在平行和垂直井轴方向上表现出很大的各向异性特征。

（2）单组系垂直裂缝—孔隙型储层。

在垂直于井轴且平行于裂缝走向的方向上，裂缝和岩块的渗透率处于"并联"状态，故 $K=K_b\phi_b+K_f\phi_f$；在垂直裂缝走向方向上，裂缝和岩块的渗透率处于"串联"状态，故 $K \approx K_b$。在平行于井轴方向上，裂缝和岩块的渗透率处于"并联"状态，故 $K=K_b\phi_b+K_f\phi_f$。

（3）未闭合网状裂缝—孔隙型储层及闭合网状裂缝—孔隙型储层。

在各个方向上裂缝和岩块的渗透率均处于"并联"状态，故 $K=K_b\phi_b+K_f\phi_f$，因此整个储层表现出各向同性的渗透率特征。

三、裂缝性储层的饱和度计算

裂缝性储层可基本分为裂缝型储层、裂缝—孔隙型储层、裂缝—孔洞型储层三个亚类。各亚类裂缝间的关系、裂缝与孔洞间的关系、孔洞之间的关系均不完全相同，进而导致储层流体原始赋存状态、钻井液侵入程度、储层生产中发生水侵的情况差异，各储层间流体类型的纵向分布、对各种测井信息的响应特征也会有较大的差异。因此必须在充分了解各类储层的这些性质和特征后，才有可能正确计算其饱和度。

1. 裂缝型储层

由于裂缝的渗透率高，一般均属于非毛细管系统，故在成藏过程中，油气能基本取代除缝壁表面的一层束缚水膜外的地层水。所以在原始状态的油气层内，裂缝中主要为油气充满。至于裂缝的束缚水饱和度，据法国国家石油研究院通过实验测定已知宽度裂缝壁上的束缚水膜厚度，进而计算束缚水饱和度的结果表明，如在宽度为 100μm 的裂缝中，且当裂缝中的油、水分布达到平衡时，测出束缚水膜厚度为 0.16μm，故裂缝壁两边的水膜厚度为 0.32μm，于是得到裂缝的束缚水饱和度为 0.32%，如此对多种宽度的裂缝进行测定，则可得出一个裂缝宽度与束缚水饱和度的实验关系式：

$$S_{wf} = 3B_w / (2\Delta D) \qquad (4-3-12)$$

式中：B_w 为裂缝壁水膜厚度，μm；ΔD 为裂缝宽度，μm；S_{wf} 为裂缝束缚水饱和度。

显然，随着裂缝宽度的增大，其束缚水饱和度将明显降低。

此外，对于缝内充填矿物中可能含有一些包裹水及矿物颗粒间的束缚水，其量甚微，可不予考虑。因此原始油气层中裂缝的含水饱和度基本为 10%，油气饱和度为 90%。

在钻井过程中，当钻井液柱压力或液柱压力加上钻压高于地层压力时，将造成钻井液对与井筒相连裂缝的侵入。但这种侵入不同于对孔隙的侵入，因为对于裂缝是钻井液的侵入，而对于孔隙是钻井液滤液的侵入。因此在钻井液对裂缝的侵入过程中，一般无滤饼的形成。这样钻井液会一直侵入下去，直到裂缝中的油气因受到压缩而产生的反弹应力及地层压力之和与钻井液柱压力平衡为止。这就使得钻井过程中裂缝的含流体状态具有如下的特征：一是侵入深度变化很大，主要取决于钻井液柱压力与地层压力差的大小。通常由于为了安全钻井，采用相对较大密度的钻井液，故造成较大的侵入深度，特别是气层，因天然气的压缩性很强，故容易造成钻井液的深侵，一般都超过常规测井的径向探测深度；二是钻井液的侵入，而不是其滤液的侵入，这在测井资料处理时应予以注意。

对于裂缝型有水油气藏，在其生产过程中，裂缝在遭受水侵或水淹时，因其渗透率很高，使得在亲水性岩石裂缝中的油气很快被水取代，导致含水饱和度基本达到 100%；在亲油性岩石裂缝中的油气被水取代后，其含水饱和度也可达 90%。

由上可知，地下天然裂缝中的流体性质，可基本认为是非油（气）即水；非水即油（气）。在井剖面中，基本不存在油（气）与水的过渡带，只在有微细裂缝存在时，才可能形成很短的过渡带。因此在评价裂缝型储层的饱和度时，通常可将油气层的含油气饱和度取为 90%；将水层的含水饱和度取为 100%。

2. 裂缝—孔隙型储层

1）裂缝—孔隙型储层中流体的侵入状态

在裂缝—孔隙型储层中，由于裂缝与被裂缝切割的岩块中孔隙的渗透率差异很大，使得两者的原始流体赋存状态会有很大的不同。对于裂缝，因其渗透率很高，在油气层中的含油气饱和度可达 90% 以上。对于被裂缝切割成的岩块，则因形状、大小、孔隙结构、海拔高度不同，导致其含水饱和度可能有很大的差异。

海拔高度越大，压差越大，油气取代孔隙水的能力就越强，使含油气饱和度越高。地层被裂缝切割的岩块，随着岩块体积和垂直高度的减小，压差随之减小，使油气驱替孔隙水的能力越弱，故含油气饱和度就越低。因此在以高角度裂缝为主的储层内，岩块孔隙的含油气饱和度较高；相反，在以低角度裂缝为主的储层内，岩块孔隙的含油气饱和度较低。岩块中所含孔隙的孔、喉半径越小，孔喉比越大，油气排替孔隙中水所需的压力越大，即需要有更大的毛细管压力差才能使油气进入孔隙，故含油气饱和度越低。

因此在同一储层中，不同岩块的含水饱和度可能存在较大的差异。这种饱和度差异虽然会因重力分异作用而得到一定的补偿，但常因裂缝性储层的非均质性过于强烈，重力分异不可能彻底平衡岩块间的含水饱和度，故使其差异可在一定程度上保持下去。特别对于网状裂缝十分发育的储层，可能使有些岩块中保存了相当数量的可动水，而另外一些岩块中却有较高的烃含量。这一状况将给储层含流体类型的判别造成很大的困难。

在孔隙和裂缝并存的储层内，其侵入特征主要取决于裂缝的产状及其组合状况。

（1）低角度裂缝—孔隙型储层的侵入特征。

在钻井液柱压力大于地层流体压力时，钻井液对低角度裂缝呈深侵入状态。对岩块孔隙的侵入，当其孔隙结构较均匀时，可类似于对纯孔隙型储层的侵入，即呈不太深的均匀侵入状态。但由于碳酸盐岩储层孔隙的非均匀性，很难成为典型的阶梯状侵入而具有明显的冲刷带，实际上只能是一个渐变的侵入带，带中同时存在着钻井液滤液、地层水和油气。如设地层水饱和度为 S_{wb} ［在油气层中，它就是束缚水饱和度，滤液的侵入只能赶走油气，而不能取代束缚水；在水层或油（气）水过渡带则不是束缚水饱和度，因为此时滤液的侵入也可驱走部分地层水］，侵入带含水饱和度为 S_x，则侵入带中混合液的电阻率 R_{mix} 满足下面公式：

$$(1/R_{mix}) = [(S_x - S_{wb})/(R_{mf}S_x)] + (S_{wb}/R_w S_x) \qquad (4-3-13)$$

S_x 与 S_{wb} 的关系取决于孔隙结构特征，在砂岩较均匀的孔隙中，一般认为冲刷带的 $S_{xo} = S_{wb}^{\frac{1}{5}}$，但在碳酸盐岩储层孔隙中，由于孔隙的非均匀性，$S_{xo}$ 不复存在，且滤液侵入量将减少，即 $S_x < S_{xo}$，从现有经验来看，用 $S_{xo} = S_{wb}^{\frac{1}{2}}$ 较为符合实际情况。

（2）高角度裂缝—孔隙型储层的侵入特征。

与低角度裂缝—孔隙型储层的侵入特征有相似的一面，就是钻井液对高角度裂缝呈深侵入状态；对岩块孔隙呈不太深的均匀侵入状态。但却有不同之处，就是在高角度裂缝性油气储层内，由于在垂向上的渗透率很高，导致钻井液在高角度裂缝中与油气发生重力分异，使得上部裂缝呈浅侵入，下部裂缝呈深侵入，故容易将储层的下部误解释为水层。这一特点对判断高角度裂缝性储层的气、水关系时需特别注意。此外，由于高角度裂缝—孔隙型储层有单组系高角度裂缝型储层与双组或多组系高角度裂缝性储层之分，两者的侵入特征也有所不同。

对单组系（单方向）高角度裂缝型储层的侵入状态是在裂缝径向延伸方向上，呈深侵入，在垂直裂缝面方向上则侵入很浅，因而表现出明显的方向性侵入。对双组系或多组系高角度裂缝虽仍呈深侵入状态，但不存在方向性的侵入。对岩块孔隙的侵入更为微弱，使岩块中基本保留了原始流体状态，仅在井壁附近很小距离内的岩块才被混合液充满，而且对深、浅双侧向的探测深度来说，很可能已超过混合液侵入带，只有像密度、声波这些探测深度较浅的信息才会受到混合液带的影响。

（3）网状裂缝—孔隙型储层的侵入特征。

对于网状裂缝—孔隙性储层，钻井液首先侵入裂缝，并将被网状裂缝切割的岩块包围，然后裂缝中的钻井液再以其滤液向岩块孔隙侵入，由于岩块四周都受到侵入的作用，因而四周裂缝与岩块孔隙的压力差将相互抵消，导致滤液对孔隙的侵入甚微，如图4-3-2所示。所以对这类储层既有钻井液对裂缝侵入较深的一面；又有滤液对岩块侵入很浅的一面。故将这种侵入特征称为"切割式侵入"。正是这种特征使之有可能用探测深度较浅的密度、中子、声波等视孔隙度概念来识别储层的含流体类型。

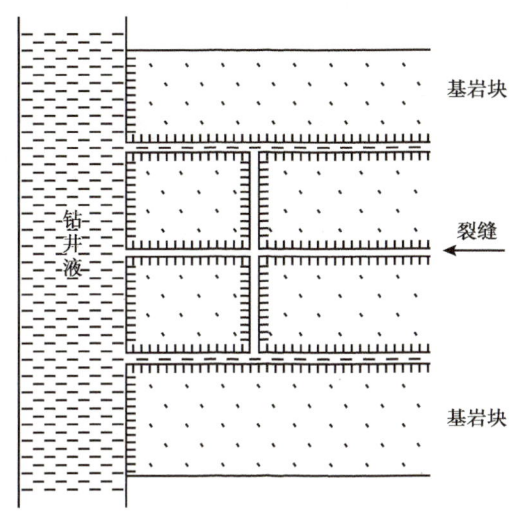

图4-3-2　网状裂缝—孔隙性储层的切割式侵入示意图

（4）地层水侵入状态。

在油气开采过程中，如已发生水侵，则首先对各种产状的裂缝造成强烈的水侵。但对岩块孔隙的侵入程度，则与裂缝产状密切相关。对于以高角度裂缝切割的岩块，其侵入较强，孔隙的含油气饱和度降低较快；对于以低角度裂缝切割的岩块，其侵入较弱，孔隙的含油气饱和度降低较慢，甚至基本不变，但容易形成难以开采的油气"死区"，即被已充满地层水的裂缝所包围的仍含有大量油气的岩块。

2）裂缝—孔隙型储层的饱和度计算方法

（1）深、浅双侧向电阻率计算方法。

将裂缝与被裂缝切割的岩块中的孔隙近似作为一对并联的导电体，以此建立相应的饱和度计算模型。

水平裂缝—孔隙型储层具有以下属性：

①裂缝被钻井液深侵，深、浅双侧向都只能探测到裂缝侵入区；

②水平裂缝使深双侧向电阻率降低，其畸变系数为K_1；

③岩块被钻井液滤液呈阶梯状侵入，深侧向可探测到原状地层，浅侧向探测到钻井液侵入区。

根据上述属性，并应用电路串并联关系，可建立如下的饱和度方程：

$$\frac{1}{R_d} = \frac{\phi_b^{mb} S_{wb}^{nb}}{R_w} + \frac{\phi_f^{mf}}{R_m K_1} \quad (4\text{-}3\text{-}14)$$

$$\frac{1}{R_s} = \frac{\phi_b^{mb} S_x^{nb}}{R_{mix}} + \frac{\phi_f^{mf}}{R_m} \quad (4\text{-}3\text{-}15)$$

$$\frac{1}{R_{mix}} = \frac{S_x - S_{wb}}{R_{mf} S_x} + \frac{S_{wb}}{R_w S_x} \quad (4\text{-}3\text{-}16)$$

$$S_x = S_{wb}^{\frac{1}{2}} \quad (4\text{-}3\text{-}17)$$

单组系垂直裂缝—孔隙型储层的侵入特征与第一类储层一样，所不同者在于双侧向测井的响应是浅双侧向电阻率降低，其畸变系数为 K_2，因此饱和度方程为：

$$\frac{1}{R_d} = \frac{\phi_b^{mb} S_{wb}^{nb}}{R_w} + \frac{\phi_f^{mf}}{R_m} \quad (4\text{-}3\text{-}18)$$

$$\frac{1}{R_s} = \frac{\phi_b^{mb} S_{wb}^{nb}}{R_{mix}} + \frac{\phi_f^{mf} K_2}{R_m} \quad (4\text{-}3\text{-}19)$$

$$\frac{1}{R_{mix}} = \frac{S_x - S_{wb}}{R_{mf} S_x} + \frac{S_{wb}}{R_w S_x} \quad (4\text{-}3\text{-}20)$$

$$S_x = S_{wb}^{\frac{1}{2}} \quad (4\text{-}3\text{-}21)$$

多组系垂直裂缝—孔隙型储层有以下的特征：
①裂缝呈深侵入状态，深、浅双侧向均只能探测到钻井液侵入部分；
②岩块孔隙呈截割式侵入特征；
③浅双侧向电阻率受到垂直裂缝影响而降低，其畸变系数为 K_3。
故饱和度方程如下：

$$\frac{1}{R_d} = \frac{\phi_b^{mb} S_{wb}^{nb}}{R_w} + \frac{\phi_f^{mf}}{R_m} \quad (4\text{-}3\text{-}22)$$

$$\frac{1}{R_s} = \frac{\phi_b^{mb} S_{wb}^{nb}}{R_w} + \frac{\phi_f^{mf} K_3}{R_m} \quad (4\text{-}3\text{-}23)$$

网状裂缝—孔隙型储层具有以下特征：
①裂缝呈半深侵入状态，即浅双侧向探测到钻井液侵入部分，而深双侧向可探测到原始地层流体部分；
②岩块孔隙呈截割式侵入状态；
③裂缝系统对深、浅双侧向电流束都可等效为均匀、各向同性介质，因而不造成深、

浅双侧向电阻率的畸变。

故饱和度方程如下：

$$\frac{1}{R_\mathrm{d}} = \frac{\phi_\mathrm{b}^{m_\mathrm{b}} S_\mathrm{wb}^{n_\mathrm{b}}}{R_\mathrm{w}} \quad (4\text{-}3\text{-}24)$$

$$\frac{1}{R_\mathrm{S}} = \frac{\phi_\mathrm{b}^{m_\mathrm{b}} S_\mathrm{wb}^{n_\mathrm{b}}}{R_\mathrm{w}} + \frac{\phi_\mathrm{f}^{m_\mathrm{f}}}{R_\mathrm{m}} \quad (4\text{-}3\text{-}25)$$

在用上述饱和度方程求得 S_wb 和 ϕ_f 后，再根据储层含流体类型判别结果，对油气层含水饱和度 S_wf 取 0.1，对水层 S_wf 取 1，将其代入下面方程求解地层总的含水饱和度 S_w：

$$S_\mathrm{w} = (\phi_\mathrm{b} S_\mathrm{wb} + \phi_\mathrm{f} S_\mathrm{wf}) / (\phi_\mathrm{b} + \phi_\mathrm{f}) \quad (4\text{-}3\text{-}26)$$

上述方程中重要参数包括裂缝孔隙度指数 m_f、基质岩块孔隙度指数 m_b、饱和度指数 n_b 和畸变系数 K。其中，裂缝孔隙度指数 m_f 是裂缝导电截面积的变化率，取决于裂缝张开度的变化状况，通常在 1 至 1.5 范围内变化。对于低角度裂缝趋向于 1.1；高角度裂缝趋向于 1.5；网状裂缝趋向于 1.3。但在实际应用中，还可根据裂缝的充填和溶蚀状况进行选取，对于充填和溶蚀剧烈的裂缝，可适当增大 m_f 值。基质岩块孔隙度指数 m_b 按经验值选取，即当岩块孔隙度较高，且连通性较好时，m_b 取 2；中等孔隙度和中等连通性时取 2.2；较差的孔隙性岩块，m_b 取 2.5，最大可取 3。饱和度指数 n_b 通常选 $n_\mathrm{b} = m_\mathrm{b}$。畸变系数 K 是裂缝产状及组合状态对深、浅双侧向电阻率影响的校正系数。K_1 是对水平裂缝造成深、浅双侧向电阻率负差异的校正系数。实验和现场资料表明 $K_1 = R_\mathrm{d}/R_\mathrm{s} = 0.7 \sim 0.8$。$K_2$ 是对单组系垂直裂缝造成深、浅双侧向电阻率正差异的校正系数，$K_2 = 1.7 \sim 2.0$。K_3 是对多组系垂直裂缝造成深、浅双侧向电阻率正差异的校正系数，$K_3 = 1.1 \sim 1.3$。对于网状裂缝可近似看成一个均匀的导电网络，不造成对深、浅电阻率的畸变，故不需对其进行校正，即 $K=1$。

（2）深侧向电阻率计算方法。

当井径变化较大时，对浅侧向电阻率有较大的影响，这时只能用深侧向电阻率近似计算饱和度。根据阿尔奇公式和储层总电导率（$1/R_\mathrm{d}$）与储层中各导电部分电导率的关系，可建立如下的函数关系：

$$\begin{aligned} 1/R_\mathrm{d} &= \left[(S_\mathrm{wi}^{n_\mathrm{b}} \phi_\mathrm{b}^{m_\mathrm{b}}) / R_\mathrm{w} \right] + \left[(BS_\mathrm{hf} + S_\mathrm{wf})^{n_\mathrm{f}} \phi_\mathrm{f}^{m_\mathrm{f}} / R_\mathrm{m} \right] + \left[(S_\mathrm{ws}^{n_\mathrm{f}} \phi_\mathrm{f}^{m_\mathrm{f}}) / R_\mathrm{w} \right] \\ &= \left[(S_\mathrm{wi}^{n_\mathrm{b}} \phi_\mathrm{b}^{m_\mathrm{b}} + S_\mathrm{ws}^{n_\mathrm{f}} \phi_\mathrm{f}^{m_\mathrm{f}}) / R_\mathrm{w} \right] + \left[(BS_\mathrm{hf} + S_\mathrm{wf})^{n_\mathrm{f}} \phi_\mathrm{f}^{m_\mathrm{f}} / R_\mathrm{m} \right] \end{aligned} \quad (4\text{-}3\text{-}27)$$

$$S_\mathrm{wi} + S_\mathrm{wf} + S_\mathrm{ws} + S_\mathrm{hf} = 1 \quad (4\text{-}3\text{-}28)$$

在求得岩块孔隙度、裂缝孔隙度后可求得自由烃饱和度，即可采油气饱和度。

式中：S_wi 为束缚水饱和度，S_ws 为封存水饱和度，S_wf 为自由水饱和度，S_hf 为自由烃饱和度。

该公式是在储层有钻井液侵入条件下建立的，因此引入了钻井液驱替程度系数。式中 B 就是在深双侧向测井探测范围内，自由烃被钻井液驱替的程度系数，用小数表示，其范围为 0~1，对单组系裂缝取 0.3；网状裂缝取 0.1，一般取 0.2。

3. 裂缝—孔洞型储层

在裂缝—孔洞型储层中，由于裂缝与孔洞的分布关系存在连通和分离两种形式，使之对其含水饱和度的计算方法也就有所不同。为描述方便，将彼此连通的称为缝洞型储层；将彼此分离的称为洞缝型储层。

对于缝洞型储层，实质就是孔洞沿裂缝分布，因此可按照计算裂缝型储层饱和度的方法确定，即在油气层中裂缝的含水饱和度可直接取为10%。对于洞缝型储层，则必须分别计算裂缝与孔洞的饱和度。在油气层中裂缝的含水饱和度 S_{wf} 仍可取为10%。但孔洞中的含水饱和度，则不能用深、浅电阻率来计算，因为裂缝与孔洞是两个独立的导电系统，故所测电阻率既不代表裂缝，也不代表孔洞，使之难以建立统一的饱和度与电阻率的关系。为此需采用非电阻率的方法来计算饱和度。

用密度测井求得储层的总孔隙度 ϕ_t，用成像测井测得裂缝孔隙度 ϕ_f，二者之差则为与裂缝分离的孔洞孔隙度 ϕ_c。再用核磁共振测井求得总束缚水孔隙度 ϕ_i，由成像测井得到的裂缝宽度 ΔD 和裂缝壁水膜厚度 B_w 算出裂缝的束缚水饱和度：

$$S_{wf} = 3B_w / (2\Delta D) \quad （4-3-29）$$

孔洞的含束缚水饱和度为：

$$S_{wic} = \phi_i - S_{wf} / \phi_c \quad （4-3-30）$$

因此洞缝型储层的含水饱和度可由以下函数式得到：

$$S_w = S_{wic} + S_{wf} \quad （4-3-31）$$

四、裂缝性储层动静物性参数的差异

由于裂缝属于应力敏感性空隙空间结构，因此裂缝与其空隙空间体积和形状有关的物性参数也必然与应力密切相关。而地下应力场在时间和空间领域中总是处于变化的状态，仅在局部范围和一段时间内可近似当作相对静止的状态。这样将使得地下裂缝的孔隙度、渗透率、饱和度等物性参数在总体上处于变化之中，仅在一定地区、一段地质时期内才可近似看作是相对固定的。为此应将裂缝的物性分作相对静态物性和动态物性，即将油气田未进入大规模勘探、开发前的储层物性作为静态物性。而将以后由于区域构造应力、人工附加应力、地层压力的变化等因素造成的物性变化，统称为动态物性。对动、静物性参数差异的研究，不仅是为裂缝物性参数计算的需要，更是对裂缝性储层静态和动态评价具有十分重要的意义。

1. 构造应力作用对物性参数的影响

由于裂缝张开度对应力的敏感性，使其孔隙度和渗透率会随地下应力的变化而变化。实验研究结果表明，当压应力增加到能保持岩石完整弹性力量的10%时，裂缝已闭合了张开度的70%，造成孔隙度和渗透率的降低，尤其是渗透率的降低；反之，在拉张应力作用下，也将促进裂缝的张开程度，造成孔隙度和渗透率的增大。

2. 裂缝面剪切错动对物性参数的影响

当地应力方向与裂缝走向处于优势剪切关系时，可能使裂缝面发生剪切错动，形成类似断层泥物质对裂缝的充填和产生擦痕面，对裂缝物性产生较大的影响。

（1）断层泥的影响。

断层泥是在裂缝面发生剪切错动过程中，由于摩擦作用产生的充填于裂缝中的细粒磨蚀物。断层泥不仅可降低裂缝的孔隙度，更因这些颗粒的粒度变细，分选性变差而使裂缝渗透率明显减小。此外，由于颗粒的粒度变细，其比表面加大，导致含水饱和度增高，造成油气的相对渗透率急剧下降。

（2）擦痕面的影响。

擦痕面是在裂缝面上发生摩擦滑动形成的磨光面或擦痕面。一般由于围岩的粉末化或颗粒熔融形成的玻璃质会导致裂缝渗透率的降低，特别是在垂直于滑动面方向上更为明显。但如果两侧光滑的裂缝壁未完全啮合，反而可造成在平行滑动面方向上渗透率的增加。裂缝擦痕面在砂岩和石灰岩中均可见到，尤以石灰岩中最为常见。近来在页岩中也越来越多地见到了具擦痕面的裂缝。

（3）断层泥和擦痕面同时出现的影响。

在有的裂缝中可同时具有断层泥和擦痕面。其擦痕面既可完全位于断层泥内部，也可位于断层泥与围岩之间的边界或接触面上。由于断层泥和擦痕面具有不同的储渗性质，因此两者的结合给裂缝性储层物性分析造成较大的不确定性，这在对全直径岩心分析时需要注意。

3. 地层水对物性参数的影响

对于裂缝性有水油气藏，在其开发过程中，裂缝内的地层水常常十分活跃，这将给裂缝物性及油气饱和度造成不同性质和程度的变化。

地层水常含有各种矿物质，如 $CaSO_4$、$MgSO_4$、$CaCl_2$、$MgCl_2$、SiO_2 等，且其溶解度随着溶质的浓度、环境温度、压力、酸碱度的变化而变化。当其处于不饱和状态时，将对裂缝进行溶蚀而产生孔洞，扩大裂缝的孔隙度和渗透率；当其处于饱和状态时，将导致矿物析出沉淀，对裂缝进行充填，使裂缝的孔隙度和渗透率降低。

此外，油气藏在开发过程中，随着地层压力的下降，容易促使边底水或层内的可动水沿裂缝发生水窜，形成双相，甚至三相流动，有效地降低裂缝的有效渗透率。

4. 地层压力下降对物性参数的影响

当油气藏进入开采中后期，地层压力逐渐下降，特别是油气藏枯竭时，地层压力很低，使岩石所受的有效应力急剧增大。这对于应力极其敏感的裂缝来说，会造成裂缝张开度的减小，这虽然对储层孔隙度影响较小，但对渗透率的降低却非常明显，因此造成最终采收率的降低。

第四节　裂缝性储层含流体类型判别

一、流体类型判别难点

对裂缝性储层含流体类型的判别是一个非常困难的课题，根本原因有三个：一是裂缝对各种测井信息的响应，特别是对具方向性测井信息的响应不仅强烈而且变化很大，如电阻率、声波速度和能量衰减，其影响程度已远超地层流体的贡献；二是钻井液对裂缝的侵入深度较大，通常已超过测井的径向探测深度，使之响应的是钻井液或钻井液与地层流体的混合液性质，而远非原始地层流体的性质；三是在同一油气藏内，油气与水的分布不完全受相对高度的控制。因此要想准确判别裂缝性储层的含流体类型，必须首先认清形成这三大原因的机理和特征，方能找到有效的判别方法[13]。

1. 测井信息响应特征分析

（1）电阻率对裂缝和地层流体的响应特征。

电阻率是对识别地层流体类型最为敏感的信息，因为一般地层水都具有较强的导电性，而油气基本为绝缘物质，因此电阻率不但是鉴别油气与水的最佳信息，而且其高低还反映了含水饱和度的大小。但是由于钻井液对裂缝的深侵入状态，使得裂缝也呈低电阻率特征，且电阻率降低的程度又随裂缝产状的不同而有很大的差异，同时裂缝产状同时又影响钻井液的侵入深度和状态，这就更加剧了电阻率的畸变。如此可完全掩盖地层流体类型对电阻率的贡献。如图4-4-1所示，上部地层为低电阻率，负差异，下部为高电阻率，正差异。按照常规解释，无论是定性判别，还是定量处理饱和度，结论均是上部为水层，下部为油气层。这一判断显然与地质规律相违背，因为上下段储层是在同一个储渗体系内，上、下裂缝肯定是相通的。对于这种情况，误判的根本原因是由于上部地层发育低角度裂缝，下部地层发育高角度裂缝造成的电阻率异常。因此必须对电阻率进行裂缝产状影响的校正。利用校正后的电阻率计算上、下段的含水饱和度均为45%~50%，如图4-4-1中新计算S_w结果所示。因此应判断为气水同层。测试结果产气（4.5~5.0）$\times 10^4 m^3/d$，产水48m^3/d，证实了新解释结果的正确性。

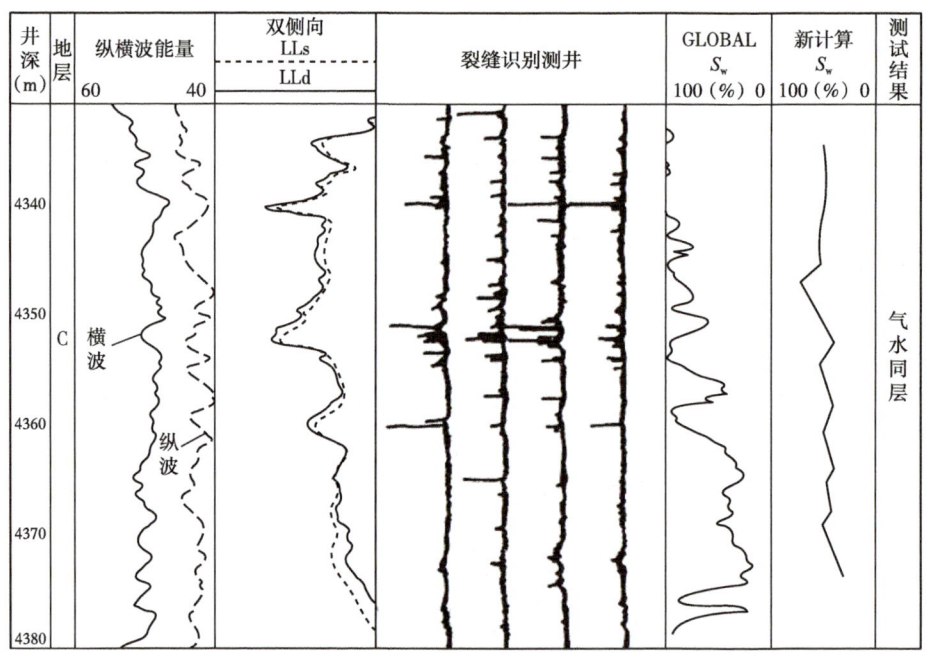

图4-4-1 同一裂缝性储层中单组系裂缝对流体性质判别的影响

（2）纵波速度和能量对裂缝和地层流体的响应特征。

利用纵波速度和能量衰减特征本可以清晰地区分天然气和地层水，因为纵波在天然气中的传播与在地层水中的传播相比，其声速会明显降低，能量会剧烈衰减。然而纵波在裂缝中传播时同样会发生波速的降低及能量的衰减，且其程度与裂缝产状密切相关。如低角度裂缝使声速降低、能量衰减，甚至发生周波跳跃，而垂直裂缝对声速和能量基本没有影响。因此难以鉴别其是气与水或气与油造成的差异，还是各种裂缝产状的不同所致。如图 4-4-2 所示，左图中电阻率呈正差异，声波时差明显增大，应解释为气层，但实际测试产水；而右图中电阻率呈负差异和无差异，声波时差增大较少，应解释为水层，实际测试产气。显然造成测井解释误判的原因在于忽略了裂缝产状对电阻率和声波时差的影响。

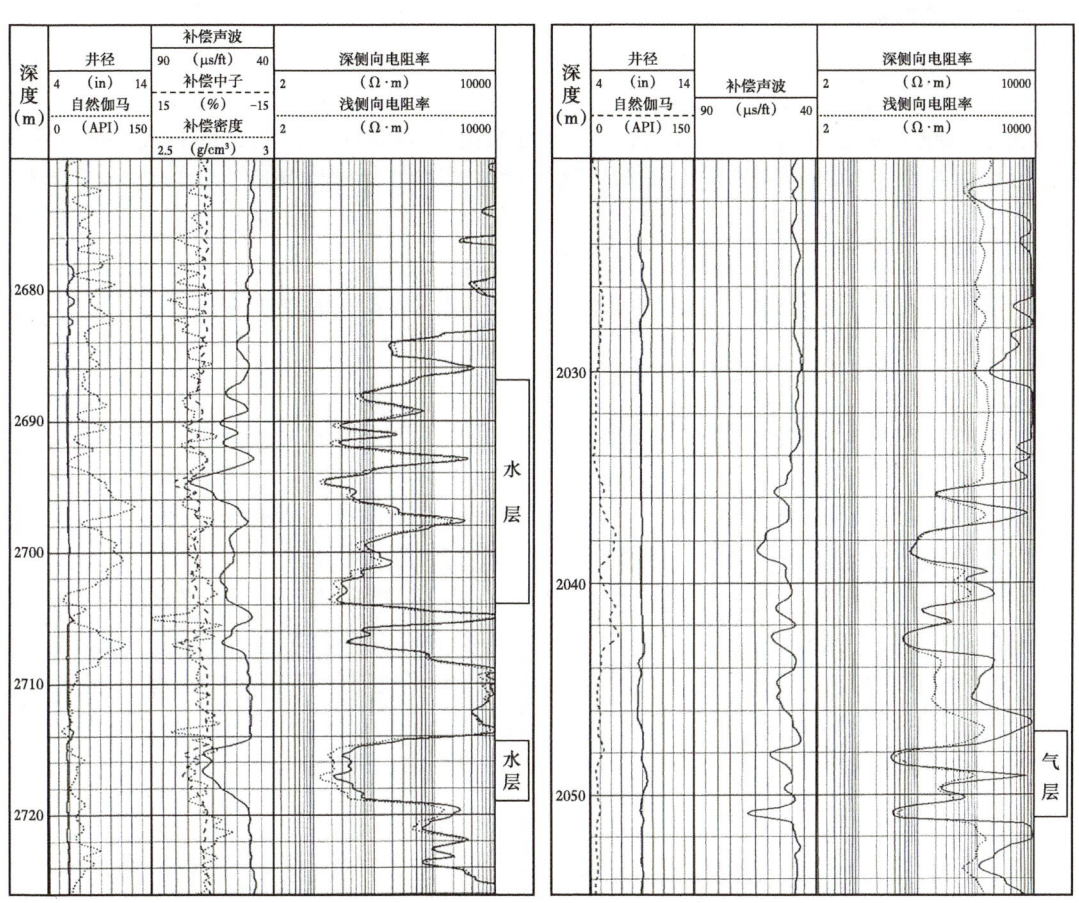

图 4-4-2　裂缝产状对用声波时差判别储层流体类型的影响

由以上分析可知，目前用于反映地层流体类型的测井信息均受到裂缝产状的影响而难以奏效，甚至如直接利用这些测井信息来判别储层所含流体类型很可能造成误判。

2. 钻井液侵入状态与测井探测深度的关系

钻井液对裂缝性储层的侵入呈现十分复杂的状态，既有对裂缝深侵特征，又有对岩块孔洞浅侵和不规则侵入的特征，使之构成了一个非均质性极强的侵入带。在这种侵入带中，地层流体与钻井液的分布与孔隙性储层的侵入带已完全不同，如阶梯状的侵入，冲刷带、侵入带的划分的概念已不复存在。

对于裂缝性储层的这种侵入带特征，目前所用的测井方法，既存在对裂缝深侵入特征径向探测深度不足的问题，又存在对岩块孔洞中流体非均匀分布状况测量结果呈非相关性的问题。如目前探测深度较大的深、浅双侧向测井，其径向探测深度分别约为 250cm 和 50cm，也主要反映裂缝中钻井液的性质，而不是储层原始流体的性质。声波、密度、中子三种孔隙度测井的径向探测深度分别为 12~100cm、10~15cm、30cm；纵向分辨率分别为 61cm、25cm、25cm，因此各自探测到岩块孔洞内不同范围中的流体状况，造成不同测井信息之间的非相关性。这就给储层流体类型判别造成很大的不确定性。

3. 储层间流体类型的纵向分布特征分析

对于裂缝性储层，不仅在同一储层内部的裂缝与岩块孔隙的流体赋存状态及其饱和度有较大的差异，在同一井剖面中的各储层间的流体赋存状态及其饱和度也常有很大的变化，甚至出现油气与水饱和度在纵向上分布的颠倒。造成这种复杂油气水赋存状态及纵向分布关系的原因主要有两个：一是储层裂缝发育的非均质性的作用，即在裂缝发育程度高，裂缝与孔洞连通性好的储层，有利于油气的聚集，使油气饱和度高，反之则使含水饱和度高。而储层所处的相对高度则居于次要地位。这在构造平缓，闭合高度小的油气藏尤为突出。二是隔层的存在，使得各储层间上水下油（气）的反常状态很难在短时间内通过重力分异作用来消除，因此在成藏时间较晚的油气藏这种现象就更为普遍。

二、流体类型判别方法

由上述分析可知，解决这些问题的根本出路在于如何避开或消除裂缝产状及其流体非均匀分布特征对测井信息的影响。这似乎是目的与方法相互矛盾，但当认清了裂缝性储层的空隙空间特征和流体赋存状态后，就会相信这一出路不但是可行的，而且是必须的。

1. 深探测背景电阻率值与深、浅探测电阻率差异性质判别法

在认识到储层中有裂缝时，可对电阻率曲线进行平滑处理，消除由裂缝导致的电阻率异常低值，通过分析整体电阻率的变化趋势特征来判断流体类型。如对于四川盆地某区块茅口组的裂缝性储层，在排除低角度裂缝和非均匀岩石构造后，其水层电阻率低于 100Ω·m，深、浅电阻率无差异或呈负差异；气层电阻率高于 100Ω·m，深、浅电阻率呈正差异。如图 4-4-3 所示，经平滑处理后的深、浅电阻率曲线，在 6160~6186m 段中的

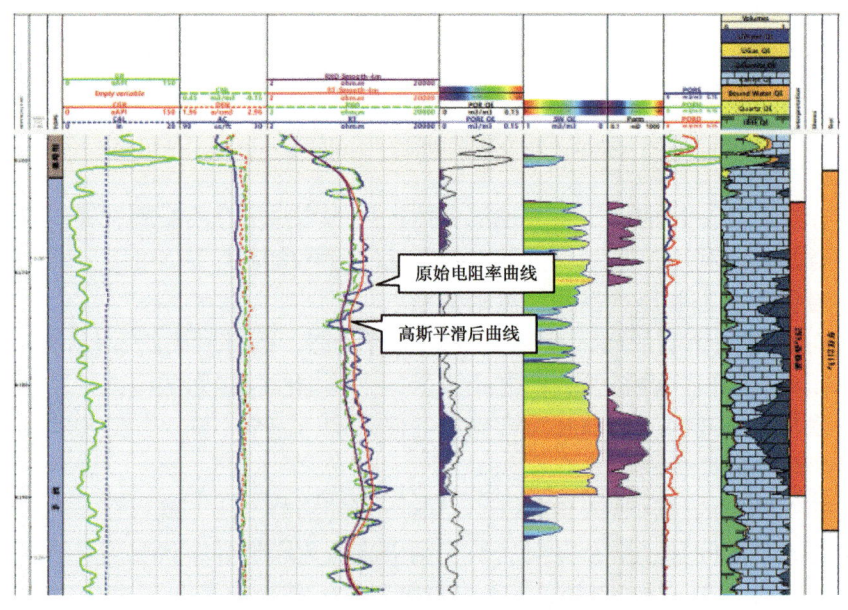

图 4-4-3　平滑处理前后电阻率曲线对比

6170~6175m段有裂缝发育，故不考虑低于40Ω·m的低电阻率尖和高于500Ω·m的高电阻率致密层段。将背景电阻率值为200~400Ω·m，深、浅电阻率呈正差异特征的地层判断为气层。该段测试产纯气，无阻流量111.65×10⁴m³/d。

2. 深探测背景电阻率值与孔隙度交会判别法

在储层孔隙度相对较高时，可利用深探测背景电阻率与孔隙度交会，并根据测试资料建立区域性孔电交会气水层的饱和度分界线，以此判断储层流体类型，如图4-4-4所示[14]。该方法有三个特点：

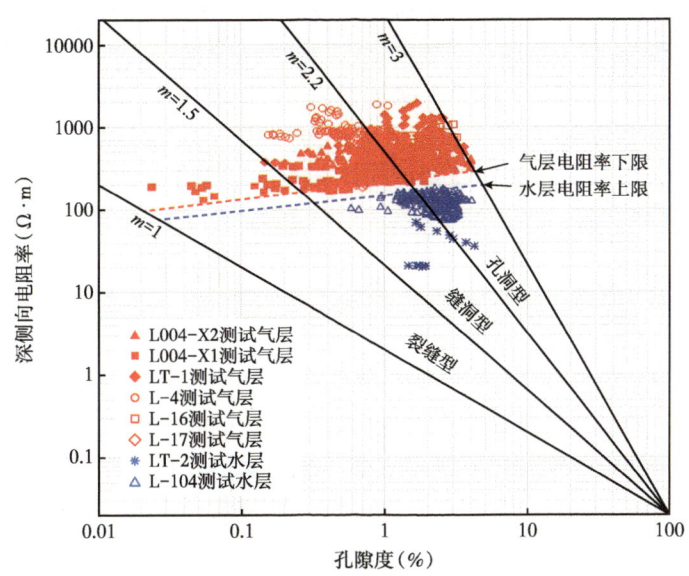

图 4-4-4　茅口组深探测电阻率与孔隙度交会图版

（1）利用电阻率背景值，消除了低角度裂缝的影响。

（2）利用孔隙结构指数m值，消除了储层类性对电阻率的影响。m值在1~1.5之间为裂缝型储层，气、水层电阻率界限值较低；m值在1.5~2.2之间为缝洞型储，气、水层电阻率界限值中等；m值大于2.2孔洞型储层，气、水层电阻率界限值较高，且孔洞连通性越差，m值越高。

（3）将孔隙度对气、水电阻率界限值的影响，已在不同储层类型中予以考虑，从而避免了用统一的电阻率界限值造成孔隙度对气、水判别的影响。

3. 中子孔隙度与深探测电阻率背景值交会判别法

补偿中子测井获得的信息是在其探测范围内的总视含氢指数的平均值，故只与裂缝的体积及所含流体类型有关，而不受裂缝产状的影响，又因裂缝体积比孔洞体积一般都小得多，因此可在很大程度上减小裂缝的各向异性、非均质性、钻井液深侵入对测量结果的影响，却突出了孔洞所含流体类型对测量结果的贡献，这就为鉴别气与水或气与油提供了有效信息。但补偿中子测井不能鉴别水与油，为此可利用电阻率测井来弥补中子测井之不足。因为油与水的电阻率相差很大，但必须消除裂缝对电阻率各向异性的影响，为此需用反映孔洞所含流体类型的电阻率背景值。这样，用中子孔隙度与深探测电阻率背景值交会可将油、气、水区分开。

4. 中子孔隙度与密度交会判别法

补偿中子测井和密度测井测量的中子含氢指数和体积密度均为无方向性的地层平均参数值，因此避开了裂缝具有的方向性对测量结果的影响。而且由于天然气的含氢指数远低于地层水，加之很强的挖掘效应，造成气层的中子孔隙度明显低于水层；而密度测井因其径向探测深度只有 10~15cm，只能反映钻井液冲刷带的密度值，故基本不受气的影响，因此可直接反映孔隙度的大小。这样将中子孔隙度与密度交会，就可消除地层孔隙度对中子孔隙度的影响，而突出了气与水对中子孔隙度贡献的差异。

中子孔隙度与密度交会法最有利于对孔隙度较高的白云岩裂缝型储层的气水判别。因为白云岩含水后可使中子孔隙度异常增大，特别当孔隙度在 10%~25% 时，可增高 3 到 5 个孔隙度单位，故可进一步拉开气、水层的差异。从大量实际测井资料看到，白云岩含水造成视孔隙度增加的程度远比实验结果更为严重，常可高达 50% 以上。造成这种现象的根本原因是次生白云岩云化程度（白云石的体积百分含量）的差异不仅导致白云岩骨架参数的变化，还与孔隙度存在一定的相关性，使孔隙度与骨架参数之间也具有一定的关系，从而造成实际孔隙度虽未达到 10%~25%，但视中子孔隙度已具有较大的数值。因此在其他条件相同时，水层的中子视含氢指数将明显高于气层。

三、流体类型判别方法的应用原则

对于裂缝性储层的流体类型判别，只掌握一些具体的判别方法是不够的。这是由于任何一种方法，都有其特定的应用条件和适应范围，而这些条件和范围在地下是千变万化的，特别对于裂缝性储层就更为突出。因此在应用任何一种判别方法时，必须首先了解该方法的应用条件和适应范围，然后再仔细分析所针对储层的各种地质特征及使用的测井信息是否适应所用的这种方法。这就是正确应用流体类型判别方法的基本原则，具体可归结为以下几条：

（1）储层类型及其地质特征。

①储层岩性：认清岩石的成分、结构和沉积构造；

②储层空隙空间结构：认清储层的孔隙、裂缝、洞穴特征及其相互关系；

③储层流体的理化性质：搞清地层流体、钻井液、侵入液的理化性质。

（2）储层地质特征与各种测井信息响应的关系。

储层地质特征与测井信息响应关系包括电阻率与岩石性质、空隙空间结构、流体类型及其性质的关系；声学性质与岩石性质、空隙空间结构、流体类型及其性质的关系；核学性质与岩石性质、空隙空间结构、流体类型及其性质的关系。

（3）储层流体静态特征与动态特征的关系和区别。

测井解释结果基本反映储层流体在某个时间的瞬时静态特征，包括油、气、水的总体积其各自的百分含量和各种流体在地下的分布状态。地层测试及生产状况主要反映储层流体在一段时间内的动态特征，包括流体产出的类型、相态、产量、比例、顺序等。储层流体的静态特征与动态特征的关系。储层流体的瞬时静态特征与一段时间内的动态特征既有相关性，也有不一致性。均质性越好的储层，相关性越好；非均质性越强的储层，不一致性越强。

（4）工程因素对测试结果与测井解释一致性的影响。

①储层污染的影响：测井时可能有钻井液对储层的污染；测试前可能有钻井液、固井液、压裂液等对储层的污染。不同性质和程度的污染，导致测井解释与测试结果的不

一致性。

②固井质量的影响：固井质量差，特别是第二胶结面质量不好，导致非测试层段的流体可能进入测试层段。封隔器坐封效果的影响：封隔器坐封失效导致非测试层段流体进入测试段储层。

③相邻储层间的流体窜流：在隔层较薄或隔层中局部发育裂缝，可能发生邻近储层流体通过裂缝窜入测试层段。

因此在用测试结果来检验测井解释结果时必须认真分析储层静态与动态特征间的关系，不可在不了解各种工程因素时，以测试结果当标准修改测井解释。

综上所述，储层流体类型的判别，绝不仅是用一种或几种方法的判别技术，更是包括了对储层地质特征的认识，从而正确选择与之相适应的方法；对测试结果的分析，以充分了解储层静态与动态特征的关系和差异；对井下工程状态的评估。从而才能对所做的测井解释结果做出较准确的判断。

第五节　裂缝性储层综合评价

一、裂缝性储层的有效性评价

裂缝性储层包括裂缝型储层、裂缝—孔隙型储层、裂缝—孔洞型储层三类，但从裂缝性储层的有效性分析来看，却可归结为两种类型的储层，一种是孔洞基本沿裂缝分布的裂缝型储层；另一种是除沿裂缝分布的孔洞外，还有独立存在的孔洞，可称为孔洞—裂缝型储层。这种储层类型的划分，不仅有利于对其有效性的评价，还为更准确计算裂缝性储层的储量提供了方法和依据。由于在本章第二节中已对裂缝有效性的评价做了系统的解释，因此这里仅对孔洞—裂缝型储层的有效性评价进行讨论。

对于孔洞—裂缝型储层的有效性，因裂缝的渗透率远高于孔洞的渗透率，因此只要裂缝是有效的，无论孔洞是否有效，其储层就是有效的。但是由于裂缝的体积很小，储层的储量和产量在很大程度上依赖于孔洞的有效性，因此仍应对孔洞的有效性进行评价，这样才能将储层的有效性从单纯的能否有流体产出提升到是否有经济价值的意义上。

1. 孔洞有效性的概念

在孔洞—裂缝型储层中，其孔洞的有效性不同于单纯孔洞型储层中孔洞的有效性。这是由于裂缝的存在不仅因为自身的高渗透率提高了储层的渗透率，而且其间大量存在的，但常被忽略的微细裂缝还可成为连结孔洞的重要通道。大量实验结果和现场生产资料表明，孔洞的渗透率主要取决于喉道及孔喉比的大小，即喉道越大，孔喉比越小，渗透率越高。因此在孔洞—裂缝型储层中的微细裂缝可起到类似于单纯孔洞型储层中喉道的作用，以明显改善看似与宏观裂缝分离的孔洞的渗透性。这样在评价孔洞的有效性时，就不能将孔洞孤立起来，只根据其孔隙度的大小作为有效性的标准，而应考虑由于微细裂缝的存在导致对孔洞有效孔隙度下限值的降低。因此对孔洞—裂缝型储层中的孔洞有效性，需从孔洞的特征和裂缝的作用两方面来确定。

2. 孔洞有效性的确定方法

由于孔洞的大小及其分布的非均质性远强于纯孔隙性储层的非均质性。因此孔隙度已不是作为判断其有效性的唯一标准，还必须将孔洞大小、孔洞之间的连通性作为评价其有效性的重要依据，也就是说孔洞的有效性要受到孔洞大小、连通性、孔隙度三大因素的控制。

（1）孔洞大小的确定方法。

实验研究表明，孔洞的体积在扣除所含束缚水体积后，仍能将油气排出的孔洞就是有效孔洞。碳酸盐岩储层孔隙中束缚水膜的平均厚度约为 0.16μm，总束缚水膜厚度为 0.32μm，最大烃分子直径为 0.003μm，因此有效孔洞直径应大于 0.323μm，有效孔洞体积应大于 0.00425μm³。在实际应用中，需根据具体地质条件和测量方法的差异而确定有效孔洞大小的下限值，例如斯伦贝谢公司将 0.5μm 作为有效孔洞直径的下限值。

通常可通过核磁共振、纵横波能量衰减和成像测井的方法来确定孔洞的直径。核磁共振所测的横向弛豫时间 T_2 将随孔径的增大而延长，经定量刻度后可用来表征孔径大小。声波在孔洞介质中传播时，声波能量因散射作用而衰减，其衰减系数与声波频率和孔洞大小有关。实验结果表明，当声波波长远大于孔洞尺寸时，岩石对声波的散射衰减系数与其频率的三次方成正比；同时与孔洞半径有正相关关系，即孔洞越大纵横波衰减越大，但是当孔洞半径大于 0.8cm 以后，声能衰减随孔洞半径增大而衰减的速度就很慢了。因此该法仅适用于直径小于 0.8cm 孔洞大小的测量。

此外，可利用电成像测井确定孔洞大小。由阿尔奇公式可知，冲洗带的含水饱和度和电阻率、孔隙度有如下关系：

$$S_{xo}^n = aR_{mf} / \Phi^m R_{xo} \qquad (4-5-1)$$

如设 $S_{xo}=1$，$a=1$，$m=n=2$，则

$$\Phi = (R_{mf} / R_{xo})^{\frac{1}{2}} \qquad (4-5-2)$$

式中：S_{xo} 为冲洗带含水饱和度；ϕ 为孔隙度；R_{xo} 为冲洗带电阻率，$\Omega \cdot m$；R_{mf} 为钻井液滤液电阻率，$\Omega \cdot m$；a 为岩性系数。

电成像测井图上每一点的数值（色度）反映了 R_{xo} 的大小，因此根据成像电阻率值和已知的 R_{mf} 值，就可算出各点对应的孔隙度 ϕ。但它不同于通常所说的一大块岩石中反映多个孔隙总体积大小的孔隙度，而是与孔径大小、R_{xo} 电阻率高低相关的孔隙度。如图 4-5-1 所示[15]，在 FMI 图像中，针对每一个成像扫描点，根据其颜色的深浅，即电阻率的高低进行统计：深色对应电阻率低、孔隙度高、孔径大；浅色对应电阻率高、孔隙低、孔径小。然后将孔隙度按照孔径大小作累计频率统计，并绘制 Φ 值累计频率与孔径的关系图。图中可见两个或三个分离的高峰，且小孔径对应峰的累计频率高，变化范围大；大孔径对应峰的累计频率低，变化范围小。这种现象正好反映了地下岩石中原生孔和次生孔的存在状态，即原生孔与次生孔的孔径一般并非连续变化，多具明显的跃变；其次是原生孔小而多，孔径基本为连续变化，但次生孔却大而少，孔径变化范围大，连续性很差。因此可利用这种频率图来区分原生孔和次生孔，进而划分次生孔的类型：小孔（$P_{20} \sim P_{40}$）、中孔（$P_{40} \sim P_{60}$）、大孔（$P_{60} \sim P_{80}$）、特大孔（P_{80} 以上），并对累计频率图包络线所包围的面积积分，则可分别求得原生孔和次生孔的孔隙度。

图 4-5-1 右图是对某井 FMI 成像测井信息进行处理的成果图。图中第一道为成像图，并画出了总孔隙度和次生孔隙度曲线。第二道为孔径大小纵向分布频率直方图，其颜色深浅表示累计频率的高低，色深对应于高频率；图像位置表示孔径大小，越向左孔径越大；第三道为不同孔径（用局部孔隙度百分率表示）所对应的孔隙度曲线，P 后的数值大小表示孔径的大小，数值越大，孔径越大；不同孔径的孔隙度曲线越靠近，说明孔洞越均匀。第四道为总孔隙度、原生孔隙度、次生孔隙度纵向变化曲线。第五道为 8 个极板中每一极板对应的总孔隙度曲线，它们分别代表了不同方位的孔隙度，故可用来反映储层的各向异性和非均质性。

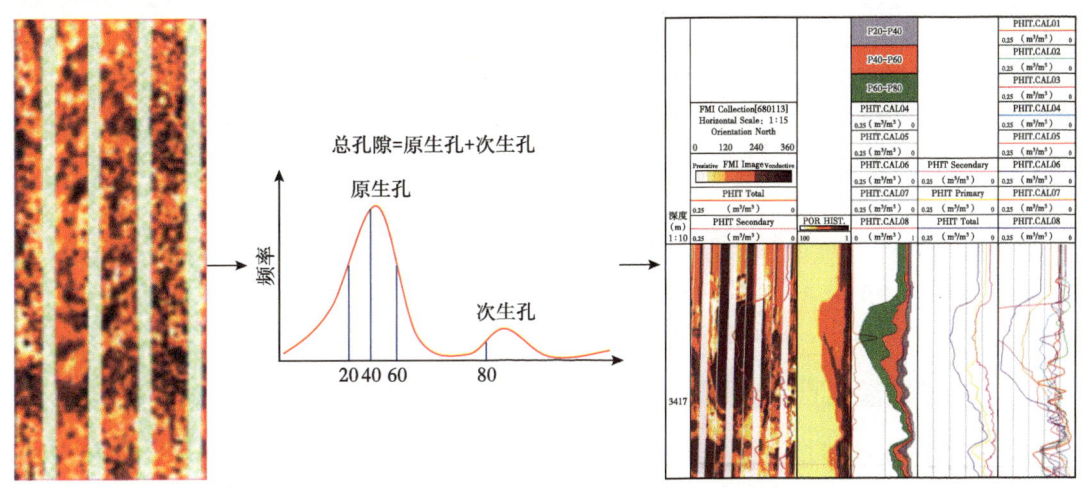

图 4-5-1 POROSPECT 计算孔径大小与孔隙度关系及处理成果图

（2）孔洞的连通性评价方法。

孔洞的有效性除与其自身的大小密切相关外，孔洞的连通性仍然起着十分重要的作用。孔洞的连通性包括孔洞相互间的连通性和孔洞与裂缝间的连通性。孔洞间的连通性主要取决于孔隙喉道的大小；孔洞与裂缝间的连通性取决于微细裂缝的发育程度和宏观裂缝与溶蚀孔洞的分布状态。国外研究表明，孔隙喉道越大，微细裂缝越发育，宏观裂缝穿越溶蚀孔洞越多，孔洞的有效性越强。

孔洞的连通性对其有效性的作用，在碳酸盐岩地层中表现尤为突出。因为其间普遍存在的生物体腔孔多为体内溶孔，即使孔隙度很高，可对储层基本无贡献。

实验研究结果表明声波纵波速度与孔洞的连通性有较密切的相关性，对于不同类型孔洞的纵波速度有如下的响应特征：

①对于相同孔隙度的各种孔洞，其纵波速度有随孔径增大而增高的趋势。

②各类孔洞的孔隙度与其纵波速度都具有孔隙度增大纵波速度降低的负相关性。

③连通性较好的孔洞，如微孔和晶孔，孔隙度与纵波速度的相关性较好；反之，连通性差的孔洞，如铸模孔、生物体腔内孔，不仅孔隙度与纵波速度的相关性变差，而且纵波速度明增增高。这是因为孔洞连通性越差，纵波初至波穿越的孔洞越少，而更多的是从岩石骨架中传播，所以波速增高。

因此可针对不同的岩性,建立相应的连通孔隙度与纵波时差的关系曲线。如发现在相同岩性地层中的实测纵波时差与孔隙度的关系发生明显向低时差方向偏移,表明孔洞的连通性变差。此外,当井径较规则时,还可通过声波孔隙度与密度孔隙度的比较来评价孔洞的连通性。因为密度孔隙度基本为总孔隙度,而声波孔隙度主要反映连通孔洞的孔隙度,因此当声波孔隙度明显低于密度孔隙度,表明孔洞的连通性差,而且如用声波孔隙度(ϕ_S)与密度孔隙度(ϕ_D)的比值ϕ_S/ϕ_D的大小可进一步反映孔洞的连通程度,即比值越小,连通程度越差。

(3)孔洞孔隙度的计算。

利用常规测井获得的中子孔隙度与密度孔隙度交会可求得总孔隙度,然后减去裂缝孔隙度,即可得到孔洞孔隙度。通常由于裂缝孔隙度比孔洞孔隙度低很多,故可直接用中子—密度交会孔隙度近似作为孔洞孔隙度。但这种方法对于气层不太适合,因为中子孔隙度受挖掘效应和天然气含氢指数很低的影响而异常降低;密度测井因探测深度较浅,主要反映钻井液侵入带的孔隙度而接近实际孔隙度。因此使中子、密度交会结果产生较大的误差。

利用成像测井信息进行处理,在求得单位井段中的孔洞面积后,即可算出孔洞孔隙度,而且计算结果不受储层流体类型的影响。

在求得孔洞的大小、连通性和孔隙度后就可对孔洞的有效性做出较符合实际的评价。

二、裂缝性储层产能评价

储层产能是指储层在一定的井身条件和开采条件下所能产出的最大产量。对于天然气储层通常用测试中的无阻流量作为储层的产能。

1. 决定储层产能的因素

决定储层产能的因素可分为两类,一是储层的静态参数,如油气供给半径、储层类型及物理性质、油气理化性质等;二是储层的动态参数,如地层压力,有效应力、表皮系数等。根据本书前面章节对裂缝和裂缝性储层性质的描述,将决定储层产能的因素做一概括,便于建立产能评价的依据和标准。

(1)决定储层产能的静态参数。

决定储层产能的静态参数包括裂缝发育程度、孔洞发育程度、孔洞与裂缝的搭配关系以及储层有效厚度。

裂缝发育程度取决于裂缝自身状态和外部因素作用的结果。单组系裂缝系统中的裂缝走向基本一致,裂缝间不发生交叉,故裂缝间的连通性差。多组系裂缝系统中的裂缝至少具有两种不同的走向,裂缝会发生相交,故裂缝间的连通性较好。多组系网状裂缝系统中的裂缝至少有三种不同的走向,裂缝间相互交叉程度高,故裂缝间的连通性最好。裂缝密度越大,沟通岩块中孔洞的数量和体积越大。裂缝形成时的张开度及裂缝形成后在矿物沉淀和地下水溶蚀双重作用下其宽度的变化程度,都将极大地影响裂缝的有效性。

当现今构造最大水平主压应力方向与裂缝走向的夹角 α 小于 $45°$ 时,将有利于裂缝张开而增进其有效性;相反,当夹角 α 大于 $45°$ 时,则促使裂缝趋于闭合而降低其有效性。地层所受的现今构造应力与地层孔隙流体压力之差为地层岩石所受的有效应力。因此当现今构造应力或上覆岩层压力增大，或孔隙流体压力降低时，岩石所受的有效应力都将增大，促使与有效应力增大方向垂直或接近垂直的裂缝趋于闭合，特别对那些充填程度较低的裂缝影响更大，明显降低其有效性。

孔洞大小和密集程度决定储层所含流体的体积，直接影响产量的稳定时间。地下孔洞中一般均有一定矿物的充填。按其充填程度的不同分为基本无充填，局部充填和全充填三种状态。最常见到的是局部充填，因此其充填程度对产能级别的影响最大。孔洞的连通性直接影响孔洞对产能的贡献。但由于地下孔洞形成机制的不同，使其连通性会有很大的差异。沿裂缝溶蚀形成的孔洞，其连通性最好；沿层面溶蚀和沿粒间孔溶蚀形成的孔洞，其连通性较好；粒内溶孔和生物体腔溶蚀孔洞连通性很差。因此在评价孔洞对储层产能的影响时，必须分清孔洞形成的类型。

对于裂缝性储层，孔洞与裂缝的搭配关系对产能的影响很大。最好的搭配是沿裂缝发育的溶蚀孔洞与裂缝的搭配；其次是网状裂缝穿越较多孔洞的搭配；较差的是裂缝与孔洞呈分离状态的搭配。第三种搭配关系容易造成产能很大的波动。

储层有效厚度直接关系到油气储集空间的体积，一般来说储层有效厚度越大，自然产能越高。但是由于裂缝性储层的非均质性极强，其有效厚度在横向上变化很大，导致有效裂缝与井筒相交的厚度具有很大的可变性，不能真实反映储层的有效厚度。但目前用测井资料还只能获得与井筒相切割的厚度，因此仅可用作划分有效裂缝储层的重要依据之一，而不能直接用以评价储层产能的高低，否则会使评价结果具有很大的不确定性。这在裂缝性储层中，有效厚度小而获高产，有效厚度大却仅有低产的情况并非罕见。为此如何提高测井径向探测深度，能求得距井壁达10m以内的储层有效厚度，可望将裂缝性储层有效厚度作为评价其产能的有效参数之一。

（2）决定储层产能的动态参数。

①裂缝系统中地层压力的概念和作用。

地层压力对于储层产能起着决定性的作用，关键是对裂缝性储层中地层压力的评估问题。因为裂缝系统主要发育在各种脆性地层中，如碳酸盐岩、砂岩、火成岩等致密地层。这些地层的岩石骨架已基本被压实，因此裂缝系统中的地层压力不再像一般含泥碎屑岩那样与岩石压实程度相关，因而也就与岩块的孔隙度无关。但是由于裂缝系统是属于应力敏感性空隙空间，因此裂缝张开度与作用于裂缝体上外部地应力的大小及方向密切相关。即对于含流体的裂缝系统，其地层压力将随裂缝张开度的减小而剧烈增高；反之地层压力也会随着裂缝张开度的增大而明显降低。

由于裂缝系统的地层压力主要受地应力大小和方向控制，而地层中的地应力与三轴向应力的关系在时间和空间上可能发生缓慢的或突发的变化，使得有的地区或层位的裂缝张开度增大，导致地层压力降低；有的地区或层位的裂缝张开度减小，导致地层压力增高。因此不同地区和层位的裂缝系统，其地层压力会有很大的差别，而且这种差异不完全受地层深度和原始成藏时压力的控制。如在同一地质剖面中，可能埋深较浅的裂缝系统反而具有更高的地层压力。正是这种复杂的地层压力分布状态，给裂缝性储层的产能评价造成了较大的困难。

地层压力对储层油气产能的大小有以下两个方面的作用。

一是在储层静态特征、油气性质、井下条件相同情况下，地层压力的大小直接控制了油气产能的高低。

二是地层压力在油气开采过程中降低速度过快，可导致储层中水窜、出砂，降低油气产能。特别是在裂缝性储层中，由于裂缝的应力敏感性，地层压力过快的降低，会使裂缝趋于闭合，不仅使产能减小，还会使废弃压力增大，降低最终采收率。因此算准地层压力，充分了解地层压力的变化，对储层产能评价至关重要。

②裂缝系统中地层压力的计算方法。

由于裂缝性储层的地层压力与所承受的三轴向地应力密切相关，因此如何计算出地应力的大小和方向自然是预测裂缝性储层地层压力的必由之路。但是目前要直接算准三轴向地应力的大小和方向，特别是对最大水平主应力的计算还存在较大的问题。因此可通过计算与地应力密切相关的岩石力学参数来预测裂缝性储层的地层压力。研究结果表明，岩石中的有效应力与岩石的纵、横波速度比（v_p/v_s），泊松比μ，纵、横波品质因素比（Q_p/Q_s）等三项参数有密切的关系。如图4-5-2所示，三种力学参数不仅均与有效应力密切相关，而且对有效应力的敏感区互不相同，纵、横波速度比（v_p/v_s）的有效应力敏感区在20MPa以下；泊松比μ的应力敏感区在15MPa以下；纵、横波品质因素比（Q_p/Q_s）的应力敏感区则在10MPa以上。这样就使得上述力学参数对有效应力的适应范围增宽，即可在有效应力低于15MPa时用纵横波速度比或泊松比计算有效应力；在有效应力高于15MPa时用纵横波品质因素比计算有效应力。

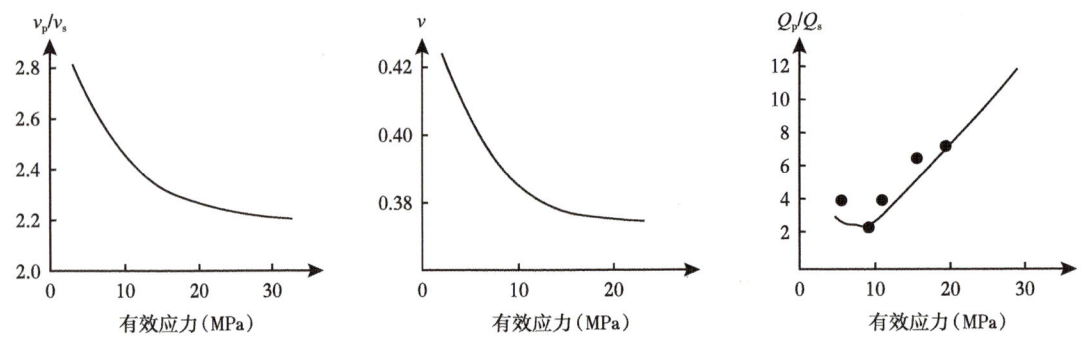

图4-5-2 岩石所受有效应力与岩石力学参数的关系图

这样在用声波测井资料算出v_p/v_s、μ、Q_p/Q_s后，就可求得有效应力p_e。再根据地层中岩石骨架所承受的有效应力p_e等于岩石围压p_s与孔隙流体压力p_p之差，即$p_e=p_s-p_p$。因此如果知道围压p_s就可求得孔隙流体压力p_p。

由于地层压力在各个方向上是相等的，因此只需计算出与声波测量参数方向相同的围压就可最终求得地层压力p_p。所幸声波测量参数方向是沿井轴的，因此对于垂直井眼，v_p/v_s、μ、Q_p/Q_s的测量方向正好是垂直主应力方向，也就是上覆岩层压力方向，而上覆岩层压力可用密度测井资料较准确地计算求得。如图4-5-3所示，图中P为压应力方向，F为发射换能器，S为接收换能器。显然当围压方向与声波测量方向一致时，所测纵横波参数才与应力大小相关；而当声波测量方向与加载应力方向垂直时，所测纵横波参数与应力大小基本没有关系。

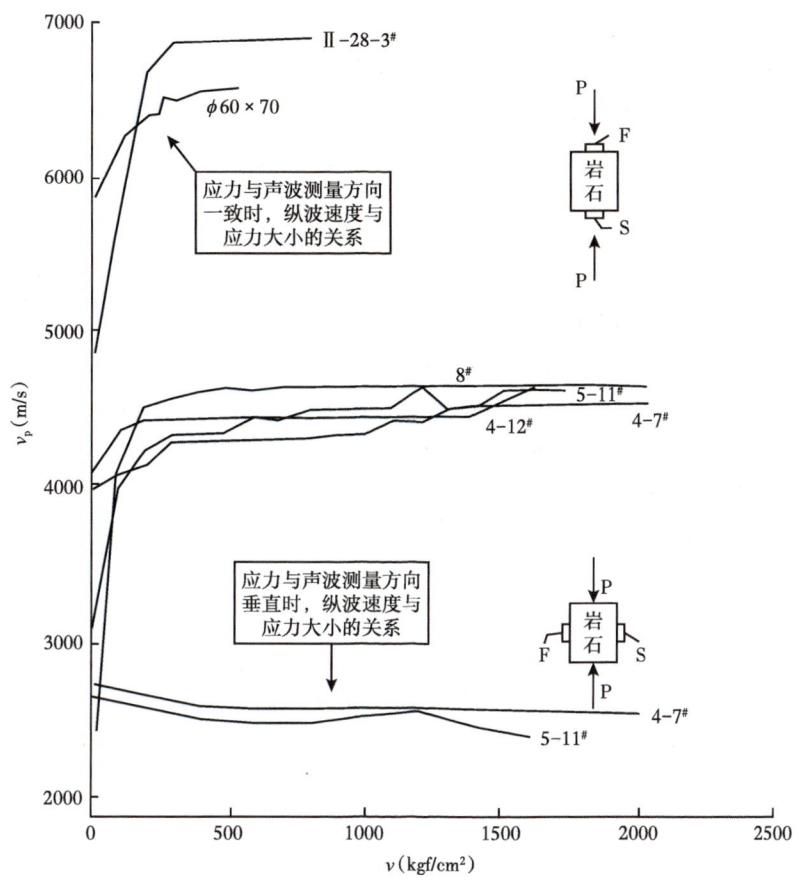

图 4-5-3 岩石应力与超声波速度的实验关系曲线

2. 储层产能评价方法

根据对控制和影响储层产能参数的分析结果，对储层产能级别的划分必须同时考虑储层的动态参数和静态参数，排除可人为调节的参数。如对于气层，可用如下的储层产能评价公式：

$$q_{\mathrm{gpt}} = \frac{774.6 K_{\mathrm{g}} h p_{\mathrm{r}}^2}{\mu_{\mathrm{g}} Z T [\ln(x)]} \quad (4\text{-}5\text{-}3)$$

式中：q_{gpt} 为气产量，m^3/d；K_{g} 为气体有效渗透率，mD；h 为地层有效厚度，m；μ_{g} 为气体平均黏度，mPa·s；Z 为气体平均偏差系数；T 为平均地层温度，℃；x 为供气面积系数，一般取 $x = 0.472 r_{\mathrm{g}}/r_{\mathrm{w}}$；$p_{\mathrm{r}}$ 为地层压力，MPa。

对于裂缝性储层，以上公式中的 K 和 h 是两个变化最大的静态参数，需按照裂缝性储层的评价方法计算。h 可通过储层有效性评价确定；K 需同时考虑裂缝和孔洞的贡献来计算。

3. 储层产能级别的划分

储层产能一般可分为高、中、低、微或干四个级别，但每个级别的具体数值可根据油气储层的具体情况来确定。需特别重视的是地层压力在气层产能级别中的作用，因为地层压力以其平方与气产能成正比关系。

为了便于对气层产能级别的划分，将常用的 4 个级别的负压、常压、高压、超高压的地层压力简化为常压和高压两个级别，压力系数在 1.0~1.5 为常压气层，压力系数高于 1.5 为高压气层。这是因为储层产能级别不仅与地层压力相关，还受多种因素的影响，因此将压力级别分得过多，必然使得地层压力与产能的关系难以建立，不利于用测井资料评价产能的高低。为此按以下原则划分气层的产能级别，以利于现场能及时对产能级别做出评估。

（1）常压气层的产能级别评估。

将无阻流量高于 $10×10^4m^3/d$ 的大型缝洞型储层定为高产层，其测井响应特征是裂缝十分发育，且溶蚀孔洞基本都沿裂缝分布，因此孔隙度和渗透率都高，含水饱和度低。

无阻流量低于 $10×10^4m^3/d$，而高于或等于 $5×10^4m^3/d$ 的中型缝洞性储层定为中产层，其测井响应特征是裂缝较发育，溶蚀孔洞发育相对较弱且与裂缝大部分呈分离状态，但孔洞自身的连通性较好。

无阻流量低于 $5×10^4m^3/d$，且高于或等于 $1×10^4m^3/d$ 的小型缝洞型储层或孔洞型储层定为低产层，其测井响应特征是裂缝欠发育，溶蚀孔洞欠发育且与裂缝大部分呈分离状态。

测试产量低于 $1×10^4m^3/d$，定为微气或干层，测井响应特征是裂缝和孔洞发育程度很低且孔洞与裂缝基本呈分离状态，孔洞自身的连通性也很差的储层。

（2）对于高压气层的产能级别评估。

将测试无阻流量高于 $100×10^4m^3/d$ 定为高产层；测试无阻流量低于 $100×10^4m^3/d$，而高于或等于 $10×10^4m^3/d$ 定为中产层；测试无阻流量低于 $10×10^4m^3/d$，而不小于 $1×10^4m^3/d$ 定为低产层；测试无阻流量低于 $1×10^4m^3/d$ 定为微气或干层。

第六节　裂缝性油气藏储量计算

油气藏储量的计算方法主要有容积法、产量递降曲线分析法、物质平衡法、数值模拟法等。容积法是通过对油气藏的各种静态特征资料分析、计算得出的原始地质储量；产量递降曲线分析法是根据采油指数递减的类型，如指数型、双曲线型、调和曲线型计算出的动态储量；压降法是根据物质平衡原理得出地下油气的原始储量等于各种流体的采出量加上剩余流体量；数值模拟法是根据油气藏静态特征与油气产出动态特征的关系建立相应的数值模型，以此来拟合各生产井流体产出及压力变化的生产历史，并不断调整油气藏的静态参数，直到拟合结果达到要求的精度时，则用这时的静态参数场来计算油气藏储量。由此可知容积法应属于油气藏静态特征计算法；压降法、产量递降曲线分析法属于油气藏动态特征计算法；数值模拟法应属于油气藏静态特征与动态特征相结合的方法。

对于裂缝性油气藏的储量计算，应选用何种方法才能更接近实际储量呢，这是本节需仔细讨论的问题。为此下面将对容积法、压降法、数值模拟法的实施及结果进行对比、分析，从中找出较切实可行且效果较好的储量计算方法。

一、容积法计算地质储量

容积法计算地质储量的本质是确定所有能储集油气空间的体积。对于裂缝性储层而言，可将这种空间分为两部分，一部分是裂缝及其沿裂缝分布的孔洞，简称为缝洞空间；另一部分是被裂缝切割的岩块中未与裂缝直接连通的孔洞，简称为岩块孔洞空间。因此容积法计算的油气体积就是缝洞和岩块孔洞的体积与其中所含油气饱和度的乘积。

1. 缝洞体积及油气饱和度的确定

（1）缝洞孔隙度的确定。

对缝洞空间体积不设孔隙度下限值。因为在裂缝的有效性评价中表明，可将 $10\mu m$ 定作有效裂缝宽度的下限，而该下限值已远低于测井参数和岩心观测的分辨率。因此在去除所有非天然裂缝段后，所划出的全部张开天然裂缝都应是有效裂缝，由此计算的孔隙度，包括与裂缝连通的孔洞孔隙度，都应是有效孔隙度。这样对各有效天然裂缝段的孔隙度进行厚度加权平均，就可得到用来计算缝洞储量的有效孔隙度，而不存在再扣除孔隙度下限的问题。

（2）缝洞含油气饱和度的计算。

在本章第三节对有效裂缝构成的缝洞系统的流体赋存状态分析表明，在亲水岩石的原始油气层中，其缝洞壁束缚水膜形成的含水饱和度均在 10% 以下，但如考虑到缝洞中各种充填矿物所含的束缚水，可使含水饱和度略有增大，因此在实际应用中，除开油（气）水过渡带外，可将油气层中缝洞的含油气饱和度设定为 90%。

2. 岩块孔洞孔隙度及油气饱和度下限的确定

（1）相对渗透率曲线和孔隙度—含水饱和度交会法。

根据相对渗透率曲线确定含水饱和度上限值有三种选择：

①选束缚水饱和度点，即水相零渗透率点。

这种选取方法是只将纯油气层当作有效储层。这种做法必然会损失一部分油气储量，因此对于油（气）过渡带较长的油气藏不宜选取该特征值；但对于孔隙结构较为均匀、油（气）过渡带很短的油气藏，则可在油气储量损失很小的情况下使储量计算和开采工艺简化，还可避免多相流动对采收率的降低。

②选油气相对渗透率为零的含水饱和度作为水饱和度截止值。

这种选取方法是只要有油气产出而不管出水量大小均算作有效储层，这样虽然避免了油气储量的损失，但给储量计算、油气开采带来麻烦。因此只有当油水过渡带较长时才用这种方法，但需对油气层和过渡带分别计算储量。

③选双相流动相对渗透率相等时的含水饱和度作为饱和度截止值。

这是对上面两种方法的折中，目前国内多用此种方法，可以兼顾上述两种方法的优缺点。

理论和实验研究结果表明，对于不含可动水的次生油气藏，其束缚水饱和度与孔隙度有近似单枝双曲线函数关系，即束缚水饱和度与孔隙度的乘积为一常数。因此束缚水饱和度将随孔隙度的降低而增高，当增高到一定程度后，油气不能流动，于是该束缚水饱和度就是含水饱和度的上限。若选取相对渗透率等渗点所对应的含水饱和度作为饱和度的限制值，则对应的孔隙度即为有效孔隙度的下限，如图 4-6-1 所示。

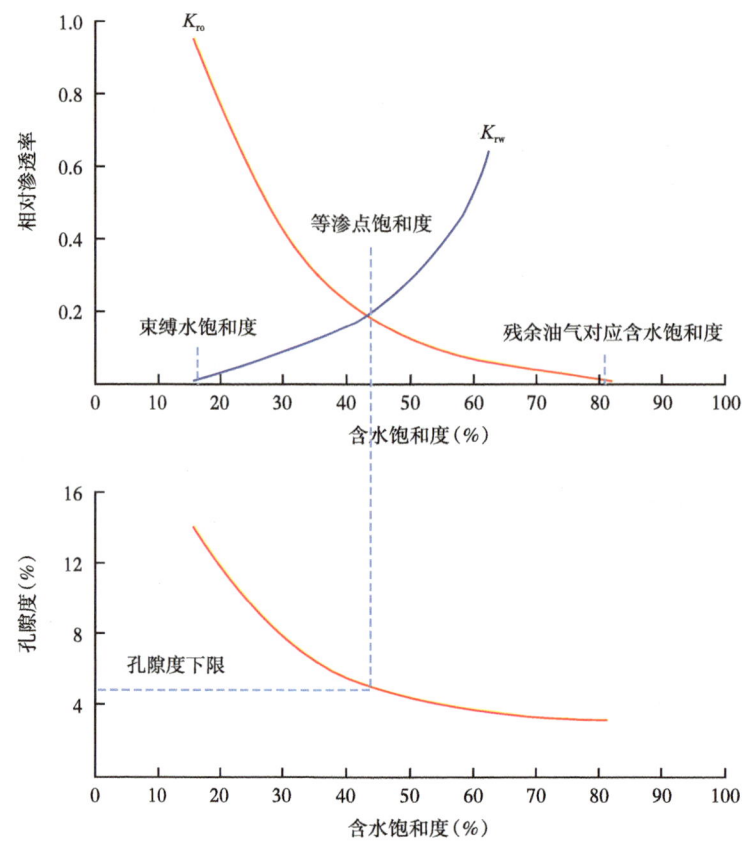

图 4-6-1 相对渗透率、孔隙度—含水饱和度交会法确定有效储层下限

此方法目前已被广泛应用。但有两个问题影响有效孔隙度下限的准确性：

①在建立孔饱关系中假定储层只含束缚水，没有可动水。但相渗实验中既有束缚水，又有可动水。而束缚水对油气流动的阻碍作用与可动水的阻碍作用显然不同，因此用只有束缚水确定的水饱和度上限与可动水和束缚水同时存在时确定的水饱和度上限也不应相同，而且由于可动水对油气的阻碍作用更大，故对应的水饱和度上限必需更低，这样用双相流动状况下定的水饱和度上限值应用于只有束缚水条件下的孔饱关系上去确定的孔隙度下限值就必然偏高。

②如图 4-6-1 中的孔饱关系曲线是在孔隙结构不变，使束缚水饱和度与其孔隙度的乘积为一定值条件下建立的。但在实际应用中，储层的孔隙结构常有变化，导致束缚水饱和度与其孔隙度的乘积不再为一常数，因此图中的孔饱关系不再是一条曲线，而成为一个变化带，则将造成孔隙度下限的多解性。

（2）束缚水饱和度确定有效孔隙度下限。

为解决上述在确定有效孔隙度下限中存在的两个问题，可利用斯伦贝谢公司提出的如图 4-6-2 所示的图版[16]。图的纵坐标为油（气）水过渡带以上的含水饱和度，即束缚水饱和度 S_{wi}，横坐标为孔隙度；图中曲线分别为孔隙度与束缚水饱和度乘积的 C 值曲线和对于油层与气层的渗透率 K 值曲线。该图版原本是为计算束缚水饱和度图而制作的，但如在已得到束缚水饱和度的情况下，则可反过来求解孔隙度下限值。根据岩块孔隙度和束缚水饱和度确定对应的 C 值，即 $\phi S_{wi}=C$，在图中找到相应于该 C 值的曲线，再根据储层的含油、气性及动态资料确定的渗透率值。由该渗透率曲线与 C 值曲线交点对应的孔隙度即为该储层状态下岩块的孔隙度下限值。

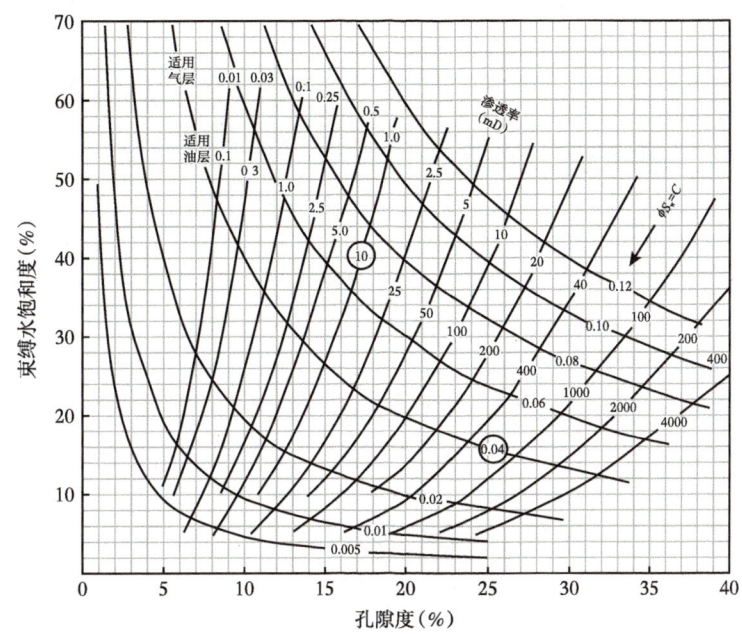

图 4-6-2　利用岩块孔隙度和束缚水饱和度计算有效孔隙度下限的解释图版

3. 有效厚度的确定

一般来说，储层的有效厚度是指储层中能产出具有商业油气流的地层厚度。这一概念对于任何类型的储层都是适合的，但要具体计算储层的有效厚度，就涉及如何确定要有多高的油气饱和度，多大的有效孔隙度和足够的渗透率才能产出具有商业价值的油气流。显然对于不同类型的储层将有不同的概念和方法。对于裂缝性储层，是一种双重介质储层，包含了由裂缝串通的缝洞系统介质和被裂缝切割的岩块基质中的孔洞系统介质。因此就会有如何确定两种系统介质的有效厚度问题以及如何将两者综合起来确定整个储层有效厚度的问题。

对于缝洞系统介质，所有含油气的有效天然裂缝层段厚度都是储层的有效厚度。对于岩块孔洞系统介质，孔洞孔隙度高于有效孔隙度下限，含水饱和度低于上限的岩块的厚度都是储层的有效厚度。缝洞系统和岩块孔洞系统两者均为有效或任一系统有效的厚度都属于储层的有效厚度。但是必须分别计算其有效孔隙度和含油气饱和度，再通过加权平均后作为有效储层的有效孔隙度和含油气饱和度。

需特别指出的是对于裂缝性储层的有效厚度，无论用哪种方法计算，都存在较大的不确定性，其根本原因在于这类储层的有效厚度在横向上存在很强的非均质性和各向异性，而用测井、录井或岩心资料确定的有效厚度只能代表井壁附近储层的有效厚度，不能完全反映整个储层的真实情况。在实钻资料和测试资料中，常可遇到直井中未见有效储层，而斜钻偏离几米后就可能发现很好的裂缝性储层；在测井资料上未见到有效储层，而压裂后测试却能获得高产。因此对于单井储层综合有效厚度计算结果，只要储层存在有效厚度，不论其大小，均是有效储层；即使井剖面上未显示有效储层，但只要附近有可能发育裂缝的条件，如有逆断层断点的存在，则需仔细查看地震资料有无发育裂缝的可能，不能轻易否定有效储层的存在。

4. 圈闭范围的确定

对裂缝性油气藏进行容积法储量计算的圈闭范围是由裂缝的平面分布状态和油气在剖面上的分布状态来确定。

（1）裂缝平面分布圈闭范围的确定。

对裂缝性油气藏的产能和储量起决定性作用的是构造应力裂缝。因为构造应力裂缝既有高的渗透率而控制着产能高低，又在很大程度上影响溶蚀孔洞的发育程度而控制着储量的大小。但是构造应力裂缝，无论是区域构造应力裂缝，还是局部构造应力裂缝，其纵横向分布状态均具有极强的非均质性。正如本书第二章第六节中所述，区域构造应力裂缝的特征是张开度较大，在纵横向上的延伸较远，但裂缝间距很宽，故在有裂缝处的裂缝发育程度很高，而偏离裂缝处则基本无裂缝发育，因此形成裂缝极强的非均质性。在局部构造应力裂缝中，由地层褶皱形成的裂缝，主要在地层扭曲、褶皱曲率及曲率变化率较大处发育；由断层形成的裂缝，主要发育在断层引起的地层牵引褶皱处、断层消失处和断层交会处。因此构造应力裂缝的分布主要呈"点"状和"线"状的特征分布。只有当地层在遭受多期不同方向的构造运动应力作用下，才可产生网状裂缝而呈"块状"的特征分布。

基于构造应力裂缝的分布特征，对其平面分布的圈闭范围应根据区域构造应力方向及其三轴向应力关系、局部构造应力方向及其三轴向应力关系、局部构造形态、断层性质和牵引褶皱位置等状态来确定，而不能简单地仅根据整个构造形态及其溢出点来确定圈闭范围。

（2）油气在剖面上分布范围的确定。

根据本章第三节中对裂缝性储层含流体类型及其饱和度的纵向分布特征，不仅在同一储层内部的裂缝与岩块孔洞中的流体赋存状态及其饱和度有较大的差异，在同一井剖面及同一油气藏内各储层间的流体赋存状态及其饱和度也常有较大的变化，甚至出现油气与水饱和度在纵向上分布的倒转。从而造成同一裂缝性油气藏中不同井间的油气与水的界面高度可能不一致；在同一井内可能出现几个油气与水的界面。其结果是在同一裂缝性油气藏内既不能简单地将构造圈闭溢出点的深度作为油气与水的界面高度，又难以找到统一的油气与水的界面高度。

鉴于裂缝性油气藏内地层流体所特有的纵向分布状态，可采用以下方法来确定油气纵向分布控制的圈闭范围。

①针对同一井内似乎出现几个油（气）水界面的问题。需首先仔细分析是否在同一油（气）藏内。如属同一油（气）藏，则以最下面储层的油（气）水界面作为油（气）藏的油（气）水界面。

②针对不同井间油（气）水界面海拔高度不一致的问题。需根据试井资料确定的供油（气）范围来确定该裂缝系统在纵向上的圈闭高度。

（3）容积法储量计算的圈闭范围。

将裂缝平面分布确定的圈闭范围与油气剖面分布确定的圈闭范围重叠，两者重合处确定的范围就是容积法储量计算所用的圈闭范围。该范围表示既有裂缝发育，又有油气分布。

5. 容积法计算地质储量的不确定性分析

对于裂缝性油气藏的容积法储量，其核心是缝洞的体积和缝洞中油气的体积，但裂缝性油气藏中非均质性最强的也正是缝洞的体积和缝洞中油气的体积。因此造成对缝洞和油气圈闭的面积具有很大的不确定性。如按照目前对裂缝发育区和最低水层高度圈闭的范围，只能作为圈闭范围的上限值。至于孔隙度、饱和度参数、有效厚度等参数对容积法储量的影响相比于圈闭范围小得多，故目前所算的容积法储量可作为地质储量的上限值。

二、压降法

1. 压降法计算地质储量

压降法是基于物质平衡原理来计算油气藏的地质储量。以正常压力系统气藏为例，对于具有天然水侵，且岩石和流体的压缩性均不可忽略的非定容水驱气藏，其原始地质储量应由以下五个部分组成：累计产出气体在地下所占体积；累计产出水在地下所占体积；地下剩余气体积；岩石和束缚水的膨胀体积；水侵占据的孔隙体积。因此具有如下的物质平衡关系：

$$GB_{gi} = (G - G_p)B_g + GB_{gi}\left(\frac{C_w S_{wi} + C_f}{1 - S_{wi}}\right)\Delta p + (W_e - W_p B_w) \quad (4\text{-}6\text{-}1)$$

进而可推出地面标准条件下地质储量 G 的计算公式：

$$G = \frac{G_p B_g - (W_e - W_p B_w)}{B_{gi}\left[\left(\frac{B_g}{B_{gi}} - 1\right) - \left(\frac{C_w S_{wi} + C_f}{1 - S_{wi}}\right)\Delta p\right]} \quad (4\text{-}6\text{-}2)$$

对于正常地层压力气藏，因公式中的 $\left(\dfrac{C_w S_{wi} + C_f}{1 - S_{wi}}\right)\Delta p$ 很小，可忽略，故可简化为如下方程：

$$G = \frac{G_p B_g - (W_e - W_p B_w)}{B_g - B_{gi}} \quad (4\text{-}6\text{-}3)$$

如考虑天然气的偏差系数 Z，则 G 的计算公式如下：

$$G = \frac{G_p - (W_e - W_p B_w)\dfrac{pT_{sc}}{p_{sc}ZT}}{1 - \dfrac{p/Z}{p_i/Z_i}} \quad (4\text{-}6\text{-}4)$$

由该式可推出水驱气藏的压降方程：

$$\frac{p}{Z} = \frac{p_i}{Z_i}\left[\frac{G-G_p}{G-\left(W_e-W_pB_w\right)\dfrac{p_iT_{sc}}{p_{sc}Z_iT}}\right] \qquad (4\text{-}6\text{-}5)$$

式中：G 为气藏在地面标准条件下（0.101MPa 和 20℃）天然气储量，m³；G_p 为气藏在地面标准条件下的累计产气量，m³；$B_{gi}=\dfrac{p_{sc}Z_iT_f}{p_iT_{sc}}$ 为原始气体体积系数；$B_g=\dfrac{p_{sc}ZT_f}{pT_{sc}}$ 为当前气体体积系数；p/Z 为视地层压力，MPa；p_i/Z_i 为原始视地层压力，MPa；B_w 为地层水体积系数；W_e 为累计水侵量，m³；W_p 为累计产水量，m³；C_f 为岩石有效压缩系数，MPa⁻¹；C_w 为束缚水压缩系数，MPa⁻¹；S_{wi} 为束缚水饱和度；Δp 为地层压力降，MPa。

对于没有水驱作用的定容气藏，其地面标准条件下的原始地质储量 G 可用下式计算：

$$G = \frac{G_p\dfrac{p_i}{Z_i}}{\dfrac{p_i}{Z_i}-\dfrac{p}{Z}} \qquad (4\text{-}6\text{-}6)$$

由水驱气藏与定容封闭气藏的压降方程可知，前者视地层压力 p/Z 与地面标准条件下的累计产气量 G_p 为非线性关系，而后者为线性关系，如图 4-6-3 所示[17]。因此对于定容封闭气藏可根据原始气藏压力和一段时间的累计产气量做出 p/Z 与 G_p 的线性关系图，进而用外推方法就可求得原始地质储量 G。但对于水驱气藏不能直接用外推方法计算 G，必须引入气藏的水侵体积系数 ω，即地下水侵体积占据地下原始含气体积的比例，表明水侵越严重，ω 越大。

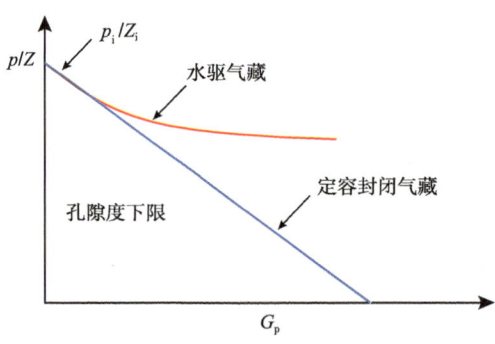

图 4-6-3　气藏压降图

$$\omega = \frac{W_e-W_pB_w}{V_{pi}} \qquad (4\text{-}6\text{-}7)$$

式中：V_{pi} 为天然气占有气藏的原始有效孔隙体积，m³。

如令 ψ 为地层相对压力 $(p/Z)/(p_i/Z_i)$；R_D 为地质储量的采出程度，$R_D=G_p/G$。则有

以下关系：

$$\psi = \frac{1-R_D}{1-\omega} \quad (4\text{-}6\text{-}8)$$

据此关系可做出如图 4-6-4 所示的气藏水侵指示图[17]，图中关系线数字为水侵体积系数 ω。应用时将实际气藏不同开发时期的相对压力 ψ 与采气程度 R_D 交会点在图上，其所在位置即可得到相应的水侵体积系数 ω。则可在算出 V_{pi} 和 W_p 后得到累积水侵量 W_e，代入水驱气藏的压降方程，就可最后求得原始地质储量。

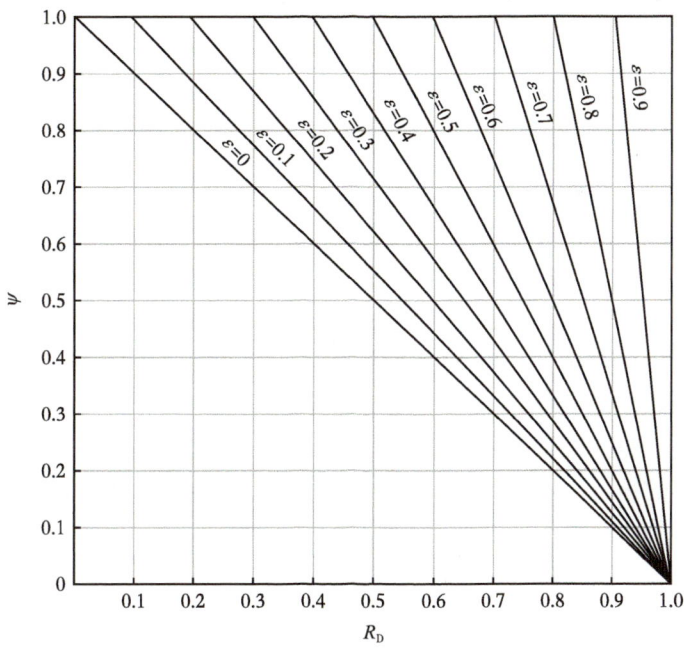

图 4-6-4　气藏的水侵指示图

2. 压降法储量计算的不确定性分析

对于裂缝性油气藏的压降法储量计算，其核心是地层压力。由于地层压力与缝洞的形状和分布状态没有直接关系，使缝洞的非均质性基本不影响地层压力的变化。因此对于定容封闭性气藏就在很大程度上降低了缝洞非均质性对压降法储量的影响，故可求得较准确的地质储量。但对于水驱气藏，需在求得原始含气体积 V_{pi} 和水侵体积系数 ω 后方能计算出地质储量。这样不仅涉及含气体积的问题，使缝洞非均质性的影响同样存在；还存在采出程度 R_0 难以准确确定的问题，进而造成储量计算较大的误差。图 4-6-5 所示的为四川水驱气藏地层压力降与采出程度的关系，其特征呈多变性。通常需要采出程度大于 10%，地层压力下降较大时，才能取得较高的精度[17]。因此该法适用于气藏开发的中后期气藏储量核实。

此外，气藏物质平衡法对于油气藏平均地层压力的要求较高，但在裂缝性油气藏的开发过程中，地层压力的分布及下降程度具有较强的非均质性，使之难以得到准确的平均地层压力，故造成压降储量计算结果的误差。更值得关注的是裂缝在地层压力下降中，使其所受的有效应力增大，导致裂缝趋于闭合，从而提高储层废弃压力，降低可采储量。

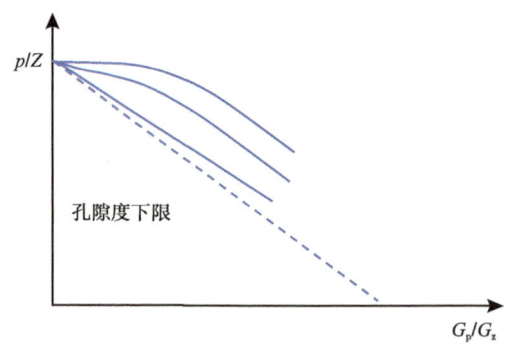

图 4-6-5　不同含水区强度水驱气藏的压降示意图

三、数值模拟法

1. 利用数值模拟计算地质储量的方法

根据与油气藏地质储量有关的各种地质特征建立起与之相适应的油气渗流规律,并用一套微分方程及其初始条件和边界条件来描述和约束地质特征与渗流规律的关系。

由于地质条件的复杂和多变,使所建数学模型一般都不能通过解析方法求解,而只能采用数值求解的办法,因此必须建立数值模型并编制一套计算机运行程序实现。

利用编制的计算机运行程序,对气藏各井的生产历史与数学模型中的地质静态特征进行拟合。当拟合不上时,则调整地质静态特征参数。如此不断调整,直至能与各井生产历史的拟合达到要求的精度,就可用此时的地质静态特征参数来计算容积法地质储量。以气藏为例,可用如下公式计算容积法地质储量。

$$G = \sum_i^n \frac{A_{ij} h_{ij} \phi_{ij} S_{g_{ij}}}{B_{gij}} \quad (4-6-9)$$

式中：i、j 为网格行、列号；n 为网格块数；A_{ij} 为第 ij 网格块的面积，m^2；h_{ij} 为第 ij 网格块的有效厚度，m；ϕ_{ij} 为第 ij 网格块的有效孔隙度；S_{gij} 为第 ij 网格块的含气饱和度；B_{gij} 为第 ij 网格块气体体积系数。

2. 数值模拟法的不确定性分析

数值模拟法是用实际客观存在的生产历史去修改和约束地质静态特征参数,这对于裂缝性油气藏强烈的非均质性来说,无疑会提高对这些参数确定的可信度,因而使得计算的容积法储量更接近实际。但是仍有两个问题需要考虑。一是井的生产历史要受储层和井中流体流动状态的影响,如储层中存在的不连通空间,生产中渗透率的变化；井中压力和流动状态的改变等。而这些影响因素与容积法储量计算中所用的地质静态特征参数没有关系。二是在数学上对于多参数的拟合必然有多解性,即被拟合的参数存在多种组合均能满足要求的拟合精度。

基于上述分析,数值模拟法将油气藏的静态特征与动态特征统一起来计算地质储量,这对于非均质性特别强的裂缝性油气藏来说,应该是一个较好的方法。但鉴于上述存在的两个问题,需要采用一些约束的办法对计算结果进行约束。如根据裂缝性储层的缝洞发育状况来约束。对裂缝十分发育的储层,其储渗空间的连通性好,因此用数值模拟法拟合的静态参数计算的容积法储量的可信度较高;对溶蚀孔洞十分发育,但与裂缝连通性较差的储层,应以直接用静态特征计算的容积法储量为准。

综上所述,在对裂缝性油气藏储量的计算中,容积法储量主要用于原始地质储量的计算,但因这时对油气藏地质特征了解甚少,因此受储渗空间形状和分布非均质性的影响很大;压降储量主要用于油气开采过程中地质储量和可采储量的计算,但受地层压力分布和下降速度非均质性的影响较大;数值模拟法是将油气藏静、动态特征结合起来进行地质储量计算,从理论上看,更适合于对裂缝性油气藏的储量计算,但关键是必须建立准确的储层动、静特征的物理、数学模型,否则仍然不能将储层静态与动态特征结合起来,难以得出较为符合油气藏实际的地质储量和可采储量。由此可以得出这样的结论:裂缝性油气藏储量的计算必须对其静态特征和动态特征进行充分的结合;裂缝性油气藏的静态特征和动态特征都不是静止的,特别是油气藏进入开发以后,其变化速度和规模都将逐渐增大,因为裂缝本身的静态特征及其间流体压力和流体流动的动态特征均具有很强的应力敏感性,因此充分了解油气藏中地应力的变化是做好其动、静特征结合的关键所在;正是由于裂缝性油气藏静态和动态特征的多变形,因此对其地质储量和可采储量的计算,无论是容积法储量、压降法储量、数值模拟法储量,都必须反复进行,最好一年一次,这不仅使计算的储量逐渐趋于符合实际情况,更能加深对油气藏的认识,完善对油气藏开发的技术,从根本上保证,甚至提高最终经济采收率。

第五章 裂缝的发育规律

在裂缝性油气藏中的裂缝类型很多，按其形成机制的不同可分为构造应力裂缝、非构造应力裂缝和次生变异裂缝三大类。油气勘探和开发实践表明，构造应力裂缝和次生变异裂缝具有举足轻重的作用，但其在纵横向上分布的非均质性极强，在很好的裂缝性储层附近，甚至就在裂缝性储层中的高产油气井旁，也可能无裂缝发育，导致勘探和钻井失败。对此现状的唯一结论是必须寻找裂缝的发育规律。大量勘探开发的成功经验和失败教训表明，构造应力裂缝和次生变异裂缝的发育程度和分布状况取决于能否形成裂缝的控制因素及裂缝发育程度的影响因素，这是本章讨论的主要内容。至于非构造应力裂缝，因其原始状态下的储渗价值低，故不予重点讨论，但在某些特定的地质条件下，可能转变为次生变异裂缝，对油气储渗仍有一定贡献，因此在本章第三节中也做了简略的描述。

第一节 构造应力裂缝形成的控制因素

构造应力裂缝形成的控制因素有两个，一是地应力的大小和方向；二是地层在地应力作用下产生的形态及破裂方式。二者决定了地层中能否产生裂缝及产生何种类型的裂缝。

一、地应力的大小和方向

地应力是地下各种应力的总称，包括大地静应力、大地动应力、附加应力，如图 5-1-1 所示。但对构造应力裂缝形成起控制作用的是大地动应力和大地静应力。

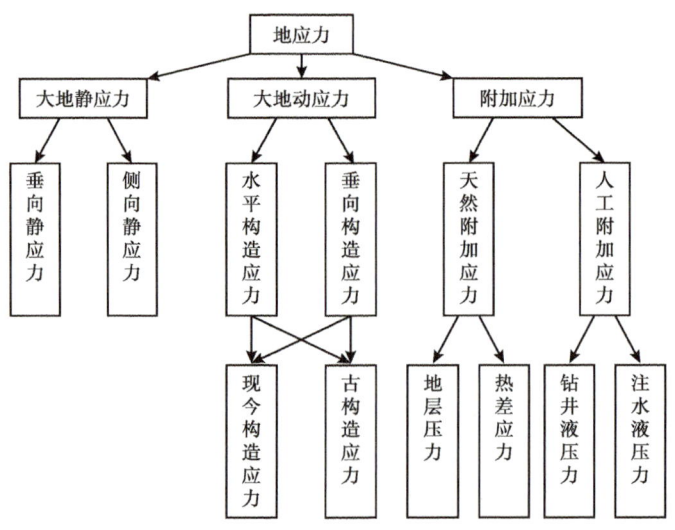

图 5-1-1 地应力场的构成

1. 大地静应力

大地静应力是由岩层在重力作用下产生的应力场，它表示地下某深度处单位面积上所承受的来自上覆岩层的重量，即上覆岩层压力（p_o），可用以下公式计算：

$$p_o = 10^3 \rho g h \tag{5-1-1}$$

式中：p_o 上覆岩层（垂直）应力，MPa；ρ 为上覆岩层平均密度，g/cm³；h 为埋深，m；g 为重力加速度，m/s²。

2. 大地动地应力

大地动应力是由地壳构造运动在地层中产生的构造应力。它是由于地壳运动的地质体之间相互作用力传递到岩石内部产生的不同性质、不同方向的应力，以抵抗外力作用。这些彼此有关联的应力所作用的空间称为构造应力场。构造应力场的分布和变化是连续而有规律的，而且有明显的方向性。当构造应力为挤压应力时定义为正值，拉张应力定义为负值。构造应力场在沉积盆地的大部分地区是以水平应力形式存在，局部地区也可以表现为垂直应力形式。构造应力的性质按其作用时间分为古构造应力和现今构造应力；按其作用方向分为垂直构造应力和水平构造应力。

研究应力场的目的在于揭示一定范围内构造应力场的性质，预测地质构造的形成和演变以及构造裂缝的类型、方向和分带规律。

（1）现今构造应力和古构造应力。

①现今构造应力。

现今构造应力主要来自地壳亚欧板块、太平洋板块、印度洋板块、非洲板块、美洲板块、南极洲板块等六大板块漂移的作用力。现今构造应力普遍存在于地层中，其方向和大小有明显的变化，现今构造应力与某时期古构造应力的方向可能一致，也可能不同。现今构造应力与地壳上的很多地质活动现象都有着密切的关系。我国各地区的现今最大水平主应力方向都与大陆板块作用方向密切相关。我国东部地区的现代构造应力主要由太平洋板块东西向的挤压形成。因此大庆、辽河、大港、华北等油田的最大水平主应力方向，根据井资料确定的结果基本都呈近东西向，这与国家地震局对1976年唐山大地震直接测量的结果相吻合。

青藏高原一带的现代构造应力主要为其南部的印度支那板块挤压形成。如青海咸20井根据STAR-II（电阻率成像）和CBIL（声波成像）的测量结果确定最大主应力方向为南北向。塔里木盆地轮南地区和塔中地区的现代构造应力的最大水平主应力都主要为北东—南西向，部分为近东—西向。此外世界各地的最大水平主应力方向也与六大板块挤压应力方向基本一致，进一步证明了大陆板块飘移控制了地壳现今构造应力的基本方向。

②古构造应力。

古构造应力是指地壳中曾经发生的历次构造运动所产生的地应力。这些古构造应力可能因古构造运动造成了岩体的破裂，如节理、断层等的形成而全部或部分释放；也可能仅使岩体褶皱变形而将应力转换成位能保存于岩石中，因此在较完整、致密的地层中还可能保存相当大的古构造应力。地层中保存至今的残存的古构造应力，在某些条件下，可能被释放出来，如开隧道、钻井、现今构造应力的作用等都为古构造应力释放提供了条件。古构造应力的释放，既可能是突发性的，也可能是渐变性的，这主要取决于为应力释放提供的条件。如钻井中的井壁坍塌，煤矿、隧道挖掘中的岩层坍塌多为突发性的。断层常因现今构造应力的逐渐积累，最终被激活而形成突发的天然地震。从钻井取心中取出的岩心，随着应力的逐渐释放而由致密、完整的状态，逐渐破裂产生一组碟形的微细裂缝。

（2）垂直构造应力和水平构造应力。

无论是现今构造应力还是古构造应力，都存在水平和垂直的构造应力。

①水平构造应力。

水平构造应力主要来自地壳六大板块漂移产生的水平应力，它是目前地壳上最主要的现今水平构造应力。其次是地层中保存的古水平构造残余应力，其强弱差异较大，一般在致密、完整的地层中残余应力较强，而断层、裂缝发育的地层中残余应力则较弱，甚至已耗失殆尽。

②垂直构造应力。

垂直构造应力主要来自地球内部，其强弱取决于地球内部的构成及物理性质。因为地球从内到外由地核、地幔、地壳三部分构成，其间地核与地幔由古登堡面分开，地幔与地壳由莫霍洛维奇面分开。

地壳主要由玄武岩层（硅镁层）、花岗岩层（硅铝层）和沉积岩层组成。地幔由上地幔、过渡带、下地幔构成。上地幔的上部为超基性的岩石；中部为熔融态的塑性流动物质组成的软流圈；下部又是岩石组成的固相带。过渡带的上部为类似橄榄石的矿物相变带；中部为密度增大、更为紧密的矿物；下部物质密度有所增大。下地幔含有更多的方铁石和方镁石，密度进一步增大。地核由内地核（固态地核）、过渡带、外地核（液态地核）构成。

由上可知，地球各圈构成物质的差异，使得各圈层密度、压力、温度、放射性强度不同。地球物质密度随深度增加而增大的情况，见表5-1-1，压力随深度增加而增高的情况，见表5-1-2。

表5-1-1 地球各层圈的密度

层圈	沉积岩层	硅铝层	硅镁层	上地幔	过渡带	下地幔	外核	过渡带	内核
密度（g/cm³）	1.46	2.70	2.90	3.30	5.60	7.20	9.80	11.90	12.20

表5-1-2 地球内部压力与深度的关系

深度（km）	35	800	1600	2900	3200	4800	5600	6370
压力（Mbar）	0.009	0.3	0.6	1.4	1.7	2.8	3.0	3.1

地球内部的温度随深度增加而增高。地壳平均温度低于600℃，上地幔温度为1500~1600℃；地心温度为2000~3000℃。因单位时间内通过单位面积的热量，即热流（HFU）总是从高温向低温流动，也就是从地球内部流向地表。

从以上地球各圈层的密度、压力、温度等物理性质可知，地核的密度、压力、温度均高于地幔；地幔的密度、压力、温度又均高于地壳。由于热流总是从高温流向低温，高密度物质总是向低密度物质搬运，高压总是向低压传递。因此产生了从地核到地幔，从地幔到地壳的垂直应力。

但地球的自然放射性强度变化与密度、压力、温度等物理性质的变化刚好相反，是随深度增加而降低。因地壳上部主要由硅铝岩层组成，其放射性同位素平均含量与酸性花岗岩的含量相当，放射性最强；地幔上部的放射性同位素平均含量接近玄武岩层（硅镁层）的含量，放射性次之；更深处的放射性同位素平均含量约与天体间球粒陨石的含量相当，放射性最弱。这三种岩石的放射性同位素平均含量见表 5-1-3。由此可见地壳的放射性同位素平均含量最高。除此之外，最初广泛分布于全地球内的放射性元素，经重力分异作用和演化，使之相对地富集于地壳的上部。正是这两方面的原因，使地壳上部的放射性同位素含量较高，从而在其衰变过程中将释放出更多的热量，因此应造成从地壳指向地幔的垂直应力。但是由于地壳中放射性元素分布的非均质性，使得在其纵、横向上，尤其在纵向上具有一定的温差，从而产生不同值的热流值。如海洋地区的平均热流值为 1.36HFU，大陆地区的平均热流值为 0.67HFU；而在大陆地区的不同构造单元的热流值也有较大的差异，越古老、稳定的地台和地盾区的热流值较小，一般为 0.66~1.84HFU，相反，越年轻、活动的裂谷带和褶皱带的热流值较大，一般为 1.00~4.08HFU。这些热流值的差异使得地壳中产生的垂直应力在纵、横向上的差异较大，甚至在局部会产生自下而上的垂直应力。

表 5-1-3　岩石中放射性同位素平均含量

岩石	放射性元素含量（μg/g）			
	铀	钍	钾	钾/铀
花岗岩	4.75	18.5	37900	8000
玄武岩	0.60	2.7	8400	14000
球粒陨石	0.012	0.034	845	70000

正是这些差异导致了热量和物质在地球中的垂直流动，因而产生了垂直构造应力。而地壳中的垂直构造应力主要是来自地幔的自下而上的垂直应力，但当其作用在地壳上时会发生剧烈衰减。此外地壳内部放射性元素产生的热流值也会随着构造运动时间的增长而呈指数函数衰减。因此在地壳层中的垂直动应力比之以板块漂移产生的水平动地应力要小得多。

3. 地应力的合成与地应力场

在地层中的各种应力并非单独存在，它们总是通过力的相互叠加，构成一个合成的地应力场。通常将上覆岩层压力产生的静地应力与地壳板块漂移产生的水平构造动应力合成的应力场称为大地应力场，又称为远地应力场。在大地应力场中，大地应力与各种局部的附加应力合成就构成了各种就地应力场。

（1）大地应力场。

大地应力场在宏观上，它是一个不稳定应力场，因它随着时间和空间的变化而变化，但从局部空间和较短暂的时间来看，可以将其近似当作稳定应力场。

大地应力场根据形成的时间不同而分为古地应力场和现今地应力场。古地应力场是古构造应力与当时地层状况下的上覆岩层压力合成的大地应力场。现今地应力场是地层经过构造作用变形、破裂等应力释放后保留的古构造应力、现今构造应力和上覆岩层压力合成的大地应力场。

大地应力场可用三个彼此垂直的应力来描述，常称为三轴向应力。因此地层中某点的地应力状况都可以归结为三轴向应力的作用。对三轴向地应力按方向分为垂向主应力 S_v、最大水平主应力 S_H、最小水平主应力 S_h；按大小分为最大主应力 S_1、中间主应力 S_2、最小主应力 S_3。在三轴向地应力中，垂向主应力 S_v 可以是最大主应力 S_1，也可是中间主应力 S_2，或最小主应力 S_3；两个水平主应力可以由 S_1 与 S_2 组成，也可由 S_1 与 S_3 组成，或由 S_2 与 S_3 组成。正是由于这些应力不同方式的组成，产生了不同类型的裂缝，因此成为构造裂缝能否形成的控制因素。

（2）就地应力场。

在大地应力场中，由于地质条件的变化和差异，不仅会造成大地应力场三轴向应力方向和大小的改变，还可能引入一些新的应力。如在地层中不同的位置、不同的附加应力与大地应力合成就构成了各种各样的就地应力场。在水坝有水坝就地应力场，在隧洞有隧洞就地应力场，在煤矿有煤矿就地应力场，在油气井有井下就地应力场。

对于油气工业来说，主要面临的是钻井形成的特定条件下的就地应力场，特称为井下就地应力场。井下就地应力场是由三轴向大地应力 S_x、S_y、S_z，储层孔隙流体压力 p_p、井内钻井液柱压力 p_m，井液与地层的热差应力、钻具的活动应力等附加应力的合成与分解所构成。

井下就地应力场系统地描述了井筒所受的以下几种应力的方向和大小。

垂直于井壁的有效径向应力大小：

$$\sigma_{rr} = \frac{1}{2}(S_{Hmax} + S_{hmin} - 2p_p)\left(1 - \frac{R^2}{r^2}\right) + \frac{1}{2}(S_{Hmax} - S_{hmin})\left(1 - \frac{4R^2}{r^2} + \frac{3R^4}{r^4}\right)\cos 2\theta + \frac{\Delta p R^2}{r^2} \quad (5-1-2)$$

沿井筒周围 360° 方向上的有效井周环形切向应力大小的变化：

$$\sigma_{\theta\theta} = \frac{1}{2}(S_{Hmax} + S_{hmin} - 2p_p)\left(1 + \frac{R^2}{r^2}\right) - \frac{1}{2}(S_{Hmax} - S_{hmin})\left(1 + \frac{3R^3}{r^3}\right)\cos 2\theta - \frac{\Delta p R^2}{r^2} - \sigma^{\Delta T} \quad (5-1-3)$$

作用在过井壁且平行于井轴的平面上有效剪切应力的大小：

$$\tau_{r\theta} = \frac{1}{2}(S_{Hmax} - S_{hmin})\left(1 + \frac{2R^2}{r^2} - \frac{3R^4}{r^4}\right)\sin 2\theta \quad (5-1-4)$$

垂向有效应力的大小[18]：

$$\sigma_{zz} = S_v - 2\mu(S_{Hmax} - S_{hmin})(R^2/r^2)\cos 2\theta - p_p - \sigma^{\Delta T} \quad (5-1-5)$$

式中：p_p 为地层压力或称孔隙流体压力，MPa；μ 为泊松比；S_v 为上覆岩层压力，MPa；S_{Hmax} 为最大水平主应力，MPa；S_{hmin} 为最小水平主应力，MPa；R 为井半径，cm；r 为围岩中某点距井轴的水平距离，m；θ 为 x 轴按反时针方向旋转的夹角，(°)；Δp 为钻井液

柱压力 p_m 与地层压力 p_p 之差，MPa；$\sigma^{\Delta T}$ 表示钻井液温度与地层温度之差（ΔT）引起的热差应力，$\sigma^{\Delta T} = \dfrac{\alpha_t E \Delta T}{1-\upsilon}$。

对于井壁上的点，即 R 等于 r 时，（$1+R^2/r^2$）=2，（$1+3R^4/r^4$）=4
则以上公式简化为以下形式：

$$\sigma_{rr} = \Delta p = p_m - p_p \tag{5-1-6}$$

$$\sigma_{\theta\theta} = S_{Hmax} + S_{hmin} - 2(S_{Hmax} - S_{hmin})\cos 2\theta - 2p_p - \Delta p - \sigma^{\Delta T} \tag{5-1-7}$$

$$\sigma_{zz} = S_v - 2\mu(S_{Hmax} - S_{hmin})\cos 2\theta - p_p - \sigma^{\Delta T} \tag{5-1-8}$$

对于最大和最小水平构造应力方向上的井壁有效井周环形应力：
在最大水平构造应力方向，即 $\theta=0°$、$180°$，$\cos 2\theta=1$，有最小的有效井周环形应力：

$$\begin{aligned}\sigma_{\theta\theta}^{min} &= S_{Hmax} + S_{hmin} - 2(S_{Hmax} - S_{hmin})\cos 2\theta - 2p_p - \Delta p - \sigma^{\Delta T}\\ &= S_{Hmax} + S_{hmin} - 2(S_{Hmax} - S_{hmin}) - 2p_p - \Delta p - \sigma^{\Delta T}\\ &= 3S_{hmin} - S_{Hmax} - p_p - p_m - \sigma^{\Delta T}\\ &= 3S_{hmin} - S_{Hmax} - p_p - p_m - \sigma^{\Delta T}\end{aligned} \tag{5-1-9}$$

在最小水平构造应力方向，即 $\theta=90°$、$270°$，$\cos 2\theta=-1$，有最大的有效井周环形应力：

$$\begin{aligned}\sigma_{\theta\theta}^{max} &= S_{Hmax} + S_{hmin} - 2(S_{Hmax} - S_{hmin})\cos 2\theta - 2p_p - \Delta p - \sigma^{\Delta T}\\ &= S_{Hmax} + S_{hmin} + 2(S_{Hmax} - S_{hmin}) - 2p_p - \Delta p - \sigma^{\Delta T}\\ &= 3S_{Hmax} - S_{hmin} - 2p_p - \Delta p - \sigma^{\Delta T}\\ &= 3S_{Hmax} - S_{hmin} - p_p - p_m - \sigma^{\Delta T}\end{aligned} \tag{5-1-10}$$

二者之差：

$$\sigma_{\theta\theta}^{max} - \sigma_{\theta\theta}^{min} = 4(S_{Hmax} - S_{hmin}) \tag{5-1-11}$$

式中：S 为大地应力，MPa；σ 为有效就地应力，MPa；p_p 为地层压力，MPa；p_m 为井筒液柱压力，MPa；$\sigma^{\Delta T}$ 为井筒热差压力，MPa；T 为温度，℃。

二、地应力场对构造裂缝形成的控制作用

1. 大地应力场对构造裂缝的控制作用

大地应力场对构造裂缝的形成起着两方面的控制作用。一是三轴向大地应力直接控制了构造裂缝的类型及其走向，如第二章中的图 2-6-1 所示。在三轴向大地应力作用下，地层可产生三组裂缝，一组张性裂缝，两组剪切裂缝。张性缝走向平行于最大主应力，共轭剪切缝钝夹角平分线平行于最小主应力，共轭剪切缝锐夹角平分线平行于最大主应力，三组裂缝交线平行于中间主应力。当垂向应力为最大主应力时，张性缝为垂直缝，两组共轭

剪切缝为高角度斜交缝；当垂向应力为中间主应力时，三组裂缝均为垂直缝；当垂向应力为最小主应力时，张性缝为水平缝，两组共轭剪切缝为低角度斜交缝。

大地构造应力场对构造裂缝形成所起的第二个作用是使地层褶皱和断裂，进而派生出新的构造裂缝。这在下面将进行系统的描述。就地应力场虽然不能直接产生构造裂缝，但却是构造裂缝发育程度的重要影响因素，这将在第二节中予以讨论。

2. 局部构造应力场对构造裂缝的控制作用

断层和地层褶皱产生的局部构造应力场对构造裂缝的发育规律有着极其重要的作用。

1）断层裂缝的发育规律

地层在三轴向地应力 σ_1、σ_2、σ_3 作用下，可能产生两组共轭剪切裂缝，一组张性裂缝。但常以某组剪切缝较为发育，并在构造应力和重力作用下沿裂缝面相对错动而形成断层。当垂向应力为最大、中间、最小主应力的不同而分别形成正断层、逆断层、走滑断层（平移断层）。因此在断层形成过程中，既产生了与断层同时发生的伴生裂缝；也会由于断层面的剪切错动而产生新的派生裂缝；在断层基本形成后，剩余构造应力重新分布，在某些应力集中处派生出新的次生裂缝。因此断裂带内必然有裂缝的发育，但由于三轴向地应力关系和断层错动面所受摩擦力大小的不同，以及断层所在地层地质特征的差异，使得各类断层的伴生裂缝、派生裂缝、次生裂缝的发育程度和特征也随之不同。

（1）逆断层裂缝的发育规律。

①逆断层伴生裂缝的主控因素和特征。

由逆断层形成的应力机制可知，它是在上覆岩层压力为最小主应力时由水平挤压构造应力作用产生的两条剪切裂缝中的一条因剪切错动而形成。因此另一条同时产生的剪切缝和张性缝则为伴生裂缝，其中伴生剪切缝与断层面成锐夹角关系；伴生张性缝平行于最大水平主应力，也与断层面成锐夹角。它们的形成机理和分布状况如图 5-1-2 所示。图中 S_1、S_2 为剪切缝，E_1 为张性缝，σ_1 为最大主应力，也是最大水平主应力；σ_2 为中间主应力，也是最小水平主应力；σ_3 为最小主应力，也是垂向应力。图中裂缝角度是伴生裂缝与垂直方向的夹角。由此可知，逆断层的伴生裂缝为近水平的张性缝和低角度的剪切缝，以剪切缝为主。至于逆断层面能否成为伴生的有效裂缝，在一般情况下，由于上下盘错动过程中受到极大的挤压应力和摩擦力的作用，可产生大量的断层泥并充填于断层面之间，使之不能成为有效的伴生裂缝。但有两种情况可能使之成为有效伴生缝。一是如逆断层断在碳酸盐岩层、盐膏层这类可溶性地层中，断面之间的断层泥可能被溶蚀而成为有效的伴生裂缝。二是在新的构造应力作用下，断层面因再次发生剪切错动而可能成为有效的裂缝。

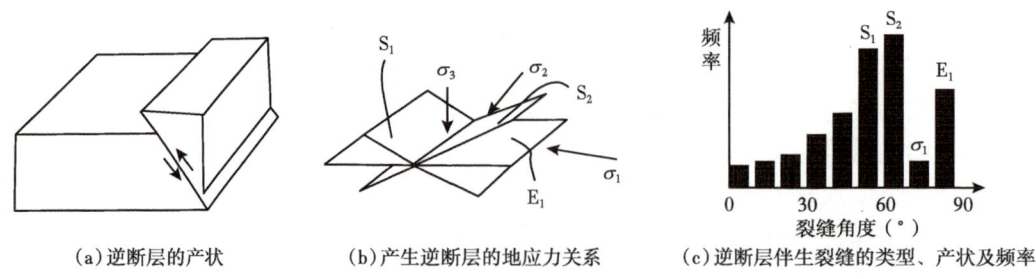

(a) 逆断层的产状　　(b) 产生逆断层的地应力关系　　(c) 逆断层伴生裂缝的类型、产状及频率

图 5-1-2　逆断层伴生裂缝的形成机理和分布图

②逆断层派生裂缝的形成机理和特征。

逆断层形成过程中，其上、下盘将在最大水平主应力的挤压作用下继续剪切错动而产生牵引褶皱，进而产生压裂缝和张裂缝两类断层派生裂缝。

a. 压性派生裂缝。

岩石在压应力作用下，导致岩石颗粒沿断面产生滑动，形成很多微小裂纹，当其相互连接起来可构成剪切面，这就是断层派生的压裂缝。派生压裂缝的规模不大，以微细裂缝为主，没有明显的方向性，常呈网状特征存在。但这些网状压裂缝常被由逆断层断面因遭受强大挤压应力作用而滑动所产生的断层泥进行程度不同的充填，使其渗透率剧烈降低。因此对储层渗流能力的贡献很小，除非尔后受到地下水岩溶的改造可提高其渗透性，不过这主要发生在碳酸盐岩剖面中。

b. 张性派生裂缝。

逆断层上盘在向上移动中，遭受的摩擦力，是挤压应力和上盘地层重力产生的摩擦力之和，使上盘地层遭受巨大阻力而发生牵引褶皱，于是在局部向上凸起部位形成张性派生裂缝。这些张性缝主要分布在距断层面一定距离的范围内，具体距离大小与地层的脆性、倾角、挤压应力的大小有关。如图5-1-3所示，上盘移动的摩擦阻力 $F_f=\mu(S_{1V}+W_V)$，其中 μ 为摩擦系数。

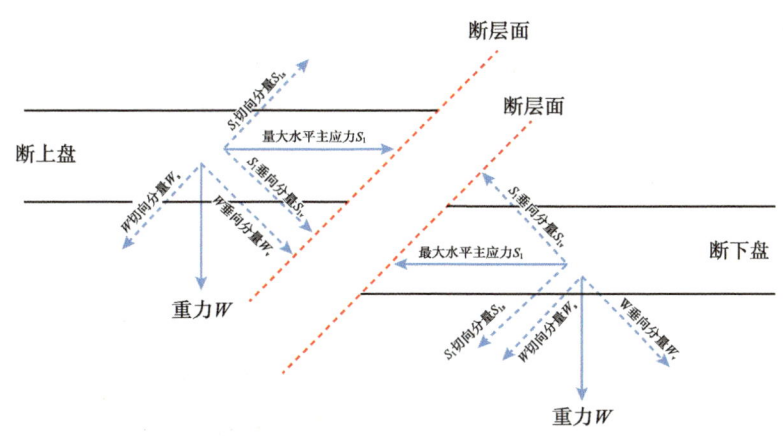

图 5-1-3　逆断层上、下盘错动所受摩擦力的比较

逆断层下盘在向下移动中，遭受的摩擦力，是挤压应力和下盘地层重力产生的摩擦力之差，即 $F_f=\mu(S_{1V}-W_V)$，故滑动阻力远小于上盘，因此一般发生的牵引褶皱较小，所以在下盘中产生的裂缝少，且规模也较小。此外由于下盘的牵引褶皱是呈负向的凹曲，因此常被地层水所饱和。

（2）正断层裂缝的发育规律。

①正断层伴生裂缝的形成机理和特征。

由正断层形成的应力机制可知，它是在上覆岩层压力为最大主应力时由拉张构造应力作用而产生的两条剪切裂缝中的一条因剪切错动而成。未发生错动的剪切裂缝和张性裂缝就是正断层的伴生裂缝。如图 5-1-4 所示，S_1、S_2 为剪切裂缝，如 S_2 发育成正断层，则 S_1 和张性裂缝 E_1 就是伴生裂缝。张性伴生裂缝为近垂直裂缝，其走向平行于正断层面；

剪切伴生裂缝在剖面上与断层面相交，其夹角等于90°减去岩石的内摩擦角，在平面上与断层面走向一致。由于正断层的伴生裂缝是在拉张应力作用下形成的，因此很少有断层泥的充填，故常为有效裂缝。

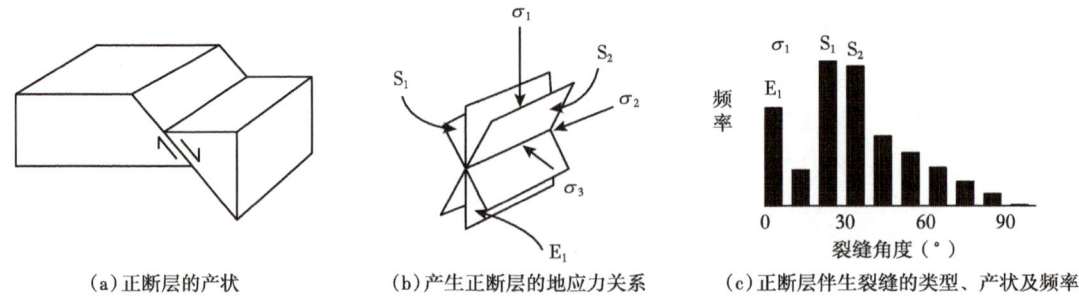

(a) 正断层的产状　　(b) 产生正断层的地应力关系　　(c) 正断层伴生裂缝的类型、产状及频率

图 5-1-4　正断层伴生裂缝的形成机理和分布图

②正断层派生裂缝的形成机理和特征。

a. 正断层派生裂缝的形成机理。

在正断层上盘下降过程中，因受到上覆岩层压力和地层重力双重作用下在垂直断层面方向上派生的较强大的正压力，使摩擦阻力剧烈增加，导致地层在错动中发生向上凹曲的牵引变形，并形成应力中性面，如图 5-1-5 所示。在中性面之上的地层因受压应力作用而难以形成裂缝；中性面之下的地层因受张应力作用而派生张性裂缝。在正断层下盘所受的上覆岩层压力和地层重力作用均是离开断层面，故不会产生对断层面的正压力，也就不会发生地层牵引变形，因而不产生派生裂缝。

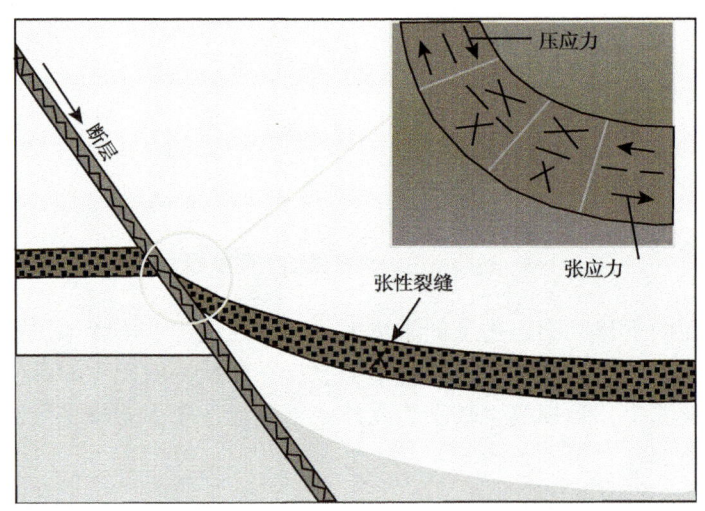

图 5-1-5　正断层断上盘牵引褶皱产生派生裂缝的机理示意图

b. 正断层派生裂缝的特征。

正断层派生构造裂缝有羽状张裂缝和剪裂缝两类，它们常发育在断层两侧，如图 5-1-6 所示。

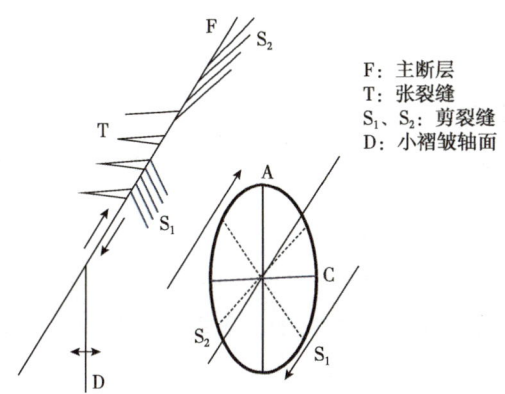

图 5-1-6 正断层伴生裂缝平面分布示意

羽状张裂缝：常与断层面成锐夹角相交（常为 45°），与断层所夹的锐角指示本盘运动方向。羽状张裂缝与断层的关系所反映的应力状态是：裂缝与断层面的交线代表 σ_2，与张裂缝垂直的方向代表 σ_3，σ_1 垂直于 σ_2 并位于张裂缝面上。

剪裂缝：有两组剪裂缝，一组与断层钝夹角相交，通常不太发育；另一组与断层锐夹角相交，一般小于 15°（约为内摩擦角的一半），与断层所夹锐角指示本盘运动方向，但由于太接近断层面，故常遭破坏，难以用作两盘相对运动的标志。一般与断层相关的剪裂缝不如张裂缝稳定。

总的来看正断层产生的裂缝以伴生裂缝为主，派生裂缝次之，断面可成为渗透性很好的大型裂缝。而逆断层是以派生裂缝为主，伴生裂缝次之，且多被断层泥充填而不具有好的渗透性，除非经岩溶改造方可成为渗流通道。

（3）走滑断层裂缝的发育规律。

走滑断层（平移断层）是在垂向主应为中间主应力 σ_2 条件下形成的。其断层是沿某一条垂直共轭剪切裂缝 S_1 或 S_2 发育而成，如图 5-1-7 所示。其伴生裂缝为垂直张性裂缝 E_1 和一条近垂直的共轭剪切缝。由于走滑断层的两盘是在同一水平面上的平行错动，故产生的摩擦力较小，更不会产生地层的牵引褶皱，因此难以形成较多的派生裂缝。

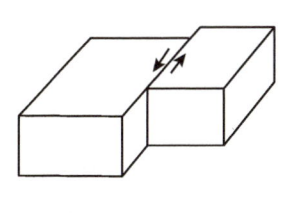
(a) 走滑断层的产状

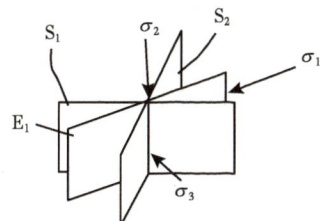
(b) 产生走滑断层的地应力关系

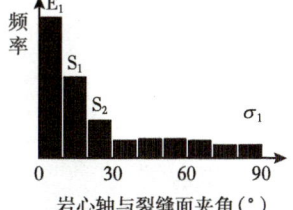
(c) 走滑断层伴生裂缝的类型、产状及频率

图 5-1-7 走滑断层伴生裂缝的形成机理和分布图

（4）剩余应力作用派生的裂缝。

无论是正断层，还是逆断层，在其形成后，区域应力一般都不会完全耗尽。而断层的

形成将导致剩余应力的重新分布,并在某些部位发生应力集中,特别在断层的末端最容易发生这些剩余应力的集中,当其满足岩石破裂条件时,就产生与断层相关的次一级的派生裂缝。

2)褶皱裂缝的发育规律

地层褶皱裂缝在平面上主要受地层褶皱性质及其强度的控制,在剖面上主要受地层相对于应力中性面位置的控制。

(1)褶皱对裂缝平面分布的控制。

前人研究结果表明,地层褶皱形成的正向曲率越大,越容易产生裂缝。在笔者研究中进一步发现,构造褶皱曲率变化率的大小与裂缝发育程度有更为密切的关系,因为曲率大小只描述了岩层在均匀受力作用下变形程度的大小,而曲率变化率却进一步描述了在同一构造应力作用下,岩层不同部位受力大小的差异。显然相同构造应力均匀作用于岩层上各部位所受的力要小于非均匀作用于岩层上某些发生应力集中部位所受的力,这正是构造曲率发生变化的部位。因此在其他条件相同时,这些部位更容易产生裂缝,即正向曲率越大,曲率的变化率越大,越容易产生裂缝。如构造的肩部,高点处、断鼻高点转折处,最有利于发育裂缝;而在构造的陡、直处,即构造等高线密集且间距均匀处最不利于裂缝发育,如图5-1-8所示。图中A点处为构造陡而直的部位,构造曲率及其变化率几乎都为零,故基本无裂缝发育;C点处为构造由陡迅速变缓部位,虽然曲率不是很大,但其曲率变化率却最大,常为裂缝最发育部位;B点处为构造顶部曲率及其变化率均较小的部位,故裂缝发育较差;D点处为构造脊部,其曲率是构造上最大处,但曲率变化率却较小,常是裂缝较发育的部位。这种构造曲率及其变化率与裂缝发育程度的关系在地质构造剖面上可经常见到,如图5-1-9所示。

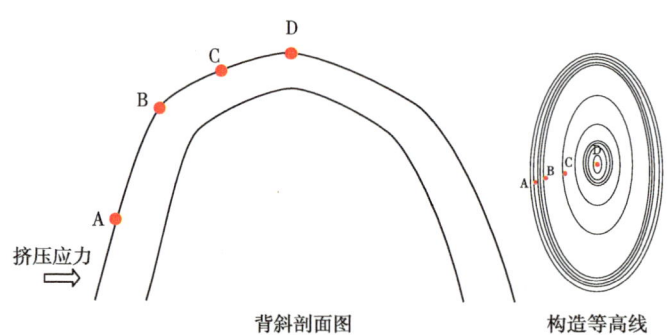

图 5-1-8　不同构造部位的曲率大小及其变化率对裂缝发育的影响

图 5-1-9　野外岩石和地质剖面褶皱曲率变化与裂缝发育的关系

（2）褶皱对裂缝剖面分布的控制。

实验研究结果表明，当地层发生褶皱时，会产生一个应力中性面。它形成于夹在上下相对塑性地层中的一套岩石力学性质相似的脆性岩层的中部，如图5-1-10所示。在正向褶皱中，中性面以上的脆性地层受到张性应力的作用，因此主要发育张性裂缝，其发育程度随着对脆性地层顶部的靠近而增强，其产状为高角度裂缝，基本与层理面垂直；中性面以下的脆性地层受到压性应力的作用，因此可发育压性裂缝，其发育程度随着对脆性地层底部的靠近而增强，其产状为低角度裂缝，基本与层理面平行；中性面附近的地层则不受应力的作用，因此无裂缝发育。在负向褶皱中，裂缝发育状况与正向褶皱刚好相反，但因受到更大阻力的作用，导致裂缝发育程度低于正向褶皱。

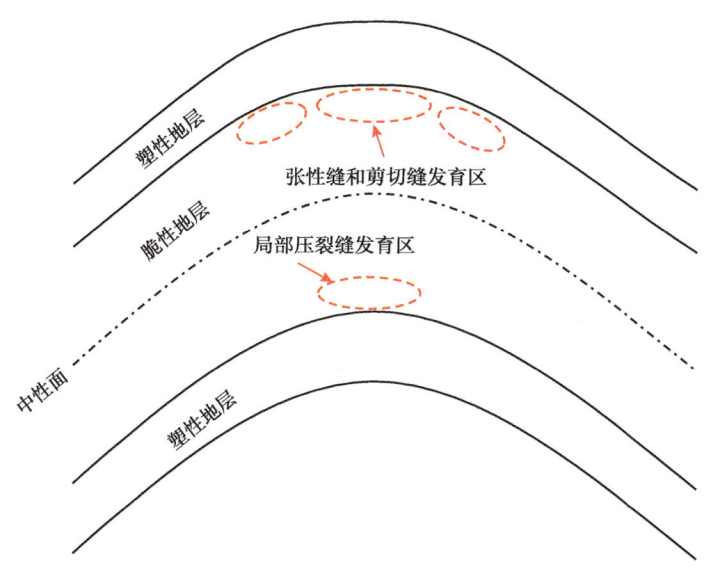

图 5-1-10　裂缝发育区相对应力中性面关系示意图

如四川盆地下二叠统茅口组、栖霞组为一套相对脆性的颗粒灰岩和生屑灰岩，夹在龙潭组与梁山组加志留系中统韩家店组的塑性地层之间，从地层组合的深度关系分析，其应力中性面均在茅一a中。以卧龙河构造为例，其应力中性面深度计算结果见表5-1-4。因此茅三、茅二a、茅二b、茅二c均受张应力和剪应力作用而产生张裂缝和剪裂缝；在中性面以下的茅一b、茅一c、栖二、栖一中可能发育压裂缝，但发育程度不如中性面以上的张裂缝和剪裂缝高。由上分析可知，在应力条件相似的情况下，茅三、茅二a、茅二b的裂缝发育程度最高；栖二、栖一的裂缝发育程度次之；茅二c、茅一b、茅一c的裂缝发育程度较低；茅一a基本无裂缝发育。

表 5-1-4　卧龙河构造下二叠统应力中性面深度

井号	龙潭底深（m）	梁山顶深（m）	厚度（m）	中性面深（m）	中性面层位
卧61	4684	5080	396	4882	茅一a
卧69	3789	4196	407	3992	茅一a

续表

井号	龙潭底深（m）	梁山顶深（m）	厚度（m）	中性面深（m）	中性面层位
卧 80	5056	5460	404	5258	茅一a
卧 114	4416	4819	403	4617	茅一a
卧 74	3303	3704	401	3503	茅一a
卧 75	4234	4648	414	4441	茅一a
卧 94	3366	3770	404	3568	茅一a
卧 124	4847	5231	384	5039	茅一a

第二节 构造应力裂缝发育程度的影响因素

区域构造应力、断层和地层褶皱从根本上控制了地层中能否发育构造裂缝以及裂缝的性质、形态。但是裂缝发育的规模和程度则要受到诸多地质因素的影响，归结起来主要有岩石力学性质；岩石成分、结构、孔隙度、地层岩性的组合及厚度；现今就地应力状态等三个方面因素的影响。

一、岩石力学性质对裂缝发育程度的影响

1. 岩石的脆性和延性

岩石脆性和延性的力学性质是对岩石破裂状态的描述。岩石的脆性是当岩石受力后，在变形很小时其内聚力就被破坏而形成裂缝，岩石的这种力学性质称为脆性，其破裂状态称为脆性破裂。岩石的延性是岩石能承受较大变形才丧失其承载力而形成裂缝，岩石的这种力学性质称为延性，其破裂状态称为延性破裂。

由于岩石脆性破裂和延性破裂是对岩石破裂过程和状态的描述，因此两者的划分是根据应力—应变曲线上负坡的坡降大小来确定的，如图 5-2-1 所示。图中 CD 段为应力—应变曲线的负坡，其陡度反映了岩石从开始产生宏观裂缝到完全破裂成几块的速度和应变量的大小，故可用来划分脆性破裂和延性破裂。具体划分标准因行业的不同而略有差异。在工程上一般以 5% 作为标准，即总应变量大于 5% 产生破裂称为延性破裂，反之为脆性破裂。Heard（1963）在岩石力学研究中则以 3% 和 5% 为界限，将总应变量小于 3% 发生破裂称称为脆性破裂；总应变量在 3%~5% 发生破裂称为半脆性破裂；总应变量大于 5% 发生破裂称为延性破裂。按以上标准，大部分地表岩石在低围压条件下的破裂都属脆性或半脆性破裂。

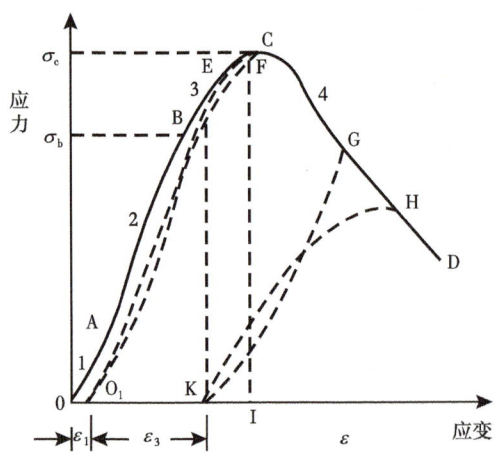

图 5-2-1 岩石应力应变关系曲线

2. 岩石的强度和韧度

岩石的强度和韧度是对岩石破裂条件的描述。岩石的强度是岩石在一定条件下所能承受的最大载荷，或者说岩石在一定条件下发生宏观破裂时的最大应力值（这是宏观破裂，而不是微观裂缝的形成，因为微观裂缝的形成属于塑性变形阶段）。

岩石的韧度是岩石破裂前因发生形变应力所做的功，即消耗的能量，也就是在应力—应变曲线中从原点到破裂点下方的面积。因此韧度是对岩石破裂所需能量的量度，可用下式计算：

$$TOUG = (\sigma_{\theta_{\text{eff}}} + \sigma_t)^2 / E \qquad (5\text{-}2\text{-}1)$$

式中：$\sigma_{\theta_{\text{eff}}}$ 为有效剪切应力，Pa；σ_t 为抗张强度，Pa；E 为杨氏模量，Pa。通常也可用起始剪切强度 τ_i 替代抗张强度 σ_t。则 $TOUG = (\sigma_{\theta_{\text{eff}}} + \tau_i)^2 / E$

由上可知，韧度和强度是两个不同的概念。强度是指岩石破裂所需的应力，而韧度是岩石破裂所需的能量，即应力所做的功。它们之间也没有相应的比例关系。高强度的岩石可能是低韧度的，反之低强度的岩石也可能是高韧度的。

3. 岩石力学性质对裂缝发育程度的影响

1）岩石破裂的类型

岩石破裂有三种类型，脆性岩石强度破裂型、脆性岩石微裂纹破裂型、延性岩石的韧度破裂型。

（1）脆性岩石的强度破裂型。

脆性岩石强度破裂型按其岩石破裂过程特征的差异可分为两个亚类：一类称为稳定破裂传播型，其特点是当载荷超过岩石试件承载能力的峰值后，试件中所储存的应变能，还不足以使破裂继续扩展。另一类称为非稳定破裂传播型，其特点是当载荷超过岩石试件承载能力的峰值后，尽管试验机不再对岩石试件做功，而岩石试件中储存的应变能足以使破裂继续扩展，最后导致试件破裂。

脆性岩石强度破裂型按其岩石破裂状态的不同可分为以下三个亚类。

①压缩破裂型。

其实质是岩石颗粒表面在强大的压应力作用下产生了相对的滑动，进而形成微小的拉伸裂纹。当微裂纹越来越多，最终相互连贯起来而形成宏观的剪切破裂面。对于脆性岩石，其宏观剪切破裂面一旦形成，岩石的压缩破坏突然发生，并丧失了所有强度；对于延性岩石，压缩破坏的过程较为缓慢。

②拉伸破裂型。

岩石的拉伸破裂受其抗拉强度和扩张强度的控制。但由于岩石的这两种强度均低于几个兆帕，尤其在岩石中有裂纹时，其抗拉强度几乎为零。而且在深部地层中的地应力基本不存在拉伸应力。因此一般来说，岩石的天然拉伸破裂对天然裂缝的形成不太重要。

③剪切破裂型。

这是岩石沿其内部裂痕面滑动（不同于物体间沿界面产生的滑动）而发生的。由于这种滑动必然造成破裂面之间的摩擦，使剪切破裂受到岩石起始剪切强度、内摩擦角、内摩擦系数和外界应力状态等多种因素的控制使其剪切破裂强度不是一个定值，而是一个变量。加之这些控制因素本身还有较大的变化，这就更促进了剪切破裂强度的变化。如岩

石起始强度 τ_i 取决于岩石自身的黏结强度，仅沉积岩的 τ_i 值就可从 1MPa 变到几十 MPa。内摩擦角 θ 取决于岩石的岩性和内部结构，一般脆性岩石的内摩擦角往往比韧性岩石的内摩擦角大，如碳酸盐岩的内摩擦角多为 60°~80°，而砂岩在 30° 左右；固结岩石的内摩擦角比非固结岩石的大，而固结岩石的内摩擦角又随应力增大而增大，如碳酸盐岩在井下内摩擦角为 60°，而到地面可能减小为 30°~40°。内摩擦系数 μ_i 是莫尔圆中剪切破裂线的斜率，即 $\tan\theta$，因此随内摩擦角变化而变化。沉积岩的内摩擦系数从 0.5 到 2.0 不等，中间值为 1.2。

在上述三种岩石破裂中，以剪切破裂最为重要，因为它关系到断层和裂缝的形成及其以后的复活或变化；但也最为复杂，因为它受多种因素的影响而使得难以确定其破裂的条件和状态。

（2）脆性岩石的微裂纹破裂型。

格里菲斯提出岩石中常存在一些微裂纹，这些裂纹在外界应力作用下，当其释放的机械能与增加的表面能相平衡时，将可能发生扩展。欧文在此基础上进一步提出作用于裂纹上的应力将全部集中在裂纹尖端附近，即发生应力集中，导致该处的应力会比外加的平均应力大很多。这样，即使外加应力较小，甚至远低于岩石的破裂强度，也可能使裂纹尖端附近处的应力达到或超过岩石的破裂强度而造成岩石破裂，这就是脆性岩石的微裂纹破裂。

欧文将微裂纹破裂分为三种类型：张开型，裂纹面上各质点的位移垂直于裂纹面；滑开型，裂纹面上各质点的位移平行于裂纹面，但与裂纹前缘垂直；撕开型，裂纹面上各质点的位移平行于裂纹面，同时也与裂纹前缘相平行。如图 5-2-2 所示。其中滑开型和撕开型均属于剪切型裂纹。在岩石中的微裂纹基本都属于剪切型裂纹。

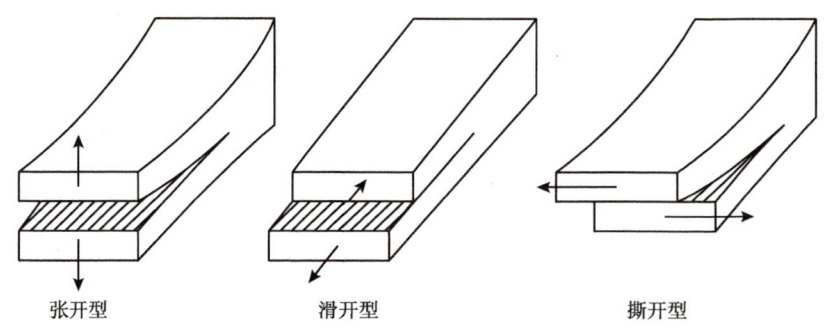

图 5-2-2　微裂纹的三种类型

（3）延性岩石的韧度破裂型。

岩石的破裂不仅与应力大小有关，还与应力的作用时间和岩石的应变状态有关，因此只用强度来描述岩石的破裂条件是不够的，而必须引入韧度的概念，即当应力对岩石所做的功超过岩石的韧度后，也将发生破裂。所以强度破裂和韧度破裂是两个不同的概念。用韧度概念来分析材料破裂状态的方法对于研究非均匀岩石裂缝的形成十分有用。

岩石韧度破裂有两种类型。一种是理想塑性岩石的韧度破裂，其破裂特征是当应力达到屈服应力后，应力不变而变形却继续增长，即应力继续做功，直至岩石发生破裂。另一种是延性岩石的韧度破裂，其破裂特征是当应力达到初始破裂点时，岩石开始产生宏观破裂缝后，应力下降，但破裂继续发生，导致应力—应变曲线呈负坡状态，直至岩石从逐渐加大的应变到岩石完全失去内聚力而破裂成分散块状。在该过程中的应力是逐渐减小的，但所做的功却逐渐增大，当其增大到岩石不可承受的韧度时就使岩石完全破裂。

2）岩石破裂的准则

当应力超过岩石的强度，并在满足一定的条件下，岩石就将发生破裂。但对于不同作用的应力，岩石有不同的破裂方式，且各自遵循不同的破裂准则。

（1）岩石压、张性破裂准则。

当压应力或张应力大于岩石抗压强度或抗张强度时，岩石将发生压性破裂或张性破裂。

（2）岩石剪切性破裂准则。

①库仑（Coulomb）最大剪应力破裂准则。

库仑最大剪应力破裂准则又称作莫尔—库仑准则或库仑—纳维破裂准则。它是岩石发生剪切破裂的最大剪应力，即岩石抗剪强度 τ。其值与剪切破裂面上所受的剪应力和法向应力的大小有关，可由以下公式计算：

$$|\tau| = \tau_i + \mu_i \sigma_n = \tau_i + \sigma_n \tan\phi \tag{5-2-2}$$

式中：τ 为岩石剪切面的抗剪强度；τ_i 为岩石起始剪切强度，即岩石内聚力；μ_i 为岩石内摩擦系数，$\mu_i=\tan\phi$，ϕ 为岩石内摩擦角（°）；σ_n 为剪切面上的法向应力；$\sigma_n\tan\phi$ 为剪切面上的摩擦阻力。

如将法向应力 σ、剪切应力 τ 作为直角坐标系的横轴、纵轴，则上式为线性方程。该方程可用二维应力莫尔圆来表示，如图 5-2-3 所示。

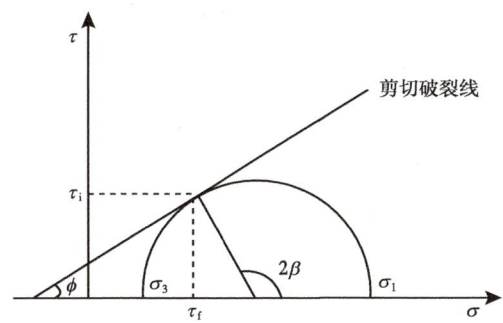

图 5-2-3　库仑准则在 σ—τ 空间的应力莫尔圆

该图表明当由内摩擦角和起始剪切强度确定的剪切破裂线与由最大主应力 σ_1 和最小主应力 σ_3 确定的莫尔圆相切时，岩石将发生剪切破裂；当剪切破裂线在应力莫尔圆之上，表示岩石处于未破坏状态；当剪切破裂线与应力莫尔圆相割，表示岩石已产生破裂，而且沿剪切面已经产生了滑动。该图还给出了岩石发生剪切破裂时所承受的法向应力 σ_n、剪切应力 τ_f 和剪切破裂缝的夹角 2β，由此可以得出它们与最大主应力 σ_1 和最小主应力 σ_3 的关系：

$$\begin{aligned}\sigma_N &= \frac{1}{2}(\sigma_1+\sigma_3) + \frac{1}{2}(\sigma_1-\sigma_3)\cos 2\beta \\ |\tau_f| &= \frac{1}{2}(\sigma_1-\sigma_3)\sin 2\beta\end{aligned} \tag{5-2-3}$$

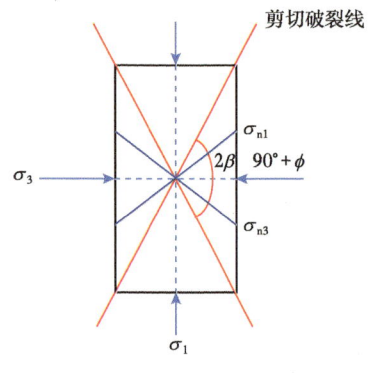

图 5-2-4 岩石剪切破裂角度与
作用应力的关系

这就是岩石发生剪切破裂的库仑准则。在此基础上可进一步求得剪切破裂夹角 2β 与内摩擦角 ϕ、最大主应力 σ_1、最小主应力 σ_3 之间的关系，如图 5-2-4 所示。图中 ϕ 为内摩擦角，σ_{n1}、σ_{n3} 分别为 σ_1、σ_3 在剪切面上的法向分量。由应力莫尔圆可知，在最大主应力 σ_1 方向上 $2\beta=90°+\phi$，因此最大主应力与剪切面的夹角为 $45°-\phi/2$；最小主应力 σ_3 与剪切面的夹角为 $45°+\phi/2$。因此剪切破裂面的夹角随内摩擦角减小而增大，当内摩擦角 $\phi=0$ 时，夹角增大到 90°。

②莫尔（Mohr）破裂准则。

从岩石三轴向应力实验可知，当围压较低时，岩石剪切破裂线近似为一条斜直线，这实际上就是库仑破裂准则；当围压较高时，则岩石剪切破裂线为一条曲线，这就是莫尔破裂准则。

莫尔破裂准则认为，在某一截面上产生剪切破坏时，该截面上的剪应力必须增大到某一值 τ_f 才能开始产生破坏，而该值 τ_f 取决于该截面上的正应力，即：

$$\tau_f = f(\sigma_n) \tag{5-2-4}$$

这个函数关系是通过三轴向应力实验得到的。具体做法是采用一组相同性质岩石试件，在不同的主应力下分别进行岩石破裂实验，画出每次试验得到的莫尔圆，这样可以得到一组莫尔圆，其包络线就是这组岩石的剪切破裂线，称作莫尔包络线，如图 5-2-5 所示。

如果实际试件应力状态的莫尔应力圆与包络线相切，则研究点将产生破裂；如果应力圆处于包络线下方，则不会产生破裂。莫尔包络线的具体表达式，可根据实验结果用拟合法求得。目前，已提出的包络线形式有：斜直线型、二次抛物线型、双曲线型等。其中斜直线型与库仑准则基本一致，可以说，库仑准则是莫尔准则的一个特例，如图 5-2-6 所示。

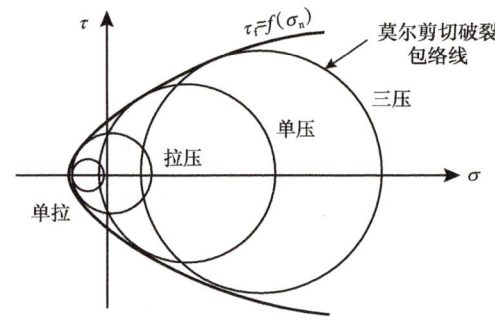

图 5-2-5 莫尔包络线

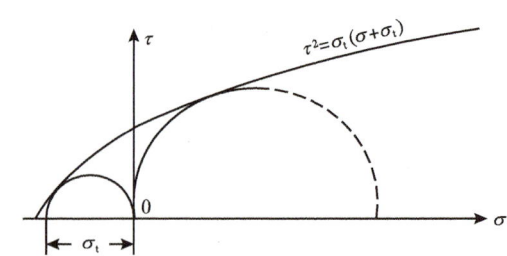

图 5-2-6 $\tau_f=f(\sigma_n)$ 所表达的应力圆

莫尔包络线形状可分为两大类：一类在高围压区域内，曲线逐渐向横坐标轴弯曲，趋近于水平渐近线，是一类收缩型包络线。孔隙较多，较为疏松、压缩性大、延性较好的岩石属于这种类型,如:煤、黏土质页岩及其他延性岩石,如图 5-2-7 所示。

另一类是在高围压区域内,曲线不向横坐标轴弯曲,而是向两侧撇开,因此是非收缩型包络线。通常致密岩石,如砂岩、石灰岩、花岗岩及其他脆性岩石均属这一类型,如图 5-2-8 所示。

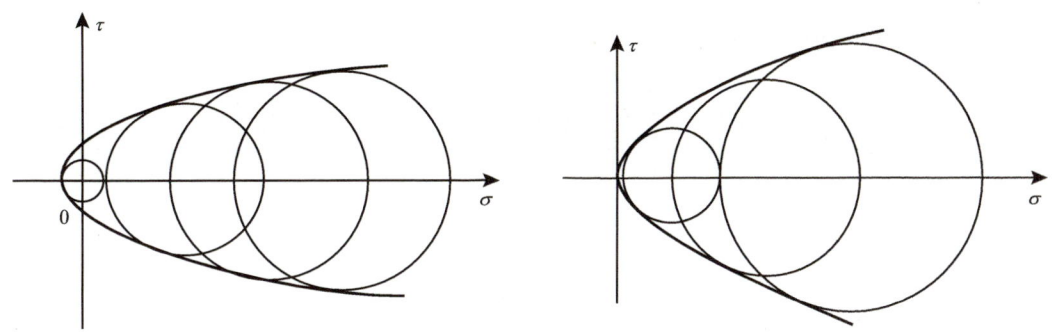

图 5-2-7 高围压下延性岩石的收缩型包络线　　图 5-2-8 高围压下脆性岩石的非收缩型包络线

莫尔强度理论实质上是剪应力强度理论。一般认为,该理论比较全面地反映了岩石的强度特征,它既适用于塑性岩石也适用于脆性岩石的剪切破裂。同时也反映了岩石抗拉强度远小于抗压强度这一特性,并能解释岩石在三向等拉时会破裂,而在三向等压时不会破裂(曲线在受压区不闭合)的特点。这已为试验所证实。因此,目前莫尔理论被广泛应用于岩石工程实践。

莫尔判据的缺点是忽略了中间主应力 σ_2 的影响,因此与试验结果有一定的出入。另外,该判据只适用于剪切破裂,能否用于拉张性破裂还尚待研究,肯定不能用于膨胀或蠕变破裂。莫尔破裂准则与库仑破裂准则均为岩石宏观剪切破裂的准则,差别在于是不同围压下的剪切破裂准则。库仑破裂准则是在低围压下的剪切破裂准则;莫尔破裂准则是在高围压下的剪切破裂准则。

③格里菲斯(Griffith)破裂准则。

格里菲斯从玻璃(脆性材料)的强度实验中发现,所得的实际抗压强度往往是理论值的 1/100~1/1000,这是由于材料内部存在着随机分布的微裂隙。依据材料的这种微裂隙结构,提出了格里菲斯破裂准则,即脆性材料在低围压作用下,其间微裂纹边缘尖端发生应力集中,导致产生很大的拉张应力,当其达到材料抗张强度时,微裂纹开始扩展,进而沿某个或若干平面或曲面形成宏观张性缝而破裂,如图 5-2-9 所示。

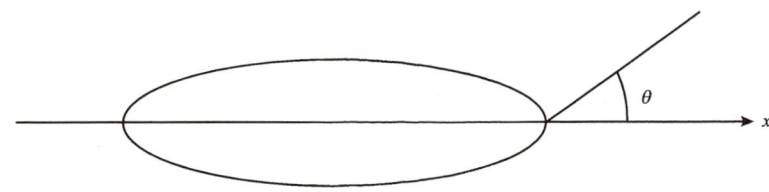

图 5-2-9 裂纹尖端坐标系

因此这一理论与单轴抗拉强度破裂准则相符，故可写成如下的函数关系：

当 $\sigma_1+3\sigma_3>0$ 时，$(\sigma_1-\sigma_3)^2=8T_0(\sigma_1+\sigma_3)$

当 $\sigma_1+3\sigma_3<0$ 时，$\sigma_3=-T_0$

这样在主应力 σ_1、σ_3 坐标系中，就成为一条抛物线与一条直线的组合，如图 5-2-10（a）所示。

由此可以看到单轴抗压强度与抗拉强度的比值为一定值：

$$\frac{(\sigma_1-\sigma_3)^2}{\sigma_1+\sigma_3}=\frac{C_0}{T_0}=8 \quad (5-2-5)$$

即 $C_0=8T_0$。这与实验结果基本一致。如在剪切应力 τ、法向应力 σ 坐标系中，格里菲斯准则可用下式表示：

$$\tau^2=4T_0(\sigma+T_0) \quad (5-2-6)$$

因此为一条抛物线，如图 5-2-10（b）所示。

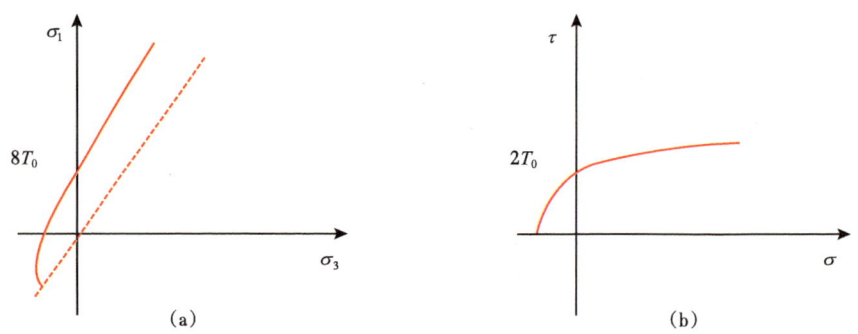

图 5-2-10　格里菲斯准则图

但是当材料在高围压作用下，微裂纹不是张开，而是出现闭合，进而发生向着与库仑破裂准则相关的摩擦剪切破裂过渡。因此建立了修正的格里菲斯准则。其定量关系如下：

$$\frac{C_0}{T_0}=\frac{4}{\sqrt{\mu^2+1}-\mu} \quad (5-2-7)$$

式中：C_0、T_0 分别为单轴抗压和抗拉强度；μ 为内摩擦系数。

格里菲斯准则虽然是从材料的微观张性破裂中得出的，但目前认为材料的宏观破裂是由具有临界方位的格里菲斯裂纹的扩展和相互作用引起的，而且这种临界方位可因应力场的变化而改变。因此格里菲斯准则有可能用于岩石的研究中，将岩石微观的张性破裂延伸到宏观的剪切破裂，并将两者统一到脆性岩石的强度破裂上来。这就有利于将对井壁剪切崩落条件的判断与井壁张性压裂条件的判断统一起来。

3）岩石力学性质影响裂缝发育程度的规律

脆性岩石破裂产生的裂缝密度大于延性岩石破裂的裂缝密度，因为延性岩石要通过多种方式的应变而使应力衰减。脆性岩石的强度越高，导致裂缝密度增大。或者说对于两个脆性相同的岩石，强度较大的岩石会具有更密集的裂缝。对于具有脆性特征的岩石，其破裂的韧度越大，导致裂缝密度越大，即裂缝间距越小。

二、岩体力学性质对裂缝发育程度的影响

1. 岩体的基本概念

岩体是由具有一定结构的岩石组成并赋存于一定的地质和物理环境中的地质体，当其作为力学研究对象时，则称为岩体。因此岩体力学的基础是岩体的地质特征及其力学效应。岩体的力学性质既与岩石的力学性质密切相关，但又有所不同。岩石是连续介质，而岩体则是包括了各种间断面的介质，如含有裂隙、节理、层理、断层等间断面的介质都可称为岩体。

岩体中的各种间断面统称为岩体的结构面，结构面按其大小可分为大型结构面、中型结构面和小型结构面。大型结构面规模大，可延伸几千米至数十千米，结构面内破碎带宽度较大，变化也较大；中型结构面延伸长度仅数米至几十米，一般未经错动或微错动而不夹泥，故属于硬性结构面，其连续性差，面粗糙，在岩体内属非贯通性的；小型结构面特点是小且不连续，肉眼难以直接观察，但在岩体内却大量存在，这类结构面主要有隐节理，如被硅质、钙质、铁质愈合的显节理内的缺陷段；层理面及片理面上的开裂；连续性极差的小节理等。这类结构面多弯曲、粗糙、无软弱物质充填，属硬性结构面。

2. 岩体力学参数的计算

岩体的力学参数，与岩石一样，也有岩体动力学参数和岩体静力学参数之分，需分别进行计算。

（1）岩体动力学参数的计算。

岩体动力学参数的计算与岩石动力学参数一样，仍然主要用声速资料来计算。所不同的是岩体中加入了各种结构面对声速的影响，使之具有较强的非均质性和各向异性，导致岩体声速必然不同于相应岩石的声速。对于裂缝性储层，这种差异主要与下面因素有关：

①裂缝的影响。

裂缝对岩体声速有两个方面的影响。一是对纵波声速各向异性的影响。当裂缝中充满流体时，纵波可以通过，但其声速将随缝宽增大、含流体饱和度增高而降低，因此平行于裂缝方向的纵波速度高于垂直或斜交于裂缝方向的纵波速度。二是横波不能直接通过充满流体的裂缝，但将发生双折射，分裂成快横波与慢横波，其偏振方向平行于裂缝走向的为快横波，垂直于裂缝走向的为慢横波。

②岩层层面的影响。

沉积岩石的层理面使岩体的纵波传播出现各向异性的特征。实测资料表明，垂直于层面方向的速度低，平行于层面方向的速度高。两者差异的大小与岩性和层理的结合程度有关。通常用各向异性系数来表征。表 5-2-1 是在几种岩性的岩体中层理面对纵波声速及其各向异性的影响状况。由表可见石灰岩体中的层理面对纵波速度各向异性的影响较大，石英砂岩体较小，黏土岩体最小。

表 5-2-1　几种岩性的岩体中层理面对纵波声速及其各向异性的影响（摘自陶振宇主编的《岩石力学的理论与实践》）

岩性	波速（m/s）		速度各向异性系数 v_p/v_v
	垂直层理速度 v_v	平行层理速度 v_p	
石灰岩	3620	5540~6060	1.53~1.67
中粒砂岩	1550~1830	2400~2540	1.39~1.55
石英砂岩	3660	4420	1.21
黏土岩	3000~3400	3500~3800	1.12~1.30

③地应力场的影响。

岩体在构造应力作用下，可能发生断裂而将应力释放，但也可能未发生断裂，故将部分应力保存于岩体内。因此岩体内常有一定的地应力，且具明显的方向性。这种方向性将造成声速和声幅的各向异性。实测资料表明，在主应力方向上，纵、横波声速和声幅都要大些。

由上分析可知，一般都不能用岩石声速代替岩体声速，但幸好声波测井测得的声速正好是岩体声速，它综合了各种因素的影响，因此用声波测井资料可以求得岩体的力学参数。

（2）岩体静力学参数的计算。

对于较完整、均匀的岩体，其动、静力学参数较为接近，因此可由声波测井获得的动力学参数当作静力学参数使用。但当岩体不是完整、均匀、各向同性时，其动、静力学参数将会有较大的差异。岩体动、静杨氏模量相差甚大，且动杨氏模量均大于静杨氏模量，其比值可高达 20。

为了能由岩体动力学参数推算其静力学参数，可用岩体完整系数 $(v_m/v_r)^2$ 这一概念，即岩体与岩石的纵波速度之比的平方。计算方法详见本书第四章第二节中的岩体完整系数的计算。

①用岩体完整系数计算岩体的静弹性模量 E_{ms}。

实验结果表明，岩体完整系数与动、静杨氏模量的比值 E_{ms}/E_{md}（常称作岩体折减系数）有如表 5-2-2 所示的近似关系：

表 5-2-2　岩体完整系数与折减系数的关系

岩体完整系数 $(v_m/v_r)^2$	1.0~0.9	0.9~0.8	0.8~0.7	0.7~0.65	< 0.65
岩体折减系数 (E_{ms}/E_{md})	1.0~0.75	0.75~0.45	0.45~0.25	0.25~0.20	0.20~0.10

可由已知的完整系数得到对应的折减系数，再由测井求得的动弹模算出相应的静弹模。

②用岩体完整系数计算岩体的静强度。

对于较完整的岩体，可用下式近似计算岩体的静抗拉强度或静抗压强度：

$$q_m = (v_m/v_r)^2 q_r = (E_{md}/E_{rd}) q_r \tag{5-2-8}$$

式中：v_m 为岩体的纵波速度；v_r 为岩石纵波速度；q_m 为岩体静抗压和抗拉强度；q_r 为岩石静抗压和抗拉强度；E_{md}、E_{rd} 分别为岩体和岩石的动杨氏模量。

对于完整性较差的岩体，应用下式计算：

$$q_m = (v_m / v_r)^2 q_r = \frac{E_{md}}{E_{rd}} \frac{v_m}{v_r} q_r \qquad (5-2-9)$$

3. 岩体的破裂

岩体的破裂主要是在应力作用下沿各种间断面发生的摩擦滑动。这种摩擦滑动满足拜耳利（Byeriee）定律，如图 5-2-11 所示。即当最大主应力 σ_1 与结构面（软弱面 P）法线方向的夹角为 β 时，则岩石强度随 β 角的变化而变化。当夹角小于 β_1 或大于 β_2 时，发生穿过软弱面 P 的破裂，而不发生沿 P 面的摩擦滑动，此时尽管存在着软弱面，岩石强度与完整的不含有软弱面岩石的强度一样；当 β 角位于 β_1 和 β_2 之间时，岩石只发生沿软弱面 P 的摩擦滑动，强度小于完整岩石的强度，且与 β 角的大小有关。当 β 角为 45° 时，摩擦滑动强度最低，即最容易发生沿 P 结构面的滑动破裂。

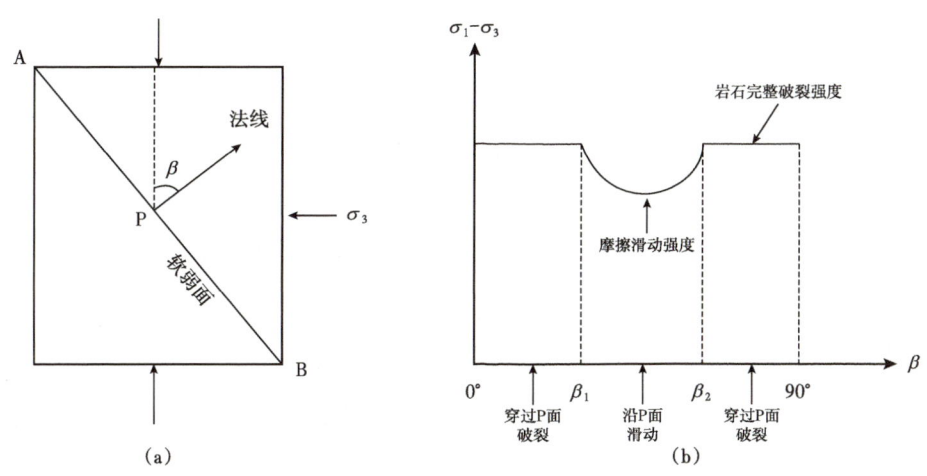

图 5-2-11 含软弱面岩石的强度随软弱面方位的变化

三、岩石成分、结构、物性、厚度、埋深、组合状态对裂缝发育程度的影响

岩石成分、粒度、孔隙度、埋深等因素对裂缝发育程度影响的实质是其力学性质变化导致的结果。

1. 岩石成分和结构对裂缝发育程度的影响

国内外实验研究结果表明，岩石的矿物成分和颗粒结构要影响裂缝发育的密度或裂缝指数，如图 5-2-12 所示。在脆性岩石中，以石英岩脆性最强而容易发育裂缝，白云岩、石英砂岩、钙质胶结砂岩脆性逐渐减弱，石灰岩脆性相对较弱，其裂缝发育指数相对较低；泥质、膏岩属延性岩石，故其含量越高，延性越强，降低地层的裂缝发育程度。因此岩石成分的变化实质是岩石脆性的变化，如图 5-2-12（a）所示。同种岩石的粒度越细，破裂产生的裂缝密度越大；反之则使裂缝密度减小。如图 5-2-12（b）所示。这是由于粒径减小，使岩石特定的表面能增加，导致岩石的抗压、抗张强度变大，故造成裂缝密度增大，如图 5-2-12（c）所示。

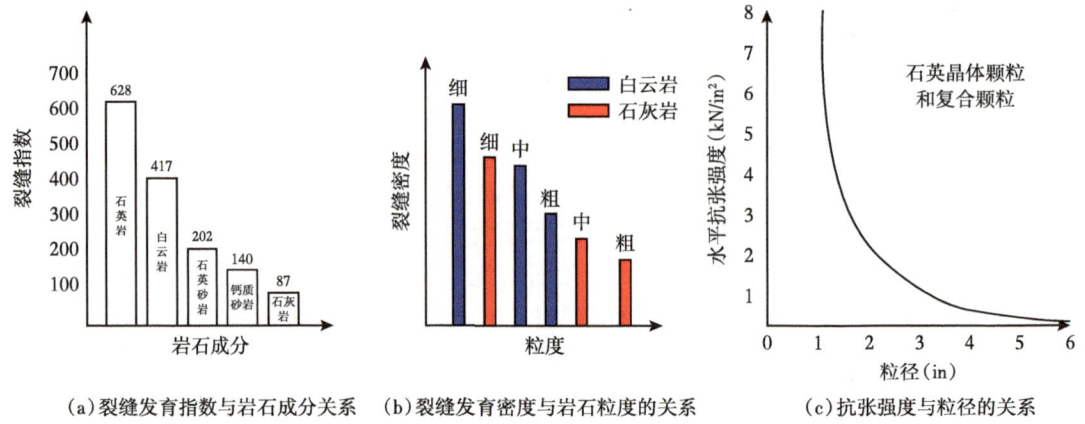

(a) 裂缝发育指数与岩石成分关系　(b) 裂缝发育密度与岩石粒度的关系　(c) 抗张强度与粒径的关系

图 5-2-12　岩石成分和结构对裂缝发育间距（密度）的影响

2. 岩石埋深对裂缝发育程度的影响

对于成分、结构相同的岩石，随着埋藏深度的增加，由于温度和压力的增高，其延性增强，越不容易形成裂缝，如图 5-2-13（a）所示。但应注意的是不同岩石的延性随埋深变化的速度有较大的差别，特别是石灰岩与白云岩的差异，石灰岩随埋深增加，其延性迅速增强，而白云岩却仅略有增加，这就导致石灰岩的裂缝发育程度会随埋深的增加而明显降低，但白云岩却可能在较深的地层中仍可发育较多的裂缝。此外白云岩还有另外一个优势，即白云石晶粒可形成比石灰岩更强的支撑构架，使孔隙度能得以较好的保存，故一般要高于石灰岩，且埋深越大，白云岩孔隙的优势越明显。但石灰岩的优势在于埋深较浅时，基质孔隙度高于白云岩，加之石灰岩的可溶性高于白云岩，故溶蚀孔洞更易于发育，如图 5-2-13（b）所示[19]。综合来看，石灰岩储层在浅层较好，但随埋深增加而迅速变差，能否变好关键就在于岩溶作用的强弱了；随着储层埋深的增加，白云岩储层的优势将更为突出。

3. 岩石孔隙度的影响

岩石孔隙度的增大，会降低裂缝发育的程度，其原因有两个：一是孔隙度的发育使岩石强度降低，实验结果表明，当孔隙度增加 1%，其抗压强度降低 4%，使岩石破裂时产生的裂缝密度减小；二是孔隙度越大，在压应力作用下，更容易使孔径减小，造成岩石发生类似于延性变形，也将降低裂缝的发育程度。如图 5-2-14 所示，砂岩孔隙度的增大造成其抗压强度的降低，尤其在孔隙度低于 12% 的范围内，抗压强度降低最为明显。

4. 地层岩性组合状态对裂缝发育程度的影响

地层岩性组合状态对裂缝发育程度的影响包含两个方面的作用。一是在一套地层剖面中脆性与延性地层的组合状态，即当脆性地层与延性地层互层时，其脆性地层容易发育裂缝；二是脆性地层的厚度，即在相同环境和岩性条件下，脆性地层越薄，越容易发育裂缝。研究结果表明，裂缝发育的间距与岩层的厚度有近似正比的线性关系。但对于不同结构的脆性岩石，其斜率会发生变化。如图 5-2-15 所示。图中纵坐标为地层厚度，横坐标为裂缝间距，A、B、C、D、E、F、G分别表示不同的地层。显然岩层越厚，裂缝的间距越大。这是由于地层越厚，应力越不容易集中，使之在相同外部应力作用下，岩石单位面积上所受的应力越小。因此对较厚的脆性地层，裂缝难以普遍发育，主要集中在它的上部。

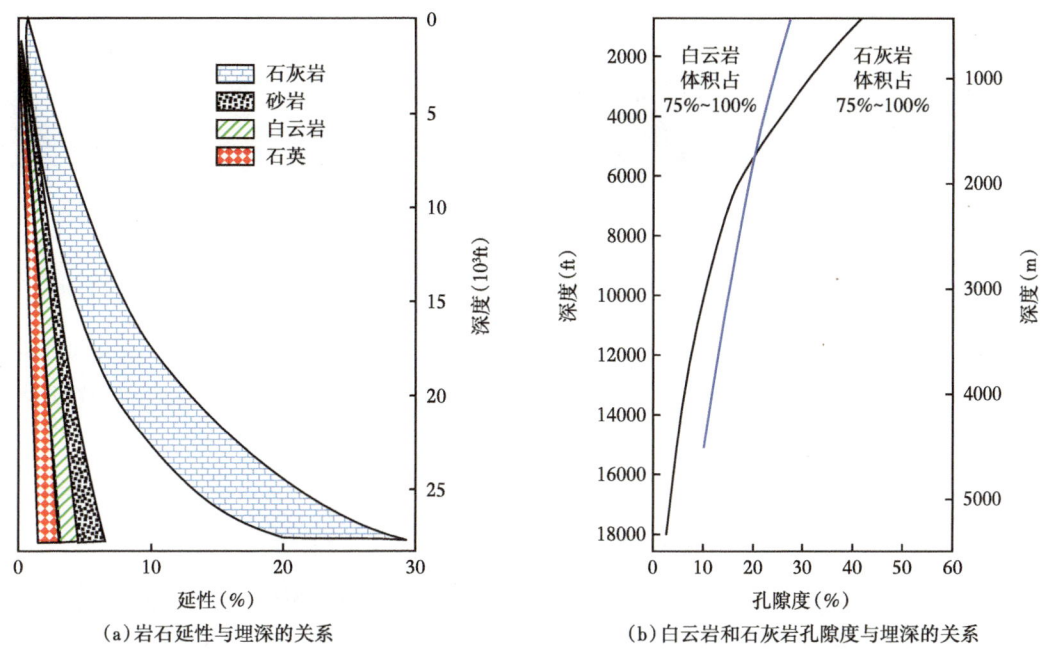

图 5-2-13　岩石延性与埋深的关系及白云岩和石灰岩孔隙度与埋深的关系

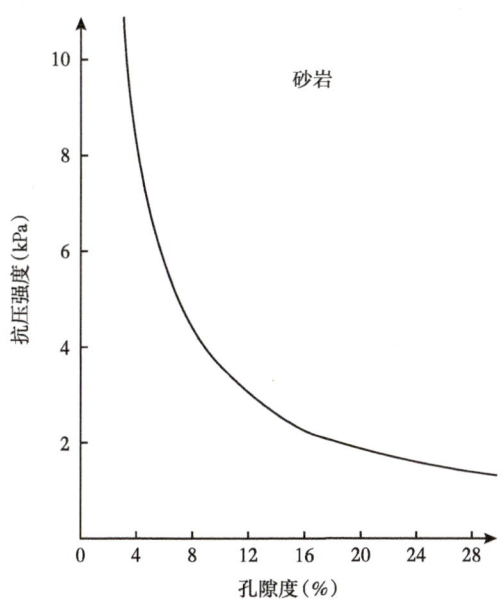

图 5-2-14　砂岩抗压强度与孔隙度的关系

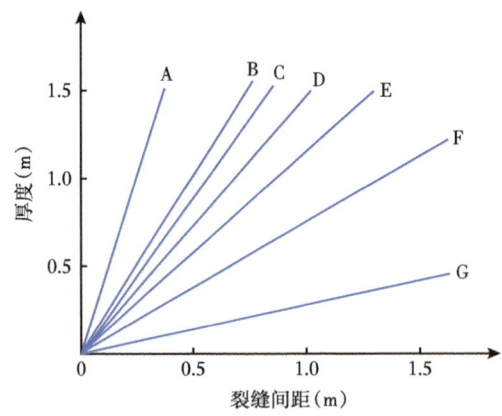

图 5-2-15 构造裂缝密度与层厚的关系（摘自 R.A. 纳尔逊 "天然裂缝性储层地质分析"）

如在四川盆地下二叠统茅口组中，薄而脆性较强的茅一$_b$石灰岩夹于因含泥质和有机质而脆性较弱的茅一$_a$和茅一$_c$石灰岩之间，故容易形成裂缝，成为典型的裂缝性储层，并可形成自生自储的气层。

第三节　裂缝形成后的变异因素

地下的天然裂缝，无论是构造应力裂缝，还是非构造应力裂缝，其形成时的性质、形状、规模等特征，在漫长的地质岁月中，在各种地质应力作用下，会发生或大或小，或快或慢的变化，甚至完全改变原有的面貌。因此只知道裂缝形成时的控制因素和影响因素是不够的，还必须充分了解其经历的地质时代及相应的地质营力。归结起来主要就是裂缝形成后所经历的溶蚀与沉淀作用和现今地应力对裂缝的改造作用这两个导致裂缝变异的关键因素。

一、裂缝中的溶蚀和沉淀作用

裂缝中的溶蚀作用包括表生古岩溶、埋藏溶蚀、热液溶蚀等三种溶蚀作用。它们在不同时期、不同层段各自起着不同的作用，使其对裂缝溶蚀改造的形态、大小、发育程度、分布特征各不相同。

1. 表生古岩溶作用

当地层经历长期风化剥蚀作用而形成风化壳，地表及以下地层岩石将遭受地面淡水的岩溶作用。特别是对裂缝的溶蚀改造尤为明显，既可扩大裂缝的张开度，还能形成较多的溶蚀孔洞，使裂缝得到十分有利的改造。直到地表水渗流到滞留带时，溶质浓度已很高，甚至已经饱和，导致逐渐析出、沉淀，对裂缝进行充填，造成裂缝张开度的减小。

古岩溶对原有裂缝改造作用强弱的变化体现在两个方面：一是在平面上的变化，主要受岩溶古地貌的影响；二是在剖面上的变化，主要受渗流带类型的影响。

（1）岩溶古地貌类型的影响。

①岩溶斜坡带。

岩溶斜坡是古岩溶主要发育的地带。这是由于岩溶斜坡带是岩溶水系、岩溶地貌变迁最剧烈的区域,其水量丰富、且易于泄流,但渗流速度相对较慢,因而使裂缝中常有大量的水流经过,为岩溶提供了充分的条件,因此溶蚀作用最为强烈。

②岩溶高地。

由于岩溶高地是地表水的输送者,虽然潜水面深度和岩溶带厚度均较大且地下水矿化度低,溶蚀能力强,但水量较小而分散,以渗滤流为主,故主要形成分散的、小规模的溶蚀孔洞和溶缝,因此对裂缝的溶蚀作用及孔洞的发育程度不如岩溶斜坡带。其溶蚀特征因多以垂向渗流溶蚀为主,故纵向延伸厚度较大,横向展布范围较小。

③岩溶盆地。

岩溶盆地一般不能形成有效的岩溶作用。这是由于岩溶盆地的潜水面常出露地表,成为地表水的汇聚者,虽然水量丰富,但因水中已溶有较多矿物,加之地层已接近或达到潜水面,泄流非常缓慢,甚至处于停滞状态,进一步使地下水趋于饱和,不仅丧失了对裂缝的溶蚀,反而多以沉淀为主,导致裂缝多被完全充填,更难以形成溶蚀孔洞。

④岩溶古地貌的微观特征。

岩溶古地貌的微观特征对古岩溶作用有一定的影响。虽然岩溶宏观古地貌的类型控制了对裂缝岩溶的程度和总的趋势,但在各类宏观岩溶古地貌背景中均会有诸多细微的变化,构成了岩溶古地貌的微观特征。在岩溶高地中既有残丘、山梁等,也有沟谷、洼地;岩溶盆地中虽然主要是沟谷、洼地,但也有残丘;至于岩溶斜坡中更可能是残丘与沟谷并存和交替。显然这些微观特征会在一定程度上影响各种岩溶古地貌中裂缝的溶蚀和充填状况的变化,使溶蚀作用对裂缝的改造会出现好中有差,差中有好的复杂状况。

(2)岩溶渗流带类型的影响。

无论何种岩溶古地貌中的岩溶作用都是在地下水自上而下的渗流中进行的。因此随着地下水渗流的速度、深度、层位、裂缝发育状况及其溶质饱和度的变化,使渗流岩溶作用的方式、程度都有所不同,故自上而下可将其分为地表岩溶带、垂直渗流带、水平潜流带、滞流带。

①地表岩溶带。

地表岩溶带是风化壳顶部直接遭受风化、剥蚀、淋滤,产生大量极不规则的沟、缝、槽、坑、洞,从而形成地表喀斯特,常具有大型溶洞和裂缝,如未遭完全填充,是很好的缝洞性储层。但由于受多种因素控制,其形状极不规则,分布极不均匀,充填程度较高。

麦盖提奥陶系、轮南奥陶系、塔中奥陶系的大型缝洞层主要都在风化面下 50m 以内。

②垂直渗流带。

垂直渗流带是地表水沿裂缝、孔喉向下渗流并同时产生溶蚀的层段。因其水量大,但流速快,水岩交互作用时间短,溶蚀作用不够充分,因此主要对裂缝壁进行溶蚀,而难以形成较大的溶蚀孔洞。故多构成低孔裂缝型储层。

③水平潜流岩溶带。

一般水平潜流带基本位于潜水面附近,故这里地层水趋于微酸性,溶解作用较强。而且由于地表水渗流速度因受到滞留带影响而降低,使之有较充分的时间对裂缝进行溶蚀。如果水平渗流扩散,可形成溶隙和中、小型溶洞组成的溶洞层;如呈管道流,可由中、小型溶洞进一步扩大和相互连通发育成地下暗河形式的大洞穴。因此水平潜流带中既可形成中小型溶蚀孔洞层,也可形成大型溶洞层。当其地层频繁升降时,水平潜流岩溶带在同一地区可多次出现。如塔里木轮南地区奥陶系古风化壳下的水平潜流岩溶带在区内至少出现两个，这是早石炭世地壳阶段性下降或海平面阶段性上升的过程中形成的：第一期潜水面距地表 90~120m；第二期潜水面距地表约 40~70m。

④滞留带。

滞留带，又称为深部缓流岩溶带，其裂缝已不发育，且因位于地下水平潜流带以下，离潜水面很近，甚至低于潜水面，故地下水流动缓慢。加之这些水流经过对垂直渗流带、水平潜流带岩石的溶解已基本处于饱和状态，故以沉淀作用为主。因此滞留带主要产生溶解矿物的沉淀，对原有的缝洞进行充填。

从地表岩溶带、垂直渗流带、水平潜流岩溶带、滞留带的地表水渗流特征及岩溶作用分析可知，地表岩溶带和水平潜流带最利于岩溶发育而形成好的缝洞性储层。

除上述四种常见岩溶渗流带对地表水渗流岩溶作用的影响外，还存在深部岩溶、岩溶古地貌、地层岩性对岩溶渗流带作用的影响。

⑤深部岩溶带。

当地层中有断层或大规模裂缝存在时，可造成古风化岩溶向深部地层的延伸而形成深部岩溶带。其发育深度不受垂直渗流带、水平潜流带、滞留带的限制，其溶蚀孔洞基本沿裂缝分布，故缝洞的连通性很好。

⑥岩溶古地貌对岩溶渗流带作用的影响。

岩溶渗流带对裂缝的作用除遵循自身构成的溶蚀和沉淀的规律外，还会受到岩溶古地貌的影响。因为岩溶古地貌在总体上控制了地表水向下渗流的水量及流速。根据大量实际资料的统计结果表明，在岩溶高地的缝洞性储层发育距风化面较近，而岩溶斜坡的缝洞性储层发育距风化面相对较远，其原因就在于岩溶高地的储层主要发育在地表岩溶带和垂直渗流带，岩溶斜坡的储层主要发育在水平潜流带。图 5-3-1 为川东茅口组储层发育距风化面的距离与古岩溶地貌叠合图，图中红圈指示缝洞性储层发育的井位，其大小表示缝洞发育的程度，越大发育程度越高。

⑦地层岩性对岩溶渗流带作用的影响。

裂缝主要发育在脆性的石灰岩、白云岩、砂岩地层中，而在这些地层中，以石灰岩的溶解度较高，白云岩次之，砂岩最差。实验研究结果表明，在其他条件形同的情况下，方解石的溶解度约为白云石的 24 倍。因此岩溶对裂缝的改造作用就以石灰岩最强，白云岩次之，砂岩最弱。岩性对岩溶作用的这种影响规律，对于裂缝性储层的勘探十分重要，因为从储层埋深对于裂缝发育程度和孔隙度的影响看，石灰岩影响最大，即随埋深增加，裂缝发育程度明显变差，孔隙度迅速减小；白云岩次之；砂岩影响最小。因此对于石灰岩中的裂缝性储层，随着埋深的增加，裂缝发育程度越低。但对石灰岩储层的有利因素是其溶解度最高，因此对于深部石灰岩裂缝型储层的勘探和评价关键就看是否具有好的溶蚀条件。如有，不但裂缝可以保存，更重要的是沿裂缝的溶蚀孔洞可能具有很大的储集空间，从而成为高产的裂缝性油气储层。

四川盆地、塔里木盆地的勘探实践表明，很多深部石灰岩中找到的优质裂缝性储层都是具有较大规模的沿裂缝分布的溶蚀孔洞。图 5-3-2 是川东地区茅口组石灰岩的岩心照片，由图可见裂缝并不很发育，且张开度也较小，但溶洞却很发育，虽然有的被方解石充填，但仍然有规模很大的溶蚀孔洞。

第五章　裂缝的发育规律

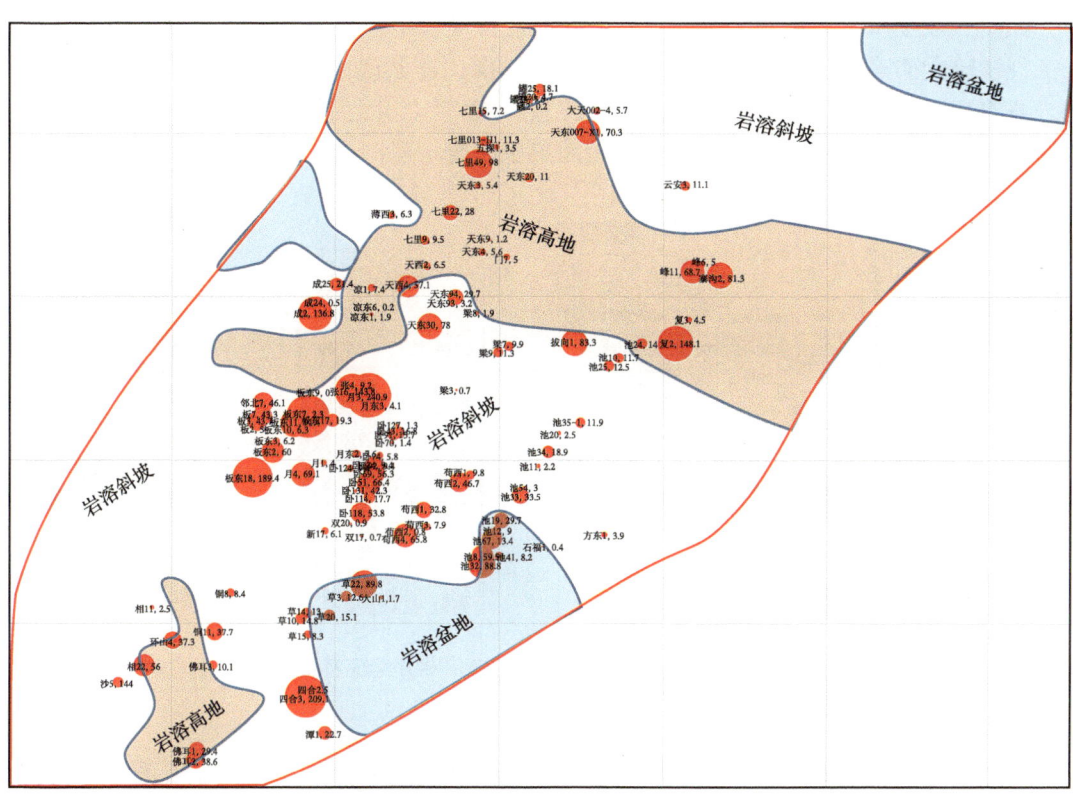

图 5-3-1　川东茅口组储层发育距风化面的距离与古岩溶地貌叠合图

褐灰色亮晶生屑灰岩，方解石
半充填溶缝，81块，茅三，池10

残余溶洞，3(18/23)茅二，
卧52

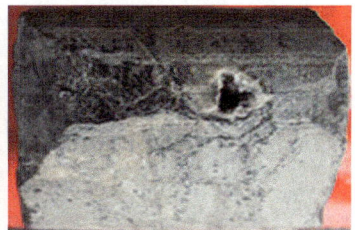

灰色生屑灰岩，残余溶洞
145块，茅二，张18

浅灰色亮晶生屑灰岩、溶洞充填物内残余孔洞，2202.62~2202.75m，茅三，月005-H1

图 5-3-2　下二叠统溶洞的岩心照片

如图 5-3-3 所示，塔里木盆地 T1 井奥陶系石灰岩中，裂缝并不很发育，但沿裂缝发育了规模较大的溶洞。因此对深部灰岩储层的勘探，与其说主要找裂缝，还不如说是找溶洞。更确切地说应该是根据裂缝的发育规律去寻找溶洞，因为裂缝为溶洞的形成创造了条件，而裂缝却逐渐被矿物充填及应力作用而趋于闭合。

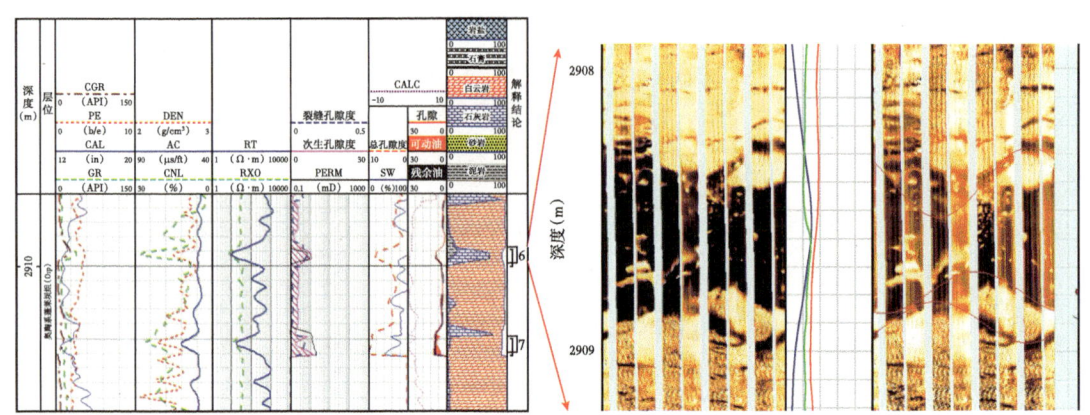

图 5-3-3　T1 井石灰岩缝洞型储层测井响应特征图

2. 埋藏溶蚀作用

在较封闭的地层环境中，当有较充分的地层水来源，且还有使地层水具有一定酸性的物质，则可产生埋藏岩溶作用。埋藏溶蚀的规模一般不及古风化岩溶的规模大，但是它可发生在一些看似不好的岩层段之中。如处于低能滩、滩间海和开阔海的不利相带，泥质含量较高的地层中，只要有局部相对较纯的脆性地层，就可能形成较好的缝洞型储层。因为夹于相对塑性地层之间的脆性地层在地质构造运动中容易产生裂缝，而不利沉积环境下沉积的上、下围岩渗透性差，可构成较封闭的环境，且较高的泥质和有机质含量，可提供富有酸性的地层水，于是对局部脆性地层中的裂缝进行溶蚀改造并发育一些溶蚀孔洞，形成了较好的缝洞型储层。如川东地区下二叠统茅口组中的茅一b段，其上、下围岩的茅二c、茅一a和茅一c是一套泥质和有机质含量较高、渗透性很低的地层，因此构成了一套较封闭的地质环境。在此环境中，既能提供岩溶的地层水，又可提供成藏的烃源。而脆性较强的茅一b中又发育了一些裂缝，因此使其能形成一套自生自储的缝洞型气藏。虽然其厚度很薄，但因分布广，在大范围内的多数井中均可获得工业性气流。

3. 热液溶蚀作用

地下深层盆地热液沿基底断裂或大型裂缝系统自下而上渗流，当遇到泥岩或其他致密岩层的阻挡，则转为侧向渗流，特别是沿侧面缝洞发育带流动。其结果既可形成各种热液矿物，如马鞍状热液白云石、天青石、萤石等充填和半充填于先期形成的孔洞和裂缝中，降低了储层的储渗性能；另一方面也可对先期缝洞进行溶蚀改造，甚至形成了新的溶蚀缝洞，从而改善储层的储渗性能。

二、现今构造应力对裂缝的激活作用

现今构造应力对裂缝的激活作用包括两方面：一是现今构造应力会产生现今构造裂

缝；二是现今构造应力对原有裂缝状态的改造。

1. 现今构造应力产生现今构造裂缝

现今构造应力与古构造应力一样，可以产生区域应力裂缝和使地层断裂及褶皱而派生各种构造裂缝。而且由于现今区域应力裂缝和构造裂缝基本未被各种岩矿充填，因此其有效性通常较好。如图5-3-4所示，垂直缝切割了低角度缝，这说明垂直缝发育较晚；低角度缝和水平缝基本被全充填，而垂直缝基本未充填，进一步说明低角度缝发育较早；较早的低角度缝和水平缝应是在上覆岩层压力为最小主应力状况下形成，也就是在茅口组沉积不久或遭受强烈剥蚀变薄的条件下形成的；较晚的垂直缝基本平行于垂直缝合线，而且未见高角度的"X"形剪切裂缝。说明垂直缝和垂直缝合线均是在上覆岩层压力为中间主应力时，强大的水平挤压应力作用下形成。这与该地区实测的现今三轴向地应力状态相吻合，因此这些未充填的垂直缝和缝合线应是现今构造应力作用下的产物。

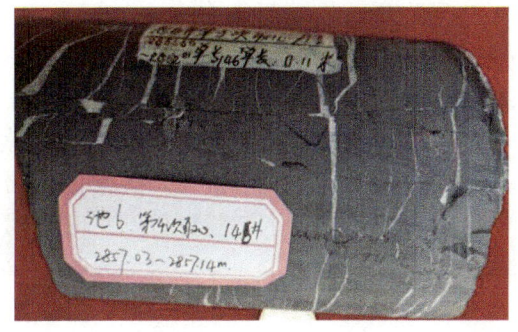

图 5-3-4　池6井茅口组岩心中的多期次裂缝

2. 现今构造应力方向对古构造裂缝有效性的影响

（1）现今构造应力方向影响古构造裂缝有效性的原理。

在本书第一章第三节中讨论了已有裂缝在以后优势方向应力作用下产生剪切滑动而增进其有效性的原理和条件（图1-3-1），也适用于现今构造应力对古构造裂缝的作用。此外通过对大量实际相关资料的统计，表明当现今构造最大水平主压应力方向与原有古构造裂缝走向的夹角 α 小于45°时，将有利于裂缝张开而提高其有效性，如图5-3-5（a）所示；反之，当夹角 α 大于45°时，则促使裂缝闭合而降低其有效性。所以在裂缝发育部位且裂缝走向与现今构造最大水平主压应力夹角小于45°的方向上，常是有效裂缝宏观分布的区块和方向。如图5-3-5(b)所示，在最大水平主应力方向上的45°范围内为有利裂缝发育区。

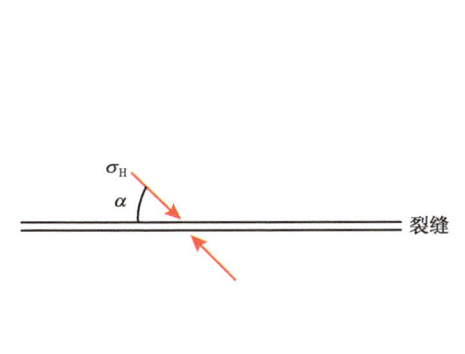

(a) 裂缝走向与最大主应力方向的关系示意图

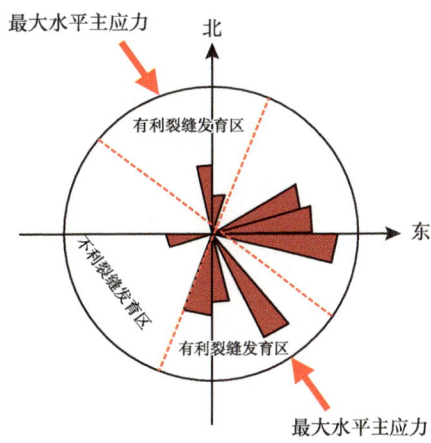

(b) 有利裂缝发育区示意图

图 5-3-5　现今构造地应力对原有裂缝作用的示意图

（2）现今构造应力方向与裂缝有效性关系的应用。

①预测构造中有效裂缝的发育趋势。

利用现今构造最大水平主压应力方向与原有构造裂缝走向的关系可预测裂缝的有效性。图 5-3-6 为四川盆地现今构造水平主应力方向的分布状况，图中短线条指示不同区域最小水平主应力方向，红色箭头指示最大水平主应力方向。在川东地区不同部位的最大水平主应力方向有明显的差异，其东部、南部为北东—南西向；西北部的沙罐坪、五百梯、福成寨区块为北西—南东向。因此再根据构造裂缝的形成机制，或用成像测井、偶极横波测井等资料掌握了主裂缝发育的走向，就可预测有效性裂缝分布的位置和方向。这对构造裂缝的勘探十分有用，特别对形成时期较早的构造裂缝的勘探尤其重要，因为这些裂缝多被充填或受压闭合而失去其有效性。如重庆地区东南部的卧龙河构造，其最大水平主应力方向为北东—南西向，与构造长轴延伸方向基本一致。这就使构造纵张裂缝走向与最大水平主应力方向接近平行，故最有利于裂缝的张开。因此测井解释的储层发育井和测试的高、中产井的分布基本都呈北东—南西向。但位于重庆地区西北部的檀木场构造，其最大水平主应力方向为北西—南东向，与构造长轴延伸方向基本垂直，从而使构造纵张缝趋于闭合，大大降低其有效性。但对于地层褶皱前发育的构造横张缝，其走向与最大水平主应力方向接近平行，故有利于裂缝的张开。因此使得测井解释的裂缝展布和测试的高产井的分布基本呈北西—南东向。

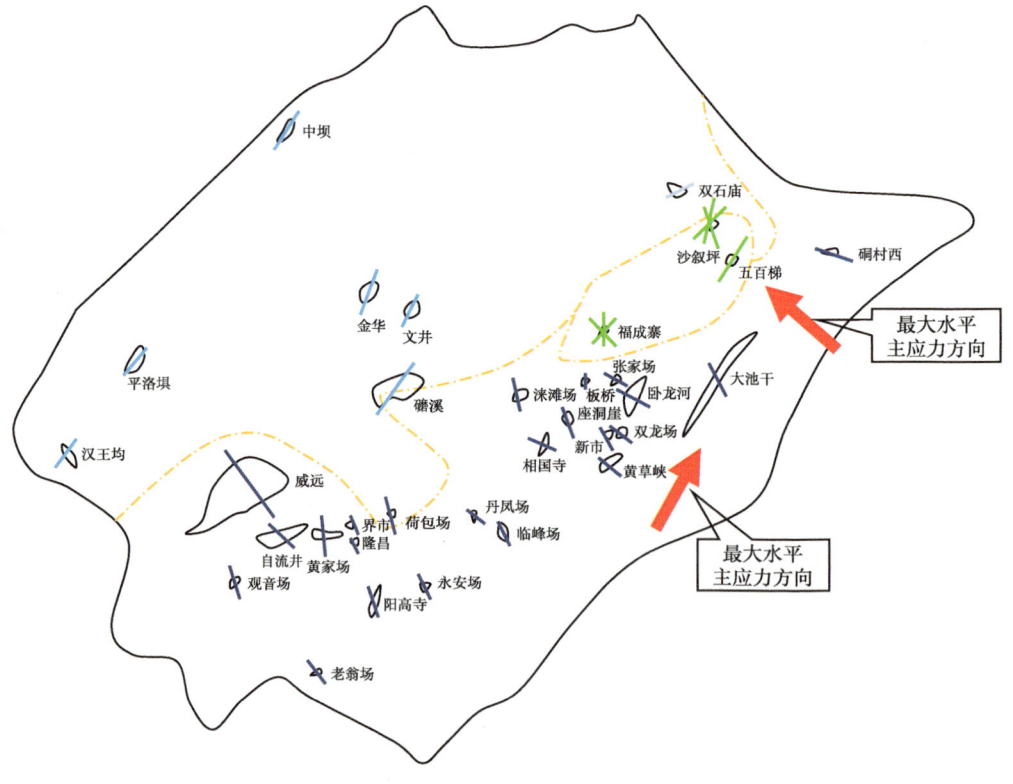

图 5-3-6　四川盆地东南部现今构造水平主应力方向图

②预测单井中储层有效裂缝的发育趋势。

在单井储层中的裂缝，往往有多组，其倾角和走向各不相同，但由于地应力方向的影响，使不同走向裂缝的有效性会有较大的差异。而且由于地应力方向不同造成的影响，往往会超过裂缝自身发育程度的影响。

3. 现今构造应力大小对裂缝有效性的影响

地层所受的现今构造应力与地层孔隙流体压力之差为地层所受的有效应力。对于孔隙流体压力一定的地层，岩石所受的有效应力随现今构造压应力的增大而增大；对于某一固定的现今构造压应力，岩石所受的有效应力则随地层孔隙流体压力下降而增大。

随着地层所受有效应力的增大，将导致储层空隙空间所受的有效应力逐渐增大，从而使其体积趋于减小，直到因空隙空间体积减小导致地层压力增高与有效应力增加达到动平衡为止。在储层空隙空间体积减小的过程中，首先是造成裂缝张开度的减小，因为孔洞一般具有球形或椭球形，而裂缝总是呈扁平形。故裂缝抗应力作用能力远不如孔洞强。实验研究结果表明，地层有效应力的增加，如使孔隙度减小10%，将造成渗透率下降70%，这就证明了裂缝对有效应力更为敏感，即对裂缝张开度的影响很大。因此现今构造压应力越强，地层承受的有效应力就越大，储层缝洞系统需要减小更多的体积才能达到对有效应力的平衡，而这些减小的体积中，首先是裂缝张开度的减小，也就是裂缝有效性的降低。因此对于水平挤压应力强大的地区，裂缝的有效性将明显降低。

4. 现今构造应力对裂缝性储层产量影响的分析方法

综上所述，现今构造应力的方向和大小都对裂缝性油气藏储层的产能有很大的影响。现以五百梯构造石炭系裂缝性储层产量的变化来具体分析其影响的程度和原因。

（1）五百梯构造的现今构造应力方向。

根据成像测井资料解释结果表明，该区的最大水平主应力方向基本为东西向或北西西向，与大天池构造主段的背斜轴线斜交，与在北倾没端的构造轴线以近45°夹角相交，表明区域最大水平主应力方向较稳定。但受局部构造形态和断层的影响，应力场方向要发生一定程度的变化，例如处于鼻突上的天东21井，其最大水平主应力方向变为63°，在断层附近的天东22井，最大水平主应力方向为73°，如图5-3-7所示。

该区最大水平主应力总趋势与四川省地震局对与大天池构造带平行且相邻的铜锣峡构造南端发生的5.2级地震震源机制解释结果基本吻合，其结论是该区构造主应力作用为水平构造应力，其中主压应力方位为北西西287.5°，张应力方位为17°，震源深度近5000m，层位为二迭系茅口组，地震断裂错动型式为斜滑型，形成的断裂走向为北东（57°），倾向南东，倾角65°。这说明用测井资料所求的地应力方向准确地反映了现今构造应力的方向。

（2）五百梯构造裂缝的发育状况。

五百梯构造上各井的裂缝走向分别用定向取心和测井资料确定，如图5-3-7（b）所示，显然各井石炭系储层裂缝的发育程度和发育方向有较大的差别。裂缝发育的方向从测井资料分析结果表明有多组裂缝。如天东11井可看到4组裂缝，其走向分别是55°（倾角42°~59°），330°（倾角52°~79°），270°（倾角32°~79°），360°（倾角50°）；天东16井也有4组裂缝，其走向分别为60°（倾角30°~50°），15°~20°（倾角32°~60°），310°~350°（倾角32°~42°），90°~110°（倾角35°~50°）。但在天东21井、23井、59井则只有两组裂缝，21井是一组近南北向，一组近东西向；23井一组是21°，一组是63°；59井一组是80°，一组是130°。而天东7井却多于4组。从定向取心资料看，主要裂缝走向反映了一组平行于现代构造最大水平主应力方向的裂缝，且与由测井资料得到的这组裂缝对应关系较好，但其他方向的裂缝不明显，与测井得出的裂缝相关性也差。

裂缝发育程度用计算的裂缝孔隙度ϕ_f来表示，为此作了ϕ_f的等值线图，如图5-3-7（d）所示。从图中可看到，构造中部是主要裂缝发育区，尤其是在中部构造的较高和较低的宽缓部位裂缝特别发育；而在构造的南、北两个倾没端裂缝则不发育。

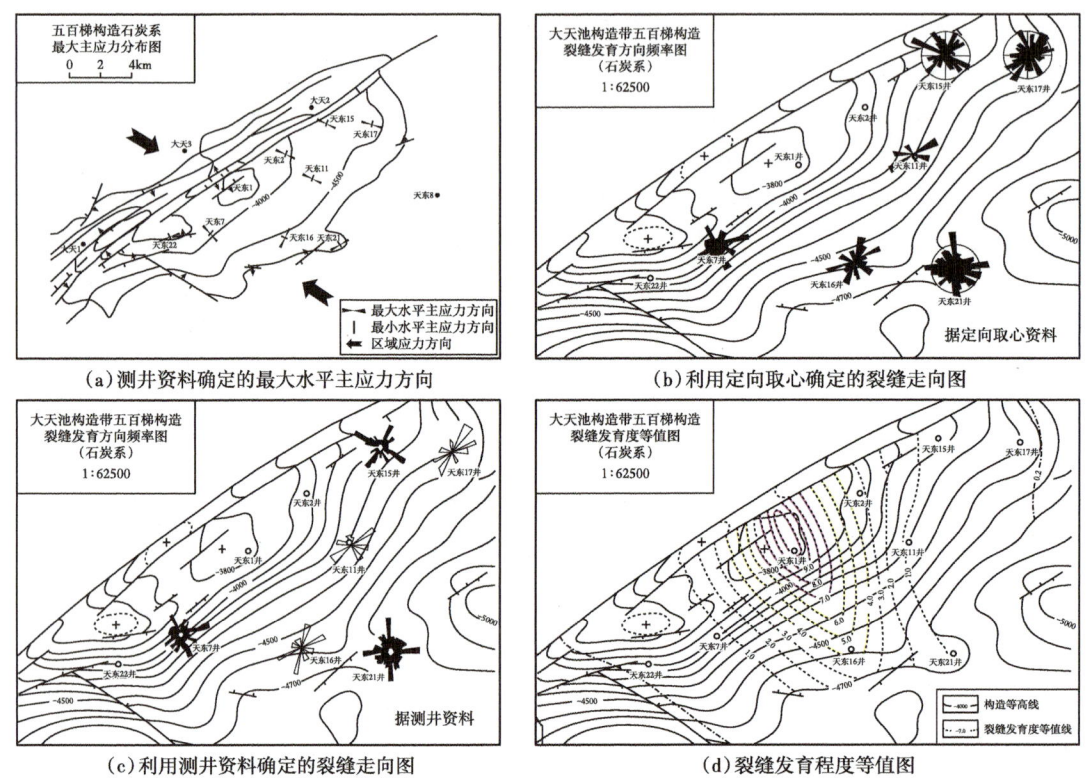

图5-3-7 五百梯构造裂缝走向与应力关系图

（3）五百梯构裂缝发育状况与现今构造应力的关系。

综上所述，石炭系的裂缝基本可分为4组：一组是北东向的构造纵张缝，为数最多；另一组是南东向构造的横张缝；其余两组是共轭剪切缝。从构造形态和现代构造应力方向可以推断，在这4组裂缝中，北东向的为早期构造褶皱产生的纵张缝，另外3组裂缝则是早期褶皱产生的裂缝与现代构造应力产生的新裂缝之总和。但主裂缝的发育方向基本为近北西西向；裂缝发育程度的展布与构造形态及其陡峭程度密切相关，构造缓裂缝发育，构造陡裂缝不发育。由此可得到以下几点认识。

①五百梯构造石炭系主要构造裂缝的期次及性质。

形成于喜马拉雅期较早时间，可称为古构造裂缝，它们多被矿物填充而成为无效裂缝；在现代构造应力作用下形成的裂缝，故称为现代构造裂缝，它们多为张开或半张开的有效裂缝，因而对石炭系储层的产量有一定的贡献。

②喜马拉雅期较早时间形成的古构造裂缝的分布。

该期构造裂缝的发育方向主要受构造形态的控制，即以平行于构造长轴的纵张缝为主，近垂直于构造长轴的横张缝次之；其发育程度则受构造形态和现代构造应力方向的双重控制，即在构造高部位受张应力作用，有利于裂缝的发育；在构造翼部的陡峭部位因受挤压力的作用，不利于裂缝的发育；而在构造翼部的低缓部位又受到一定张应力的作用，加之这一部位的局部构造变形较多，从而有利于裂缝的发育。此外现代构造应力对这些古构造裂缝也有一定的改造作用，即当裂缝走向与现代构造压应力方向的夹角小于45°时，有利于裂缝的张开，促进裂缝发育；反之，当其夹角大于45°时，导致裂缝闭合。

③现代构造裂缝的发育状况。

现代构造裂缝的发育状况主要决定于现代构造应力的方向，即它有一组平行于最大水平主应力的张性缝，两组相交的共轭剪切缝，其锐夹角平分线平行于最大水平主应力，三组裂缝的交线平行于中间主应力，根据五百梯构造三轴向地应力的关系，垂向应力为中间主应力，故这三组裂缝基本为垂直裂缝和高角度倾斜裂缝。但上述关系要受到局部构造形态和岩石内摩擦角的影响，使得张性缝方向和共轭剪切缝的锐夹角大小有一定的变化。现代构造裂缝的发育程度决定于现代构造应力的大小和性质及局部构造形态，即地应力越强，水平构造应力差越大，裂缝越发育；构造越平缓，越有利于形成现代构造裂缝。

（4）裂缝走向、现今最大水平主应力方向与测试产量之间的关系。

五百梯石炭系现今最大水平主应力方向与高产井展布方向的一致性，表明了最大主应力与有效裂缝走向的一致性，即为在北西—南东向，却偏离了构造长轴的北东—南西向，如图5-3-8所示。表明沿构造长轴的古构造裂缝虽然发育程度较高，但受现今构造应力的作用而使其有效性降低了，故直接影响到单井产能的横向分布状况。

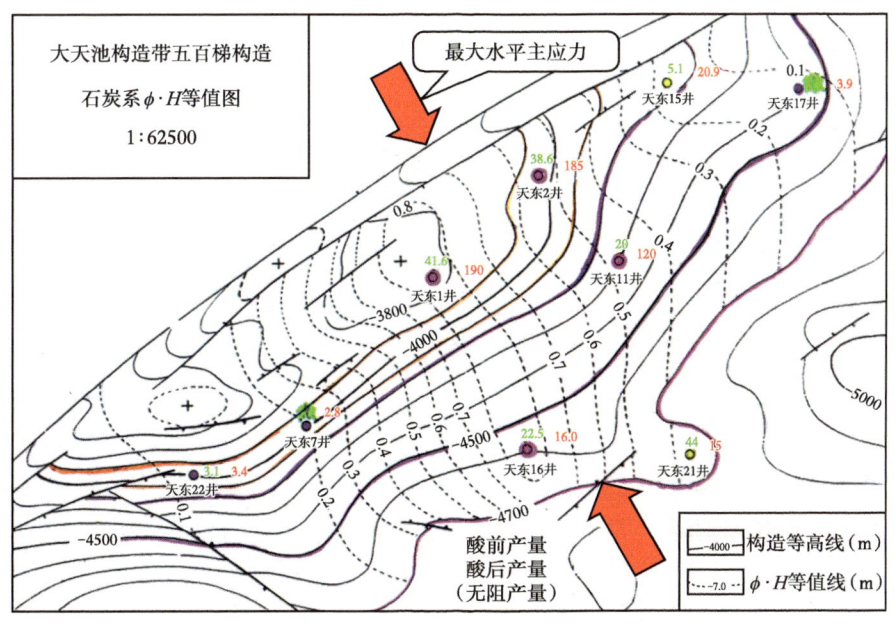

图 5-3-8　测试产量与 $\phi \cdot H$ 和最大水平主应力方向关系图

三、就地应力对裂缝发育程度的影响

就地应力是构造应力、上覆岩层压力、地层孔隙流体压力在特定地区、地层中合成的应力。这些就地应力以不同的大小、方向作用于地下岩石上,使其力学性质发生变化,进而影响裂缝发育程度。

1. 就地应力状态与岩石脆性向延性转变的关系

当就地应力以压应力的状态,即以围压方式作用于致密岩石上时,可使岩石由脆性向延性转变,从而降低裂缝的发育程度。但不同的岩石,这种转变所需要的围压各不相同。如对于致密灰岩,当围压由 0 增大到 69MPa 时,将会由脆性破裂变为延性破裂,降低裂缝发育程度;但对于致密砂岩,围压增大到 69MPa 时,仍无向延性转化的迹象,故一旦达到其破裂条件时,不会降低裂缝发育的程度。因此在挤压盆地中,致密砂岩中的裂缝发育程度常高于致密灰岩的裂缝发育程度。

2. 就地应力与孔隙流体压力关系对岩石产生剪切破裂的影响

当岩石内具有孔隙流体压力时,由于它对岩石的作用是从地层中的空隙空间向外施力,但它没有方向性的差别,即不论空隙空间的大小、形状如何,它向各个方向上作用的应力是相同的。因此地层压力对任何方向来的外部构造压力都起抵消作用,所以通常将两者之差当作岩石承受的有效应力。因此有效应力的变化有两种情况,如图 5-3-9 所示。一种是孔隙流体压力不变,围压发生变化。若最大主应力和最小主应力同时增大或减小相同的数值,即作用的有效应力增大或减小相同的数值,故有效应力形成的应力莫尔圆大小不变,但向右或左移动,所以使剪切强度增大或降低。另一种是最大主应力和最小主应力均不变,仅孔隙流体压力变化。如孔隙流体压力增高或降低,则使最大主应力和最小主应力作用的有效应力减小或增大相同的数值,故应力莫尔圆大小不变,但向左或右移动,因此剪切强度降低或增大。

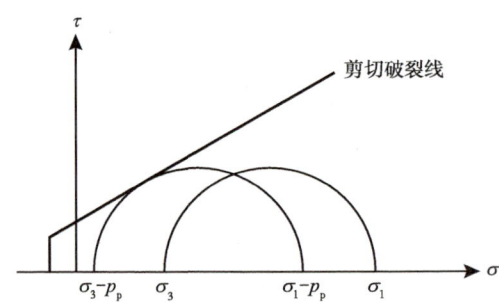

图 5-3-9　就地应力与孔隙流体压力关系对剪切强度的影响

上述就地应力与孔隙流体压力大小相对变化对岩石剪切强度的作用将影响剪切破裂缝的发育程度。即抗剪强度增加时,虽不易产生剪切破裂,可是一旦破裂,则裂缝密度增大;反之当抗剪强度降低时,容易发生剪切破裂,但其裂缝密度减小。

3. 就地应力对岩石作用时间与岩石强度的关系

地下岩石在就地应力长时间作用下,会使岩石产生蠕变,造成岩石强度的降低,因此岩石的长期强度将低于瞬时强度。试验资料表明,多数岩石的长期强度与瞬时强度的比值

为 0.4~0.8；软的和中等坚固岩石为 0.4~0.6；坚固岩石为 0.7~0.8。表 5-3-1 列出了常见岩石长期强度与瞬时强度的比值。由此可知，在同时期构造应力作用下的地层中，沉积时间早的岩石，其裂缝发育程度一般要低于沉积时间晚的岩石。

表 5-3-1　几种岩石长期强度与瞬时强度的比值

岩石名称	黏土	石灰岩	盐岩	砂岩	白垩	页岩
长期强度 / 瞬时强度	0.74	0.73	0.70	0.65	0.62	0.50

第六章 裂缝的预测

在第五章中所讨论的裂缝发育规律是研究裂缝能否形成,并以何种形式及多大规模形成,从地质角度提供了寻找裂缝的方向和范围,但却不能直接解决裂缝在该方向上和范围内纵横分布的具体位置,因为裂缝分布具有极强的非均质性和各向异性。为此提出了如何确定裂缝具体位置的技术问题,即裂缝的预测技术。

第一节 裂缝预测的目标

根据裂缝的发育规律,构成了裂缝预测的四个目标:可能发育裂缝的区块;裂缝发育的圈闭;具有孔、洞、缝的裂缝性储层;裂缝性储层中的缝、洞个体。不同的目标需采用不同的预测技术。对可能发育裂缝的区块预测主要采用地质构造与区域构造应力分析相结合的技术;对裂缝圈闭的预测主要采用地面地震和垂直地震剖面测井信息结合对构造形态进行精细分析的技术;对裂缝性储层的预测主要采用地震、测井、岩心资料互补的综合解释技术;对缝洞个体的预测需采用随钻测井的缝洞导向技术。这样才能做到钻探裂缝的方向不偏,找准裂缝圈闭,正确评估裂缝性储层,直接钻达缝洞个体,避免在裂缝性储层中仍会偏离缝洞的失误。

一、可能发育裂缝的区块

在地下有三种区块是最可能发育构造裂缝之处。一是褶皱构造裂缝发育区块,是地层在大地挤压构造应力作用下发生褶皱、扭曲变形而形成裂缝发育的区块;二是断层构造裂缝发育带,是裂缝在强大的剪切应力作用下发生错动而使地层断裂,进而形成与之共生和伴生的裂缝发育带;三是褶皱构造缓坡前的相对平坦地区,在地层褶皱变形前,因直接受到挤压力作用而发育区域构造应力裂缝的区块。

1. 区域构造应力裂缝区块

区域构造应力裂缝的产状取决于形成时的三轴向地应力关系。当水平挤压构造应力为最大主应力,而垂直主应力为中间主应力,则发育垂直和近垂直于褶皱构造走向的垂直裂缝;当水平挤压构造应力为中间主应力,而垂直主应力为最大主应力,则发育垂直于褶皱构造走向的垂直裂缝和高角度斜交裂缝;当水平挤压构造应力为最大主应力,而垂直主应力为最小主应力,则发育水平裂缝和低角度的斜交裂缝。

区域构造应力裂缝主要分布在褶皱构造缓坡前的相对平坦地区,因为这里的地应力尚未受到地层褶皱变形、断裂而消耗的影响,故力量大,方向稳定,因此裂缝张开度大、延伸远、产状单一、横向上分布范围广,纵向上穿层大;但裂缝数量少、间距大。因此不易发现,可是一旦钻遇可能获得高产油气流。

2. 褶皱构造裂缝发育区块

褶皱构造裂缝在平面上和剖面上的发育程度和分布状况因受不同因素的控制而有较大的区别。

（1）在平面上的裂缝的发育程度和分布状况。

在背斜构造中，褶皱构造裂缝在平面上的发育程度及其分布状态主要受构造曲率大小、性质、曲率变化率的控制，因此在构造的肩部，高点处、断鼻高点转折处，最有利于发育裂缝；而构造陡、直处，即构造等高线密集且间距均匀处最不利于裂缝发育。

在向斜构造中，地层受挤压应力作用而产生压缩裂缝，因岩石的抗压强度远高于抗张强度，故不容易产生裂缝。但是对于高强度的脆性岩石，一旦破裂，其裂缝发育程度也可能相当高。

（2）在剖面上的裂缝的发育程度和分布状况。

褶皱构造裂缝在剖面上的发育程度及其分布状态主要受构造应力中性面的控制。这是对夹于上下塑性地层中的一套岩石力学性质相似的脆性岩层，在受到挤压应力作用而发生正向褶皱时，其顶部地层受到张性应力的作用而发育张性裂缝；其下部地层受到压性应力的作用而可能产生少量压性裂缝；其中部地层因存在一个不受应力作用的应力中性面，故基本无裂缝发育。

3. 断层构造裂缝发育带

断层构造的形成和演变，导致了断层伴生裂缝、断层派生裂缝和断层次生裂缝的发育，从而构成了断层构造裂缝发育带。它是最有利于发育裂缝的构造带。但由于断层类型的不同和断层形成时地质条件的差异，使得断层构造裂缝的分布状态和发育程度会随之发生相应的变化。

二、裂缝圈闭

在一个可能发育裂缝的区块内，可能发育有不同形成机制的裂缝体。如在断层构造发育带中，可能发育有与正断层伴生的裂缝体；或与逆断层伴生和派生的裂缝体。在褶皱构造带中，可能发育有以背斜构造为载体，以张性裂缝为主的裂缝体；也可能发育以扭曲构造为载体，以剪切裂缝为主的裂缝体；甚至在向斜构造中发育以挤压破裂缝为主的裂缝体。正是这些以相同或相似形成机制发育的裂缝体，或者说裂缝系统，在可能发育裂缝的区块内构成了不同性质的、彼此独立的、互不连通的裂缝圈闭，其形状、大小各异，分布极不规则，在横向上的展布主要受特有的构造细节控制；在纵向上主要受地层力学性质的影响。为了便于描述和预测这些裂缝圈闭，可分别称为正断层裂缝圈闭、逆断层裂缝圈闭、背斜构造裂缝圈闭、扭曲构造裂缝圈闭、三轴向区域构造应力裂缝圈闭等。

1. 褶皱构造区块中的裂缝圈闭

在褶皱构造区块中，裂缝圈闭的分布及发育状况主要受以下构造细节的控制：

（1）曲率正值区主要反映纵张裂缝分布范围，即与构造变形张应力方向垂直的裂缝分布范围。

（2）曲率正值区虽然能大体圈定裂缝的分布范围，但不能准确勾画出裂缝范围的轮廓。

（3）在同一曲率正值区中的裂缝，因受到多种因素的控制和影响，造成裂缝分布和规模的不均一性，导致各井的产量相差悬殊。

（4）构造曲率法在中、低缓构造应用效果较好，即当对其高点、长轴、鼻突、断裂等构造部位确定之后，则在高值区的弯曲轴线上是裂缝最佳发育区。但构造曲率法在对于高陡构造的应用效果较差。

（5）曲率变化率越大越利于裂缝的发育，而且不论在曲率的正值区还是负值区，只要曲率有足够大的变化率，均可发育裂缝，差异仅在于正值区曲率变化率的影响更大。

（6）在偏离应力中性面以上越远的脆性地层中越利于裂缝的发育。

2. 断层构造区块中的裂缝圈闭

在断层构造区块中的裂缝圈闭，其横向展布主要受控于断层的类型，裂缝发育程度主要取决于断层穿过地层的力学性质。

（1）逆断层构造中的裂缝圈闭。

逆断层中裂缝圈闭的分布主要受以下构造细节的控制。

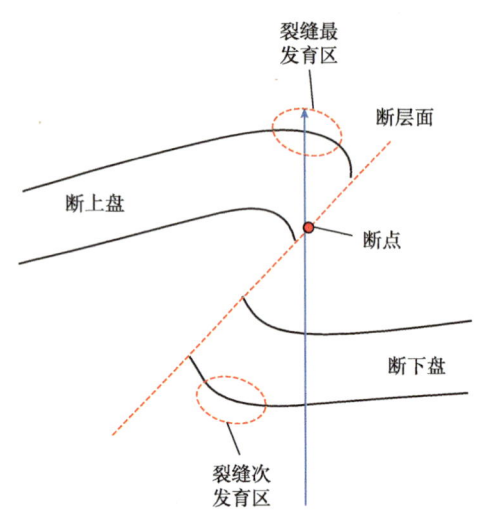

图 6-1-1　逆断层派生裂缝发育部位示意图

①逆断层上盘牵引褶皱拱曲之处是其派生裂缝主要发育的位置，如图 6-1-1 所示。但是由于这种褶皱拱曲与断层面在纵、横向上的距离受到地层脆性、倾角、挤压应力大小等多种因素影响，很难从理论上确定其位置，主要依赖于地震对地层褶皱的精细预测。②断下盘脆性地层可发生较弱的牵引褶皱，形成较弱的张性裂缝。③井剖面中断点处距牵引褶皱裂缝发育处的纵向距离与井位、断层倾斜角度、上下盘地层牵引褶皱程度有关。很难准确计算其位置所在，因此需由高精度的地震预测确定。④断层穿越的地层力学性质直接影响断层伴生裂缝和派生裂缝的发育程度。

（2）正断层构造中的裂缝圈闭。

正断层中裂缝圈闭的分布主要受正断层派生裂缝构成的裂缝圈闭和正断层伴生构成的裂缝圈闭的控制。

正断层派生裂缝构成的裂缝圈闭主要发育在断上盘地层牵引褶皱向下凸出处，故不同于逆断层的派生裂缝主要发育在断上盘地层牵引褶皱向上凸出处。

正断层伴生裂缝构成的裂缝圈闭与正断层形态和所断开地层性质具有以下有关系。

①断层平面形态与裂缝的关系。在断层平面图上，多组断层交会区裂缝发育，断层消失处张开裂缝发育；对于单条断层来说，凹侧比凸侧裂缝更发育。

②断层剖面形态与裂缝的关系。在断层剖面图上，弯曲断层的内凹区裂缝较发育，当断层剖面凹向上盘者，上盘裂缝较发育；当断层剖面凹向下盘者，下盘裂缝发育。这与逆断层是外凸区裂缝较发育刚好相反。

③裂缝基本沿断层走向展布，且都发育在断层附近，一般不超过 500m，在 1000m 以外就很少了。

④当断层通过并消失在脆性较强的地层时，裂缝较发育；当断层通过并消失在延性较强的地层时，裂缝不发育。

（3）走滑断层构造中的裂缝圈闭。

由于走滑断层是在垂向主应力为中间主应力条件下形成，因此断层面无论是沿张性缝，还是沿剪切缝错动，均为垂直性断面。又由于走滑断层的两盘是呈水平错动，故产生的摩擦力较小，一般不会造成地层的牵引褶皱。因此在走滑断层形成过程中，基本不会产生派生裂缝。由此可知，走滑断层裂缝主要是伴生裂缝，其产状基本为垂直裂缝，并沿其走向分布。

（4）区域性深大断裂构造中的裂缝圈闭。

区域性深大断裂可由正断层、逆断层、走滑断层继承性发展而来，故规模特别巨大，在横向上可延伸几百千米，甚至上千千米；纵向上可深切数千米，甚至切穿地球的岩石圈。深大断裂常由一条或几条主干断裂和若干条次级断裂组成，因此可派生大量裂缝，构成多个裂缝圈闭。这些裂缝圈闭的分布和特征在横向上与一般断层中的裂缝圈闭相类似。但在纵向上的分布和特征却有较大的差异，这主要表现在以下两个方面。

①可形成多套相互叠置的裂缝圈闭。

由于深大断裂可穿越多套不同力学性质的地层，故可在脆性地层中发育较多的裂缝，但在延性较强的地层中却难以形成裂缝，使之成为隔层，从而在纵向上叠置成多个裂缝圈闭。

如在塔中的Ⅰ号大断裂带，如图6-1-2（a）所示。图中以不同的颜色标出了不同时代形成的断裂，按其走向基本可分为北东—南西向和北西—南东向两组。勘探结果表明，在寒武系、奥陶系、志留系、二叠系内均程度不同地发育了裂缝，并钻获了较高的工业性油气流，是目前塔中最好的区块之一。图6-1-2（b）是从各井奥陶系剖面中实测的现今最大主应力方向和古今构造裂缝走向。从裂缝走向上看，与断裂带走向有很好的对应关系。从裂缝形成的时代看，北东—南西向的裂缝走向基本与现今最大水平主应力方向一致；北西—南东向的裂缝走向基本与寒武、奥陶纪断裂带走向一致。这一结果表明构造裂缝的形成及其产状与断裂带有着十分密切的关系。

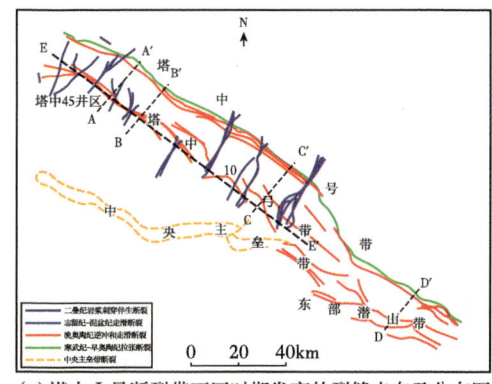 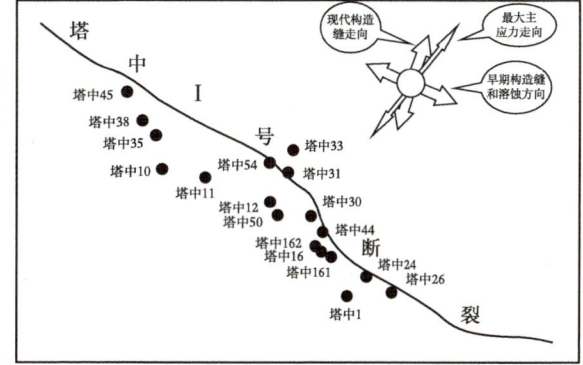

(a) 塔中Ⅰ号断裂带不同时期发育的裂缝走向及分布图　　(b) 塔中Ⅰ号断裂带现今最大主应力方向和古今构造裂缝走向

图6-1-2　塔中Ⅰ号断裂带不同时期发育的裂缝走向及现今最大主应力方向和古今构造裂缝走向

②可形成穿层较大的缝洞型裂缝圈闭。

由于深大断裂常可下切构造基底，上连风化剥蚀面。因此一方面可导致热液沿断层和裂缝上升对地层进行热液溶蚀；另一方面可使地表淡水沿断层和裂缝下渗产生古风化岩溶，特别是当热液与地表水相遇时可加剧溶蚀作用，产生规模较大的溶蚀孔洞，可形成缝洞型的裂缝圈闭。

如四川盆地北西—南东向的15号基底大断裂带。从基底一直断到二叠系。沿着该大断裂带的双鱼石构造、磨溪构造、卧龙河构造、大池干井等构造，从震旦系到二叠系，均有不同程度的裂缝发育，且沿裂缝多有溶蚀孔洞，因此在多井中获得高产气流。

总之，在裂缝区块中形成的裂缝圈闭，因受构造细节和地层性质变化的影响，无论在横向上，还是在纵向上的展布、范围、形状和特征均有很强的非均质性。图6-1-3所示是四川盆地纳溪气田下二叠统中裂缝圈闭的大体形状及分布特征[27]。上图为平面上裂缝圈闭的形状和分布，下图为剖面上裂缝圈闭的形状和分布。正是由于裂缝圈闭在纵、横向上分布状态极强的非均质性，容易造成钻探中很大的不确定性，甚至重大的失误。因此仅知道裂缝发育机理还不够，必须将裂缝发育机理与具体的构造类型、形态结合起来才能为裂缝圈闭预测提供实实在在的方向和方法。

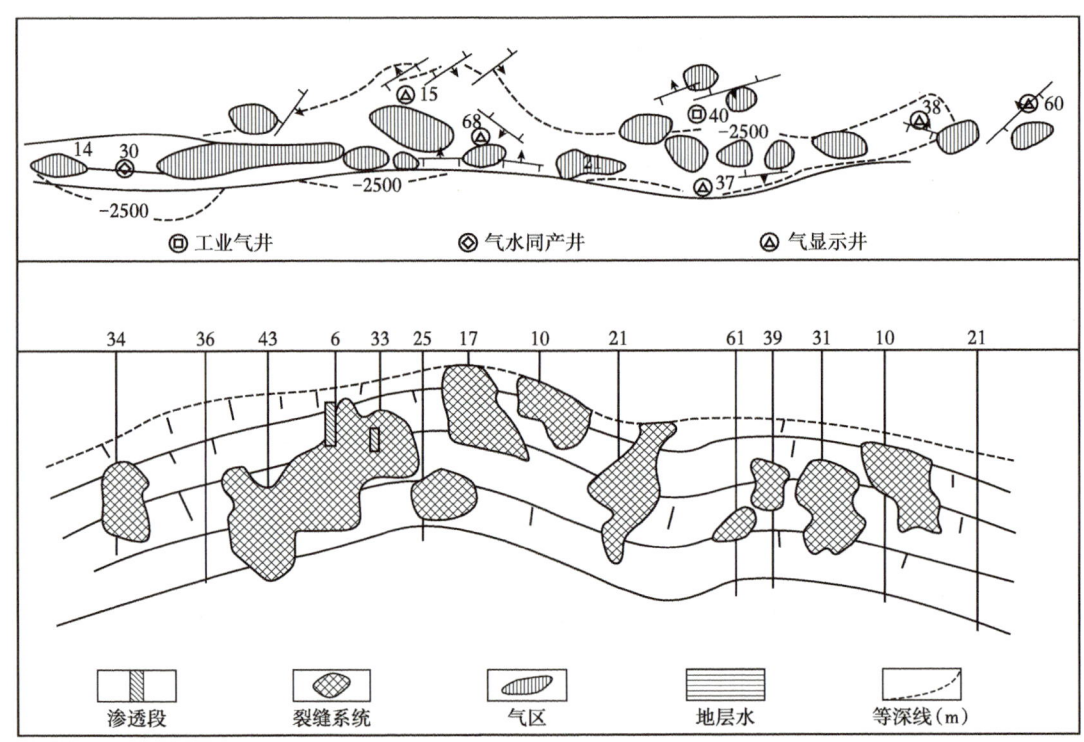

图6-1-3　纳溪气田裂缝圈闭在平面和剖面上的形态及分布

三、裂缝性储层

在裂缝圈闭内，由于地层的岩性、力学性质、孔隙发育程度、地应力方向和大小的差异，造成了裂缝发育程度、张开度、延伸度、弯曲度、产状、连通性及其在纵横向上分布的非均质性和各向异性；再受到岩溶、充填、地应力等因素的作用而发生很大的变化。因此在同一个裂缝圈闭内，常会存在一些裂缝互不连通、裂缝周边孔洞发育程度及其与裂缝搭配关系不同的储渗体。这就是裂缝性储层。

现今的裂缝性储层是一个极其复杂的储渗系统。正如在第四章的裂缝性储层评价中所描述的那样，裂缝性储层按其裂缝张开度的不同可分为宏观裂缝性储层和微细裂缝性储层。宏观裂缝性储层又可按其裂缝的产状及组合方式的不同细分为高角度裂缝型储层、低角度裂缝型储层、网状裂缝型储层；根据各种产状裂缝的组合状态及其对储层流体渗流特征影响的差异，将裂缝性储层分为单组系开启型裂缝型储层、多组系开启型裂缝型储层、多组系封闭型裂缝型储层；按照裂缝性储层中孔隙、孔洞、裂缝分布状况的不同又可细分为裂缝型储层、裂缝—孔隙型储层、裂缝—洞穴型储层、裂缝—孔洞型储层等。因此对裂缝性储层的预测就不能像对裂缝发育区块和裂缝圈闭的预测那样以裂缝的形成机理和影响因素作为基本技术路线，而必须以储层裂缝的产状和裂缝与溶蚀孔洞的分布关系特征作为识别和预测的基本技术路线。

在一个褶皱性裂缝圈闭内，可能在背斜顶部发育的纵张裂缝性储层，背斜肩部发育的横张裂缝性储层，背斜缓翼平缓区发育的区域裂缝性储层。在一个逆断层裂缝圈闭内，可发育断上盘和断下盘的牵引褶皱裂缝性储层。

由上可知，对裂缝型储层的预测具有更大的难度，因为这涉及对裂缝有效性的预测。

四、裂缝性储层中缝、洞个体特征

以上的 3 个预测目标均是对裂缝集合体在不同范围中的预测。那是否可认为，预测到了这三个裂缝集合体，就达到了对裂缝预测的全部目的。事实并非如此，因为裂缝的地质特征决定了裂缝在任何一种集合体中，即使存在很多连通点，可裂缝间总有一定的距离，常被大小和形状不同的致密岩块分开。因此即使预测准了裂缝集合体的位置和范围，并不等于在该范围内的任何位置打井都能钻到裂缝。同样，缝与洞的分布关系，或连通，或分离，千差万别，打到了洞，不一定打到了缝。世界上对裂缝性油气藏进行长期、大量勘探的实践结果表明，在准确预测到的裂缝圈闭或裂缝性储层中，未钻到缝洞的干井并不罕见，而无意中钻到缝洞的也常有之。如川南纳溪气田纳 6 井直眼清水钻过茅二段，无气水显示。因钻井事故废弃，侧钻至茅二a段，放空 2.25m，产气 $14.2×10^4m^3/d$，产水 $42.9m^3/d$。而两井井底距离小于 10m。其根本原因是虽然预测准了裂缝圈闭或裂缝性储层的位置，却并未预测到缝洞个体的准确位置。这就是为什么对裂缝性储层的钻探成功率远低于对孔隙性储层钻探率的根本原因；这也就是必须将裂缝性储层中缝、洞个体位置的预测作为裂缝预测的第四大目标的理由所在。

第二节 裂缝预测的总体技术构架

由第一节对裂缝预测的四大目标分析中可知，对裂缝分布区块的预测实质是对裂缝发育控制因素——区域构造应力和地质构造位置、形态与能否构成发育裂缝条件的预测；对裂缝圈闭的预测实质是对地质构造细节，如断层、褶皱形态及其与裂缝分布状态的预测；对裂缝性储层的预测实质是对影响裂缝发育程度因素的预测，包括地层岩石、岩体力学性质、现今有效应力大小、方向等因素变化和分布的预测；对裂缝个体预测的实质是对裂缝产状、大小、密度、充填程度等地质特征与地球物理响应关系的预测。由此构成了裂缝预测的总体技术构架，如图 6-2-1 所示。

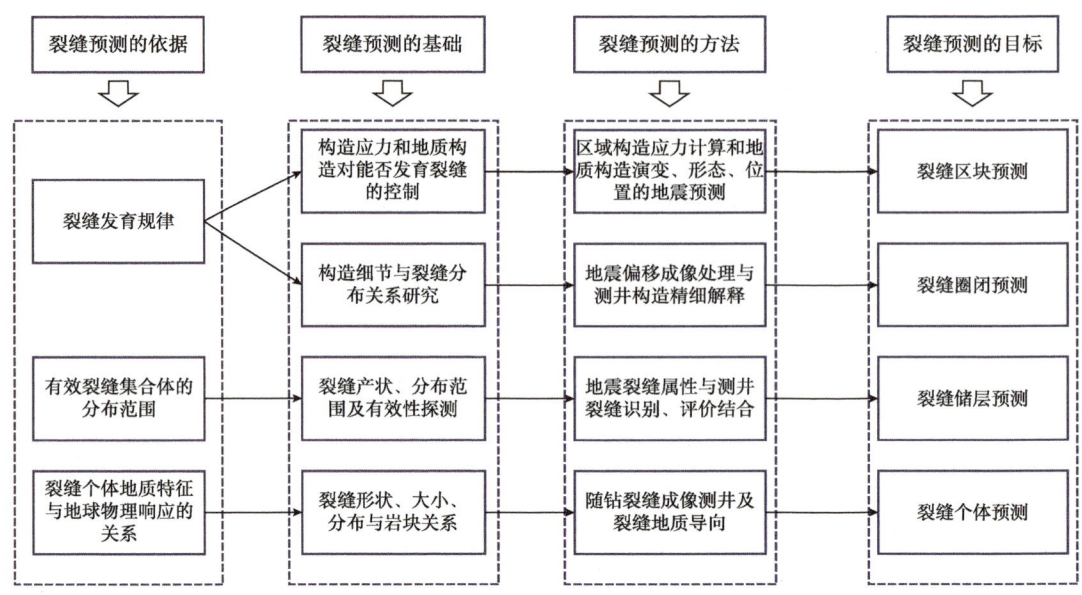

图 6-2-1　裂缝预测的总体技术构架逻辑框图

该图表明对裂缝预测的程序应该是从大到小，即从可能发育裂缝的区块预测开始，逐步延伸到对裂缝圈闭、裂缝性储层的预测，最后实现对裂缝个体的预测并能直接钻达。而不应是一开始就去预测裂缝个体。因为预测本身就意味着远距离的探测，而裂缝本身的尺度相对于预测的距离却极其微小，这就必然造成探测范围巨大与要求探测分辨率极高的无法逾越的矛盾。为此应采取探测范围逐步缩小，而纵、横向分辨率逐渐提高的探测技术，以步步为营的方式去实现对裂缝个体及相邻致密岩块关系的预测，从根本上提高对裂缝的钻达成功率。

从裂缝预测的总体技术框架还可以看到，裂缝预测技术必须是多学科高度有机结合的综合性技术。从裂缝预测的目的来看，至少需要对裂缝发育规律的研究，裂缝空间分布状态的探测，裂缝特征的识别和评价等三大任务。但要实现这三个任务，则需要通过对古构造演变史、古构造应力的研究去了解古构造裂缝的分布规律；对现今构造应力的和现今构造形态的计算和探测去了解现今构造应力对古构造裂缝正反两方面的影响及其与现今构造应力裂缝的关系；对地层岩石、岩体力学性质在纵、横向上的变化进行测量和计算，以建立层速度变化与裂缝发育程度的关系；对裂缝产状和规模的识别、评价需要测井、岩心、地质剖面调查、测试、试井、油气生产等信息的综合应用，方可为地震反射波波形、幅度、相位等属性的解释提供依据。在以上各项工作基础上，在确定了裂缝圈闭、裂缝性储层范围，定出了有利的井位和优化的井身轨迹和方向之后，为了准确钻达裂缝，一方面需要利用随钻成像测井近距离直接看到裂缝与致密岩块的分布状况，以纠正地面裂缝预测的误差；另一方面还需要能及时纠正钻进方向的裂缝地质导向随钻技术，使钻头能直指裂缝。

第三节　可能发育裂缝区块的预测技术

对可能发育裂缝区块的预测包括对褶皱构造带、断层构造带等地质构造位置、范围的预测和这些地质构造中最可能发育裂缝的构造细节部位及范围的预测。

一、褶皱、断层构造带位置、范围的预测

目前能对这些目标进行预测的技术非地震勘探莫属。从现有的勘探成果表明，合理使用偏移构造成像技术可基本解决裂缝区块的预测。对于多数构造形状较单一，上覆地层的层速度变化较缓慢且高低速度无上下剧烈交替的情况，其预测效果较好，能基本满足对其上裂缝发育状况的追踪。对于构造面陡，反射面起伏大，上覆岩层速度变化剧烈，特别是高低速地层在纵向上交替出现时，容易使构造成像模糊、位置不准，导致对其上裂缝发育范围和方向的追踪失误。这时首先需要合理选择相应的偏移处理类型。如图6-3-1所示，在图6-3-1（a）中，层速度从上到下逐渐增高，构造平缓，可选取叠后时间偏移处理，不仅可获得较好的构造成图，而且可节约处理时间和费用。在图6-3-1（b）中，虽然构造平缓，但层速度出现上下高低交错的情况，不利于时间偏移，故应选取叠后深度偏移，才有望获得较好的构造成图。在图6-3-1（c）中，层速度从上到下呈逐渐增高的趋势，但构造变得复杂，既有高陡的反射界面，又有相互交错的反射界面，从而可能造成同一反射层上不同位置处的反射信号以相同的时间到达地面同一接收器；也可能造成来自不同反射层上不同位置处的反射信号以相同的时间到达地面同一接收器，如图6-3-1和图6-3-2所示，则应采用叠前时间偏移进行构造成图。在图6-3-1（d）中，层速度和构造都很复杂时，则需要采用叠前深度偏移构造成图，虽然耗时更多，但才有可能获得较清晰和真实的构造成图。

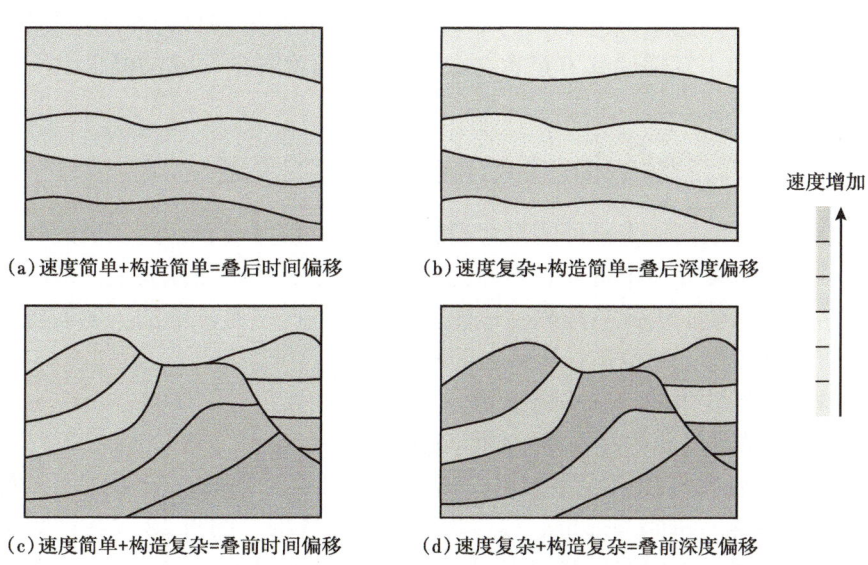

图6-3-1 不同构造和层速度时偏移处理类型选择示意图

在合理选取偏移处理类型的基础上，当遇到层速度和构造都十分复杂的情况时，还应建立宏观模型，以改善和提高偏移处理的准确度和精度。因为宏观模型是一个对地下几百米尺度的反射界面的数值描述。它包含了双重传播时间和主要反射体的深度以及其间地层的速度和密度，其值可用声波测井资料或先前的地震数据来约束。这样既可描述

出地下界面的声波传播特征，也可用于包括射线弯曲的深度偏移，因此可作为对偏移算法的信号控制器，即在进行偏移计算过程中，它能告诉算法如何移动反射体的位置，避免偏移不足或过量，以消除由于折射造成的横向位置的误差，使深度偏移成图更清晰和正确定位。

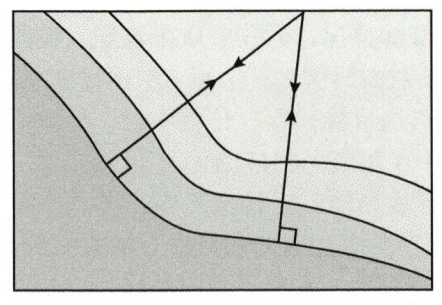 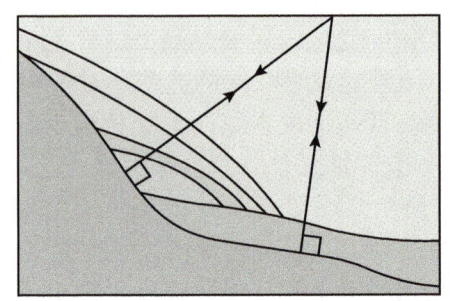

（a）同反射层不同位置反射波以相同时间到达同一接收点　　（b）不同反射层不同位置的反射波以相同时间到达同一接收点

图 6-3-2　复杂构造导致反射波达到时间异常示意图

在对地下构造进行偏移处理中，除会遇到层速度和构造形态十分复杂的情况外，速度各向异性是又一个可能导致偏移处理失败的问题。如在层理或页理发育的地层中，其水平传播的声速可能比垂直传播的声速高出 50%。这种差异会导致岩心、测井、垂直地震剖面因测量方向的不同而使获得的声速各不相同，进而影响到地震层速度选取不准，最终导致深度偏移错位。如再考虑到现今地应力的方向和裂缝或断层的走向对声速各向异性的影响，会使地震层速度的选取具有更大的不确定性，造成深度偏移构造成图的失误。如 BP 在北海地震偏移处理中发现偏移不足达 7%。因此将速度各向异性的概念引入偏移处理的宏观模型中应势在必行。

二、最可能发育裂缝的构造细节部位及范围的预测

褶皱构造带和断层构造带是可能发育裂缝的区块，但并非在这些区块的各个部位都能发育裂缝。从裂缝发育规律中可以看到，无论在横向上，还是在纵向上，裂缝都主要发育在构造的一些特定部位。因此只预测到可能发育裂缝的区块是不够的，更需要对区块中那些最容易发育裂缝的特定部位进行更精细的预测。

1. 褶皱构造带区块中的精细构造预测

（1）对褶皱构造带区块中在平面上的精细构造预测。

从构造裂缝的发育规律研究中知道，褶皱构造带中在平面上的裂缝主要发育在构造的高点、长轴、鼻突、扭曲等部位。如四川盆地丹凤场构造的丹 18 井在第Ⅵ层的构造平顶部钻入目的层；丹验 18 井从Ⅵ层的靠近构造肩部钻入目的层。如图 6-3-3 所示。两口井在地下相距仅 292m，但丹 18 井钻井无直接显示，测试 3 层：栖二无显示，茅二 a—茅二 c 酸化后仅获气 $0.0284×10^4 m^3/d$，茅三—茅二 a 酸化后仅获气 $0.933×10^4 m^3/d$；而丹验 18 井钻至茅二 b 井涌，完井后对茅四—茅二 c 大段裸眼酸化，放喷测试，在套压 31.53MPa、油压 29.5MPa 下获气 $40.08×10^4 m^3/d$。这足以表明褶皱构造细节不同导致曲率和曲率变化率的差异而对裂缝发育程度和产量的巨大影响。

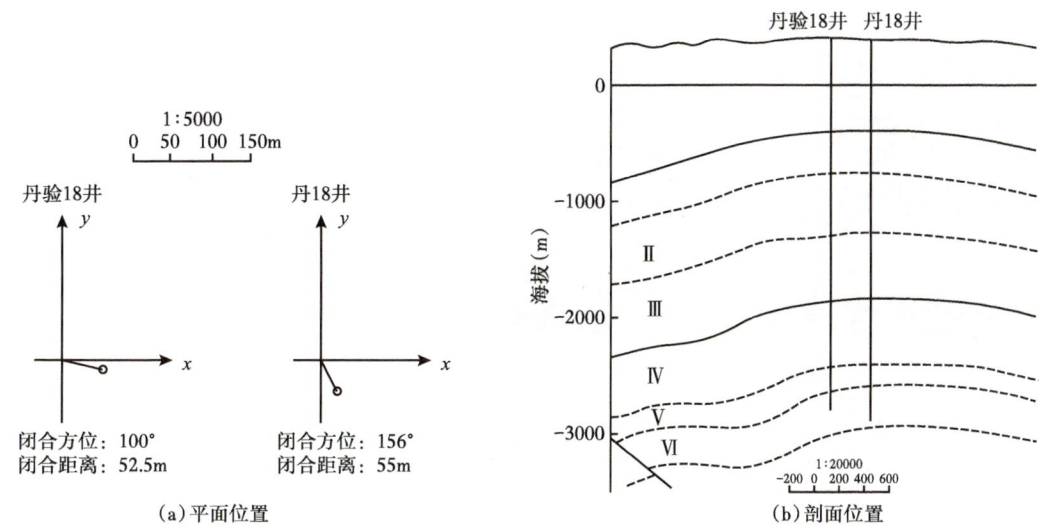

图 6-3-3 丹 18 井、丹验 18 井平面、剖面位置图

对于较平缓的褶皱构造,利用地震资料可以对其构造细节做出较精准的预测。但对于高陡构造、低缓构造中各种构造细节的预测,地震资料的质量、处理和解释均会遇到较大的挑战。这时可用地层倾角测井、成像测井资料作为地震信息的补充和校正,以获得精准的构造形态。因为地层倾角测井可以测到地层倾角仅有几度的微小变化,并能判断地层各种类型的接触关系,如披覆接触、不整合接触等,如图 6-3-4 所示。成像测井可以准确提供上下地层的对比关系,以判断地层是否缺失,重复、倒转。

根据原地震剖面设计的温泉 1 井井位及井身轨迹如图 6-3-5(a)所示。按此设计应在 4000m 左右钻达目的层石炭系,但钻至 4237m 仍未钻到目的层。为此进行常规测井和成像测井,对井旁构造形态精细分析、解释后认为该构造为一背斜构造,南东翼陡,北西翼缓,而温泉 1 井钻在构造南东翼陡带,且地层倒转,如图 6-3-5(b)所示。显然再往下钻已无法钻达目的层,需以约 40°的倾斜角向西北方向侧钻,使井身轨迹与地层面接近垂直。为此设计了温泉 1-1 井,如图 6-3-6(a)所示,即在原井 3200m 处侧钻,钻至井深 4006m 即进入石炭系,不仅节约了近 500m 的钻井进尺,而且获得了 $123\times10^4m^3/d$ 的高产气流。根据新建的构造模型,对地震测线重新做了偏移处理和解释,从而建立了更精细和准确的温泉井构造图,如图 6-3-6(b)所示,为下一步温泉井构造的勘探工作提供了更可靠的依据。

(2)对褶皱构造带区块中在剖面上的精细构造预测。

在褶皱构造带的剖面图中,应力中性面以上的外弧脆性地层顶部是裂缝较为发育的部位,因为这里受到较强张性应力的作用。但如何在构造剖面中找到应力中性面和外弧脆性地层顶部层段就成为在构造剖面上预测裂缝的关键。理论研究和大量勘探实践表明,在一大套地层中,可将夹于两套塑性地层中的脆性地层看成一个构造拱曲单元,则其接近厚度 1/2 处即为应力中性面,这里最不利于裂缝的发育,但从此面向上,越靠近上部塑性地层底面的脆性地层,裂缝越发育;从中性面向下,靠近下部塑性地层顶面的脆性地层,裂缝欠发育。

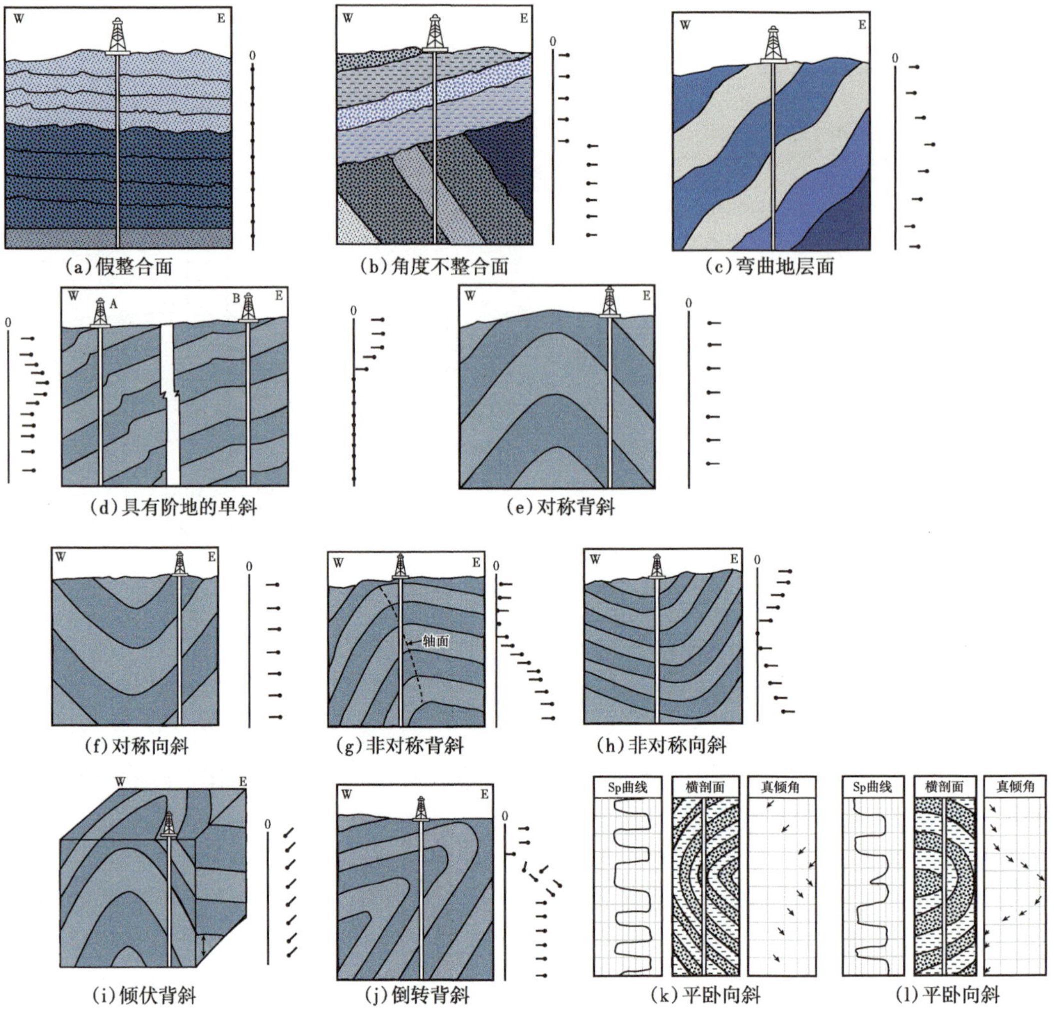

(a) 假整合面　　(b) 角度不整合面　　(c) 弯曲地层面

(d) 具有阶地的单斜　　(e) 对称背斜

(f) 对称向斜　　(g) 非对称背斜　　(h) 非对称向斜

(i) 倾伏背斜　　(j) 倒转背斜　　(k) 平卧向斜　　(l) 平卧向斜

图 6-3-4　地层倾角测井对构造形态的响应特征

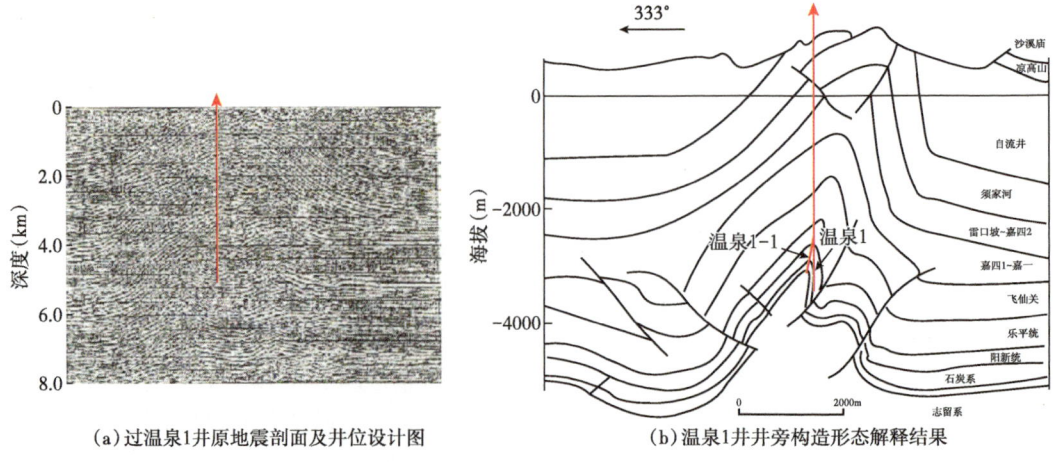

(a) 过温泉1井原地震剖面及井位设计图　　(b) 温泉1井井旁构造形态解释结果

图 6-3-5　过温泉1井原地震剖面和井位设计图及井旁构造形态解释结果

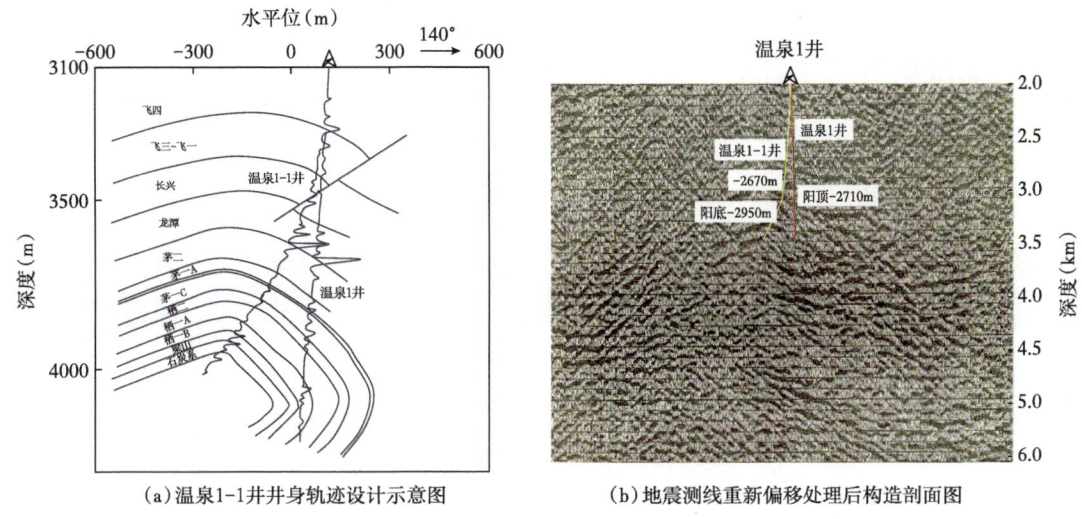

(a)温泉1-1井井身轨迹设计示意图　　　　(b)地震测线重新偏移处理后构造剖面图

图 6-3-6　温泉 1-1 井井身轨迹设计示意图及地震测线重新偏移处理后构造剖面

2. 断裂构造带区块中的精细构造预测

在地震构造剖面中，无论是逆断层，还是正断层，地层牵引褶皱处都可能是裂缝发育之处。因此需对地震信息进行精细处理，以在断层预测的基础上，能准确预测到上、下盘褶皱凸起和凹陷之处。但在地质构造复杂或地震信息不太好的地区，或对于规模较小的断层，却难以准确鉴别地层的错动关系而不能判断其类型，甚至看不到断层的存在。特别是走滑断层，因两盘断面均为垂直破裂面，且沿水平方向错动，这样从横剖面观测时常与正断层或逆断层的特征相似，很容易误判；此外走滑断层的两盘还可能顺着倾斜面滑动，这就与地层沿着先已存在的地层面或不整合面滑动而形成的顺层断层很难区分，故也很难识别其存在。针对这些情况，就需要配合当时、当地的地应力信息和测井资料来综合预测断层的位置、形态和类型。当时、当地的地应力是指与断层形成同时代的就地三轴向地应力；当时、当地的测井资料是指与断层出现的同一邻近地层的测井资料。

（1）利用同时代就地三轴向地应力关系确定断层的类型。

对于逆断层，因只能发生于垂直主应力为最小主应力，水平挤压应力为最大主应力的地应力状态下。对于正断层只能发生于垂直主应力为最大主应力的地应力状态下。对于走滑断层按其形成时地质背景的不同可分为两类，一类是区域性的走滑断层，发生于垂直主应力为中间主应力的三轴向区域地应力状态下，并沿某组共轭剪切裂缝滑动而成；另一类是沿着褶皱构造运动中产生的张性垂直裂缝滑动而派生的走滑断层。为此需要计算出与断层相同时代的就地三轴向地应力大小及相互关系。

（2）利用测井资料可发现地震信息难以发现的小型断层。

利用自然伽马曲线或成像测井图可判断逆断层，因为当逆断层穿过井筒时，地层会在测井剖面图上出现按顺序重复的特征。但该方法难以识别正断层，因为正断层在井剖面中会出现一段地层的缺失，故无法找到确切的断点。

用地层倾角测井或成像测井的地层倾角处理结果，通过断层上下盘地层因牵引褶皱造成的地层倾斜方位和倾角大小特有的模式变化来识别各类断层。如图 6-3-7 所示，对于小型走滑断层，因常具有十分密集的剪切破裂带，使其裂缝发育程度和分布状况与正断层、逆断层的伴生裂缝和派生裂缝不同，更与顺层断层有天壤之别。因此可根据测井资料对裂缝特征的解释来识别走滑断层。

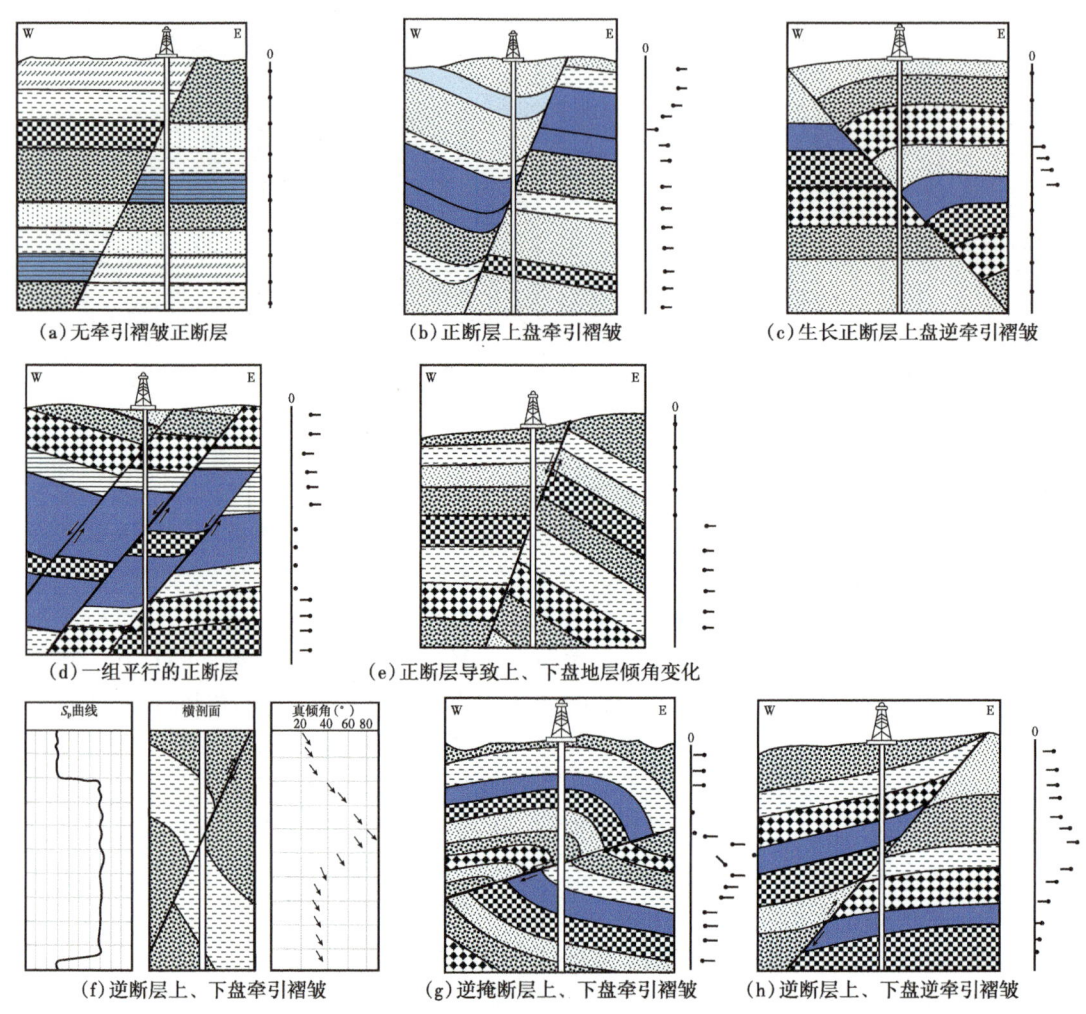

图 6-3-7 断层类型的地层倾角识别模式

在用当时、当地测井资料识别了各种小型的断层后，将其插入过井地震剖面中，就可更全面地预测地下某区块中断层的位置、性质和规模。

第四节 裂缝圈闭的预测技术

对裂缝圈闭的预测，是在对可能发育裂缝的区块及其构造细节预测的基础上，进而对裂缝分布范围和发育方向的预测。因为根据构造裂缝的发育规律，这样不仅可大大缩小预测裂缝圈闭的范围，还可明显降低用地震属性预测裂缝的多解性。这是由于可将对裂缝预测的目标主要集中在构造区块上最可能发育裂缝的部位，同时还能去除一些貌似裂缝而非裂缝的信息对地震属性的干扰。

目前用于对裂缝圈闭进行预测的方法主要是基于裂缝性岩体的力学特性和几何特性对各种地震信息响应构成的地震属性。

反映岩体力学特性的地震属性主要有地震波声速特性、速度各向异性、构造应力场属性。根据纵横波声速的高低及其变化可鉴别岩石的脆性与延性，以确定是否有利于裂缝的发育。根据纵横波的各向异性可探测裂缝的走向及其与现今地应力的关系，进而判断裂缝的发育程度。根据构造应力场属性可预测裂缝的发育程度及其有效性。

反映岩体几何特性的地震属性很多。这是因为岩体在构造应力作用下，不仅可发生如压缩、拉伸、弯曲、扭曲等诸多的应变，还可发生如裂缝、节理、断层等诸多的破裂，这就必然造成多种多样的地震响应属性。诸如方差属性、相干属性、曲率属性、频率属性、振幅属性等，为识别岩体几何特性，预测裂缝分布创造了条件。

基于上述诸多地震属性，使其对岩体力学特性和几何特性的认识成为可能，进而从构造区块中识别出裂缝的展布范围和方向，也就是裂缝圈闭。但是需要注意的是，对于这众多的地震属性，一方面是以不同的机理和敏感性去反映裂缝的状态，因此对裂缝认识的结论必然有所差异；另一方面，各种地震属性除与裂缝有关外，还将受到多种非裂缝因素程度不同的影响，从而造成判别裂缝的多解性和不确定性。鉴于这种情况，如何确定某种属性识别裂缝的真伪，又怎样统一几种属性对裂缝的认识，就成为裂缝圈闭预测中不可回避而又必须回答的问题。为此下面将从几种主要的地震属性在对裂缝圈闭预测中的这一问题进行讨论。

一、褶皱构造曲率属性

1. 褶皱构造曲率的种类和性质

褶皱构造曲率有构造面曲率和构造体曲率。构造面曲率又分为面曲率和线曲率。线曲率是在构造剖面图上某一点与左右相邻点相对高度计算的曲率；面曲率是在构造平面图上某一点沿最大曲率方向所求得的最大主曲率和沿最小曲率方向求得的最小主曲率，然后计算其平均曲率。体曲率是计算构造体中各点对应的曲率，即通过比较体中相邻点的倾角和方位角来确定的曲率，从而避开了面曲率和线曲率计算中必须进行层面对比跟踪常遇到的困难和影响。

在以上各种构造曲率中，都具有方向、大小和变化率三种属性。曲率方向是用正、负曲率表示，构造面向上凸起的曲率为正，派生张性应力；构造面向下凸出的曲率为负，派生压性应力。曲率大小是指构造面弯曲的程度，弯曲半径越小，曲率越大，反映构造面变形时所受应力的强弱。曲率变化率反映了构造面在应力作用下发生应力集中的位置和程度。因此大的正向曲率及其高的变化率有利于裂缝的发育，反之则不利于裂缝的发育。

2. 构造曲率的计算

1）构造面曲率的计算

（1）面曲率的计算方法。

采用主曲率半径法计算面曲率。设曲面上某一点沿最大和最小曲率方向上的曲率半径为 R_1 和 R_2。假定界面按 $H=f(x,y)$ 给出平面图，那么 R_1 和 R_2 为下列二次方程的两个根。

$$(rt-s^2)R^2 + h[2pqs-(1+p^2)t-(1+q^2)r]R + h^4 = 0 \quad (6-4-1)$$

其中 $p=\partial H/\partial X$, $q=\partial H/\partial Y$, $r=\partial^2 H/\partial X^2$

$$s = \partial^2 H/\partial X \partial Y, t = \partial^2 H/\partial Y^2$$

$$h = \sqrt{1+p^2+q^2}$$

于是平均面曲率为：

$$K_c = \frac{1}{2}\left(\frac{1}{R_1}+\frac{1}{R_2}\right) \quad (6-4-2)$$

最大主曲率方向用方位角 α_k 表示：$\alpha_k = \tan^{-1}(p/q)$（弧度）

（2）线曲率的计算方法。

①三点圆弧法。

假定求曲率值点 X_i、H_i 与其左邻点 X_{i-1}，H_{i-1} 和右邻点 X_{i+1}，H_{i+1} 为一圆弧，各点的间隔为 d，将坐标原点置于求值点上（$X_i=0$，$H_i=0$），就有曲率中心的坐标 X_0，H_0 分别为：

$$H_0 = \frac{H_{i-1}^2 + H_{i+1}^2 + 2d^2}{2(H_{i-1}+H_{i+1})} \quad (6-4-3)$$

$$X_0 = \frac{H_{i-1}(2H_0-H_{i-1})}{2d} - \frac{d}{2} \quad (6-4-4)$$

于是曲率半径：

$$R = \pm\sqrt{X_0^2 + H_0^2} \quad (6-4-5)$$

曲率 $K_c=1/R$，曲率的数符取决于 $H_{i-1}+H_{i+1}$ 的数符。

②多点曲线拟合法。

如以五点二次曲线进行拟合，则求值点与其左邻两点及右邻两点满足二次方程曲线：

$$H = A + BX + CX^2 \quad (6-4-6)$$

不难用最小二乘法根据五点的坐标值求得系数 A、B、C，于是有 $H'=B+2CX$；$H''=2C$，代入曲率计算公式就可求得曲率值。

$$K_c = \frac{H''}{(1+H'^2)^{\frac{3}{2}}} \quad (6-4-7)$$

在这三种方法中，主曲率半径法计算面曲率，可以得到每一个点的最大和最小主曲率值，以及最大主曲率方向，但由于从构造平面图上插点取值，容易造成读数不准，因此要求构造图十分精确，等高距很小。同时由于在一个可观的单元面积中进行其中点的计算，容易使计算结果笼统和均化。计算线曲率的三点圆弧法和多点曲线拟合法在剖面图上取数，读数容易精确，但当测线与构造走向斜交时，计算出的曲率值总是小于最大主曲率值。

比较完善的方法是对一个有价值的目的层界面同时用不同的方法和参数得到一组曲率图，综合地用于研究构造面曲率大小及变化特征。

2）构造体曲率的计算

构造体曲率是根据3D地震数据各个样点计算得到的一种几何属性，可用以描述地震反射体的形状及弯曲特征。计算方法按以下三个步骤进行：①对各体样点，选取一个小的面，使之在所定义的水平范围内一定的点周围移动，通过在中心道与各周围道之间的垂向分析窗，找出最大互相关值来确定面深度，此互相关是用抛物线拟合来确定最大互相关的精确移动来做反向内插的。②在分析所确定的范围内，用最小平方二次面$Z(X, Y)$，与垂向移动进行拟合。③用经典的差分几何和由二次面的系数计算出曲率属性。

3）构造曲率变化率的计算

对构造曲率图求导即可得到曲率变化率。但目前在地震资料处理上还暂不能求得曲率变化率，只能根据构造等高线的密度变化状况来评估曲率变化率的大小。即在相同等距的等高线图上，等高线密度变化的程度近似反映了构造曲率变化率的大小。等高线越密集，表明构造面越陡，反之则越缓；等高线间距变化越大，表明构造曲率变化率越大。因此等高线越密集，间距越均匀，则构造面就越陡、越直，越不利于裂缝发育，在不对称背斜构造的陡翼就属于这种情况；等高线越稀，间距越均匀，则构造面就越缓、越平，越不利于垂直于等高线方向上裂缝的发育，在背斜构造顶部垂直于构造长轴的方向就属于这种情况；等高线较稀，间距不均匀，则构造面较缓而略有起伏，可发育较少的裂缝，在不对称背斜构造的缓翼就属于这种情况；在背斜构造缓翼向顶部过渡处和背斜构造两端部是构造曲率变化率最大之处，因此是最利于裂缝发育的部位；在长轴背斜构造顶部，平行于长轴方向的等高线稀疏且不均匀，使之在平行于等高线方向上是构造曲率变化率较大之处，有利于平行于构造长轴的裂缝发育。

3. 曲率的制图

为了突出曲率对裂缝的反映，将曲率的正值区用等值线表示，而负值区不论其数值大小，一律用斜纹线表示。同时，人为地把曲率值每千米大于0.1的部分计为高值区。但必须指出，改变计算参数，同一点的曲率值大小是会有变化的。

曲率图与构造图一样，只是褶皱构造的一种表现形式，但是与构造图相比，曲率图上拱曲的分布和走向，位置和范围，不同组系间的关系更加明确，能够清楚地区分出由构造应力单一形成的褶曲，展示出多组系多方向拱曲带的分布与交汇，而这种组系交汇最齐全，密度最集中的地区是裂缝组系最多，裂缝相对最为发育的地段，故可划为裂缝圈闭。

利用构造曲率预测和评价裂缝圈闭时需注意的问题：

（1）曲率正值区主要反映纵张裂缝分布范围，即与构造变形张应力方向垂直的裂缝分布范围。但不能反映与张应力平行方向上的裂缝发育状态。

（2）曲率正值区虽然能大体圈定裂缝圈闭的分布范围，并不能准确勾画出裂缝圈闭的轮廓。

（3）相同曲率正值区中的裂缝圈闭规模大小可能不同，甚至相差悬殊。因为裂缝规模还受到多种因素的影响。

（4）同一裂缝圈闭中各井的产量相差悬殊的现象十分普遍，其原因是裂缝分布的不均一性所致。

（5）构造曲率的大小是构造应力对一块岩石力学性质基本相同的地层作用产生褶皱强弱的描述；构造曲率变化率是当构造应力作用的地层中遇到各种较强的非均质性，如原有的裂缝、岩体结构面、局部构造形态变化等造成应力集中，使原有曲率发生突变，所以曲率变化率是对应力集中情况下局部褶皱强弱的描述。由此可知，曲率变化率可能指示了更有利于裂缝发育的位置，甚至是在不利的构造曲率部位，由于发生了曲率的突变而成为裂缝局部发育之处。因此在预测和评价褶皱裂缝圈闭时，需同时关注曲率的大小和曲率变化率的大小。

二、裂缝的各向异性属性

裂缝的各向异性是裂缝的重要地质特征之一，它包含了两个方面的概念：一是裂缝分布的各向异性，即无论是区域构造裂缝，还是局部构造应力裂缝，都因其分布和发育方向均受具有强烈方向性的构造应力的控制而形成的各向异性；二是裂缝物性的各向异性，即裂缝自身的各向异性造成其渗透率、声波速度、电阻率、力学性质等多种物理性质的各向异性。

对于地震勘探技术来说，主要是利用地震纵波（P波）的速度各向异性属性来预测裂缝发育的位置和方向。因为地震波在水平对称轴的横向各向同性地层HTI（在测井技术中称为TIH型）中传播时，其反射波的速度大小及方向变化均取决于波的传播方向及其与裂缝走向的关系和裂缝密度的大小，也就是说地下裂缝的各向异性能导致地震速度属性的各向异性。因此反之就可利用地震速度属性在不同方向上产生的差异来预测裂缝分布和走向的各向异性。

目前主要有两种地震属性可反映裂缝分布及发育方向的各向异性：一是利用地震波叠前方位各向异性属性；二是振幅随偏移距变化与偏移角关系AVOAZ的各向异性属性。

1. 叠前方位各向异性属性分析技术

叠前方位各向异性分析技术的具体做法是将偏移距向量片集OVT道集分方位进行叠加，再将对应层段的叠前数据按照覆盖次数相等的原则分为6个方位角进行叠加、偏移；然后提取敏感属性做椭圆拟合；最后通过计算椭圆长短轴之比 c/a 来反映各向异性的方向和强度，即得到裂缝的走向和密度。

但是由于地下地质条件的差异，使得地震反射波的传播方向与裂缝走向和裂缝密度的关系发生变化，进而影响到反射波的振幅、速度、频率和衰减等参数与裂缝走向及其密度的关系，造成不同的反射波参数与裂缝走向及其密度有不同的关系，有的相关性好，有的相关性差。因此在做叠前方位各向异性分析时，应根据研究区地质状况的不同而对地震属性参数进行优选。具体方法是先做出各种属性的叠前裂缝检测结果，然后根据裂缝发育规律及研究区特有的地质特征和测井、岩心实测资料，选取符合程度较高的检测结果所用的属性参数。以此进行更精细的处理，可对裂缝展布方向做出较准确的预测。

2. AVOAZ 和 AVAZ 的各向异性属性分析技术

AVOAZ 分析技术是基于地震波在各向异性介质中传播并穿越地层界面时，其反射率或振幅会随偏移距和方位角的变化而不同。而 AVAZ 分析技术则只是基于反射率或振幅与方位角变化的关系。因此如果地层的各向异性是源于裂缝所致，则可由 AVOAZ 或 AVAZ 测量结果反演得出裂缝发育的位置和方向。但为了确保反演结果的精度，必须充分了解上覆岩层的岩性、物性、各向异性和地应力的方向性。

对于上述两种各向异性属性分析技术均存在的问题是在水平对称轴的横向各向同性地层（HTI）中有两种因素可造成地震属性的各向异性，一是裂缝走向造成的各向异性，二是地应力非平衡性造成的各向异性。因此在实际应用中必须分清是哪种因素造成了地震属性的各向异性。在地层中可能有三种情况产生各向异性：一是纯裂缝的作用，二是纯地应力的作用，三是裂缝和地应力共同的作用。但目前只用地震信息还不能予以鉴别。为此需要用同一研究区块中的偶极横波成像测井（如 DSI）和电成像测井（如 FMI）资料进行综合解释来鉴别。

由于 DSI 所测得的弯曲波或横波，当其在 HTI 地层内传播时，如遇到各向异性较强的垂直裂缝或高角度斜交缝和非平衡性较强的地应力，都将分裂成具有频散性质的快横波与慢横波。理论研究和实际应用结果表明，利用快、慢横波的性质可做出以下判别：

（1）利用快横波方向可指示裂缝的走向或最大水平主应力的方向。

（2）利用快、慢横波的时差或速度、传播时间、能量各向异性差异的大小可反映裂缝各向异性或地应力非平衡性的强弱。

（3）利用快、慢横波速度频散曲线的关系可鉴别地层各向异性的性质。如快、慢横波速度频散曲线基本平行则为裂缝导致的各向异性；快、慢横波速度频散曲线发生交叉则为地应力非平衡性造成的各向异性。详见第四章第二节中的图 4-2-17。于是再根据快横波的方位就可确定裂缝的走向或最大水平主应力的方向。但快、慢横波速度频散曲线如出现不规则的杂乱现象，则可能为裂缝各向异性与地应力非平衡性共同作用所造成，所以快横波方向既不是裂缝的走向，也不是最大水平主应力方向，而是裂缝各向异性与应力各向异性的叠加。显然仅用 DSI 资料已不能辨别地层各向异性的性质。为此需用成像测井资料来分别指示裂缝的走向和最大水平主应力的方向。具体方法可参见第三章中用成像测井识别天然裂缝走向和利用诱导压裂缝指示最大水平主应力方向的方法。

三、地震波频率属性

地震波的频率属性可由地震波分解形成。如图 6-4-1 所示[20]。其图 6-4-1（a）为宽频的地震子波，图 6-4-1（b）为分解成的多种单频道波。由于地震数据的频谱成分取决于岩石的地质特征及地震信号穿过岩层的界面特性。因此通过频谱分析有可能提取到隐藏于长波长中的那些波长较短、频率较高的指示裂缝的信号特征。实践结果表明，该法可提高地震成像精度，改善分辨率，均衡频率成分或压制噪声。对 3D 地震数据体进行频谱分解，并对一些选定的频谱体进行研究，可发现一些不是分布于明显的地质构造中，而是隐藏于较平整的地层中的裂缝集合体。全频成像图上的异常很多，虽然较清晰，但真假难分。实际勘探结果和成像测井资料表明 30~40Hz 图像较真实地指示了裂缝的分布范围及延伸方向。

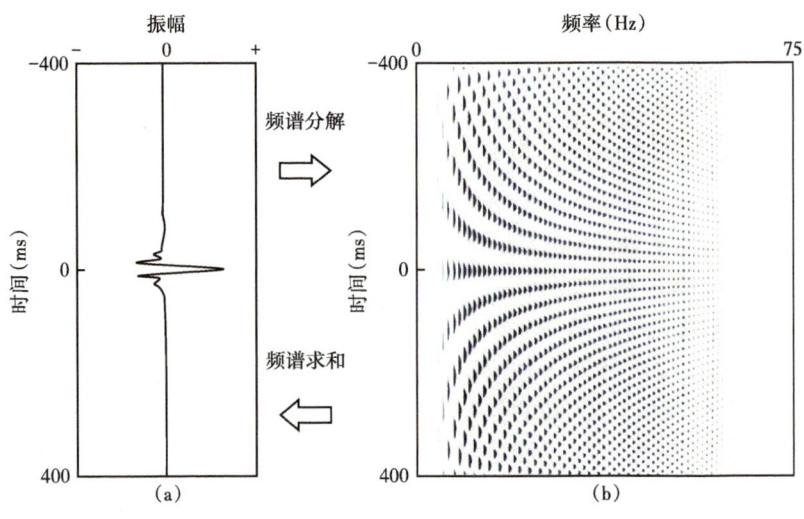

图 6-4-1 地震子波的频谱分解示意图

四、地震相干体属性

地震相干体是利用叠后数据体中相邻地震道波形的相似性程度来判断地层非均质性状态的一种地震属性。这种属性是当地震反射波在传播中遇到非均质体界面时，其传播时间、频率、振幅和相位都可能发生一定的变化，使之与相邻波形有所不同，其差异程度用偏移后的地震数据体进行逐点计算的相干值，也就是相干数据体来表示。通过对相干数据体的水平切片就可反映出非均质体界面的变化特征，从而作为判断是断层、不整合地层界面、裂缝体界面等非均质体界面的依据。但是由于不同非均质体界面的形状、规模、声学性质可能有很大的差异，造成的反射波传播时间、频率、振幅和相位有程度不同的变化。因此针对地层中不同的非均质体界面，需选取与之相适应的相干体处理参数。

对于裂缝体界面的识别，需根据裂缝体的地质特征来选取相干体处理参数。

（1）根据裂缝体中裂缝组合方式的参数选取。对于多组系的网状裂缝体，宜选用正交模式的相干方式处理参数；对于单组系裂缝体，宜选用线形模式的相干方式处理参数。

（2）根据裂缝体中裂缝尺度的参数选取。对于大尺度裂缝系统宜选用较多的相干道数和较大的相干时窗处理，以压制噪声，利于预测大尺度的裂缝发育带；对于小尺度裂缝系统，为了使裂缝较为清晰，宜选用较少相干道数和较小的相干时窗处理，利于识别小尺度裂缝系统。

（3）根据裂缝体中裂缝倾斜程度的参数选取。在给定的时窗范围内，对于倾斜角度较大的裂缝，宜选用较大的倾角搜索；相反，对于倾斜较平缓的裂缝，则宜选用较小的倾角搜索。以降低裂缝倾角不同造成相关系数的差异。

五、地震属性的相关性分析

不同的地震属性对裂缝的响应各有其片面性，而且存在的影响因素也各有不同。因此用几种地震属性来对同一裂缝圈闭进行预测，可增进其确定性，减少其多解性。

地震道的方差指示地震层位的边缘和中断特征，而相干性则指示了地震层位的连通性和连续性。因此高方差、低相干性表明了成组裂缝或断层带的存在。

构造面的曲率属性与相干性属性的综合解释有助于判断裂缝是否发育。如正向曲率大、曲率变化率大，相干性差表明裂缝发育；如仅有曲率大，而相干性好，则表明裂缝不发育。

第五节　裂缝性储层的预测技术

裂缝性储层的预测是在裂缝圈闭预测基础上，进一步去预测裂缝在纵、横向上的分布状况及其有效性。从而可对裂缝性储层的储渗质量 RQ 和完井质量 CQ 进行预测，以提高钻遇高产井的几率。因为裂缝的发育程度和有效性直接关系到裂缝性储层 RQ 的好坏；地应力方向与裂缝产状的关系直接影响裂缝型储层 CQ 的高低，特别是影响对储层压裂改造的效果。

一、储层裂缝分布状况的预测技术

对裂缝在纵横向上分布状况的预测是对裂缝在三维空间中展布特征的描述。因此必须建立三维离散裂缝网络模型。通常可利用蚂蚁追踪技术来建立这种模型，它主要包括以下四个步骤：

第一步是对振幅属性体进行构造平滑处理，得到构造光滑体，以有效降低地震数据中的干扰信息，提高信噪比，突出同相轴的断裂部位。

第二步是计算方差体或者曲率体。在构造平滑处理的基础上，计算得到的方差体能够对地震中的不连续信息进一步增强，其效果优于其他地震属性体，故可较好地反映大规模的断层和断层附近的大尺度裂缝。但方差体对于中小尺度裂缝的反映较差，因此需用曲率属性体来反映断层附近的中小尺度的伴生裂缝以及远离断层的构造裂缝。

第三步是利用蚂蚁追踪技术生成蚂蚁属性体。蚂蚁体追踪属性包含 6 个参数：种子点、觅食路线偏移度、蚂蚁搜索步长、允许追踪的非法步长、合法步长及搜索终止门限值。这些参数定义了人工蚂蚁的不同属性。种子点定义了每只蚂蚁的追踪范围；觅食路线偏移度控制了蚂蚁在搜索范围内允许的最大偏移角度；蚂蚁搜索步长控制了蚂蚁每次搜索的最大范围；允许追踪的非法步长定义了允许追踪的无效步数（无效步数指蚂蚁没有追踪到有效目标的步数）；合法步长定义了蚂蚁追踪到的裂缝信息为有效信息所要求的连续步数；搜索终止门限值为蚂蚁追踪停止的条件。

第四步是生成离散裂缝网络模型。对蚂蚁追踪显示的裂缝，需选取合理的参数。为此一方面要利用构造恢复过程中的有关地质力学参数作为约束条件，如构造曲率、形变面走向及倾向、应变量等；另一方面要以成像测井及岩心分析结果作为预测的约束条件。以此使得模型更加接近地层中实际裂缝的分布。这样将提取出裂缝信息赋值到之前构建好的构造模型中，从而得到研究区目的层的离散裂缝模型。

为了更好地分析和检验裂缝模型的效果，需对建立的裂缝模型进行检验与刻画。为此应将裂缝发育程度预测结果与实钻井位及其测试产量进行叠合检查。通过对裂缝三维空间分布模型的检验，如已表明该模型能较好地反映研究区裂缝发育程度的展布状况，则可用来刻画各层位的裂缝发育程度平面分布图。

二、裂缝性储层储集空间类型的预测

裂缝性储层的储集空间类型是由储层中的孔隙、溶洞、裂缝的多少及其组合状况所决定。在上面已对裂缝分布状况进行预测的基础上，下面就在于对储层中孔洞分布状况的预测。

1. 孔隙、孔洞的分布特征

通常将孔径小于 2mm 的称为孔隙，主要分布于被裂缝切割的岩块中，其分布的均质性，一般好于裂缝和洞穴。

孔径大于等于 2mm，且长宽比小于 10：1 的称为溶洞。平均直径为 2~10mm 者称为小洞，直径为 10~500mm 者为中洞，直径大于 500mm 者为大洞。洞的尺度及其与分布的关系主要受其形成机理和溶蚀路径双重因素的控制。详见本书第五章第三节的裂缝中的溶蚀和沉淀作用。由此可得出以下几点认识：

（1）古风化岩溶溶洞尺度与纵、横向分布的关系。

古风化岩溶溶洞的尺度与分布的关系，在横向上主要取决于岩溶古地貌的类型；在纵向上主要取决于地表水的渗流带类型。

在岩溶高地上主要形成分散的、小规模的岩溶孔洞和溶缝，多呈垂向串珠状分布，其纵向延伸厚度较大，但横向展布范围较小，总体上看是处于溶蚀孔洞相对欠发育区。

在岩溶斜坡上，常是溶蚀孔洞最发育区带，并在纵、横向上都较发育。其发育状况主要受渗流带的控制。在地表岩溶带的溶蚀孔洞较大、形状不规则、分布不均匀、充填程度高且以杂乱堆积为主。在垂直渗流带的溶蚀孔洞较小，充填物较少，常呈与岩层近于垂直或斜交的长条形分布。在水平潜流岩溶带中，当地下水呈水平渗流扩散，形成中、小型溶洞；当地下水呈管道流，可形成地下暗河形式的大洞穴。在滞流带中，其溶蚀孔洞已很小和相当稀少。

在岩溶盆地中，除在局部小规模残丘、山梁处可有少量溶蚀孔洞，但有效性差，难以构成储层。

（2）埋藏岩溶溶蚀孔洞尺度与分布的关系。

埋藏溶蚀作用除一般能形成较小的孔洞外，还可对原有孔缝进行改造。因此如附近裂缝较发育，则可形成一定规模的缝洞型储层；反之如裂缝不发育，则溶蚀孔洞不仅规模小，且分布的非均质性强，很难构成有效的孔洞型储层。

（3）热液溶蚀孔洞尺度与分布的关系。

通常热液溶蚀作用在垂向剖面上可分为三个带。下部带以垂直型洞穴管道为主，粗大集中，截面呈圆形或椭圆形；过渡带具有垂直、水平、弯曲不定、向多个构造方向发散的管道洞穴形态；上部带的洞穴管道方向更加分散，多具水平形态。

这三个带的洞穴分布总体呈现出下直、干粗、上部弯曲发散、顶部呈水平的树状洞穴模型。这与表生水溶蚀洞穴分布呈上直、下平特征刚好相反，形成鲜明的对照。

最值得关注的是当热水或热液上升到 2~3km 的中浅部，一旦与大量下渗的表生水混合，强烈的混合溶蚀作用可形成大规模的卡斯特溶洞系统。但它与表生水喀斯特溶洞系统具有明显区别，即多为沿裂缝和层面在近水平方向上分布的大型溶洞为主；而表生水喀斯特溶洞系统则多为垂直分布的大型溶洞为主，如穿层很大的落水洞。

（4）溶蚀路径与溶蚀孔洞分布的关系。

岩石孔洞大小及其分布除与上述三种岩溶机理有关外，还与溶蚀路径和方式有一定的关系。这是由于溶蚀孔洞可以是岩石呈组构性选择溶蚀形成，也可以是呈非组构性选择溶蚀形成，因而造成溶蚀孔洞形状、大小、分布的差异，主要有四种：①地下水对粒间孔隙充填物溶蚀而成粒间溶孔，或对可溶性颗粒溶蚀成为粒内溶孔，统称为孔隙性溶蚀孔洞；②地下水沿裂缝对缝壁及其充填物溶蚀而成的孔洞，常呈串珠状，称为裂缝性溶蚀孔洞；③地下水沿地层层面、不整合面、缝合线溶蚀而成的孔洞，也呈串珠状，称为地层结构面溶蚀孔洞；④地下水对地层中易溶矿物，如石膏、岩盐等进行选择性溶蚀而成的孔洞，分布极不规则，是典型的非组构性选择溶蚀孔洞。

2. 孔隙、孔洞的声学性质

（1）声波在孔隙、孔洞介质中传播时的能量衰减特征。

当声波在孔隙、孔洞介质中传播时，声波能量因散射作用而衰减，其衰减系数与声波频率和隙、孔洞尺度有关。实验结果表明，当声波波长远大于孔隙、孔洞尺度时，岩石对声波的散射衰减系数与其频率的三次方成正比；同时与孔隙、孔洞半径有正相关关系，即孔洞越大使纵、横波衰减越多，但是当孔隙、孔洞半径大于 0.8cm 以后，声能衰减随孔隙、孔洞半径增大而增强的速度就很慢了。

由上述声波传播中的散射衰减系数与其频率的关系可知，对于 1~100Hz 频率的地震波，如以 33Hz 在石灰岩中传播，其波速为 6417m/s，波长为 194m。故能量衰减可近似反映大型洞穴的存在，而对中、小型孔洞没有响应。对于常规声波测井，其纵波频率为 25000Hz，在石灰岩中传播的波速仍为 6417m/s（无频散性质），其波长为 0.26m。故可反映中、小型孔洞的尺度，但不能反映大型溶洞的存在。因此利用声幅测井可根据衰减的程度判断中小孔洞的尺度，但探测不到大型溶洞；而地震声波的能量探测不到中小孔洞，但可探测到大型洞穴的存在及粗略的尺度。

（2）声波在孔洞介质中传播的速度特征。

声波测井资料表明，大型溶洞对声速基本没有影响，因声波可从其周边的岩石骨架中传播。但中小溶洞可使声速降低（时差增大）。如图 5-3-3 所示，图 5-3-3（b）成像测井显示为大型溶洞段，图 5-3-3（a）声波时差无变化，基本为岩石骨架时差；图 6-5-1 中，图 6-5-1（b）成像测井显示为中、小孔洞，图 6-5-1（a）声波测井时差明显增高，故利用声速的变化可能预测中小孔洞的存在。但声速还受孔隙度的影响，如本书第四章中的图 4-5-9 所示。图中给出了 5 种主要孔隙类型的纵波速度与孔隙度的关系，显然各类孔隙的声速均随孔隙度增高而降低，但对于相同孔隙度的各类孔隙的声速却随孔径的增大而有增高的趋势，最明显的是印模孔和生物骨架内孔隙。这是由于当不同类孔隙的孔隙度相等时，必然是孔隙越大的，其孔隙数越少，使声波绕行于骨架中传播的路径越短，故速度越快，时差越低。这就为在已知孔隙度条件下用声波时差鉴别孔洞尺度奠定了基础。更值得注意的是，相同孔隙度的印模孔和生物骨架内孔，其速度却有很大的变化，这是由于这两类孔隙的连通性有很大的变化，即其速度随孔隙连通性增加而降低。因为连通性越好，声波绕行的路径越长。因此根据这一原理，还可用来判断孔洞的连通程度。

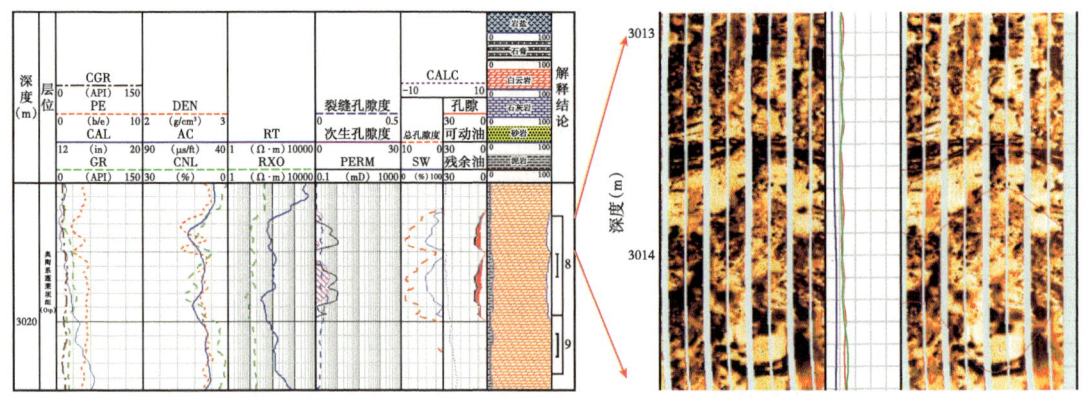

图 6-5-1 中小型溶洞的常规及成像测井特征

3. 孔洞分布状况的预测

（1）中、小型孔洞分布的预测。

对于中、小型孔洞的预测，首先采用边缘技术予以识别，然后采用地质统计学随机模拟技术，以溶洞发育概率体为条件概率约束，建立溶蚀孔洞的三维分布模型。具体做法可按以下四个步骤进行：

①提供建模硬数据。通过岩心观察和在对成像测井图像解释基础上，结合密度、中子、声波时差和双侧向等常规测井响应特征，识别出每口井的溶蚀孔洞发育段作为建模硬数据。

②提供建模约束参数。利用地震资料识别井间溶洞发育概率体以作为建模约束参数。为此首先通过地震解释层面与实际钻井分层的有机结合，建立速度模型，然后利用速度模型开展对于时间域的边缘检测的溶洞识别成果进行时—深转化，使时间域的溶洞识别结果转化到深度域，并赋予到模型网格中，从而实现了井间地震识别的溶洞发育概率体的三维表征。

③建立研究区溶蚀孔洞随机分布模型。将地震边缘检测识别的溶洞离散分布模型转化为溶蚀孔洞发育概率体，作为井间约束数据，采用序贯指示模拟算法，建立了研究区溶蚀孔洞储层随机分布模型。

④对中小型溶洞模型的检验与刻画。通过对三维溶洞模型进行分析，得出三维溶洞模型在各层中溶洞与基质分别所占的比例。

由此可见，溶洞在垂向上表现出明显的分带性，在平面上体现出明显的分区性，可以遵循成因建模原则，采用"垂向分带、平面分区"的岩溶相思路，对各个层段的溶洞进行精心的刻画与标准分类。根据四川盆地茅口组孔洞分布与断层的关系研究，紧靠断层或离断层较近的溶洞发育区多呈长条状并与断层走向基本一致，远离断层的溶洞发育程度明显降低。这也说明，这些溶蚀孔洞的分布与裂缝的发育有较密切的关系。

在明确了裂缝强度与溶洞密度分布模型后，可得到缝洞综合模型及各个层段缝洞发育区平面图。由此还可看到紧靠断层或离断层较近的裂缝及孔洞发育区多呈长条状并与断层走向基本一致。远离断层的溶洞发育程度明显降低，而远离断层裂缝发育区多数形状不规则，由多组系裂缝带组合而成。

需要注意的是，在缝洞并存的裂缝性储层中，缝与洞有两种分布状态，一种是洞与缝呈分离状态，可称为洞缝型储层；另一种是洞基本沿缝分布，可称为缝洞型储层。因此在对缝洞并存的裂缝性储层进行预测时会有两种结果。对洞缝型储层的预测可分出缝与洞的发育程度及分布状态；对缝洞型储层的预测只能得出裂缝的发育程度及分布状态，故无法与纯裂缝型储层相鉴别。这对裂缝性储层的评价会有一定的影响，因为一般来说缝洞型储层的储量和产能要高于裂缝型储层，而且缝洞型储层的产能和最终采收率也要高于洞缝型储层。

（2）大型溶洞分布的预测。

根据声波传播的衰减和速度特性对中、小型孔洞与大型洞穴响应的差异特征，为预测大型溶洞分布奠定了基础。因为声波传播的能量衰减特性表明，高频的测井声波能量衰减只对中小孔洞有响应；而低频的地震声波能量衰减仅对大型洞穴有响应。斯伦贝谢公司根据这一原理，发展了 SGD 地震导向钻井技术，较好地预测和钻达了大型溶洞。

该技术是综合应用地面地震资料和邻井声波测井及垂直地震剖面得到较为清晰的溶洞分布图像，然后用以对钻井进行随钻地质导向来直接钻达溶洞。

在用 SGD 技术钻达大型溶洞中，主要面临两大技术困难，一是溶洞造成了地震反射波形的复杂性；二是溶洞发育的地层性质与上覆地层的岩性常有较大的变化，致使地震层速度出现多解性。为此首先需要建立较准确的钻前层速度模型。其方法是先输入一个初始速度模型，然后用已有的地震数据进行层析速度反演，并用邻井的声波测井及垂直地震剖面资料作为约束条件，以得到初步的钻前层速度模型。在此基础上，采用层层剥离的方法，从上到下进行反演，并在处理下一层前，确定出每层的最佳拟合层速度。在得到较好的钻前层速度模型后，进行叠前深度偏移 PSDM，得到初始的溶洞成像，再利用反射波能量（振幅）衰减特征，可得到钻头前方待钻地层的最新 PSDM 地震成像。

三、裂缝性储层有效性的预测

裂缝性储层的有效性取决于裂缝自身的地质特征和裂缝存在的外部环境条件两方面的因素。影响裂缝有效性自身的地质特征主要有裂缝的产状及组合类型、裂缝的尺度和密度、裂缝的充填程度；影响裂缝有效性的外部条件主要是裂缝所在岩石的力学性质、所受有效应力作用的大小和方向。对于第一方面的影响因素，目前还不能直接用地震信息进行预测，只能用测井资料对井筒附近的裂缝地质特征及其物理响应来评估。但第二方面的影响因素，却可通过测井、地质、地震的结合，用地震资料来预测，对储层裂缝体的有效性做出近似的评价。

1. 裂缝体所在岩石力学性质的预测

（1）裂缝发育程度与岩石、岩体力学性质的关系。

在本书第五章的第二节中系统讨论了岩石和岩体力学性质对裂缝发育程度的影响。由此可知当裂缝发育在均质性很强的岩石中时，其发育程度主要受岩石脆性、强度、韧度的影响，即对于脆性岩石，其强度和韧度越大使裂缝密度增大，也就是裂缝间距越小。当裂缝发育在非均质性很强的具有较多结构面的岩体中时，其发育程度满足拜耳利定律，即当最大主应力 σ_1 与软弱结构面 P 法线方向的夹角 β 大于 β_2 和小于 β_1 时（图 5-2-11），裂缝发育程度与均匀岩石中基本一样；当 β 角位于 β_1 和 β_2 之间时，岩体强度小于完整岩石的强度，且只发生沿软弱结构面 P 的摩擦滑动，特别当 β 角为 45° 时，最容易发生沿 P 结构面的滑动破裂，因此造成裂缝密度减小，但裂缝尺度较大。

（2）利用岩体力学性质确定岩体裂缝发育程度的方法

在本书第四章第二节中利用随钻测井和随钻地震测得的纵、横波速度及杨氏模量，可分别计算岩体完整性系数 $[K_v=(v_m/v_R)^2]$ 和岩体破裂系数 $[R_F=(E_{ma}-E)/E_{ma}]$，进而根据岩体的完整性系数和破裂系数可得到裂缝综合发育程度，以此来反映裂缝性储层的有效性。

2. 裂缝体所受有效应力的预测

地下缝洞的有效性并非固定不变，而是在地质构造演变的历程中，因受多种地质营力的作用而常进行着变好或变差的相互转化。这其中最重要的作用莫过于构造地应力，无论是古构造应力，还是现今构造应力都对裂缝有效性的变化起着举足轻重的作用。

（1）地应力场与裂缝发育状况的关系。

古构造应力场决定了喜马拉雅期以前历次构造运动所形成构造区块的性质、状态及其构造裂缝发育的特征。因此要了解不同构造运动时期所形成的古构造裂缝的状态及分布，需首先基本搞清相应的古构造应力场性质及状态。

现今构造应力的存在，导致了地下三轴向地应力场的变化。从而可产生现今构造应力裂缝，其产状和延伸方向主要受新的就地三轴向地应力的控制。

现今构造应力对古构造裂缝的改造作用已在本书第五章第三节中做了详细的描述，基本可归结为两点。一是古构造裂缝在现今地应力的优势方向作用下产生剪切滑动而增进其有效性。二是当现今构造最大水平主压应力方向与原有古构造裂缝走向的夹角 α 小于 45° 时，有利于裂缝张开而提高其有效性；当夹角 α 大于 45° 时，则促使裂缝闭合而降低其有效性。

由以上分析可知，当前所面对的裂缝性储层中的裂缝，是由被现今构造应力改造后的古构造裂缝与现今构造裂缝组合成的裂缝系统。要想对其有效性进行预测，必须首先对现今构造应力场和古构造应力场进行预测。

（2）现今构造应力场的预测技术。

目前对现今构造应力场的数学模拟技术主要是有限元法和边界元法两种。两种方法的主要差别在于离散区块的方式。有限元法需要将整个区块离散成单元；边界元法则只需要将区块边界离散。显然，离散单元的复杂度越低，离散效率也越高。这对于边界单元的离散尤为重要，因为边界上的变量变化梯度较大，如应力集中问题，或边界变量出现奇异性的裂缝问题。因此边界元法被公认为比有限元法更加精确高效。但如在研究区内有较多已知的地应力数据，而边界的变化又不是太大时，则用有限元法可提高计算精度。

①有限元法。

为了描述地层在三维空间中的应力状态，需将其分成若干小的体积单元。每个单元都处于力的平衡状态，因为地层在一段较短的时间内可认为是静止的。这样，该体积单元在三轴向应力作用下，应满足 x、y、z 三个方向上力的平衡方程组。方程中用应力和面积的乘积来表示作用在该单元表面 x 方向的力。对这一组方程的分析解就是所求的三轴向应力的空间分布状态。

$$\left.\begin{array}{l}\dfrac{\partial \sigma_x}{\partial x}+\dfrac{\partial \tau xy}{\partial y}+\dfrac{\partial \tau zx}{\partial z}+x=0 \\ \dfrac{\partial \tau_{xy}}{\partial x}+\dfrac{\partial \sigma_y}{\partial y}+\dfrac{\partial \tau_{yz}}{\partial z}+y=0 \\ \dfrac{\partial \tau_{zx}}{\partial x}+\dfrac{\partial \tau_{yz}}{\partial y}+\dfrac{\partial \sigma_z}{\partial z}+z=0\end{array}\right\} \quad (6\text{-}5\text{-}1)$$

为求解这组平衡方程，需按以下三个步骤进行。

第一步：测量研究区内特定点处的地层就地应力值和方向。利用地层小型水力压裂可求得施工处的现今最小水平主应力；利用密度测井资料可计算出地层某特定深度处的上覆岩层压力；利用成像测井获得的井壁应力崩落宽度可计算出现今最大水平主应力；利用成像测井获得的井壁应力崩落方向或诱导压裂缝方向可确定最大水平主应力的方向；进而获得地层中某特定点处的现今三轴向就地应力关系。

第二步：计算地层纵剖面上的现今就地应力大小及方向。当水平构造应力很弱时，可用以下三种模型来计算井剖面中的连续水平主应力大小。

a. Heim 模型：这种模型是针对均匀、各向同性、无孔隙的地层提出的水平应力计算模型。

$$S_\mathrm{H}=S_\mathrm{h}=\frac{\mu}{1-\mu}p_\mathrm{o} \quad (6\text{-}5\text{-}2)$$

式中：S_H、S_h 分别为最大和最小水平主应力；p_o 为上覆岩层压力；μ 为泊松比；$\mu/(1-\mu)$ 为地层在上覆岩层压力作用下发生的侧变系数，即垂向应力 p_o 导致地层在水平方向上被压缩而消耗的压力，因为 $\mu=\varepsilon_横/\varepsilon_纵$。式中 $\varepsilon_横$、$\varepsilon_纵$ 分别为地层在横向和纵向上尺度的变化。

b. Terzaghi 模型：这种模型是针对有地层孔隙流体压力存在时提出的水平应力计算模型。

$$S_\mathrm{H}=S_\mathrm{h}=\frac{\mu}{1-\mu}(p_\mathrm{o}-p_\mathrm{p})+p_\mathrm{p} \quad (6\text{-}5\text{-}3)$$

由于孔隙流体压力对上覆岩层压力起着相互抵消的作用，使派生水平应力减小。但另一方面，孔隙流体压力与水平派生方向相同，故应直接加上孔隙流体压力。

c. Anderson 模型：这种模型引入了 Biot 多孔介质的弹性变形理论，即多孔介质在孔隙流体压力作用下，发生弹性变形，故孔隙流体压力对上覆岩层压力的抵消部分和增加的水平应力部分都不正好是孔隙流体压力，而是比 p_p 要小，这小的部分就是岩石在 p_p 作用下发生弹性变形所产生的弹力。

$$S_\mathrm{H}=S_\mathrm{h}=\frac{\mu}{1-\mu}(p_\mathrm{o}-\alpha p_\mathrm{o})+\alpha p_\mathrm{p} \quad (6\text{-}5\text{-}4)$$

具体量化为比奥特常数：

$$\alpha=1-\frac{C_\mathrm{m}}{C_\mathrm{b}} \quad (6\text{-}5\text{-}5)$$

式中：C_m 为岩石骨架压缩系数；C_b 为岩石体积压缩系数。

但当水平构造应力较为强大时，最大和最小水平主应力除有上覆岩层压力的贡献外，还有通常不相等的最大和最小水平构造应力 S_x、S_y 的贡献，故使最大和最小水平主应力一般都不相等。因此必须分别进行计算。目前有水平应力变形因子法和黄氏公式法来计算最大和最小水平主应力。

水平应力变形因子法的计算公式如下：

$$\sigma_h = \mu\sigma_v/(1-\mu) + (1-2\mu)\alpha p_p/(1-\mu) + E\varepsilon_x/(1-\mu^2) + \mu E\varepsilon_y/(1-\mu^2) \tag{6-5-6}$$

$$\sigma_H = \mu\sigma_v/(1-\mu) + (1-2\mu)\alpha p_p/(1-\mu) + E\varepsilon_y/(1-\mu^2) + \mu E\varepsilon_x/(1-\mu^2) \tag{6-5-7}$$

式中：μ 为泊松比；σ_v 为上覆岩层压力，MPa；p_p 为孔隙流体压力，MPa；α 为比奥特常数；ε_x，ε_y 分别为 x、y 方向上的地层构造应力变形因子；E 为弹性系数，根据岩石性质选取，对于泥质支撑的岩石，孔隙弹性常数用 0.3，对颗粒支撑的岩石用 0.1；$\mu\sigma_v/(1-\mu)$、$(1-2\mu)\alpha p_p/(1-\mu)$ 表示上覆岩层压力、地层压力分别对 σ_h 和 σ_H 的贡献；$E\varepsilon_x/(1-\mu^2)$、$\mu E\varepsilon_y/(1-\mu^2)$ 表示最大和最小水平构造应力对 σ_h 的贡献；$E\varepsilon_y/(1-\mu^2) + \mu E\varepsilon_x/(1-\mu^2)$ 表示最大和最小水平构造应力对 σ_H 的贡献。

如假定 ε_x、ε_y、S_x、S_y 在整个井剖面中是固定的，则可将已求得的最小和最大水平构造应力 S_y 和 S_x，代入式（6-5-6）和式（6-5-7）中的水平构造应力项，解出形变因子 ε_x 和 ε_y。

$$S_y = E\varepsilon_x/(1-\mu^2) + \mu E\varepsilon_y/(1-\mu^2) \tag{6-5-8}$$

$$S_x = E\varepsilon_y/(1-\mu^2) + \mu E\varepsilon_x/(1-\mu^2) \tag{6-5-9}$$

然后将随深度变化的 σ_v、p_p、μ、α 再代入这两个方程就可计算出井剖面中连续的最大和最小水平主应力值。

黄氏公式法的计算公式如下：

$$S_{H\min} = \frac{\mu}{1-\mu}(S_v - \alpha p_p) + \alpha p_p + \beta_1(S_v - \alpha p_p) \tag{6-5-10}$$

$$S_{H\max} = \frac{\mu}{1-\mu}(S_v - \alpha p_p) + \alpha p_p + \beta_2(S_v - \alpha p_p) \tag{6-5-11}$$

这实质上是国外所用的水平应力变形因子法的简化。即将最大水平构造应力对最小水平主应力的贡献，最小水平构造应力对最大水平主应力的贡献忽略掉了。

第三步：有限元模拟计算。首先需要根据研究区的实际地质情况建立地质力学模型，以确定边界。然后再根据研究区内岩石的力学性质来选择应力传播机制。通常是将岩石在外力作用下产生的变形特征分为弹性、塑性和黏性三种基本应力传播机制。即岩石变形在去除外力后能立即恢复原有形状、大小的性质为弹性传播机制；岩石在超屈服应力作用下仍能继续变形而不立即断裂，但卸载后，变形不能完全恢复原有形状、大小的性质称为塑性传播机制；岩石受力后的变形不能在瞬间完成，且应变速率随应力大小而改变的性质，成为黏性传播机制。

由于地应力平衡状态的这组偏微分方程不可能得到分析解。为此只能用数字解求得近似值。即在一定的边界条件和应力传播机制下，先给定一组作用于边界上具有一定方向和大小的地应力，通过求解力的平衡方程组，可在研究区内得到一种应力分布状态。将其与离散点处已知的应力比较，如相差过大，则重新调整边界上的应力状态，直到研究区内的应力分布在离散点处与已知的应力差小于某一规定的允许误差为止，这时边界上的应力和区内的应力分布就是所要求解的现代构造应力及其在研究区内的分布状况。

②边界元法。

边界元模拟法的核心算法是位移不连续性方法。这是基于对地质界面上从界面的一边到另一边的位移是不连续的，同样从单元的一侧到另一侧的位移仍是不连续的这一概念所建立。因此单元有正面与反面之分，可用右手法则予以确定。

边界元法中，对于一个特定的物理特征构造，包含了它的界面空间位移及应力应变表面等边界元对象；而每一个对象又包含了一个或多个单元，即对象是单元的集合；每个单元又由一系列具有一定顺序的顶点相互连接而成。

（3）古构造应力场的预测技术。

对古构造应力场的计算，由于没有已知的离散就地应力值作为约束，因此只能根据古构造形态来反推当时的构造应力场。方法是以薄板挠曲变形理论为依据，用已知的某一古构造形态为标准，不断调整应力组的方向和大小，使产生的构造变形逐渐逼近已给定的构造形态，直到两者相差小于一个允许的误差为止，则此时的应力组就是所求的古构造应力。

（4）构造应力场与裂缝有效性的关系。

根据预测的古构造应力场和当时的地质构造格局，可大体了解古构造裂缝的分布和走向；再根据预测的现今构造应力场的强弱及三轴向地应力方向的关系。就可按照本书第五章第三节中给出的方法，即可确定现今构造裂缝的分布和方向，由于现今构造裂缝一般都未遭受严重的充填，因此基本都是有效裂缝；还能评估现今构造应力对原有裂缝有效性的作用，即当现今构造应力是在优势方向上作用于裂缝体，则使裂缝产生剪切滑动而增进其有效性，或者当现今构造最大水平主压应力方向与原有古构造裂缝走向的夹角 α 小于 $45°$ 时，将有利于裂缝张开而提高其有效性；当夹角 α 大于 $45°$ 时，则促使裂缝闭合而降低其有效性。

四、提高裂缝型储层预测效果的技术

由以上分析可知，要实现对裂缝性储层缝洞在纵向、横向上的分布状况及其有效性的预测，必须解决预测技术探测范围与分辨率的矛盾。测井可以对裂缝性储层的上述特征、性质做出较精细地描述和评价，但限于探测范围太小而不能预测整个储层的性质；地面地震可以对整个储层进行探测，但限于分辨率太低，很难实现对裂缝性储层的上述特征进行预测。为此提出了逐级增大探测范围和提高分辨率的预测技术。

根据现有地震与测井新技术的发展状况，采用逐级增大探测范围和提高分辨率的预测技术可望实现对裂缝性储层缝洞在纵、横向上的分布状况及其有效性的预测。

1. 选用逐步扩大探测范围的测量技术

选用不同的测量技术，使频率和探测范围逐渐提高，以解决频率与探测范围的矛盾。这就像赛跑，不可能以跑百米的速度去跑马拉松，但却可用分段接力跑来解决速度与距离的矛盾。如图6-5-2所示，常规声波测井的分辨率和探测范围约在30cm左右，而地震信息的频带宽在5~100Hz，探测范围在200~1000m之间，其中二维地震信息的分辨率约50~300m，三维地震信息的分辨率约为10~100m。显然在测井信息与地震信息之间，其分辨率和探测范围均存在一个巨大的空白。因此如将分辨率和探测范围逐渐变化的声波成像测井、井间声波测井、垂直地震剖面测井加进去，则可在较大程度上解决分辨率与探测范围的矛盾。

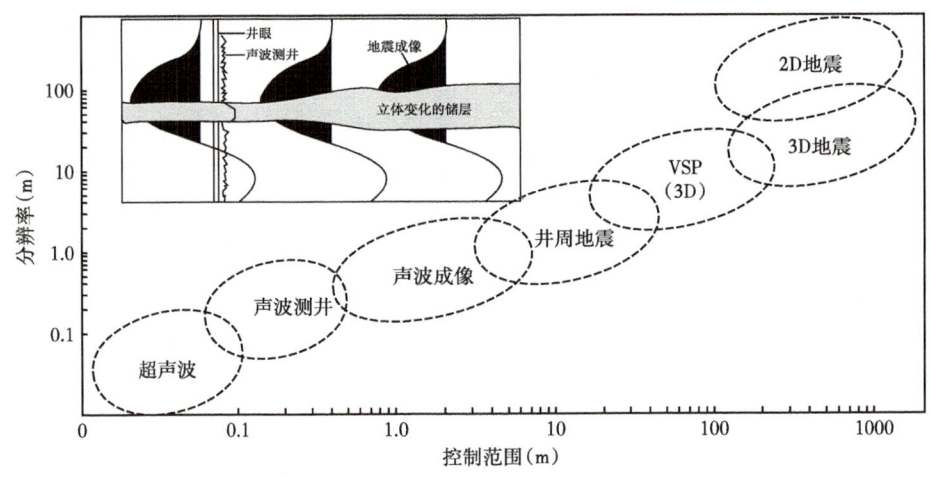

图6-5-2 探测覆盖范围与分辨率的关系示意图

（1）井旁声波反射成像测井（Borehole Acoustic Reflection Survey，BARS）。

BARS利用裂缝与围岩声阻抗差造成的反射纵波和转换折射纵横波可探测到距井8~10m的裂缝，其分辨率为0.3~4.0m之间。而且可根据裂缝与井筒位置的不同关系选择相应的测量模式来探测各种产状的裂缝。

当裂缝与井筒不相交时，选用P—P反射模式测量，如图6-5-3（a）所示。因为这时声源和接收阵列均在裂缝的同一侧。P—P反射模式的探测范围可达8~10m。因此在水平井或大斜度井，可实现对低角度裂缝的探测；在直井，实现对高角度裂缝的探测。对P—P反射模式测量资料的处理采用与常规二维地震处理相似的叠后偏移处理流程，包括抽道集、动校正和共中心点叠加及叠后偏移。

当裂缝与井筒相交时，选用纵横波转换波折射模式测量，如图6-5-3（b）所示。因为这时声源和接收阵列在裂缝的不同侧。故用P—S转换波折射模式测量对井筒呈上倾方向的裂缝段，因这时纵波入射角大于横波折射角，因此只能接收到上倾方向的测量信号；用

S—P转换波折射模式测量对井筒呈下倾方向的裂缝段，因这时横波入射角小于纵波折射角，所以只能接收到下倾方向的测量信号。对于折射模式转换波的偏移处理，一般选择叠前偏移处理流程。纵横波转换波折射模式探测的范围较小，只能看到离井壁较近的裂缝，但可较清晰地显示裂缝的存在及其产状，因此可对离井较远的裂缝进行约束，增高其可信度。而且还可对过井断层进行横向追踪。因此BARS可在基本保持井壁成像测井、常规声波测井分辨率的基础上将探测范围予以延伸。

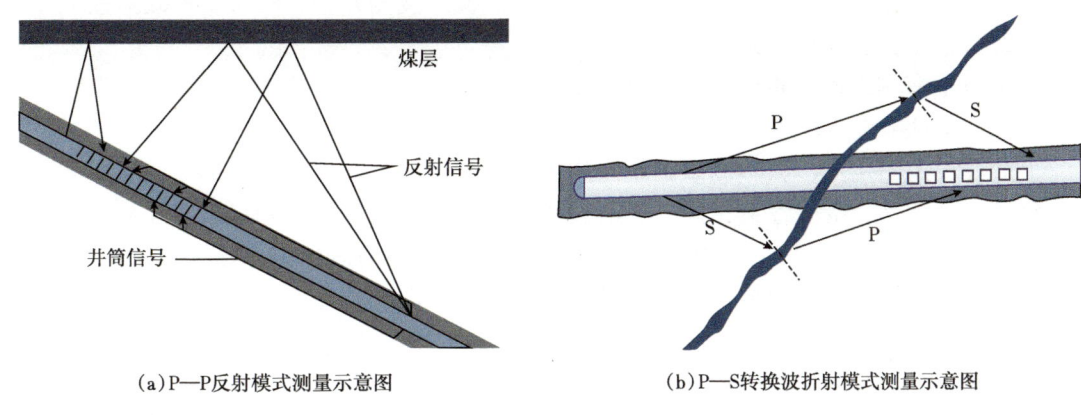

图6-5-3　P—P反射模式测量示意图及P—S转换波折射模式测量示意图

（2）井间地震成像（DeepLook Crosswell Seismic，DLCS）。

井间地震成像的探测范围可达10~80m，而分辨率可达0.8~3.0m，因此DLCS可作为对BARS探测结果的延伸。

DLCS的震源ZTrac是通过电磁耦合在套管上，包含两个正交方向的震源，其频率范围可达30~600Hz。能够输出纵波和横波。检波器为多功能地震成像仪（VSI，Versatile Seismic Imager）。震源和检波器均放置在井中油气藏深度范围内，以提供远高于传统地面地震分辨率的成像结果。通过测量得到的地层速度、地震反射波和其他地震属性，可提供目的层在水平和垂直方向上的构造及物理性质。该仪器可在套管井和裸眼井中进行测量，且不受钻井液类型的限制。

（3）垂直地震剖面（Vertical Seismic Profile，VSP）。

VSP无论在测量信息、探测范围、分辨率等方面都是作为连接测井、地震探测结果最为有效的桥梁。这主要表现在以下三个方面：

①具有介于测井与地震之间的探测范围。VSP的探测范围在30~200m之间，而地面地震的探测范围在100~1000m之间，测井的探测范围在0.2~10.0m之间。显然VSP的探测范围填补了测井与地面地震探测范围之间的空白。

②具有介于测井与地震测量信息之间的分辨率。VSP信息的分辨率在2~30m，基本介于地面地震信息10~200m与测井信息0.05~1.20m分辨率之间。值得关注的是由于VSP的检波器呈垂直组合排列，而地面地震的检波器呈水平排列，故VSP的第一菲涅尔带半径比地面地震小得多，导致水平分辨率得到明显改善。另一方面VSP可提取能量比上行波强得多的下行波，故其信噪比高，为提高垂直分辨率创造了条件，从而增进了与高垂直分辨率的测井信息的对应关系。

③增加了更多能使测井与地震资料相互结合的信息。VSP可在空间和时间两个领域内提供井眼附近地层的地震属性，使之能得到各种地质事件较准确的深度。如再采用3DVSP，还可确定其基本形状，这无疑对于预测地层褶皱的形状和曲率，断层的类型、特征及其所穿越地层的性质具有非常重要的作用，同时也在很大程度上提高了地震属性与测井响应之间在性质上的相关性和尺度的可比性，进而根据裂缝发育的规律就可预测裂缝发育的位置和范围。如VSP可测得纵、横波的速度，为用地震资料计算岩石力学性质，探测速度各向异性提供了很重要的信息，使之能与偶极声波测井资料结合，实现对裂缝发育程度、裂缝走向、现今地应力方向的预测。

2. 多范围探测技术测量结果的综合解释

（1）综合解释的必要性。

上述各种探测技术，虽然测量的结果均可反映裂缝的特征和位置，但是由于探测的原理、路径、分辨率、范围各不相同，必然造成对裂缝特征和位置预测结果的差异。这就犹如"盲人摸象"，虽然每个人摸的都是象，但各人摸到的是象的不同部位，得出的结论自然各异。因此，是否能得到符合实际的结果，就看盲人们能否将这些差异正确地综合起来了。在上述逐步扩大探测范围的测量技术中，用到了测井、地震、地质等方面的方法，而这些方法对裂缝的探测，存在着多方面的差异。

测井技术是识别和评价井旁裂缝最直接和完整的技术。但受探测深度的限制，对非均质性很强的裂缝，在横向上展布的探测无能为力而具有很大的不确定性；各种测井信息之间，因其径向探测深度不同，测量方式各异，使测量结果也会呈现出较强的非相关性。

地震技术是能在纵、横向上很大范围内可探测到裂缝的技术，但受信息较单一，垂直和水平分辨率低，声波传播信息各向异性强的限制，使之难以对地下多种影响因素的排除和对小尺度、多变化裂缝的识别，最终导致预测结果的多解性；孔隙度与裂缝发育程度的负相关性和两者对声速和能量衰减的正相关性，使得用层速度和能量衰减判断的裂缝发育程度均会造成很大的不确定性。

地质测量技术是可直接观察、分析裂缝的技术；也是能将裂缝静态和动态特征结合起来，将裂缝发育的控制因素、影响因素和变异因素联系起来的技术。但受观察范围的局限及裂缝非均质性强的影响，难以对裂缝的发育状况做出由点到面、由面到体的判断。

基于上述原因，结论是必须对多探测技术测量结果进行地震、测井、地质的综合解释。

（2）综合解释的方法。

现代各种裂缝探测技术的测量结果，不仅具有极其巨大的数据量，而且常有各种隐含的关系存在。因此要得出直接显示缝洞特征的图像都需经过大量的计算机处理。但在对各种裂缝探测技术进行计算机处理时，需充分考虑和应用与另一种测量信息的关系和特征差异，以补充和调整处理程序和内容，使不同探测技术测量信息的处理结果之间具有一定的互补性和相关性，以减少裂缝综合解释结果的多解性，而提高其确定性。因此综合处理技术是综合解释的前提。

如在测井信息处理时，应充分考虑地质分析结果，以提高其确定性。特别是对矿物模型的选择，各种岩石沉积构造对裂缝识别的影响，地应力方向与电阻率、声波传播各向异性的关系，空隙空间结构的非均质性对不同探测深度测井信息造成的非相关性等问题，尤应予以高度的重视。只有这样才可为测井处理建立合理的地质模型和物理模型，也才能使处理结果更接近实际的裂缝发育状况。

在地震信息处理裂缝的宏观分布时，应充分考虑裂缝发育的地质规律，特别是裂缝与断层和褶皱状态及曲率的关系，以降低对裂缝位置预测的不确定性。在处理裂缝的展布方向时，需充分考虑成像测井解释的裂缝走向和不同时期构造应力的方向，特别是现今构造应力方向对有效裂缝走向的影响，以尽可能消除处理结果的多解性。在建立速度模型时，需充分应用声波测井资料及其建立的物理模型；应尽量避免采用提高子波频率使地震测量波形向测井波形靠拢，或采用多次滤波使测井曲线向地震波形靠近的这种"削足适履"的办法，使之失去的是地震和测井测量结果中真实反映裂缝的信息（可能是当时尚未认识到的裂缝信息），得到的却是模棱两可的结论。

在用岩心观察和地质剖面查勘裂缝时，切忌以直观看到的裂缝发育状况就立即做出以点代面和以面代体的结论。必须充分考虑地层的岩性、力学性质、组合特征，地质构造的形态、曲率、断裂类型，现今构造应力方向和三轴向地应力状态等因素与所见裂缝的关系。在此基础上，初步得出该地区、该套地层中裂缝发育的规律。然后再与纵向上由测井获得的连续的裂缝发育特征，与横向上由地震获得的地层展布、构造形态、裂缝体属性进行相关分析。这样才有可能得到裂缝在点、线、面、体上的分布状况，进而预测裂缝在三维空间中的分布。

如何才能将地震、测井、地质结合起来对裂缝进行综合解释，以消除或降低裂缝预测的多解性、局限性和不确定性。从当前常见的结合情况来看，多为"拼盘式"的结合及"印证式"的结合。所谓"拼盘式"的结合是在同一研究结果中平行地将各种结果列出，而置其间的关系、差异于不顾。所谓"印证式"的结合是指以某种方法的预测结果与另一技术预测结果相同作为正确的依据。对于非均质性极强的裂缝区块、圈闭、储层，用不同的技术，从不同的角度和不同的范围去预测，其一致性是偶然的，而差异却是必然的。这样强行的一致性，将造成片面的，甚至错误的结论。"盲人摸象"的寓言应是一个很好的警示，只有将从不同角度探测到的不同结果有机地结合并统一起来方能得出符合实际情况的认识。因此对于裂缝性储层来说，利用不同测量原理和探测范围技术的测量结果，需要找到一种合理的、有效的综合解释和评价方法，才有可能得出统一的、比较符合实际的裂缝发育状况。

从现有的裂缝测量技术看，需从以下几方面来实现有效的综合解释。

①测量信息的结合点必须是地质概念。在用测井响应特征、地震属性性质进行综合解释前，应首先赋予确切的地质意义，如是裂缝、泥质条带，还是层理面等。而不要用测井的电阻率、纵波声速、斯通利波能量衰减等物理信息，地震的强反射、弱反射、频谱等属性进行对比分析。这样在综合解释时才有可能识别真伪，而不是这也可能，那也可能的模棱两可的解释。因为任何一种测井的物理性质或地震的各种属性中都包含了多种影响因素。

②必须了解各种探测方法的探测范围、分辨率、敏感程度。由于任何一种探测技术，都有其自身特有探测范围、分辨率、敏感程度。因此在用不同探测技术测量结果对非均质性很强的裂缝进行综合解释时，总会存在程度不同的差异。对于这种差异，不要轻易地去肯定和否定某一种认识，而应该从各种使用技术的探测机理、范围、分辨率、敏感程度中去找原因，才有可能预测到裂缝的特征及其在纵向、横向上的变化。

③应明确各种探测技术测量结果的影响因素。在目前用以探测裂缝的技术，无论是

测井还是地震，其测量结果都不可能只与裂缝相关，而还受到多种非裂缝因素的影响，使得对测量结果的解释总存在着多解性。似乎唯一的办法只能是用更多的测井方法和地震属性，因为一个方程只能解一个未知数。在综合解释中解决多解性的根本出路在于明确测量技术、测得参数、解释方法的影响因素及其影响方式和程度，然后有针对性地选取测量参数和校正方法，才能使综合解释得出较为符合实际情况的结果。

④能将测井、地震综合解释结果与裂缝发育的地质规律统一起来。裂缝的发育既有一般的规律，但对于不同的地区、地层，会因其裂缝发育的控制因素和影响因素的差异，使之具有特定的、适合于当地的发育规律。为此在进行测井、地震综合解释时，既要充分考虑到已知的符合该地区特有的裂缝发育规律；还要想到因地质条件改变而未知的或可能发生变化的规律。因此对一些取得重大突破的井及严重失误的井，应将裂缝预测的综合解释结果进行仔细分析，从中找出成功与失败的原因，既可提高综合解释的水平，还能逐渐找到适合于工作区块的新的裂缝发育规律，使测井、地震综合解释方法与裂缝发育规律在更高的水平上统一起来。

第六节　缝洞个体特征预测

一、缝洞个体特征预测的概念

在前面三个裂缝预测目标中，均是对裂缝集合体发育的位置、范围、程度及其有效性的预测。但由于裂缝分布具有极强的非均质性，即裂缝与裂缝之间的交叉关系和距离有很大的变化，也就是说在一个裂缝的集合体中，既存在不均匀分布的裂缝；又存在裂缝间大小、形状、分布不同的无裂缝的岩块；同时还可能有大小不同的孔洞或沿裂缝或不规则地分散于岩块中。因此即使预测准了裂缝集合体的位置和范围，并不等于在该范围内的任何位置打井都能钻到缝洞。但人们常认为，既然在裂缝发育区内打井，就应该钻到裂缝，否则就是地震预测不准。这样将失误完全归于地震预测结果，而忽略了对裂缝发育体中如何去寻找和预测缝洞个体的研究。实际上对于裂缝发育区块、裂缝圈闭、裂缝性储层的预测只能解决勘探成功率的问题，而决定不了钻井成功率的问题。这二者之间虽然密切相关，但对于裂缝性储层，却仍有相当大的差别。所以对于裂缝的钻遇率，常有预测到有而钻不到；钻到了却并未预测到的情况发生。人们常将钻遇裂缝比喻成"抓过路财神"。根本原因就在于迄今为止还远未实现对缝洞个体特征及其分布的准确预测，更不用说对缝洞个体有效性的预测。这是由于测井虽然可以识别井旁附近裂缝个体的特征，却不能预测到横向上较远处裂缝的延伸和间距；地震虽然可以预测较远处裂缝的集合体，却因其波长一般都大于裂缝的长度和裂缝的间距而不能对单一裂缝的尺度、形状、间距进行预测。因此要想提高对裂缝性储层的钻井成功率，对裂缝个体分布的预测就势在必行。

二、缝洞个体特征预测方法

1. 缝洞个体特征预测难点

能对缝洞个体特征进行识别和预测的技术，必须既是高分辨率的，又是大范围的，但目前所用的缝洞预测技术存在探测范围与测量分辨率不能统一，甚至相互矛盾的状态。地震资料探测范围大而分辨率低；测井、岩心资料分辨率高而探测范围很小。如要提高地震的分辨率，就必须提高频率、增加带宽，以减小波长，使声源脉冲在时间域里变窄，利于将反射信号从直达波中分离出来，方可提高成像的分辨率。但这样却会造成信号的剧烈衰减，使探测范围迅速减小。同样如要增大测井的探测范围，则必须降低信号源的频率，加长探测源距，这又必然降低测量的分辨率。正是现有的这种技术状况，使之既不能预测缝、洞个体的特征，更不能分清缝与洞，缝洞与致密岩块之间的分布关系。

2. 随钻测井技术预测缝洞个体特征

地震随钻导向（SGD）可实现预测和直接钻达大型溶洞个体，但由于其信息分辨率的局限性，尚不可能实现对较细小的裂缝和溶蚀孔洞个体的预测和直接钻遇。为此目前已发展了能探测钻头前及周围 30~50m 范围内地层特征的随钻成像测井技术，使之在井下钻头周围几米范围内实时地预测缝洞个体状态成为可能。

（1）缝洞识别随钻测井技术。

GeoSphereHD 是斯伦贝谢公司最新一代的高清晰随钻油藏描绘测井仪。通过可调节的发射器、接收器位置及多种频率设置，得到带有三维响应的超深电磁感应测量，并通过特定的计算反演方法实现实时油藏描绘的功能。GeoSphereHD 测量的轴向探测距离可拓展到超过井眼 70m，揭示井周大范围的地层叠置情况及流体界面等细节，从而实现优化着陆，最大化钻遇储层。通过整合实时储层探测信息和地震资料，更为精细地重构储层结构及其几何形态，有助于复杂储层特征的早期识别及实现更精确的薄层刻画。该技术可探测离钻头 20~30m 内的地层电阻率，可清楚看到油层厚度在横向上的变化以及实钻轨迹与设计井身轨迹的差异情况。显然实钻轨迹更靠近油层中部，使井身穿越油层的长度更大，但离油水界面还有足够的距离，表明随钻导向的成功。而且可以看到油层底部有呈组系性的黄色低电阻率带，这应是底水沿裂缝上窜的表现，由此可以推测裂缝的特征和位置。

（2）随钻测井缝洞解释方法。

随钻成像测井虽然提供了直观和清晰的井下缝洞的形状和位置，但还不能直接用以钻井导向，必须给予正确的解释后方可用作钻井的地质导向。

①利用斯通利波反射系数确定裂缝位置及张开度。

理论研究和实验结果表明斯通利波反射系数对裂缝张开度是灵敏的。利用井下电视测井资料分析得到的现场资料还表明斯通利波反射事件与裂缝位置和特征有很好的相关性，如图 6-6-1 所示。图 6-6-1（a）为垂直井中的理论关系曲线，纵坐标为斯通利波反射系数，横坐标为斯通利波频率，曲线参数为裂缝宽度；由此可在直井中根据测得的斯通利波反射系数及其频率获得裂缝宽度。但在斜井中，裂缝与井周的夹角 θ 将发生变化，使上述关系随之改变，为此需通过在已知裂缝宽度条件下，利用模型实验来建立裂缝与井轴之间具有不同夹角时反射系数与频率的实验关系曲线，如图 6-6-1（b）所示的三条实验曲线，其裂缝宽度均为 0.3cm。由此可建立一组不同裂缝宽度的实验曲线，并根据井轴与裂缝的夹角、斯通利波反射系数和频率，即可获得裂缝的宽度和在井剖面中的位置。

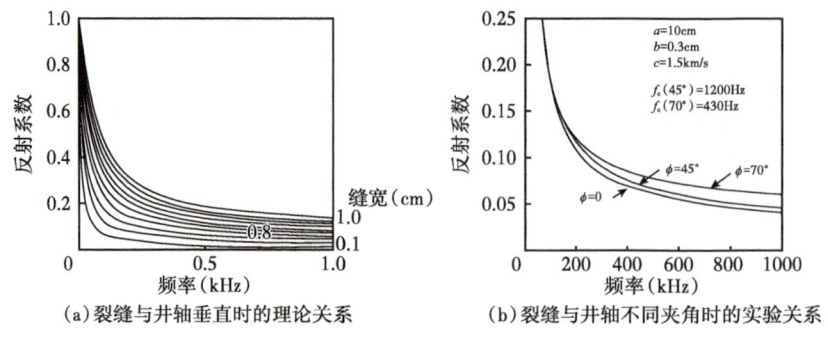

(a) 裂缝与井轴垂直时的理论关系　　(b) 裂缝与井轴不同夹角时的实验关系

图 6-6-1　斯通利波反射系数与频率、裂缝宽度的关系图

② 识别围岩岩性和缝洞充填物性质。

利用声波、中子、密度三孔隙度测井，配合元素测井，可精确识别缝洞围岩的岩性。利用井径、双电阻率测井、电成像测井、声波扫描等测井资料评估缝洞的尺度、连通状况、延伸方向。利用井径、自然伽马能谱、补偿中子测井、电阻率测井等资料鉴别正常沉积泥岩层与泥质充填缝洞层，同时鉴别缝洞的充填物性质是泥质还是某种地层流体。

③ 缝洞有效性的预测。

缝洞的有效性取决于缝洞自身的有效性和缝洞间的连通性，二者缺一不可。因为有效缝洞是指未被矿物全充填的缝洞。连通性是指有效缝与缝、洞与洞、缝与洞之间的连通性。

孔洞连通性的变化会影响声速，即声速会随孔洞连通性变好而降低。因为连通性越好，初至声波绕行的路径越长。根据这一原理，可用来判断孔洞的连通程度。如图 6-6-2 所示，图中 v 为纵波声速，v_m 为岩石骨架的纵波声速，ϕ 为孔隙度。对于一定的孔隙度，其孔洞的连通程度会直接影响初至声波速度与孔隙度关系的斜率。孔洞全部连通的斜率最大；孔洞完全不连通的斜率接近于零，即初至波声速基本为岩石骨架声速。因此在对储层孔隙度进行预测的基础上，就可根据地层速度和岩性判断孔洞的连通性。

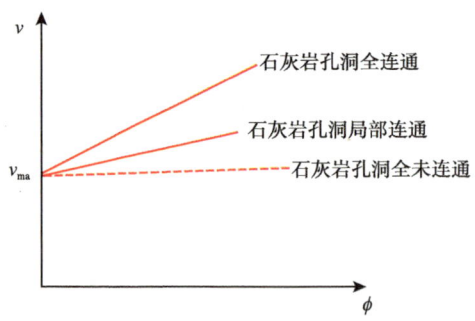

图 6-6-2　孔洞连通性与初至波声速的关系

用测井资料预测裂缝连通性的方法有六种：一是根据深、浅双侧向电阻率差异的大小和性质反映裂缝渗透的好坏；二是利用裂缝使横波分裂成快、慢横波的速度差与能量差的大小推测裂缝的发育程度和张开度；三是测量斯通利波能量衰减程度计算裂缝的渗透率；

四是由测井获得的裂缝张开度、径向延伸度计算不同裂缝产状的渗透率；五是根据裂缝间距和裂缝张开度计算裂缝渗透率；六是利用组件式地层动态测试器（MDT）直接测量裂缝的渗透率。

在裂缝性储层中，缝与洞的分布存在两种状况，一种是孔洞沿裂缝分布，另一种是孔洞与裂缝呈分离状分布。显然前者的缝洞连通性一般都较好，可以不考虑，而只需预测裂缝的连通性就可。对于后者则主要预测孔洞自身的连通性。最后将裂缝连通性与孔洞连通性进行加权平均作为储层缝洞的连通性。

三、随钻地质导向技术

用随钻成像测井所看到的缝洞个体特征和位置，常与用其他各种技术和方法预测到的结果会有很大的差别，因此按照原设计的井身轨迹，甚至用常规的储层地质导向技术也难以直接钻达缝洞。而需要将由随钻成像测井所看到的缝洞个体位置的信息及时传达到钻头上，并实时改变钻进轨迹，使钻头直指缝洞个体。这就是缝洞随钻地质导向技术。这项技术目前已获得突破性的发展，这就是旋转导向系统。它是将其布置在钻头上，可实时对钻头进行多方位的导向，以准确钻达地质目标。这项技术的关键是能根据多学科结合建立地质目标的模型，但又能随时更新该模型的软件；进而需要能利用更新模型来快速模拟对已拟定的井设计方案能随新信息变化而做出相应变化的软件。

如用上述的深探测随钻电磁波电阻率成像测井仪，可提供预测缝洞细节的信息，并能及时传输到地面技术中心进行实时的解释，然后将解释结果再返回到钻头上，作为缝洞导向，使钻头直指缝洞，实现对缝洞个体的钻达。

该项技术的关键是根据多学科结合建立的缝洞目标模型模拟软件，它可实现以下两个目标：一是能准确描述储层界面的方位和深度；二是能及时看到缝洞的特征和位置。然后通过软件及时优化钻进轨迹，使井筒始终保持在储层内并能以与储层顶界合理距离运行，为准确钻到缝洞目标创造了条件。斯伦贝谢公司研制的 PeriScope15 定向随钻深探测成像仪可探测到井眼之外 4.6m 处的边界。根据所测电阻率的差异，确定地层边界的方向和距离，以及时调整钻井轨迹，使井身不仅一直保持在储层中，而且距储层顶界基本稳定在 3m 范围内。

在此基础上，可利用 Petrel 软件根据成像测井显示结果，一方面可通过工作自动流程使数据快速加载，让模型更新更加容易，从而缩短决策时间和循环周期。另一方面可对井眼轨迹进行设计和更新，以提高钻井效率和钻头位置的精度，使之钻达缝洞目标。此外，Petrel 软件的这一综合工作流程还可以对原建议井眼轨迹上钻头前的井响应进行模拟，将确定的地层边界转换成 Petrel 层面并绘制在油藏模型中。这有助于全面了解油藏的情况，便于选择三维空间中最佳的井眼轨迹，从而减少复杂环境下数据的不确定性。

Petrel 软件除可利用井旁周围成像测井信息进行模拟，绘制油藏顶面构造图外，还能对钻头前的测井响应进行模拟。这有助于对油藏更全面的了解，以在三维空间中选择最佳井眼轨迹，从而减少复杂环境下数据的不确定性。

第七章　裂缝性油气藏开采

对任何油气藏的深入研究都是为了能更合理、有效地开采油气藏，以较少的投入获得更高的产量。对于裂缝性油气藏和储层的研究当然也不能例外，但由于它特殊的性质和特点，即裂缝的非均质性、各向异性、应力敏感性，常导致储层渗透率的多变性、稳产的困难性、水窜的易发性和严重性，使其开采的措施与孔隙性油气藏的开采有很大的差异。本章将重点在井身轨迹和方向选择、水力压裂改造方案、合理开采速度、实时井下流体动态监测和及时治水和治堵等几个方面对其原理、方法和效果进行探讨。

第一节　井身轨迹和方向的优选

裂缝性储层的高效、安全开采，必须满足三个要求：能钻遇更多裂缝的地质目标；创造有利于对裂缝系统进行水力压裂改造的井下条件；确保井筒安全钻进的工程措施。这三个要求能否实现，主要取决于井身轨迹和方向的设计与实施是否正确，而设计与实施正确与否，关键在于对井位处所钻目的层的三轴向就地应力关系和裂缝系统状态的预测及认知与实际情况的符合程度。

一、有利于钻遇裂缝地质目标

对于裂缝性储层，为了使井筒能穿遇更多的裂缝，以最大限度地沟通裂缝，力所能及地提高产量，井身轨迹应尽量垂直于主裂缝系统的走向。因此在钻井前需根据地震预测结果及邻井的测井、录井资料，对地下裂缝的产状及组合状态有初步的了解，以降低失误的几率。即使一旦失误，也便于找到斜钻的方向，减少和避免造成地质报废的损失。

如塔里木盆地某井在钻井过程中通过成像测井发现5234~5386m 裂缝走向基本为南北向［图7-1-1（a）］，5380~5580m 裂缝走向为北北西向［图7-1-1（b）］，因此决定开天窗向东斜钻，以使井身能更多地穿过裂缝，斜钻后井轨迹走向如图7-1-1（c）所示。斜钻后所测成像测井结果显示裂缝十分发育，经测试获得高产油气流。同样，该地区另一口井的斜钻方向与主裂缝走向基本平行（图7-1-2），故井身只沟通少量裂缝，测试仅获得低产油气流。

二、有利于对裂缝进行压裂改造

在井身轨迹设计中，常会遇到有利于多钻遇裂缝的井身轨迹，却可能因受三轴向地应力关系的影响而不利于对储层的压裂改造。因为水力压裂的目的是要让压裂缝尽可能多地去沟通天然裂缝，而应尽量避免压裂缝平行于天然裂缝延伸。

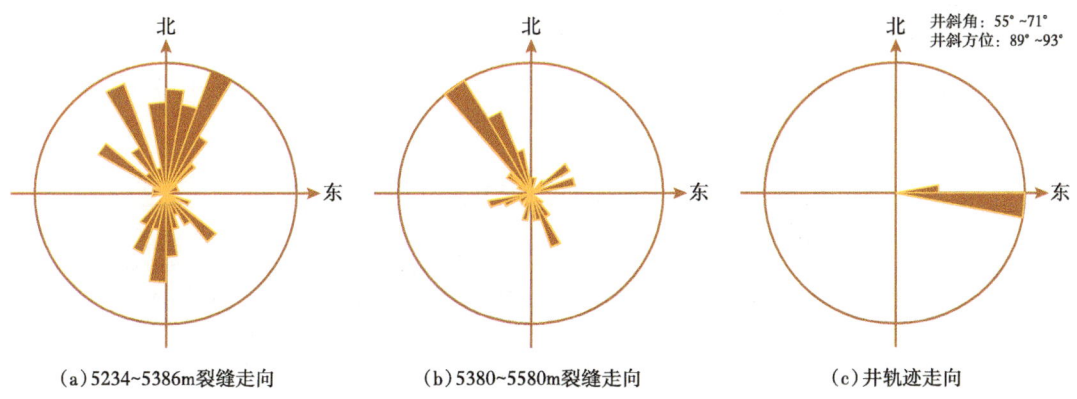

图 7-1-1　塔里木盆地 XG1 裂缝走向及井轨迹方向玫瑰图

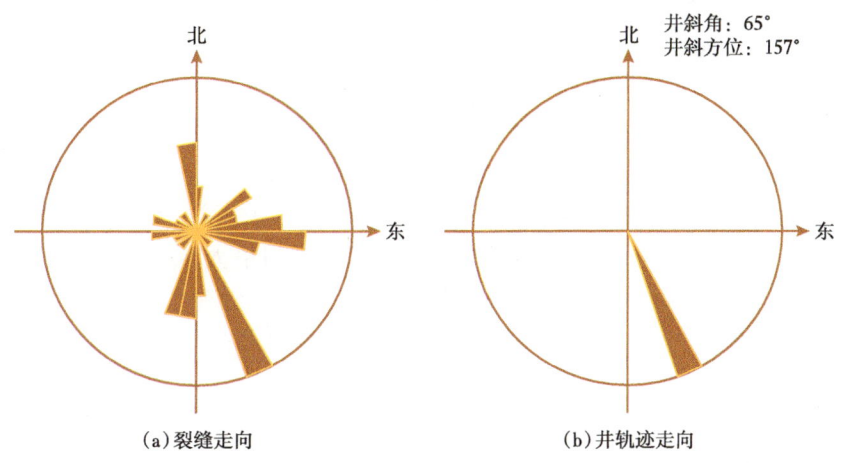

图 7-1-2　塔里木盆地 XG2 井裂缝走向与斜钻方向关系图

1. 就地三轴向地应力和井斜方向对水力压裂缝产状的影响

由于水力压裂张性缝总是沿作用于井筒上的最大主应力方向延伸，因此当井斜方向改变时，作用于井筒上的最大主应力方向会有所不同，导致压裂缝的产状随之而变。当上覆岩层压力是中间主应力，水平应力是最大主应力和最小主应力时，直井中的压裂缝为沿井筒平行于最大水平主应力的单一垂直裂缝；当水平井井筒与最大水平主应力方向一致时，压裂缝仍为沿井筒平行于上覆岩层压力（中间主应力）的单一垂直裂缝；当水平井井筒与最小水平主应力方向一致的时，压裂缝为垂直于井筒而平行于最大水平主应力的一组垂直裂缝；当水平井井筒与最大水平主应力的夹角 θ 小于 90°时，压裂缝为一组垂直于井轴的倾斜裂缝，其倾斜角度随 θ 的增大而增大。当上覆压力变为最大主应力，则水平应力为中间主应力和最小主应力；如果上覆压力变为最小主应力，则水平应力为最大主应力和中间主应力。因此不同方向斜井、水平井的压裂缝产状将随之改变。在这众多的压裂缝产状中，对储层改造最有利的是产生一组垂直于井轴的横向压裂缝，因为这样压裂缝在储层中压开的面积最大，占据的空间更多。但对于裂缝性储层来说，如果天然裂缝的走向基本平行于这组压裂缝走向,则对天然裂缝的改造却十分不利。所以为了有利于对裂缝性储层进行压裂改造,需在兼顾穿越较多天然裂缝的情况下,再根据就地三轴向地应力的大小和方向关系去合理选取井身轨迹和方向。为此根据压裂张性缝的形成原理给出了压裂缝与三轴向应力和井斜方位的关系,见表7-1-1。

表 7-1-1 压裂缝与三轴向应力和井斜方位的关系

井型	三轴向应力关系		
	$V_σ=σ_1$（上覆压力为最大主应力）	$V_σ=σ_2$（上覆压力为中间主应力）	$V_σ=σ_3$（上覆压力为最小主应力）
直井	平行 $σ_2$ 的垂直压裂缝	平行 $σ_1$ 的垂直压裂缝	产生垂直井筒的水平压裂缝
水平井	井轨迹平行 $σ_2$ 产生平行井筒的垂直缝	井轨迹平行 $σ_1$ 产生平行井筒的垂直缝	无论井轨迹方向如何,均产生平行井筒的水平缝
	井轨迹平行 $σ_3$ 产生垂直井筒的垂直缝	井轨迹平行 $σ_3$ 产生垂直井筒的垂直缝	

2. 井斜方向的选择

根据就地三轴向地应力和井斜方向与水力压裂缝产状的关系,在基本了解所钻井目的层裂缝的产状后,就可进行有利于水力压裂效果的井斜方位的优选。

对于单组系垂直裂缝性储层,当垂向应力为中间和最大主应力时,如天然裂缝走向与最大水平主应力方向垂直或夹角大于45°~50°时,可使人工压裂缝与天然裂缝连通,以大幅度提高产量,如图7-1-3(a)所示。如天然裂缝走向与最大水平主应力方向基本一致,或夹角小于45°,则不仅很难产生新的人工压裂缝,而且压裂液可能沿天然裂缝长驱直入,将其中的油气驱赶很远,这样压裂液可能与天然裂缝壁的岩石发生水敏、酸敏等反应而堵塞裂缝,造成压裂液不易吐出,最终导致压裂施工失效,甚至减产。因此对这种井和储层不宜进行压裂,如图7-1-3(b)所示。当垂向应力为最小主应力时,由于压裂缝是水平缝或低角度倾斜缝,因此无论高角度天然裂缝走向如何,都可与压裂缝沟通而获得好的效果。

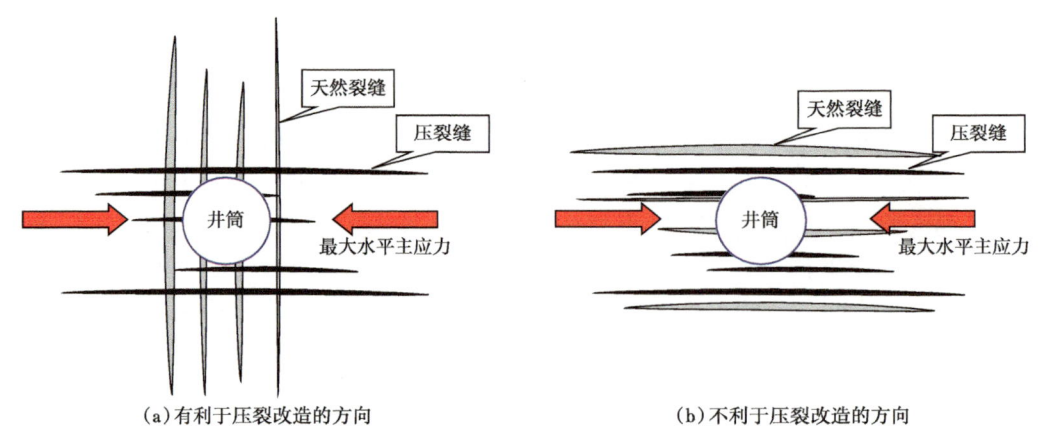

(a) 有利于压裂改造的方向　　　　　　　　(b) 不利于压裂改造的方向

图 7-1-3　就地应力方向、裂缝走向与压裂效果的关系

对低角度裂缝型储层,当垂向应力为最大和中间主应力时,无论地应力方向如何,都可获得好的压裂效果。当垂向应力为最小主应力时,压裂液将沿天然裂缝长驱直入,不仅

不能改造裂缝，还会适得其反，因此不宜进行压裂施工。

对于网状裂缝型储层，可以不考虑地应力的方向和三轴向就地应力的关系，且均能改善储层的渗滤性能。

由上述分析可知，对于裂缝性储层，当地应力的非平衡性较强时，如不知道地应力和天然裂缝的方向及产状，贸然进行压裂施工，将十分危险，虽有时可侥幸增产，但也完全可能适得其反，使产量下降，甚至将储层压死。

三、有利于井筒力学稳定性

对于裂缝性储层的钻井工程设计，除了考虑有利于穿越更多裂缝数量和有利于对裂缝进行水力压裂改造的井身轨迹及井斜方向外，如何兼顾井筒的力学稳定性仍然是一个十分重要而困难的问题，这主要是由以下两个原因所致。

1. 钻井液密度与三轴向就地应力的关系

对于钻井液密度的设计，在一定的井下就地应力和井斜状况下，合理的钻井液密度可明显降低井壁垮塌和压裂的风险。图7-1-4（a）所示是在垂向应力为最大主应力条件下井斜角对钻井液密度安全范围的影响[21]。显然这时直井最安全，因为与井轴垂直的应力是中间主应力和最小主应力，故应力差较小，钻井液密度安全窗范围最大；而平行中间主应力方向钻水平井，最不安全，因为垂直井轴的应力是最大主应力与最小主应力，故应力差最大，使钻井液密度安全窗范围最小。因此如要钻水平井，就应平行于最小水平主应力方向钻进，因为这时垂直井轴的应力是最大主应力与中间主应力，其应力差较小，使钻井液密度安全窗范围增大。如果三轴向应力关系改变，则上述关系随之变化。此外还应注意过大的钻井液密度，不仅可能造成压裂，也会造成井壁崩落，其原理如图7-1-4（b）所示。因为当钻井液密度过大，使井筒在最大和最小水平应力方向上所受的有效应力（σ_H-p_m）和（σ_h-p_m）同时减小相同的数值，故造成应力莫尔圆向左移动，这样对于相同起始剪切强度的岩层来说，就很容易发生剪切崩落。所以在对于高压油气层钻进时，为了防止井喷而使用过高密度的钻井液，不仅造成地层压裂漏失，还可能同时造成井壁坍塌。由此可见，在选择有利于井壁不被压裂、坍塌，能控制井喷的力学稳定性的钻井液密度时，需要同时考虑三轴向地应力方向和大小、井的倾斜程度及方向、地层岩石和岩体的力学性质。

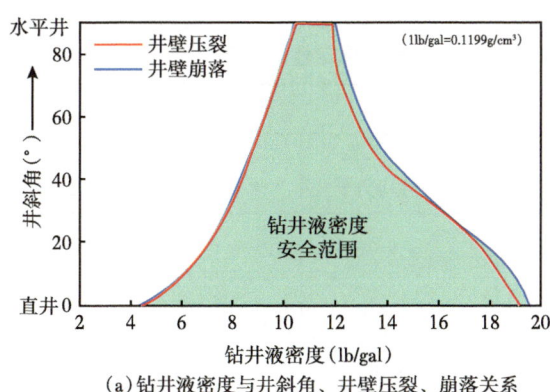
(a) 钻井液密度与井斜角、井壁压裂、崩落关系

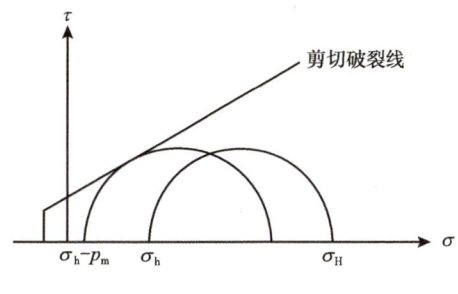
(b) 钻井液密度过大造成井壁崩落原理

图7-1-4　钻井液密度与井斜角、井壁压裂、崩落关系图及井壁崩落原理

2. 井身轨迹与三轴向就地应力关系

如果在遇到某些特定的三轴向就地应力关系和裂缝产状对井斜倾角有一定要求的条件下,钻井液密度安全窗范围可能很窄,甚至已不复存在,这时通过调节钻井液密度的办法已不能保证井壁的稳定。为此只能通过调整井身轨迹或斜钻方向,方能减小垂直井身的两个应力差,以助于井壁的稳定,降低钻井风险。图7-1-5给出了两种三轴向地应力关系[21],一种是最大水平主应力(S_H)为最大主应力,最小水平主应力(S_h)和垂直主应力(S_v)相等,即为如下关系:$S_H > S_h = S_v$。在这种情况下,直井、南东向斜井、北东向斜井都可使垂直井筒的应力差比较小,故能保持井壁的稳定。另一种关系是$S_H > S_h > S_v$,在这种情况下,直井和南东向斜井可使垂直井筒的应力差比较小,能保持井壁的稳定,但北东向斜井则使垂直井筒的应力差是最大水平主应力S_H与最小垂向应力S_v之差,其差值过大,必将造成井筒的不稳定性。表7-1-2给出了三种三轴向就地应力方向与直井和不同方向水平井状况下与井筒力学稳定性的关系,当垂直井轴的应力差最大时,即$\sigma_1 - \sigma_3$,三轴向就地应力关系是不利于井筒力学稳定的。

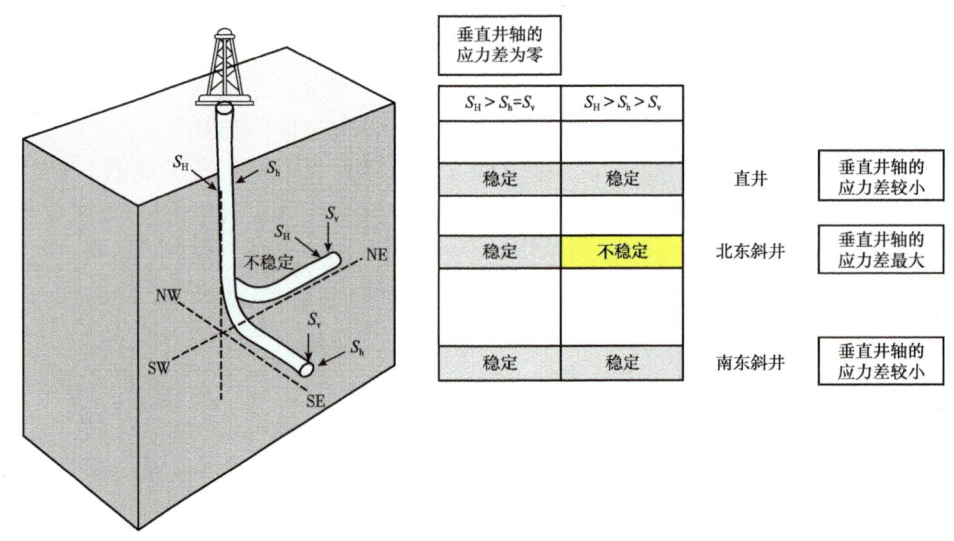

图 7-1-5 井斜方位、三轴向就地应力与井壁压裂和坍塌的关系图

图 7-1-2 三轴向地应力和井斜方向与井筒力学稳定性的关系

井型	三轴向应力关系		
	$V_\sigma = \sigma_1$ (上覆压力为最大主应力)	$V_\sigma = \sigma_2$ (上覆压力为中间主应力)	$V_\sigma = \sigma_3$ (上覆压力为最小主应力)
直井	$\sigma_2 - \sigma_3$	$\sigma_1 - \sigma_3$ 应力差最大	$\sigma_1 - \sigma_2$
水平井	井轨迹平行 σ_2 $\sigma_1 - \sigma_3$ 应力差最大	井轨迹平行 σ_1 $\sigma_2 - \sigma_3$	井轨迹平行 σ_1 $\sigma_2 - \sigma_3$
	井轨迹平行 σ_3 $\sigma_1 - \sigma_2$	井轨迹平行 σ_3 $\sigma_1 - \sigma_2$	井轨迹平行 σ_2 $\sigma_1 - \sigma_3$ 应力差最大

四、有利于高效、安全钻开裂缝性储层

由以上分析可知,对裂缝性储层的钻井需达到穿越更多的裂缝、有利于水力压裂对裂缝的改造、确保井筒的力学稳定性三个目标。但这三个目标因受三轴向就地应力方向和大小的影响而对钻井方向和井身轨迹的要求很可能有所不同,甚至相互矛盾。因此就存在如何根据储层具体情况来优选钻井方向及其井身轨迹的问题。

1. 对于网状裂缝型储层的井型优选

对于网状裂缝型储层,可不考虑压裂改造和穿越裂缝的需求,而主要考虑井筒的力学稳定性问题。为使与井身垂直的两个地应力值差别尽可能小,当上覆岩层压力 $V_σ$ 为最大主应力 $σ_1$ 时,则直井或向最小主应力方向钻的水平井均有利于井身力学稳定;至于对这两者中的选择,就看中间主应力与最小主应力的差值($σ_2-σ_3$)和最大主应力与中间主应力的差值($σ_1-σ_2$)的大小,以较小者为优;当上覆岩层压力 $V_σ$ 为中间主应力 $σ_2$ 时,钻水平井的井身力学稳定性优于直井;当上覆岩层压力 $V_σ$ 为最小主应力 $σ_3$,则直井和向 $σ_1$ 方向钻斜井或水平井的井身力学稳定性较好。

2. 对于低角度裂缝型储层的井型优选

对于低角度裂缝型储层,为让井筒能多穿越裂缝,以直井最好;从有利于压裂改造考虑,当上覆岩层压力为最大主应力或中间主应力,直井中的压裂缝均为垂直裂缝,显然有利于对水平天然裂缝的改造,但如上覆岩层压力为最小主应力,则压裂缝为水平缝,显然不利于对水平天然裂缝的改造;从井筒力学稳定性考虑,如上覆岩层压力为最大主应力,直井有利于力学稳定,如上覆岩层压力为中间主应力,向最大主应力方向的水平井有利于井身力学稳定。如上覆岩层压力为最小主应力,直井或向最大主应力方向的水平井有利于井身力学稳定。从以上分析可知,当上覆岩层压力为最大和中间主应力时,直井同时有利于穿越裂缝、压裂改造和井筒力学稳定,因此应优选直井;当上覆岩层压力为最小主应力时,直井和水平井均不利于压裂改造,这时可用斜井来降低压裂改造需求造成的矛盾,或者不做水力压裂,因为对于低角度裂缝性储层,其自身的水平渗流作用较强。

3. 对于高角度裂缝型储层的井型优选

对于高角度裂缝型储层,为让井筒能多穿越裂缝,以水平井最好;但为了有利于压裂改造,只有当上覆岩层压力为最小主应力时才适合打水平井,以产生水平压裂缝,可是通常上覆岩层压力多为最大主应力和中间主应力,压裂缝均为垂直缝,不利于沟通天然裂缝;从井筒力学稳定性考虑,在各种上覆岩层压力条件下均可打水平井,只需选择适合的水平钻进方向即可。因此当上覆岩层压力为最小主应力时,打水平井最好,只要选好钻井方向,就可满足以上三个方面的要求;当上覆岩层压力为最大或中间主应力时,水平井不利于压裂改造,直井又不利于穿越较多的天然裂缝,因此可选择斜井来兼顾三方面的需求。

第二节 裂缝性储层的水力压裂改造

裂缝性储层的最大特点是其非均质性和各向异性,使得钻井既可能打到裂缝发育处,也可能偏离裂缝或仅钻到少数裂缝。因此就需要根据储层中裂缝的实际情况决定是否需要压

裂,如要压裂又应采取何种方案才能压得准、压得开、压得好、吐得出,以确保增产,避免无效,防止减产,就必须根据现有井身与就地三轴向地应力的关系来制定合理的压裂措施。

一、确定储层是否需要压裂改造

对于裂缝性储层,并非都需要压裂改造。因为在裂缝性储层中,有的需要压裂,有的不需要压裂,有的甚至不能压裂。压裂前的这一决策,不仅关系到压裂的效果,还可能影响到储层的破坏。是否需要进行压裂,关键取决于储层裂缝的产状及其与三轴向就地应力的关系。

1. 对单组系垂直裂缝性储层的决策

(1)可进行压裂改造的情况。

对于在直井中的单组系垂直裂缝性储层,当垂向主应力为中间和最大主应力,且最大水平主应力方向与天然裂缝走向垂直或斜交时,应进行压裂改造,其压裂缝可与天然裂缝充分连通,以大幅度提高产量;当垂向主应力为最小主应力时,由于压裂缝是水平缝,因此无论天然裂缝走向如何,都可与压裂缝沟通而获得好的效果,因此也应进行压裂改造。

(2)不利于压裂改造的情况。

在直井中当天然裂缝走向与最大水平主应力方向基本一致时,不仅很难产生新的人工压裂缝,而且压裂液可能沿天然裂缝长驱直入,将其中的油气驱赶很远,这样压裂液可能与天然裂缝壁的岩石发生水敏、酸敏等反应而堵塞裂缝,造成压裂液不易吐出,最终导致压裂施工失效,甚至减产,所以对这种井和储层不宜,也不需要进行压裂。

如轮南地区奥陶系的构造裂缝走向在部分井中以北东—南西向为主,接近平行于最大水平主应力 σ_1 方向,故有利于使这些裂缝趋于张开,大大改善了它们的渗滤性能,所以对这种井不需要进行压裂施工,中测就获得了工业性油气流,如图 7-2-1 中所示的 A10、A9 井

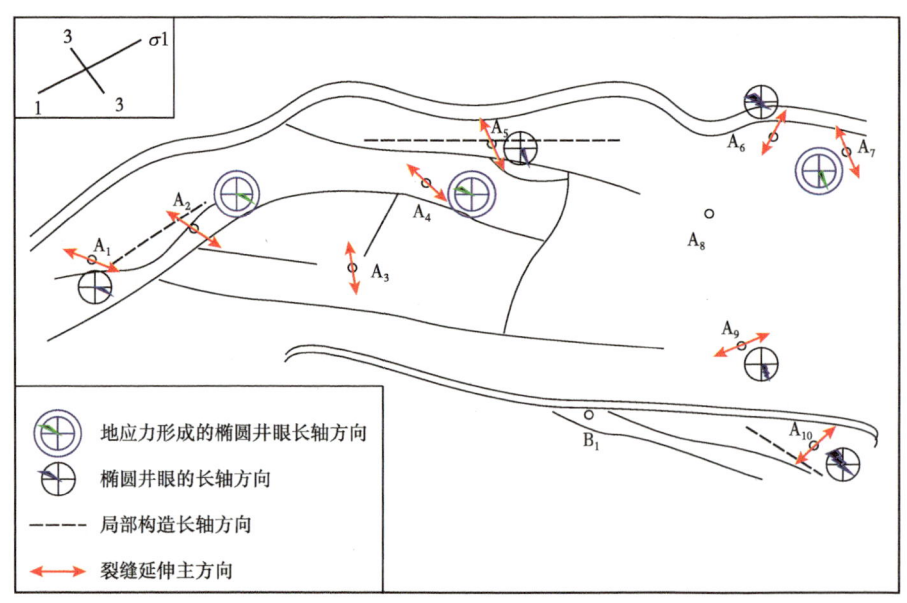

图 7-2-1　轮南奥陶系应力方向、裂缝走向与压裂效果关系图

就属这类情况；但另一部分井中的裂缝走向以北西—南东向为主，即裂缝走向几乎垂直于现今构造最大水平主应力的井，因现代构造应力使这些裂缝趋于闭合，大大降低了它们的渗滤性能，因而必须对其进行压裂才可能获得油气流，如图中的A2、A7井就属于这种情况。

如图7-2-2所示，大天池构造带五百梯构造上的天东11井与天东15井的产层均在石炭系。图7-2-2（a）为最大水平主应力方向，图7-2-2（b）为各井储层裂缝走向的玫瑰图。这两口井在酸化压裂前测试产气分别为$9\times10^4 m^3/d$和$5.1\times10^4 m^3/d$。产量相差不很大，但由于天东11井的最大主应力方向与主裂缝走向夹角为64°，而天东15井最大主应力方向与主裂缝走向几乎平行，仅与次一级裂缝走向的夹角为83°，因此压裂酸化施工后，11井产量为$120\times10^4 m^3/d$，增加了13.3倍；而15井产量为$20.9\times10^4 m^3/d$，仅增加了4.1倍。

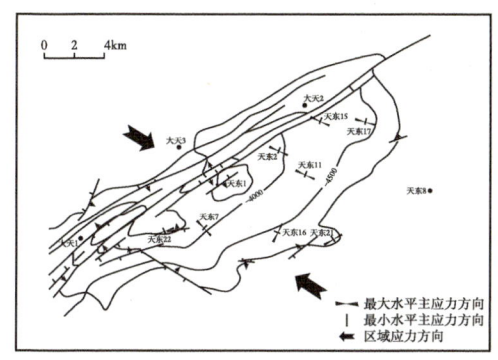
(a) 测井资料确定的最大水平主应力方向

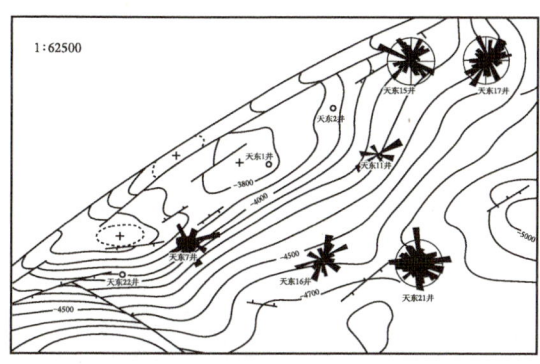
(b) 测井资料确定的裂缝走向玫瑰图

图7-2-2 五百梯构造最大水平主应力方向与裂缝走向关系对压裂效果的影响图

2. 对低角度裂缝性储层的决策

在直井中当垂向应力为最大和中间主应力时，无论最大水平主应力方向如何，都可产生垂直的压裂缝，获得好的压裂效果，应进行压裂改造。

当垂向应力为最小主应力时，不仅只能产生很少的水平压裂缝，而且压裂液主要沿天然低角度裂缝推进，在将油气推离井筒的同时，还造成对裂缝的污染和堵塞，因此不宜进行压裂施工。

3. 对网状裂缝型储层的决策

对于网状裂缝型储层，无论就地三轴向应力如何，压裂均可能对某个走向的裂缝有改善作用，而对另外走向的裂缝却产生不利的作用。因此是否进行压裂改造，就取决于网状裂缝的发育程度，发育程度较低的应进行压裂；发育程度高的则不需进行压裂。

由上可知，对于裂缝性储层，当地应力的不平衡性较强，且又不知道地应力和天然裂缝的具体状况时，就贸然进行压裂施工，虽然有时可增产，但也完全可能适得其反，使产量下降，甚至将储层压"死"。

4. 在井旁附近有裂缝性储层的决策

当井筒未钻遇裂缝性储层，但根据深探测声波测井（如BARS测井）或地震资料预测到井旁附近有裂缝性储层，则可通过压裂将附近裂缝性储层与本井沟通而获得油气。但必须仔细研究附近的裂缝性储层是否在通过该井的最大水平主应力方向上。如果是，可进行压裂与之沟通；如果不是，则不能贸然进行压裂，而需采取特殊的措施。将就地最大水平主应力方向改变到能指向附近的裂缝性储层，具体方法如图 7-2-3 所示。先选择一口与施工井邻近的干井作为辅助压裂井，在其相应层位进行微型压裂，使其产生的附加应力 S_s 与最小主应力 S_y 叠加，并超过原有的最大主应力 S_x，即 $S_s+S_y > S_x$，于是使新产生的最大水平主应力能指向附近裂缝发育区，这时在主压裂井进行水力压裂，则能造成压裂缝与裂缝发育区连通。

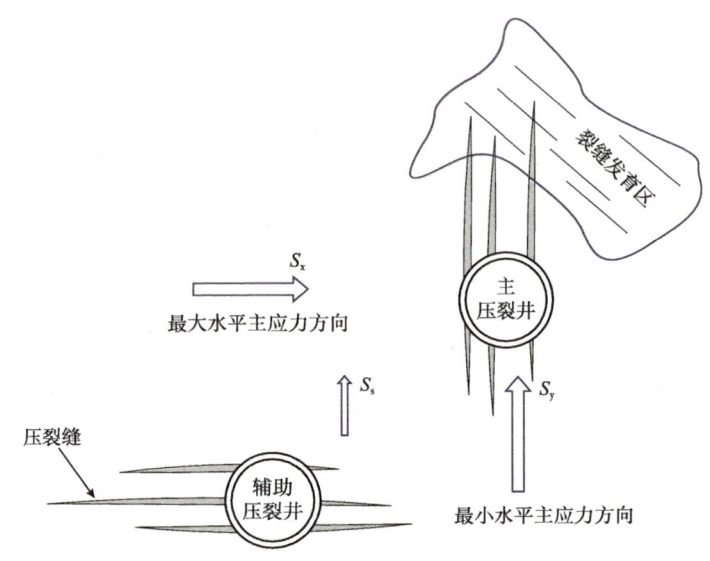

图 7-2-3　改变地应力方向的压裂施工示意图

二、对裂缝性储层进行压力改造的措施

根据裂缝性储层中裂缝发育非均质性极强的特点，对其进行压裂改造需特别关注两个方面的问题。一是需要产生更多、更长的压裂缝去沟通天然裂缝；二是需要严格控制好压裂的层位及其扩展的高度。

1. 使压裂缝径向延伸更远的措施

（1）定向射孔。

为使压裂缝在径向上延伸更远的工程措施，除在压裂工艺上有诸多方法外，定向射孔也有较大的作用。因为常规射孔的孔眼方向是随机的，无论用三相位还是四相位发射，都会有相当多的孔眼偏离最大水平主应力方向。这样会在压裂施工中损耗很多压力，减小压裂缝的径向延伸长度。图 7-2-4（a）是三相位射孔示意图，图中红色箭头指示最大水平主应力 σ_H 的方向，黄色箭头指示最小水平主应力 σ_h 的方向，粗大蓝灰色箭头指示射孔孔眼方向。显然至少有 2 个孔眼，甚至三个孔眼均偏离最大水平主应力方向。因此当压裂液沿射孔孔眼流出时，并不能完全继续向前推进，而是有相当一部分压裂液，甚至大部分压裂液会沿水泥环与地层的胶结面，即第二胶结面绕行推进。这是由于以下两个原因所致，一是第二胶结面的胶结程度通常都不如水泥环与套管的第一胶结面的胶结程度好；二是压裂液的根本走势是沿最大水平主应力方向推进。因此在压裂的初始阶段，从射孔孔眼传出的压裂液首先将第二胶结面压开，然后绕行于其中，形成一些微裂缝，直到绕至最大水平主应力方向时才转向地层推进,如图中的细小蓝色箭头所示。这样必然会损耗部分压力,降低射孔对压裂的作用,减小压裂深度。但如按图 7-2-4(b)所示的采用 180°方位且沿最大水平主应力方向的定向射孔,这样由于射孔孔眼正对最大水平主应力方向,故压力直接通过孔眼压向地层,从而在相同施工泵压下,可增加压裂深度。

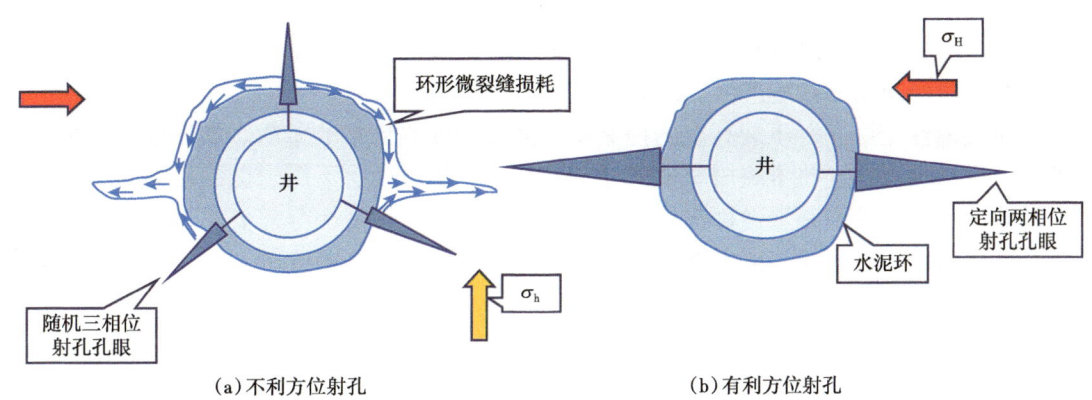

(a)不利方位射孔　　　　　　　　　(b)有利方位射孔

图 7-2-4　射孔方向对压力损耗示意图

除此之外,定向射孔还可减少地层起始压裂时发生裂缝弯曲造成的压降。这是因为在水平应力不平衡或井倾斜情况下,压裂的起始压裂缝不是平直地与地层中原有裂缝面连通,而要发生一定的弯曲、扭转后才转向到主压裂面上,从而增加压裂液在井壁附近的裂缝弯曲压降。实验结果表明,射孔偏离最大水平主应力方向越远,造成的裂缝弯曲压降就越大。因此对准最大水平主应力方向的两相位定向射孔可明显降低起始压裂时压裂缝弯曲造成的压降。

由上可知,对于一些重点井、破裂压力强度很高的井,需在施工前能较准确知道地层破裂压力时,采用 180°间隔的双相位定向射孔有其特殊的作用。因为为了预测施工层位的破裂强度,常在正式施工前,先进行微型压裂,求得实际破裂压力,避免正式压裂时,因泵压不够而不能将地层压开。但却在微型压裂时,误将非定向射孔造成对水泥环的压裂和在非最大水平主应力方向上绕行于地层中的微型压裂的压力当成正式压裂时所需泵压,而造成施工失败。

(2)减少压裂液的滤失量。

裂缝性储层容易造成压裂液的滤失而影响压裂效率。通常用滤失系数 C_c 来衡量压裂效率和裂缝内的滤失量。滤失系数 C_c 值取决于 C_1、C_2、C_3 三种滤失系数的大小。其关系见式(7-2-1)所示:

$$(1/C_c) = (1/C_1) + (1/C_2) + (1/C_3) \qquad (7\text{-}2\text{-}1)$$

$C_1=0.0469(K_f\Delta p\phi/\mu_f)$ 主要取决于地层渗透性和压裂液的黏度;$C_2=0.0374\Delta p(K_f\phi C/\mu_R)^{1/2}$ 主要取决于地层流体的黏度和压缩性;C_3 决定于压裂液造壁性能的漏失分量,可由实验确定。

式中:μ_f、μ_R 分别为压裂液和储层流体的黏度,mPa·s;Δp 为裂缝两端的压差,MPa;C 为储层流体的压缩系数;ϕ 为储层孔隙度;K_f 为储层渗透率,mD。

由上式可知，C_1主要受储层渗透率的影响，也就是裂缝发育程度的影响。因此对于裂缝性储层，需通过合理配置压裂液，在不影响压裂液功能的情况下尽量减少裂缝的滤失，以保障有足够的压裂液去延伸压裂缝的长度。

2. 严格控制压裂高度的措施

裂缝性储层的非均质性，不仅表现在横向上，在纵向上也十分突出，经常在同一储层内，其上、中、下的裂缝发育程度及裂缝产状都有较大的差异，这也会导致含水饱和度的不同，因此对压裂高度常需严格控制。

在对裂缝性储层进行压裂高度的控制中，经常会面临诸多的矛盾。如压裂高度和压裂深度的矛盾；压裂高度与压裂段厚度的矛盾；压裂高度与上、下围岩破裂压力强度的矛盾等。因此在压裂施工前必须做好优化设计，使之既能最大化地压开需要改造的层段，却又不能过大地影响压裂深度，更不能压开邻近的致密层、水层等层段。

（1）建立储层压裂模型。

由于地层水力压裂缝的高度、方向、径向延伸长度主要取决于现今井下就地应力的状态及其与地下天然裂缝产状的关系。因此首先根据施工井旁的地应力状态采用不同的施工参数，如射孔长度和位置、井口泵压及其步长、液量、压裂液性质等，建立如图7-2-5所示的压裂模型，然后再根据储层裂缝产状特征选取其中最优的压裂缝破裂模型。显然图7-2-5（a）和图7-2-5（b）的施工参数都会造成压裂高度过大，压裂深度不足而不能采用；图7-2-5（c）的施工参数较好，能使压裂高度和深度基本满足储层压裂改造的需求。

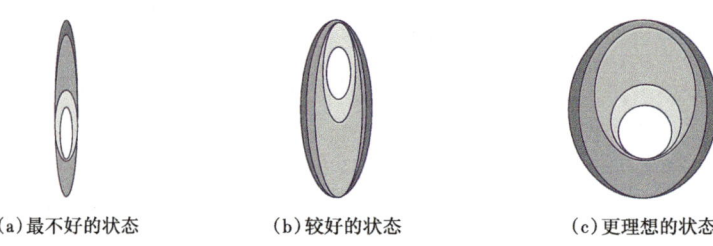

(a) 最不好的状态　　(b) 较好的状态　　(c) 更理想的状态

图 7-2-5　压裂高度模拟示意图

（2）优选射孔段长度和位置。

射孔段长度和位置的选取主要取决于压裂施工层段的破裂压力强度与上、下围岩破裂压力强度的关系。当上下围岩的破裂压力强度等于，甚至小于目的层段，则射孔段应靠近储层中部，且其长度应小于储层厚度；当下围岩的破裂压力强度明显大于目的层段的破裂压力，则射孔段位置应向下靠，反之，当上围岩的破裂压力强度明显大于目的层段，则射孔段位置应向上靠；当上下围岩的破裂压力强度均大于目的层段，则射孔段长度可基本等于目的层厚度，如图7-2-6所示。

（3）合理选择施工层段的组合。

如相近几个储层的破裂压力强度接近，则可对它们进行合层压裂；但如各储层的破裂压力强度相差较大，则必须进行分层压裂。此外还应注意，当隔层破裂压力强度低于储层破裂压力强度时，应将封隔器位置放在储层内，以避免将隔层压开。

（4）压裂缝转向的水力压裂。

当需要压裂段与不能压裂段很接近时，使压裂高度很难控制，这时可采用转向压裂技术。具体做法是用粒度较小的颗粒物质（如小于 0.3mm）作为转向剂，在压裂缝形成的最初阶段，其裂缝宽度较小，延伸长度较短时，将转向剂注入压裂液并使其集中在裂缝上下的端部，就能形成一定的阻抗，以控制裂缝在纵向上的增长。使用转向剂不仅抑制了纵向高度的增长，而且在注入排量一定时，还可增加裂缝的径向延伸长度和宽度。

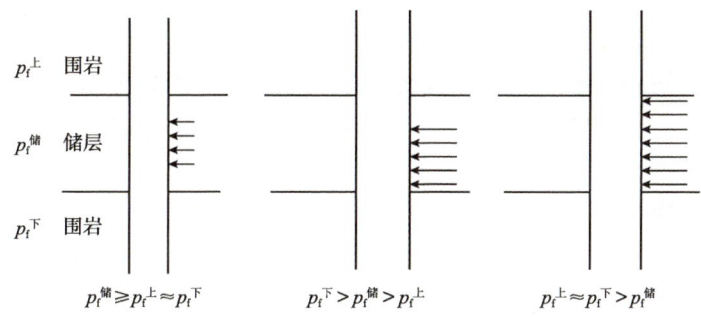

图 7-2-6　射孔段厚度和位置优选示意图

三、水力压裂效果检测

用压裂前后产量的变化来检测压裂效果的好坏，似乎是最可靠和有效的方法。但是由于影响压裂前后产量差异的因素很多，难以找准成功与失败的根本原因，也就总结不出经验和教训，不利于压裂技术的改进和提高。为此需要寻找能够了解压裂缝方向、长度、高度、分布及其与天然裂缝切割关系的方法。目前能检测压裂缝这些特征的方法主要有生产测井、试井和微地震等三种测量手段。试井检测法将在第四节中论述，现只对生产测井法和微地震法进行讨论。

1. 生产测井法

目前用生产测井可以检测到地层是否被压开以及压裂缝的高度。其中的温度测井目前可能检测压裂缝高度的下限值。流量测井可检测到套管井中对产量有贡献的地层或射孔段的压裂缝高度。放射性示踪测井，可检测到井筒附近的压裂缝高度的下限值、裂缝的宽度和方位。

2. 微地震法

微地震方法不仅因为探测范围大，可弥补测井检测方法的不足；还可利用水力压裂所诱发的微地震信号的数量、强度、方位、分布来检测压裂缝的缝高、缝长、对称性、方位、倾角等特征，进而分清多级压裂及按不同压裂程序压裂的裂缝分布状况。

第三节　合理开采速度

合理开采速度对于任何类型油气层都十分重要，但对于裂缝性油气层就尤为重要，这是由于裂缝在各类储层空隙空间中，对地层压力升降造成的应力变化的敏感性最强。因此合理掌控开采速度，用好地层压力，充分发挥裂缝高渗透性的优势，不仅可保持较长时间的稳产，还可降低废弃压力，提高最终采收率；反之，则可造成过早水淹，裂缝闭合，形成油气死区，不仅缩短稳产期，还会降低最终采收率。

一、针对裂缝地质特征用好地层压力

地层压力是油气藏的生命，因为油气藏的形成靠地层压力，油气藏的产出还是靠地层压力。因此地层压力不仅决定了油气藏的形成，还决定了其生命延续的长短和对油气贡献的大小。但是任何油气藏的地层压力，都会随着油气的开采而逐渐下降，而且压力下降的快慢及其变化的程度会直接影响油气藏的稳产期和采收率。所以如何管好和用好地层压力就成为油气开采的核心任务。而对于裂缝性油气藏来说，该任务将变得更为重要而复杂，这主要体现在以下几个方面。

1. 裂缝的应力敏感性

在油气储层的各种空隙空间中，裂缝对有效压应力（外部挤压应力与储层孔隙流体压力之差）的敏感性最强，即在相同的有效压应力作用下，裂缝比孔洞更容易趋于闭合。且其闭合程度与有效应力增加的大小和速度有关，也就是地层压力下降越多、越快，裂缝闭合程度越高，从而造成储层平均渗透率剧烈下降，使油气在向井筒渗流中产生的压降也就越大，这就相当于地层压力进一步降低，进而使油气产量下降。更为严重的是会出现以下两方面的状况而造成最终采收率的降低。

一是由于地层压力在各个方向上是相等的，但围压却经常是不等的，即最大水平主应力、最小水平主应力、垂向主应力各不相同，故使裂缝体在不同方向上所受的有效应力不等。这样在裂缝体中不同走向的裂缝所受到的有效应力也随之不同。显然如垂向有效应力较大，会使低角度裂缝趋于闭合；如最大水平主应力方向的有效应力较大，则使走向接近最小水平主应力方向的高角度裂缝趋于闭合。而且这种闭合的程度与地层压力衰竭的快慢有关，因为衰竭过快，储层内地层压力不能及时平衡，故很容易造成有效应力集中在某些裂缝中，使这些裂缝张开度首先减小。而且对于串联的裂缝来说，一条裂缝的渗透率降低却等同于整个串联体渗透率的降低，因此也会降低最终采收率。

二是裂缝与孔洞应力敏感性的巨大差异，使得当裂缝迅速趋于闭合时，其渗透率剧烈下降，而孔洞体积却减小很少，使其中的油气难以排出，造成废弃压力增高，降低最终采收率。

由上分析可知对于裂缝性储层，其开采速度绝对不能过大，以尽量使作用于裂缝上的有效应力增加不致太快，特别对于那些裂缝充填程度低的、以裂缝为主的油气藏，更要严格控制开采速度，最好能较准确地计算出地应力，以设计最合理的开采速度。

此外，在研究地层压力下降会降低最终采收率时，需要分清储层岩石的性质。对于软弱岩石构成的储层，一般是以孔隙为主，裂缝很少，因此当地层压力下降时，导致孔隙度减小较多，而渗透率降低较少，从而产生压实驱动，提高采收率，因此形成一种有效的采油机制。但是在坚硬岩石构成的储层中，孔隙较少，常以裂缝为主，因此当地层压力下降时，孔隙度减小很少，而渗透率降低较多，故会降低采收率。因此在气藏模拟时，为了平衡这两种现象的影响，必须很精细地刻画岩石的压缩模型，充分考虑到孔隙度与渗透率降低的双重作用，否则可能影响储层采收率和产量的预测以及井位的选择。

2. 裂缝使水侵更容易且更复杂

在有水油气藏中，随着油气的开采，地层压力下降，水侵总是难免的。对于裂缝性油气藏，却常使水侵来得更快、更复杂，对油气藏的伤害会更大，而治理却更难。这对于裂缝性气藏尤为严重，从气水的相渗曲线就可清楚看到，含水饱和度的增高将造成气体相对渗透率迅速和剧烈的降低，如图 7-3-1 所示。具体状况将在第五节中详细阐述。

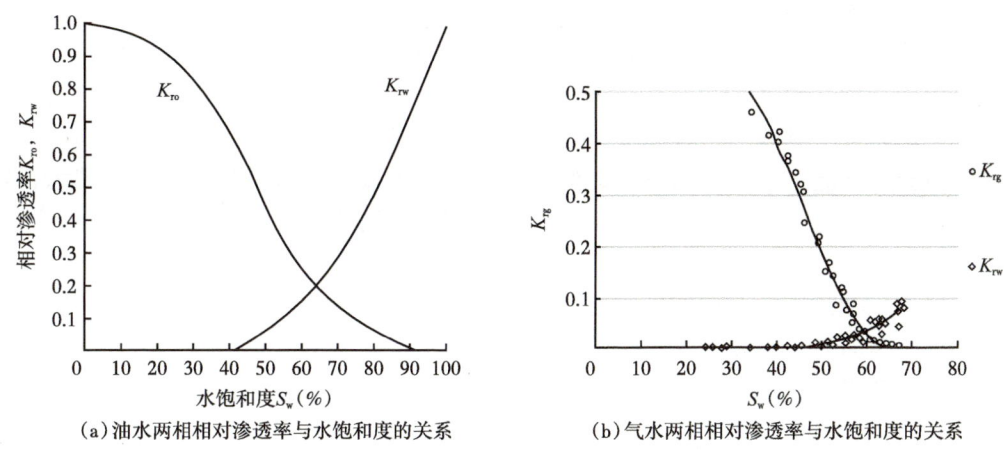

(a) 油水两相相对渗透率与水饱和度的关系　　(b) 气水两相相对渗透率与水饱和度的关系

图 7-3-1　油水双相与气水双相的相对渗透率对比图

3. 裂缝性油气藏的非均质性

裂缝性油气藏很强的非均质性会影响到各个开发阶段中地层压力下降在纵横向上呈现出非均匀的变化状态。具体表现在同一井中的地层压力随深度变化的状态有很大的不同；各井、各流动单元的地层压力在相同深度处有明显差别；各区块的地层压力系数相差可能很大。正是这种地层压力下降的非均匀状态，会造成井间、流动单元间、区块之间油气的互相动用。其结果是由于油气的非生产性流动，使剩余油气储量分布状态改变，增加了油气藏开发的难度；另一方面，油气在长距离的流动中，当流经物性相对较差、束缚水饱和度较高的区块或储层时，使其相对渗透率剧烈下降，甚至成为不能流动的残余油气，从而降低最终采收率。

二、针对裂缝性储层地质特征实时调整开采速度

能否管好和用好油气藏的地层压力，关键在于开采速度是否合理，但什么是合理的开采速度，如何实现合理的开采速度，却是一个既重要又困难的问题，因为这里面包含了诸多相互矛盾的条件和要求，需要认真地去协调和统一。

1. 调整开采速度的准则

（1）能保持油气藏较长时间的稳产。

较长时间的稳产，不仅是为满足用户对油气的需求，而且还可减缓和均衡地层压力下降的速度。但是要稳定多大的产量，才能既可满足用户的要求，又使地层压力缓慢及均匀地下降，这很可能是一个相互矛盾的需求。只能根据油气藏的储量、驱动性质、地层压力、储层的储渗特征等因素来权衡，得到一个相对合理的稳产量及稳产时间。

（2）有利于地层水缓慢和均匀推进。

对于有水裂缝性油气藏，合理的开采速度可减缓边底水的推进速度和降低锥进、舌进的风险，避免油气"死区"的形成和早期出现突发性水淹。

（3）有利于油气产出路径的通畅。

油气产出路径包括储层空隙空间、井筒和油管，其中任一环节的堵塞都会影响油气产出。当开采速度过高时，使油气在产层中的流速过大，一旦超过临界流速，将产生足够大的剪切应力，造成岩石产生剪切破坏，将岩石的骨架砂变成可移动的自由砂，并随油气一起在储层中流动。当油气从地层流向井筒时，在近井地带因压力下降，使砂粒沉淀，造成对储层空隙空间和射孔孔眼的堵塞；其中较大的砂粒可形成井底沉砂，堵塞生产层段；较小的砂粒可进入生产管线，可能造成对井下设备的冲蚀和砂卡井下工具，如对抽油泵的进口阀、出口阀、活塞、衬套等的砂卡。但过低的开采速度，不仅容易导致井底积水，还可使井口压力过大，危及井口设备的安全，这对于高压油气井需特别注意。

（4）有利于产层的稳定。

过高的开采速度，使产层的地层压力剧烈下降，导致上覆岩层下弯，压向产层，引起产层变形，甚至坍塌，进而造成套管弯曲、破裂、整口井工程报废。

2. 调整开采速度的措施

从合理开采速度的准则中可以看到，合理的开采速度不是一个固定的数值，而是与油气藏、油气储层地质特征，用户需求、不同开发阶段密切相关的一个需要调整的变数。

（1）油气藏早期开发阶段的开采速度。

对于无水油气藏，宜在采用定产量制度下来选取合理的开采速度。因这时地层压力较高，渗流系统较为通畅，故可在较长时间内保持压力基本稳定的状态下生产，即能获得较高的产量，又易于管理和降低成本。

对于有水油气藏，宜在采用定井底压力制度下来选取开采速度。因为无论是边底水、层间水、共生水，甚至外来水，对压力的反应均十分敏感，加之裂缝性储层渗流路径的非均质性很强，这样即使在地层压力还处于较高的状态下，井底压力的波动，仍容易造成水体杂乱的流动，伤害储层渗透率，甚至形成油气"死区"。因此应尽量保持井底压差的稳定，即使产生水侵，也可避免或减轻水的锥进，有利于保持储层渗流系统的通畅。

（2）油气藏中期开发阶段的开采速度。

在油气藏进入中期开发阶段，地层压力开始明显下降，使井口压力逐渐降到接近输送压力，这时宜采用定井口压力制度下来选取开采速度。特别当油气藏附近无低压输送管网时，更需要设定井口压力。这样既可延缓地层压力的下降，又能保障用户的需求。

（3）油气藏晚期开发阶段的开采速度。

在油气藏进入晚期开发阶段，地层压力逐渐衰竭，已不足以克服地层中的流动阻力，使产量下降，排液能力不足，造成井底积液，井口压力也低于输送压力。需采用降压生产和增压生产来获得一定的产量。降压生产是周期性地降低生产井底压力，以排除井底积液，降低井口生产压力，以维持一定的产量；增压生产是在地面建立压缩机站增压，将油气输送到用户。

油气藏晚期开发阶段的这些开采措施，对于裂缝—孔洞型储层具有特别重要的意义。因为其中绝大部分油气是储存于孔洞中，而油气的产出主要是通过裂缝进入井中，也就是在产出的油气中，大部分是从孔洞进入裂缝，再由裂缝进入井筒。由于孔洞的渗透率远低于裂缝，因此当地层压力很低时，油气从孔洞流入裂缝的速度和体积将远低于裂缝流入井筒的速度和体积。这时如再按照地层压力较高时的井底压差和井口压力生产，就

第七章　裂缝性油气藏开采

必然造成井底大量积液，产量剧烈下降，甚至完全停产。如果将此时的地层压力作为废弃压力，显然会损失孔洞中相当多的可采储量，而采用上述降压生产和增压生产的措施，则可挽回孔洞中的这些可采储量。如四川很多裂缝性气藏，在压力很低时，在采取低压生产措施后，可使低产状况稳产很长时期，不仅可提高采收率，甚至出现总产量高于地质储量的情况。

第四节　实时动态监测

油气藏投入开发后，地层流体由静止变为流动，使储层由静态转入动态。对于开采速度的选择，不论考虑和设计得如何周密，由于地下情况方方面面的复杂性，使得在计划实施中常会出现预想不到的状况，如不及时发现并采取与之相适应的措施，很可能造成减产、设备损坏、生产井报废、油气藏受到伤害等后果。尤其是对于裂缝性油气藏，因其更强的应力敏感性和非均质性，使得这些突发事件可能来得更快、更多。为此需要随时对油气田动态进行监控，实时了解油井和油气藏的各种变化，既可加深对油气藏静态特征的认识，又能及时调整方案，以适应地下实际条件，达到降低风险，稳定生产的目的。因此对油气藏的动态监测应包括两个方面的内容：一是对油气藏自身的动态监测，主要是对地层压力、储层渗透率、地层流体流动状态的监测；二是对井身状态、生产管线状况的监测，因为它会直接影响到地层流体的流动状态及产量的变化。

对油气井和油气藏进行实时动态监控的技术，包括对生产井和注入井动态特征监测的生产测井技术；对生产井动态、生产井井间关系和油气藏状态变化进行监测的试井技术；对油气藏和油气田静、动态特征的数值模拟技术及生产历史拟合技术。

一、生产测井监测技术

生产测井包括动态生产测井和工程生产测井两部分。动态生产测井用于探测井筒中流体类型及其流动状态和地层参数变化，对油气田的动态监测具有非常重要的作用。工程生产测井用于探测井下管柱状况和检查固井、射孔、压裂效果，对了解井下生产管柱的变形、损坏和储层改造效果都具有十分重要的意义。

1. 动态生产测井

（1）了解井剖面中的流体类型及动态特征。

①井中产出剖面特征。

通过测量井中流体的密度、电阻率、温度可以鉴别产出流体的类型和层位。利用流量计测量可确定各产层产量的比例。

②井中注入剖面特征。

对于注水剖面特征的探测需根据注入水性质的不同而采用不同的测井方法。当用加有放射性同位素示踪剂的注入水时，可用自然伽马、井温、涡轮流量计测量探测吸水层位和吸收比例；当用比地层温度较低的注入水时，可用井温、涡轮流量计测量探测吸水层位和吸收比例。

对于注蒸气剖面特征的探测，可通过温度、压力、流量三参数的测量，计算出井筒中的热损失和井筒干度变化，进而得到分别进入各层段的总热量。

③井中流体流动特征。

对于单相流动特征的判别，可通过对井中流体密度 ρ、黏度 μ、平均流速 v 和油管内径 D 的测量，计算出单相流动的雷诺数 $N=\rho vD/\mu$。当雷诺数小于 2000 为层流，大于 4000 为紊流，介于两者之间为过渡流。

对于气水双相流动特征的判别，可通过对井中流体的电容、介电常数、光电吸收系数、流量计的测量可以计算各种流体的持率，即井中某相流体流过某一横截面时所占横截面积与井筒全横截面积之比值；气相和水相的表观速度，即在井筒横切面上气相和水相各自的平均速度。然后根据如图 7-4-1 所示的关系，确定气水双相的流型[22]。

Ⅰ区：液相是连续相，包括泡状流和弹状流两种流型。
Ⅱ区：液相和气相交替出现，包括弹状流和段塞流两种流型。
Ⅲ区：气相是连续相，只有雾状流一种流型。
过渡区：液相和气相并存，从连续液相向连续气相过渡，包括段塞流和环状流两种流型。

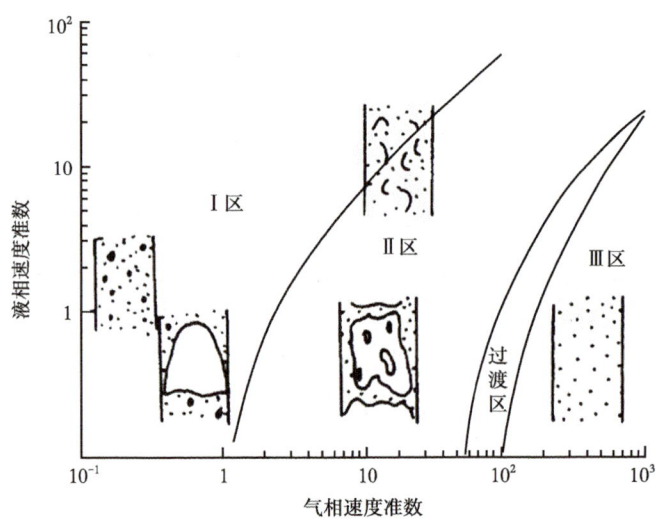

图 7-4-1　垂直管中气水两相流型与气、水表观速度的关系

④分析井筒环空内流体流动特征。

利用压差密度测量器或井下压力计测量可获取井筒中流体在流动或关井静止状态下各深度处的压力，以得到用于预测气井无阻流量和生产能力下的井底静压和流动压力。进而可用来分析油管与套管环空中流体流动状态下不同深度处的压力，确定产出流体或注入流体漏失层位及其在环空中的窜流状况。

（2）获得储层动态参数。

利用生产动态测井测量的各种信息，可直接得到地层压力，计算储层有效渗透率、表皮系数、剩余油气饱和度等储层动态参数。

①测量地层压力。

利用重复式地层测试器（RFT）的压力计可直接测量地层压力，如图 7-4-2 所示。

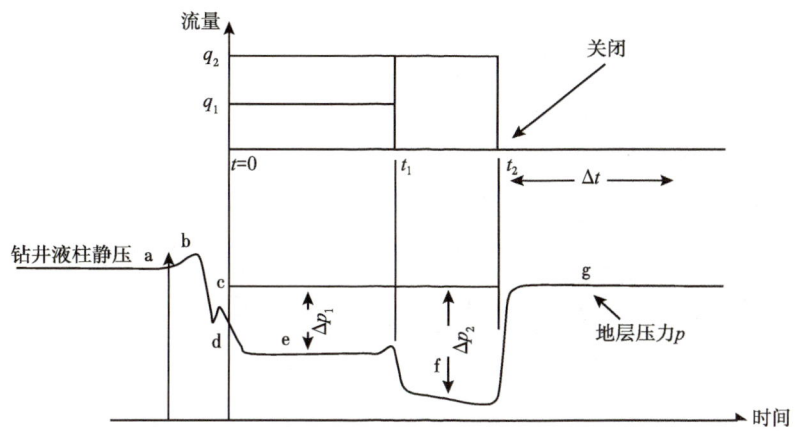

图 7-4-2　RFT 两个预测小室测量的流量和地层压力曲线

②计算渗透率和表皮系数。

利用 RFT 所测的压降曲线和压力恢复曲线可以计算地层渗透率。其中压降曲线反映的是取样嘴附近约 10cm 半径球形空间内侵入带中钻井液球形流动有效渗透率；压力恢复曲线反映的是从两个预测小室充满到压力达到地层压力这段时间中的压力恢复情况，此时压力干扰范围呈球形向外传播，直至不渗透边界变为径向流动，因此压力恢复时间的长短是未侵入地层渗透率的函数，故测得的是半径约一米至几米的径向流动有效渗透率。因此一般来说用压力恢复曲线计算的渗透率较为可靠，仅当地层渗透率高于几个毫达西时，其压力恢复过快，难以定量计算渗透率。而用压降曲线计算的渗透率主要反映井壁附近地层的性质，因此受井壁表皮系数影响较大，故可用来计算储层的表皮系数。

利用模块式地层动态测试器（MDT）除可提高地层压力的测量精度外，还因采用了三个测试嘴的测量系统，通过分析这三个嘴子所记录的压力曲线就可直接得到垂直和水平渗透率。由于 MDT 采用了两个可膨胀的封隔器来隔离测试井段，故可直接测得裂缝段的渗透率，这对裂缝型储层的评价十分有用。

③计算剩余油气饱和度。

对于有边、底水的油气藏，其剩余油气饱和度反映了油气藏的水侵程度，也就是油气藏的开发程度。因为根据物质平衡原理，油气藏中的剩余油气体积等于原始油气体积与侵入油气藏的剩余地层水所占的体积之差。如分别与油气藏总空隙空间体积相除，则剩余油气饱和度等于原始油气饱和度与现今水饱和度之差。由此可知，实时了解剩余油气饱和度的高低及其变化状况，对于掌控油气藏的水侵程度和开发程度具有十分重要的作用。尤其对于非均质性极强的裂缝性油气藏，不仅关系剩余储量的大小，还关系到剩余储量的分布，这对以后阶段的滚动勘探与开发方案的部署和实施更具有举足轻重的作用。

利用生产动态测井资料计算剩余含气饱和度的方法依据以下两种函数关系：

一是井中流动的持水率 Y_w 与含水率（产水率），即水相流量与总流量之比值 F_w 的关系：

$$F_w = Y_w - \frac{v_s Y_w (1 - Y_w)}{\bar{v}}$$

$$\bar{v} = \frac{Q}{S} \quad (7\text{-}4\text{-}1)$$

式中：v_s 为气水滑脱速度，可由经验图版求得，m/s；$\bar{v}$ 为气水两相流体的平均速度，m/s；Q 为总流量，m³/s；S 为管子截面积，m²。

二是含水率在忽略毛细管力和重力影响条件下，与油（气）和水的黏度、相渗透率、相对渗透率满足以下方程：

$$F_w = \frac{1}{1+\dfrac{\mu_w}{\mu_o}\dfrac{K_o}{K_w}} = \frac{1}{1+\dfrac{\mu_w}{\mu_o}\dfrac{K_{ro}}{K_{rw}}} \quad (7\text{-}4\text{-}2)$$

式中：$\mu_w, \mu_o, K_w, K_o, K_{rw}, K_{ro}$ 分别为水的黏度、油（气）的黏度、水的有效渗透率、油（气）的有效渗透率、水的相对渗透率、油（气）的相对渗透率。

由于油（气）水两相的相对渗透率均为含水饱和度的函数，可由相对渗透率实验分别得到油（气）水相对渗透率与含水饱和度的函数关系，将其代入式（7-4-3）就可求出含水饱和度 S_w。

$$F_w = \frac{1}{1+\dfrac{\mu_w K_{ro}(S_w)}{\mu_o K_{rw}(S_w)}} \quad (7\text{-}4\text{-}3)$$

则剩余油（气）饱和度 $S_{ro}=1-S_w$。

2. 工程生产测井

工程生产测井主要针对完井工程质量和井下生产管柱状态两个方面进行检测。

1）完井工程质量的检测

（1）固井质量检测。

固井质量检测包括三个方面的内容。一是固井段充填物的性质及其所占比例的检测，包括有水泥段的水泥充填比例；判断无水泥段是被流体充满，还是被非水泥的固体物质充满，如砂粒或钻井液中的固体颗粒。这对无水泥段的补救措施至关重要，因为对于流体充满段可用补挤水泥的办法来改善，而对于非水泥的固体物质充满的情况，则不能用挤水泥来补救。二是对固井段两个界面的水泥胶结程度进行评价。套管与水泥的界面为第一胶结面，水泥与地层的界面为第二胶结面。第一界面的胶结程度影响生产管串之间窜流的问题；第二界面的胶结程度不仅影响管串之间，还会影响地层之间能否发生窜流的问题。因此与油气生产的动态特征有很密切的关系。三是对不同方向的水泥胶结程度的评价。对于两个胶结面在某一段360°全方位上胶结不好的情况固然容易导致生产管串之间和地层之间发生窜流，但容易被检测到，可是只在某个方向上出现胶结质量差的情况，同样可能导致生产管串之间或地层之间的窜流，却难以被固井质量测井检测到。

对于上述三个方面的固井质量检测，目前有水泥胶结测井（CBL）、声波变密度测井（VDL）、水泥评价测井（CET）、扇形水泥胶结测井（SBT）、超声波水泥胶结成像测井（USI）等方法。

①利用水泥胶结测井（CBL）检测固井质量。

CBL 测井是根据所测声幅的高低来检测固井质量。好的固井质量对应低的声幅；差的固井质量对应高的声幅。如图 7-4-3 所示，图中横坐标为环形胶结程度，100% 表示全胶结；纵坐标为衰减率，100% 表示声幅完全衰减。这一概念是将自由套管声幅用 A_0 表示，目的层声幅用 A 表示，则其相对幅度 $C=(A/A_0)\times100\%$ 的大小就可评价水泥胶结的程度。$C<20\%$ 胶结良好，C 在 20%~40% 之间胶结中等，$C>40\%$ 胶结差。但该方法只能评价第一胶结面，不能评价第二胶结面。

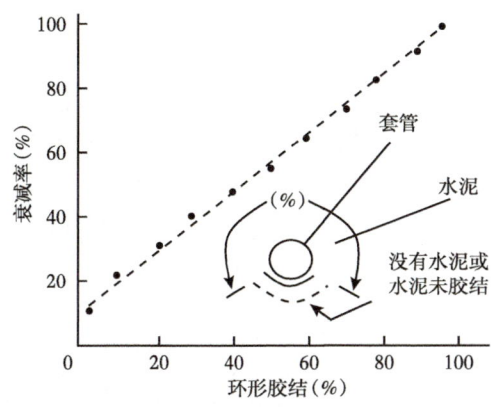

图 7-4-3　水泥胶结测井声幅衰减与水泥胶结程度的关系

②利用变密度测井（VDL）检测固井质量。

VDL 测井是根据所测全波列构成的声波变密度波形特征来检测固井质量。如图 7-4-4 所示，图中左侧前 3 个波是套管波，为基本平行的直线；第 4~6 个波是包括纵波和横波的地层波，为摇摆不定的黑白条纹；再后面的波是钻井液波，也就是直达波，为平行的或略有摆动的直线。自由套管的波形前面为直而平行、黑白反差很强的条带。水泥与套管和地层胶结均好的波形特征为套管波信号很弱或不存在，而地层波信号很强。如遇有快速地层（如石灰岩、白云岩等），地层波会出现在套管波的位置上。水泥与套管胶结好，但与地层胶结差的波形特征为套管波信号很弱，甚至发生周波跳跃，地层波信号也很弱，故出现条纹断续缺失的图形。图 7-4-4 给出了 CBL 和 VDL 在不同固井质量状况下的波形特征。

③利用水泥评价测井（CET）检测固井质量。

CET 测井检测固井质量的原理与 CBL 基本相同，即均根据声波幅度衰减的程度来判断水泥胶结的好坏，如图 7-4-5 所示。CBL 采用由折射波（滑行波）产生的反射波衰减程度，而 CET 采用自发自收的反射波衰减程度。这样使 CET 的测量信号不受套管与水泥环之间厚约 0.1mm 的微裂环的影响，而 CBL 却要受其影响。该微裂环可能是由以下两个原因所致：一是水泥凝固时发热使套管膨胀，凝固后冷却使套管收缩所致；二是注入水泥时，套管经受挤压应力而膨胀，固井后，套管中水泥排空，承受压力释放，造成套管收缩所致。CET 测量不受微裂环影响的作用体现在两个方面：一是微裂环不会造成窜槽，因此不必挤水泥堵塞。但 CBL 因受微裂环影响，误判为固井质量不好，会导致窜槽，需挤水泥堵塞，因此如果未测 CET，就将造成因误挤水泥而消耗不必要的时间和资金；二是微裂环可能影响水泥的剪切固结力,既可能导致套管移动,造成射孔孔眼偏离储层,还可消耗水力压裂时的压力。因此需要有 CBL 和 CET 资料的互补作用才能鉴别微裂环与水泥胶结问题。

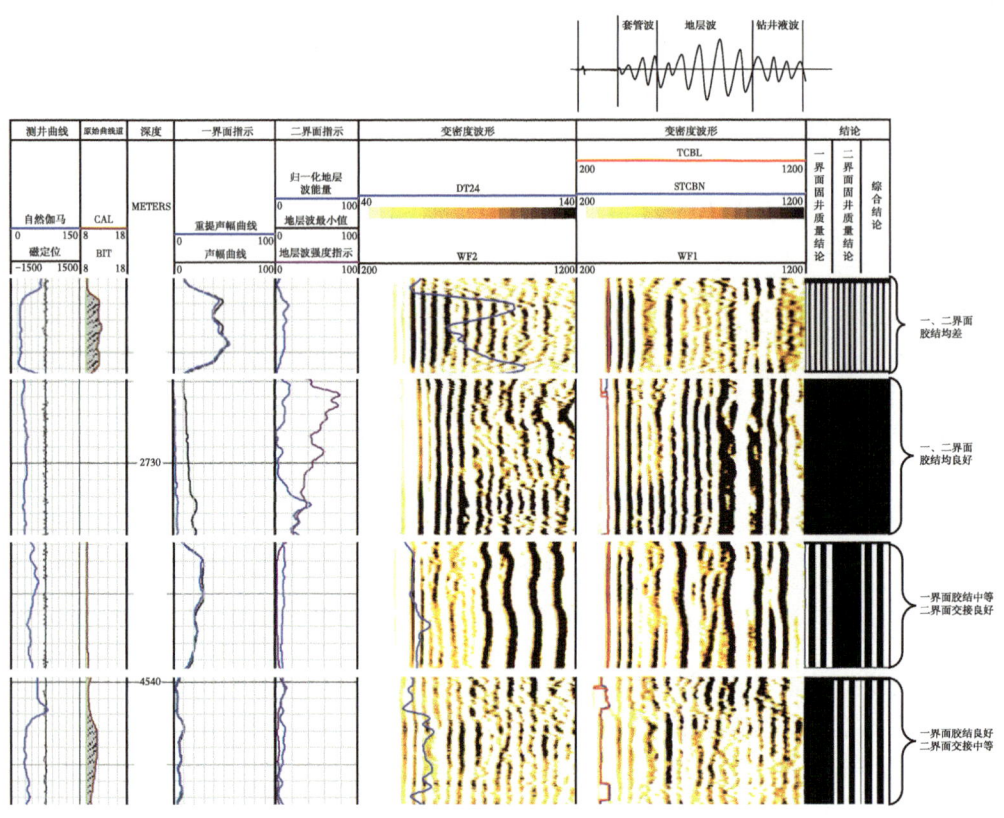

图 7-4-4　CBL 和 VDL 在不同固井质量状况下的波形特征

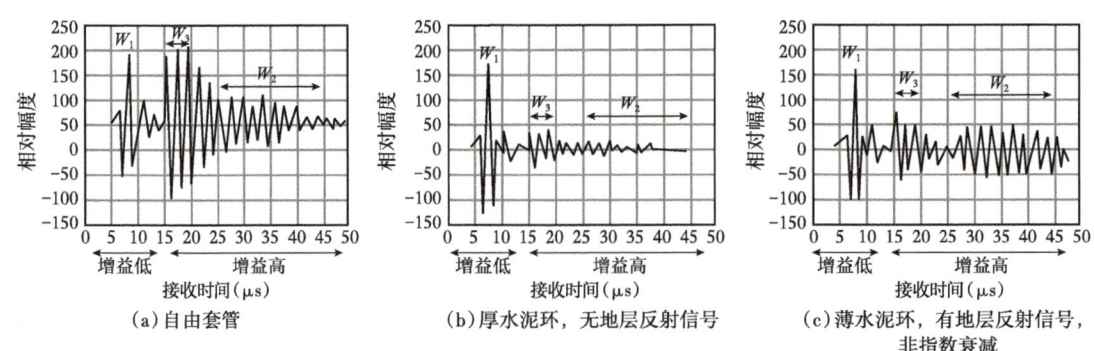

图 7-4-5　CET 测井声幅衰减与水泥胶结程度的关系

④利用扇区水泥胶结测井(SBT)检测固井质量。

SBT 是阿特拉斯测井公司推出的固井质量检测仪器,主要目的在于检测水泥在不同方向上胶结质量的状况。仪器采用推靠臂将 6 个测量极板推向套管壁,从而可将套管外环形空间分成 6 个相等的扇形小区,以分别测量其水泥胶结质量。测井时采用相邻 4 个极板组成声波信号呈螺旋状双发双收测量系统,以测得由声波的环状衰减和纵向衰减构成的衰减率。由测量结果可计算出衰减率、平均衰减率与最小衰减率、平均声幅等三个参数,用以检测固井质量。

分别计算 6 个扇区的衰减率。

对于第 1 扇区($T_1R_2R_3T_4$)的衰减率可用式(7-4-4)计算:

$$ATC_1 = \frac{10}{d}\lg\left(\frac{A_{13}A_{42}}{A_{43}A_{12}}\right) - DBSPRD \qquad (7\text{-}4\text{-}4)$$

式中:d 为间距;DBSPRD 为几何扩散引起的声波衰减;A_{ij} 为由第 i 个发射器发射、由第 j 个接收器接收的声幅。

如此可分别计算各扇区的衰减率,衰减率越高则水泥胶结越好,反之则越差。

计算平均衰减率 ATAV 和最小衰减率 ATMN:

$$ATAV = \frac{1}{6}\sum_{n=1}^{6} ATC_n \qquad (7\text{-}4\text{-}5)$$

ATMN=min{ATC_n}(n=1,2,…,6)

利用 ATAV 与 ATMN 之差可反映水泥胶结环向的不均匀性,如有较长井段连续出现明显差异,表明存在水泥沟槽,很容易造成管外窜流。

计算平均声幅 AMAV:

$$AMAV = AFREE\left[10 \times \left(-\frac{3}{20}ATAV\right)\right] \qquad (7\text{-}4\text{-}6)$$

式中:AFREE 为自由套管声幅,%。

平均声幅相当于理想条件下的水泥胶结测井(CBL)曲线,可用作对井周 360°方向上平均固井质量的评估。

⑤利用超声成像测井(USI)检测固井质量。

USI 测井是根据固井物质声阻抗变化造成超声波反射信号幅度高低的差异,用声成像技术来显示的一种固井质量检测方法。它可以清晰、直观的图像来定量描述固井质量。如图 7-4-6 所示,左栏为原始声阻抗,色标单位用毫瑞利(MRayl),白色为小于 0.5MRayl,由浅黄开始以 0.5MRayl 的间隔逐渐加深到深褐色,黑色为小于 8MRayl;中间栏为胶结指数,可定量描述充填介质的百分含量,黄色为固体水泥的百分含量,红色为气的百分含量,蓝色为流体钻井液的百分含量;右栏为加门限值处理后的声阻抗,从黄色到黑色为从低到高的声阻抗,表示水泥含量逐渐增高,红色表示声阻抗低于 0.3 的气体,蓝色表示声阻抗低于 2.6 的液体。此外,USI 还能判断无水泥段是被孤立的流体充满,还是被非水泥的固体物质,如砂粒或钻井液中的固体颗粒充满。这对无水泥段的补救措施至关重要,因为对于流体充满段可用补挤水泥的办法来改善,而对于非水泥的固体物质充满的情况,则不能挤水泥。

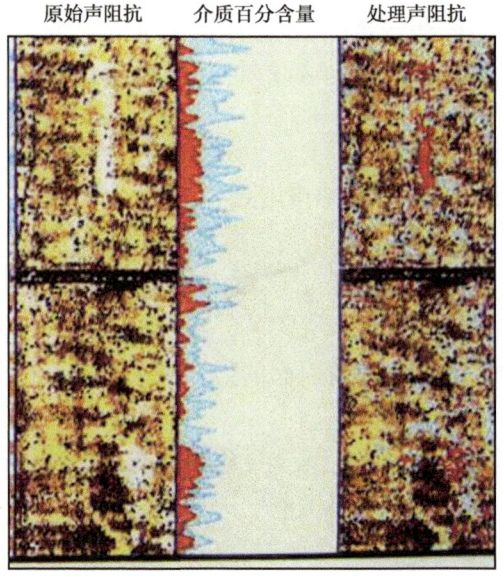

图 7-4-6　USI 水泥胶结评价显示图

除上述直接评价水泥固井质量的方法外，还可用噪声测井来探测套管外是否有窜槽发生，以间接判断固井质量的好坏。而且通过对噪声的频谱分析，可进一步判断是气窜，还是水窜。

（2）射孔质量及其堵塞程度检测。

①射孔质量检测。

目前主要利用多臂井径仪和声波成像测井仪检测射孔孔径大小、孔眼密度及检查发射成功率。较高的孔密有利于提高产量，但过高的孔密容易造成套管的损坏。孔径对产量的影响与孔深有关，当孔深小于 9in 时，产量随孔径增大而增高，其增高趋势在孔径小于 0.4in 时较为明显，孔径大于 0.4in 时，对增高产量的作用已很小，因此通常将孔径选为 0.5in。当孔深大于 9in 时，孔径对产量影响已很小了。射孔发射成功率是指实际射孔数和孔密与设计射孔数和孔密相差了多少。图 7-4-7 是用声波成像所测的套管射孔孔眼图。

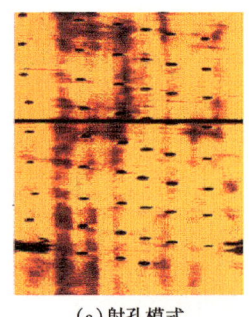 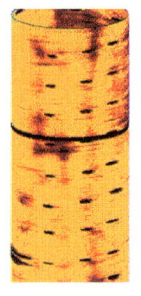 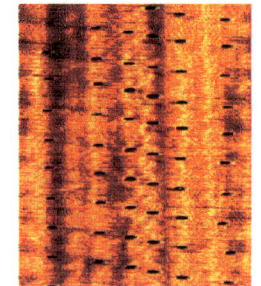

(a) 射孔模式　　　　　　(b) 射孔密度　　　　　(c) 射孔有效发射率

图 7-4-7　套管中声波成像测井检测射孔模式、射孔密度、射孔有效发射率

②射孔孔眼堵塞程度检测。

对于套管完成井，射孔孔眼是油气产出的必经路径，因此孔眼堵塞与否直接影响油气的产出。射孔孔眼堵塞可能是在射孔作业时由射孔液所造成，也可能是在油气产出过程中因多种原因所形成。射孔液造成孔眼堵塞的原因有三个：一是射孔液中的固相颗粒沉淀于孔内造成堵塞；二是射孔液与孔壁岩石，特别是黏土矿物接触使之膨胀、剥落发生堵塞；三是当射孔液流速过大时，使孔壁产生自由砂，在孔眼末端沉淀造成堵塞。

油气产出过程中造成射孔孔眼堵塞的根本原因是油气从储层渗流到射孔段附近时，形成压降漏斗，如图7-4-8所示。

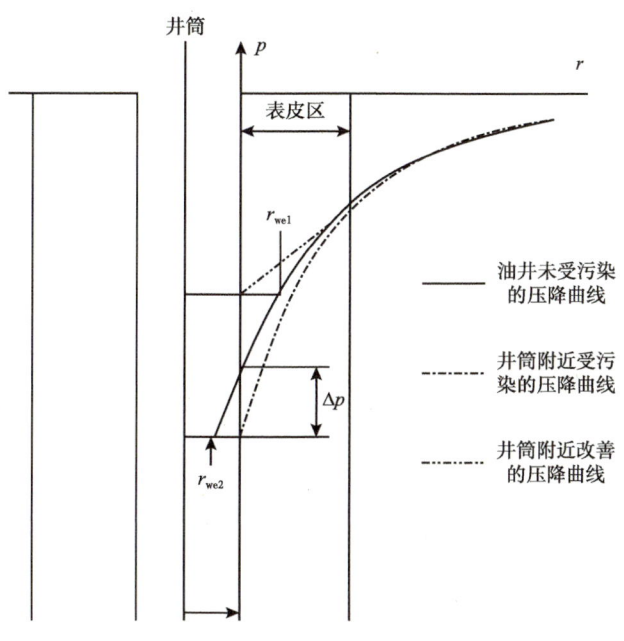

图7-4-8　近井表皮区附加压降示意图

由于近井表皮区压力下降可能在三种情况下造成射孔孔眼的堵塞：

一是在有水油气藏中，压力下降使地层水溶解度降低，导致溶解矿物析出沉淀造成射孔孔眼堵塞。

二是在凝析气藏中，由于产出层段的井周压力下降，当井底压力 p_{DH} 低于露点压力 p_D 时，则有凝析油析出，并在储层中按照距井筒距离的不同可能形成三个分布区，如图7-4-9所示。但只在离井最近的一区能因凝析油饱和度高于其临界饱和度，故构成气、液双相流动，不仅降低了天然气的相对渗透率使产量降低，而且凝析油还可能对部分流通孔缝造成堵塞，导致额外的压降，将进一步影响气产量。更值得注意的是凝析油对一区的堵塞作用不仅可在富凝析气藏发生，在贫凝析气藏也同样存在。因为凝析油的贫富只影响一区范围的大小，而不能消除一区的存在。因此贫、富凝析气藏的差别只是发生堵塞时间的不同。实际生产结果表明，贫、富凝析气藏的凝析油量虽然差别很大，但对天然气产能比 j/j_0（凝析油析出后天然气产量与无凝析油析出时天然气产量的比值）的影响却很小，如图7-4-10所示。

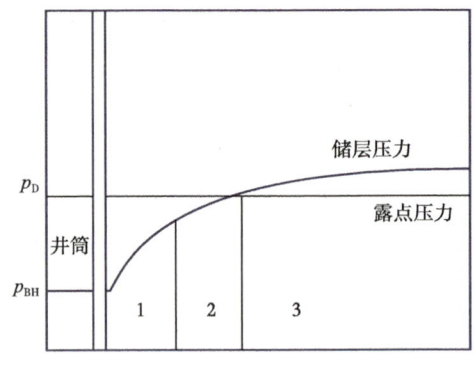

图 7-4-9　凝析气井周围凝析油分区

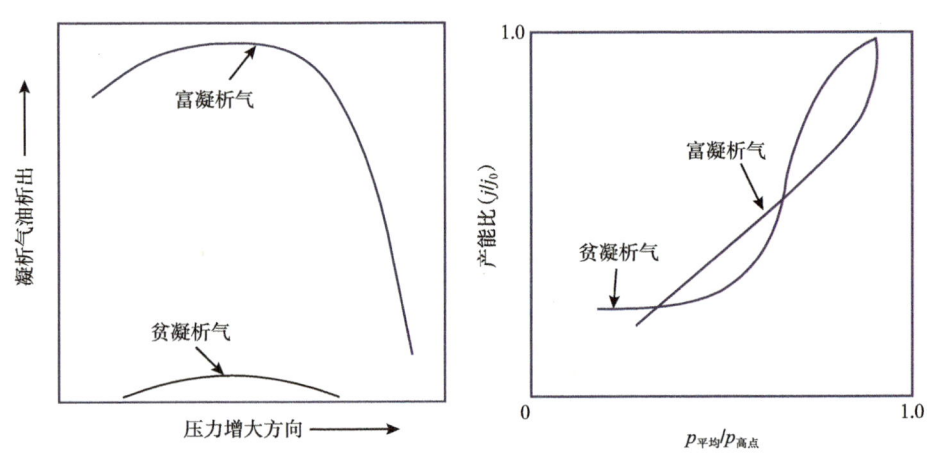

图 7-4-10　贫、富凝析气藏凝析油量和产能对比

三是对于生产压差大、油气产量高、流速快的储层，出砂量大，其中较粗的砂粒容易造成井底积砂而堵塞产层射孔孔眼。

对射孔孔眼堵塞程度可用动态生产测井测得的井底流压 p_{wf} 与表皮系数 S 的关系曲线求得表皮系数来评估，如图 7-4-11 所示。

2）检测井下生产管柱及井身状态

井下生产管柱在地下长期经受着各种流体的冲刷、腐蚀，地层压力和地应力的作用，层间滑移和塑性流变，岩性膨胀的挤压等，必将发生程度不同的变形和损坏，诸如堵塞、错断、破裂等。这些都会给生产造成很大的影响，应及时对井下生产管柱进行检测，为分析出水位置、环空窜流状态、储层堵塞位置提供依据。

利用过套管井径仪和过油管井径仪可确定套管、油管的变形部位；利用磁测井仪可监测套管腐蚀及损坏情况；利用井下超声电视测井仪可更直观、更详细观察井下生产

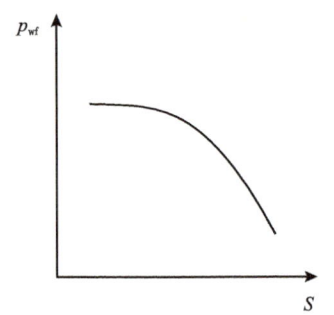

图 7-4-11　井底流压与表皮系数关系示意图

管柱的状况，如指示套管腐蚀位置和腐蚀程度，估计套管因工程措施或塑性地层膨胀导致的损坏情况，了解套管内壁和外壁金属的缺失状态，搞清套管是否偏心，确定射孔位置和孔眼是否堵塞等。利用超声井眼成像测井（UBI）可检测井身发生剪切错动将套管折断的情况。

二、试井监测技术

对于裂缝性储层，因其渗透率具有极强的非均质性和各向异性，导致开采中的地层流体在纵、横方向上的流量和压降变化很大，而且波及范围较广，这就使得用生产测井所检测到的结果不能反映整个储层中的流体动态和压降特征，也不能对油气藏进行动态检测。因此采用检测范围更大的试井技术，对一些关键井进行定期或不期的试井测量就很有必要。

为了使裂缝性储层的试井能取得好的效果，首先需要建立一个适用于双孔单渗和双孔双渗的双重介质模型。为此应对不规则分布的裂缝进行理想化、规则化，能将岩石切割成整齐的、间距相等的岩块，并作为储层的渗流单元。然后再进一步抽象为在数学上可等效的双重介质模型，如图7-4-12所示。图7-4-12（a）为双孔单渗模型，即储层基质孔隙中的流体仅流入裂缝，不流入井筒，只有裂缝中的流体流入井筒；图7-4-12（b）为双孔双渗模型，即储层基质孔隙中的流体可分别流入裂缝和井筒。

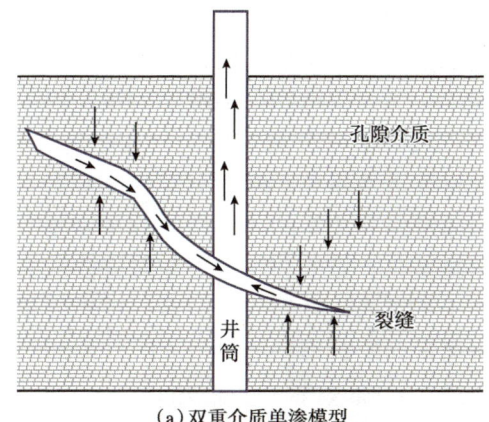
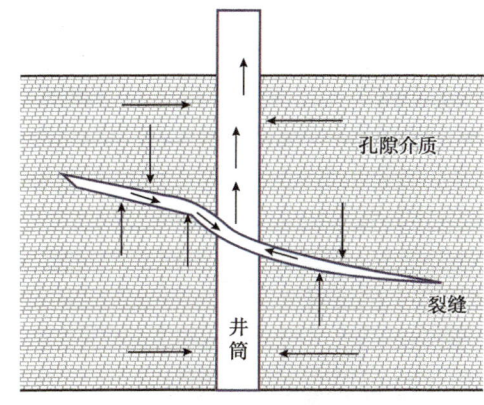

图7-4-12　裂缝孔隙双重介质渗流模型的建立

根据这种模型，可对裂缝性储层的试井曲线做出合理的解释，以监测储层中流体的流动状态及压力变化情况。如图7-4-13所示的双重介质地层气井试井曲线，具有典型的双孔拟稳定窜流地层的试井曲线特征。图中黑线为压力与时间的关系曲线，蓝线为压力导数与时间的关系曲线。在压力导数曲线中有一个凹谷，对于双孔拟稳定窜流模型该凹谷可以很深，双孔不稳定窜流模型凹谷却较为平坦。因此该凹谷的特征反映了储层内的流动特性。如裂缝是向井供给产量的主要流动通道，则当基质孔隙向裂缝补给流体的能力小于裂缝系统向井供给流体的能力时，则发生基质孔隙补给的时间滞后效应，使得裂缝系统在一段时间内处于欠供给状态，从而引起压力变化滞后。

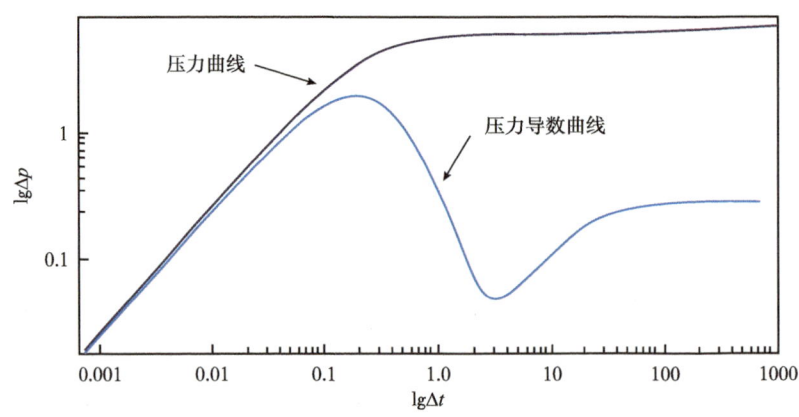

图 7-4-13　双孔拟稳定窜流地层试井曲线特征

应用双重介质试井解释模型，可以解决裂缝性地层的试井分析问题。但需注意的是并非所有裂缝性地层的试井资料都会表现出双重介质特征，而出现视均质特征的情况也很多。造成这一现象的原因主要有以下两个。

一是在气井中途测试或完井试油时，因生产时间很短，所采出的都是裂缝系统内的气，且压力损耗又很少，故基质系统的补给效应不明显，故试井曲线常反映不出双重介质特征。

二是孔缝结构特征的影响。为此针对四川盆地碳酸盐岩气藏地质特征进行研究，提出了四级渗流通道模式的观点，即宏观裂缝、微细裂缝、显微裂缝和孔隙喉道四级渗流，如图 7-4-14 所示。各级通道的渗透性差异很大，宏观裂缝渗透性最好，但分布密度最低，孔隙喉道渗透性最差，然而分布密度最大。当这四级通道相互之间的渗透性和分布密度搭配关系不协调时，可能会出现宏观裂缝渗流能力远远大于下级通道补给能力的情况，也就是下级渗流通道向宏观裂缝的供给有时间滞后。反之，如果在孔隙喉道与宏观裂缝之间，通过密度较大的显微裂缝和微细裂缝相连，彼此之间搭配关系较理想，孔隙喉道向宏观裂缝供给气体就几乎不存在滞后效应，使基质和裂缝两种介质在渗流过程中能迅速达到供给平衡，故不会反映出渗流能力的差异。基于该认识，很容易解释裂缝孔隙型储层为什么在一些井的试井曲线上表现出双重介质特征，另一些井的试井曲线上却表现出视均质特征。

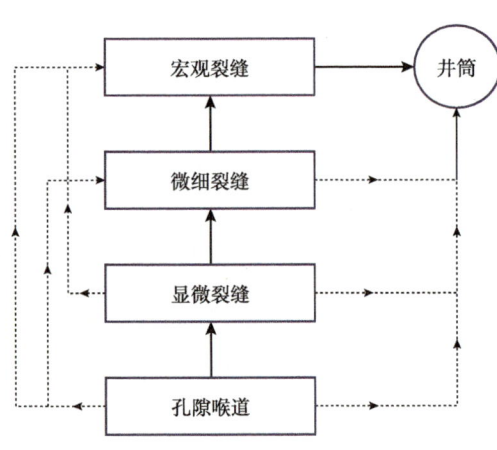

图 7-4-14　碳酸盐岩储层四级渗流通道示意图

三、生产测井与试井监测的综合应用

生产测井和试井分别对生产井和油气藏进行动态检测结果的分析及应用实践表明，生产测井可以较准确、细致地了解到生产井中各产层段或各流动单元产出流体的性质、流量、压力，以及表皮系数、渗透率等参数，可是当这些参数一旦发生较大的突变时，由于裂缝性储层的非均质性很强，对于探测范围很小的生产测井来说，就很难找准突变的根本原因。这时就需要用试井来探测整个储层，甚至整个油气藏中可能出现的问题，如生产井间的连通情况、边底水的窜流状态，油气渗流通道中渗透率的变化等。但是由于试井是对大段地层的监测，故难以准确确定具体层位或流动单元所发生的变化。因此在对生产井、产层、油气藏进行动态监测和解释时，需要综合应用生产测井与试井资料。

四、油气藏数值模拟及生产历史拟合技术

前面所讨论的生产测井技术和试井技术对油气藏动态特征的实时监测，基本都是以较单一的、孤立的方式去观察、分析、计算和预测。但由于这些动态特征不仅因受各种地层静态特征的影响会出现多解性；还由于各动态特征之间常因相互关联、制约、甚至矛盾而可能造成误判。因此仅凭生产测井技术和试井技术对油气藏动态特征的实时监测结果虽可对油气开采中的一时、一事有重要的作用，可是对整个油气藏或油气田的勘探与开发是不够的，特别是对于裂缝性油气藏，其地质静态特征与油气动态特征之间的关系极其复杂、多变，极需要以动态的模式将各种地层静态参数之间的关系、各种油气动态性质之间的关系、静态参数与动态性质之间的关系联系起来，从静态到动态，用动态修正静态，直至油气藏静态与动态的统一，得出动静统一条件下的油气开采措施和开发方案。

油气藏数值模拟技术及生产历史拟合技术的结合是实现油气藏静态与动态统一的必由之路。具体做法是根据油气藏地质模型建立一套包括数学模型、数值模型和计算机模型的模拟计算技术。其中油气藏地质模型为油气藏数值模拟提供各种参数，包括储层参数，如渗透率、孔隙度、流体饱和度、流体性质、储渗空间类型、地层厚度、压缩性；气藏的原始地层压力及其分布；油气藏的几何形态等。而油气藏数值模拟模型则根据从地质模型得到的这些参数去实现对油气藏动态特征的分析和预测。如分析边、底水的活动规律，计算剩余储量的分布，寻找合理的井网部署、开采方式和开采速度，研究油气藏采收率及提高采收率的措施，预测油气藏动态以制定开发方案或调整方案。但是，由于油气藏的复杂性和多变性，使得无论多么仔细、认真建立的油气藏地质模型和用以完成的油气藏数值模拟模型，都不可能完全准确地预测到油气藏的动态特性。这样就常常需要通过生产历史拟合技术，对气田投产以来所取得的实际地层压力、产量、井口压力数据及水气比等参数通过拟合来检验和修改模型中的参数。也就是说，如果模拟模型得出的模拟值与过去实际生产情况相吻合，则说明模拟模型可用来预测今后的气藏动态特性；反之，则可能是模拟模型有问题，甚至是地质模型有不当之处，这就必须反过来，由已知的动态特征去修正静态的地质模型及其与之相关的数值模拟模型。因此，可以说地质模型是气藏数值模拟技术的基础，数值模拟技术是监测气藏动态特征的有力武器，而生产历史拟合技术则是用好这一武器的关键技术。图7-4-15给出了气藏地质模型、气藏数值模拟模型、生产历史拟合三者之间密切的关系，共同构成了一项能将油气藏动、静态统一起来的重要技术。

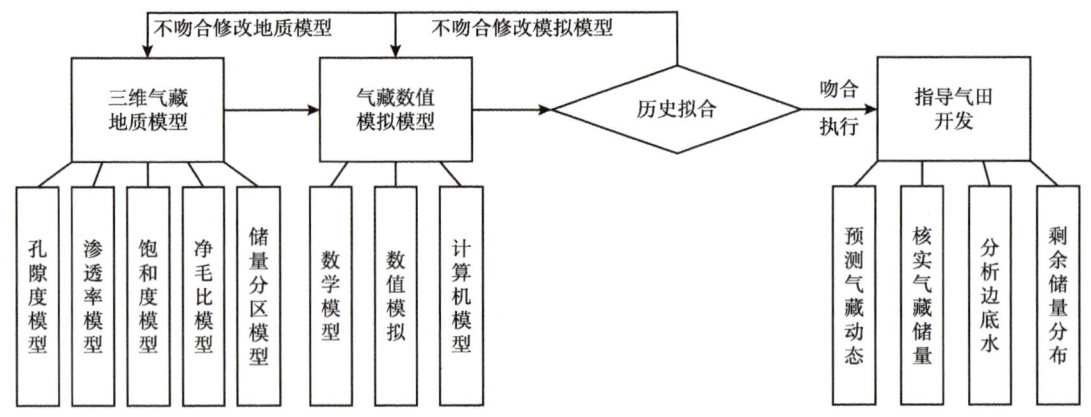

图 7-4-15　气藏地质模型、气藏数值模拟模型、生产历史拟合之间的关系

第五节　及时治理

对裂缝性油气藏及其生产井进行实时动态监测的目的在于能及时发现和治理油气开采中出现的各种问题，其中对有水油气藏（绝大多数裂缝性油气藏基本都是有水油气藏）最常见并对生产影响最大的是水窜和堵塞，因此是需及时治理的主要项目。

一、裂缝性油气藏开采中的治水

1. 不规则水窜对油气藏和油气井的伤害

对于有水油气藏，水体可以补给油气藏的能量，减缓油气开采造成地层压力下降的速度，这无疑对油气藏开发有利，但这必须以水体呈均匀推进为前提，否则将适得其反。因此水侵对气藏开发的利弊，关键在于水体推进的状态，而水体推进的状态主要受油气开采的速度和储层非均质性两个因素影响。前者可由人工调节来控制，后者则取决于储层裂缝发育的非均质性程度。

对于裂缝性油气藏，一方面多数都存在边水或底水或同时具有边底水，随着油气的开采，地层压力逐渐下降，油气与水之间的压差随之增大，当其增大到一定程度后，就会造成水体迅速大量上升；另一方面，裂缝性油气藏的非均质性和各向异性均很强，使边、底水常呈不规则的锥进或突进，因此给油气井和油气藏造成极大的伤害，这主要表现在以下三个方面。

（1）降低单井油气产量。

由于边底水的窜入，导致地层流体呈双相，甚至三相流动，不仅使渗透率降低，而且可能形成水锁、气锁，导致单井产量降低。

（2）导致井筒积液。

由于水窜造成油气产量减少，使井筒携液能量不足，部分液体不能被带出井口而沉降于井底，造成井底压差减小，使油气产量和流速进一步下降，其携液能力随之剧烈降低，直至不能将井筒中的液体—水滴或油滴带出井口而沉降于井底，形成大规模的井底积液。

这将极大地影响生产甚至危及油气井的寿命。

（3）形成油气"死区"。

在非均质性很强的裂缝性油气藏，其不同部位岩石的渗透率有较大差异，而同一部位岩石的渗透率又常出现明显的各向异性。当地层水窜入这种油气层后，水体在不同部位和不同方向上的推进速度会有很大差别，导致在渗透率相对较高的部位和方向上很快被水窜入，但渗透性较差的部位则水窜较慢。这种水窜速度的差异，将可能使一些渗透性相对较差的含油气岩块被沿裂缝的窜入水包围，而被水包围的岩块孔洞中却仍保留有大量的油气，形成难以采出的油气"死区"。对于边水水侵，主要在基本平行层面方向上形成油气"死区"，特别当水平渗透率各向异性很强时更为突出；对于底水水侵，主要在基本垂直层面方向上形成油气"死区"，特别当垂直渗透率各向异性很强时更为突出。但无论何种油气"死区"都会极大地影响油气藏的最终采收率。因为裂缝的渗透率远高于孔洞，故对裂缝的水窜将明显快于对被裂缝切割的岩块的水侵，使得岩块孔隙成为油气"死区"，而且由于裂缝的体积比之岩块孔洞体积小得多，故绝大多数油气都很难开采出来，给油气可采储量造成巨大损失。

2. 不规则水窜的预防

（1）开采速度与生产井及油气藏动态监测结果的关系。

及时对生产动态测井结果、地质资料、裸眼综合测井资料、生产压力与产量等资料的综合分析，判断井下油（气）水产出剖面动态特征，确定流体产出位置、类型和比例，井中流型的变化与开采速度的关系，便于合理调整开采速度。

根据出水动态特征及时分析与固井质量、射孔效率及堵塞状况、生产管柱破损及堵塞程度、水力压裂缝产状等因素的关系，便于采取相应工程措施，防止水侵程度的加深和性质的恶化。

（2）对水窜形成油气"死区"的预防。

①对地层水水窜形成"死区"的预防。

预防裂缝性油气藏在开采中因水窜形成油气"死区"的根本措施是控制各生产井的开采速度，使各井生产压差大小与产层渗透率的高低相匹配，即对裂缝发育、渗透率高的井，生产压差要相对减小；对裂缝不够发育、渗透率低的井，生产压差需适当提高。以尽量保持各井水体上升的速度和强度尽量一致，为此需实时掌握各生产井及整个油气藏的出水特征。

②对人工注入水形成"死区"的预防。

对于注水开发井区，除了需要通过调节各注水井的注入泵压和水量与注入地层的渗透率、裂缝发育程度相匹配外，还要特别注意注采井网与地应力方向的关系。因为注水过程中，常常由于以下原因需增高注水压力才能将水注入：一是注入水与岩石性质不配伍造成水敏、岩石表面润湿性反转（由亲水性变为亲油性）等使阻力增大；二是注入水与地层流体，特别是地层水不配伍，导致结垢、生成乳状液等使阻力增大；三是注入水中常含有的固相微粒堵塞孔道而增加注水阻力；四是空隙空间结构的非均质性。当注水压力高过岩石破裂强度，储层中将产生人工压裂缝，并将沿着最大水平主应力方向延伸，使注入水在这个方向上发生突进。这样不仅可能造成注入水分别沿地层高渗透率带与人工压裂缝的不同方向推进，而且由于各井注水中所遇到的阻力程度不尽相同，使人工压裂缝的发育程度会有所差异，导致各井注入水沿压裂缝的推进速度不一致，最终使油气层被注入水切割成多个油气的"死区"。

为避免人工注入水形成油气的"死区",在注水前不仅要考虑储层物性变化、裂缝发育方向、地层倾向及倾角,还必须充分了解地应力方向。当裂缝不发育时,应尽量使注采井排平行于最大水平主应力方向,且在同一井排中只能有同一性质的井。如图 7-5-1 所示,图中红色箭头指示最大水平主应力方向,左图为合理注采井网,其注水井排和采油(气)井排均平行于最大水平主应力,且在同一井排中只能有同种类型的井,使注入水压裂缝产生的应力能将油(气)均匀推向生产井;右图为不合理注采井网,因在同一平行于最大水平主应力方向的井排中既有注水井,又有采油(气)井,造成注入水将直接窜入同排中的生产井,不仅起不到注入水压裂缝产生的应力将油(气)均匀推向生产井的作用,反而使之很快见水。此外如考虑到反五点法注水井少,使注水量不足,可能造成开始效果较好,但以后却容易导致地层压力下降过快,产量明显下降,尤其在渗透率较低的地层更为明显。为此可采用五点法面积注水,如图 7-5-2 所示。图中空心箭头指示最大水平主应力方向。

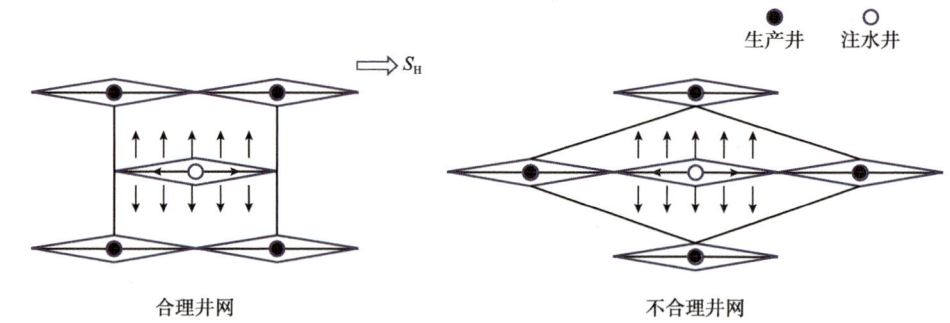

图 7-5-1　反五点法面积注水的注采井网

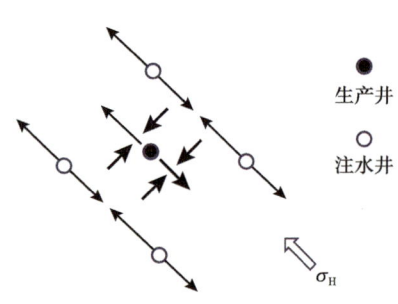

图 7-5-2　五点法面积注水的注采井网

当油气藏中裂缝较为发育时,则需兼顾地应力和裂缝对注入水推进路线的影响。如哈萨克斯坦某油田在注水开采中就发现注入水在最大水平主应力方向和裂缝走向两个方向上发生突进,使得在这两个方向上的生产井过早见水。对于这种情况需要根据地应力与裂缝两者影响的大小来设置注采井网,使注入水的推进方向介于两个方向之间。

3. 不规则水窜的治理

(1)水源分析。

为达到治水预期效果,需首先搞清水源的性质。油气生产中可能出现不同性质的水,如天然气凝析水、工程水、共生水、层间水、边底水、外来水等。针对不同来源的水,应采取不同的治水措施。

①凝析水的鉴别。

凝析水的确定有实验测定、查图版、公式计算三种方法。根据井底和地面的压力、温度,可分别求得井底和地面的天然气的饱和含水量,二者之差即为凝析水产量。如计算凝析水量接近实际出水量,说明是凝析水;如计算凝析水量明显低于实际出水量,则说明还有其他水源的侵入。

②工程水和共生水的鉴别。

共生水是指与油气共同存在于储层中的地层水，包括束缚水和可动水。工程水是主要来自钻井液、压裂液、人工注入水等侵入储层中的水。通常根据从地层产出流体的 Cl^- 含量变化情况，不仅可以鉴别凝析水，还可鉴别工程水与共生水，而且在一定程度上还可反映地层水的侵入程度。因凝析水基本不含 Cl^-，而共生水总含有一定的、已知的 Cl^- 含量，且通常与工程水的 Cl^- 含量有较大的差异。此外共生水中的可动水在油气井开采中，可能从射孔孔眼或水泥环空窜槽进入套管、油管。因此当油气井所出的水由凝析水或工程水变为地层共生水时，Cl^- 含量或矿化度将有较大的变化。所以通过对油气田单井 Cl^- 含量分析，就可鉴别工程水与共生水。

③共生水与层间水的鉴别。

层间水是指从油(气)水过渡带中窜到上部油(气)层而产出的水。实时检测生产井的水气比、气产量、油压、Cl^- 含量等参数的变化，就可鉴别共生水与层间水。因为共生水出水时，气产量随产水量增加减小较少，甚至两者同步增减，或者交替产出，且油压变化不明显。而层间水出水时，不仅出现水量增加，气量减少的特征，且油压下降。此外，还可观察出水的动态是处于预兆、显示、出水中的何种阶段，便于决定是否需要采取必要的预防或治理措施。

④边底水、外来水的鉴别。

边水或底水，是气藏圈闭内部或圈闭溢出点以下直接接触的水体；外来水是油气藏外部的水体，通过断层、裂缝、不整合面等路径窜入油气藏中的水。

对于有边、底水的油气藏，在生产压差过大，储层渗透率较高，隔夹层不发育，容易造成边底水发生水窜。特别在有裂缝发育时，更容易发生水窜，而且水窜程度的差异很大，对油气藏的伤害也会更大。

当油气藏中发育有穿层很大的裂缝，或有封闭性很差的断层通过，或顶部存在规模较大的不整合面，都可能使外来水窜入油气藏，这不仅会影响油气井的生产，还可能造成对整个油气藏的破坏，因此应尽早予以鉴别和治理。通常可通过对侵入水水型、矿化度、氯根含量的分析来鉴别边底水与外来水。

(2)水侵原因和路径分析。

①水侵原因分析。

水侵的原因不仅与水源性质有关，还在很大程度上取决于地层压力下降程度的分布状态、储层中空隙空间结构特征和井身工程质量等三个方面的因素。

一是随着油气的开采，地层压力逐渐下降，从而使油(气)、水之间的压差随之增大，当压差增大到一定程度后，使水体上升而形成水侵。对于非均质性很强的油气藏来说，因各井压力下降的差异较大，故常导致水侵路径及程度的不同。二是储层空隙空间结构直接影响储层的渗透率。特别是裂缝的发育，无论是宏观裂缝，还是微细裂缝，不仅使渗透率明显增高，促进边、底水的水侵，还将产生渗透率的各向异性，造成水侵路径的多变性，在较极端的情况下，形成水包油气的"死区"。三是油、套管腐蚀穿孔、地应力作用导致油、套管断裂、固井质量不好等工程因素都容易造成下部地层水沿井筒环空上窜到气层，甚至造成上部外来水倒灌进入油气藏，进一步加剧水窜路径的复杂性。

②水侵路径分析。

水侵的路径有两类，一类是地层水通过生产管线进入油气层，称之为管串水侵；另一类是地层水通过孔隙、缝洞进入油气层，称之为地层水侵。

管串水侵是因工程质量问题所形成。管串水侵又分为管外窜流水侵和管内窜流水侵两种。管外窜流水侵主要是由于固井质量问题所致。当水层及其上覆隔层、油气层段的固井质量不好，地层水可沿套管与地层之间的环形空间，即固井中的第二胶结面直接侵入油气层，或通过射孔孔眼侵入油气层。管内窜流水侵不仅是水层段固井质量不好，而且套管、油管或封隔器还发生了泄漏，使地层水可直接进入井下生产管串，再通过射孔孔眼侵入油气层。

地层水侵是在生产管线及固井质量均好的情况下，地层水通过地层内的各种通道进入油气层的一种现象。根据地层水侵入油气层通道的不同又可分为底水水侵、边水水侵和不规则水侵三种。

底水水侵有三种状态。一是均匀水侵，这是当储层孔隙均匀且各向同性时，底水均匀向上推进，直至射孔段与油气混合，然后沿生产管线产出。二是锥进（指进）水侵，这是当井钻入高渗透性储层，且距油（气）水界面又很近时，在开采过程中，井身附近压降较快，即出现压降漏斗，使底水以较快速度侵入油气层，而周边的压降较慢，底水将以较慢速度向上推进，故而使水体形成锥形侵入油气层。三是垂向"死区"水侵，这是当油（气）层垂向渗透率较高，但非均质性又很强时，底水不均匀向上推进，即渗透率较高的推进较快，这样很容易使相对低渗透部位被侵入的底水包围而形成油气开采中的"死区"。

边水水侵也有三种状态。一是层间间接窜流水侵。当高渗透率油气层被水侵且到达射孔段后，虽然相邻油气层间有隔层，但地层水可通过射孔孔眼进入其他油气层，使其井筒附近地层被水淹，形成油气层间的间接窜流水侵。二是层间直接窜流水侵。当一组油气层间无明显隔层，且边水首先沿渗透率较高的油气层发生水侵时，地层水既可通过射孔孔眼侵入相邻油气层，也可直接侵入相邻油气层。三是水平"死区"水侵，当平面渗透率较高，但非均质性又很强时，边水在向油气层推进中，将绕过在平面上相对低渗岩石而对高渗岩石发生水侵，即边水水侵的平面波及差异，将在水侵油气层中形成了多个油气"死区"。

当水层、油气层，甚至隔层中有裂缝发育，或者有断层通过时，在油气开采过程中，无论是底水、边水，甚至是外来水，都很可能沿裂缝或断层迅速窜入油气层，又由于裂缝和断层系统的极不规则性，故而形成不规则的突进式水侵。这种水侵方式的快速、杂乱，给油气开采造成很大的损失，特别是对于孔隙、裂缝均较发育的裂缝—孔隙型储层，由于裂缝的渗透率远高于孔隙，因而最容易形成油气"死区"，又由于孔隙的体积总是远大于裂缝，因此损失的可采储量将极其巨大。

（3）水侵程度和状态的诊断。

①水侵程度的诊断。

如当油气井或油气藏出现水侵时，需对水侵程度进行判断，以确定是否需要采取控水或治水的措施。通常可用三种资料来诊断水侵的程度。

采收率图是利用水气比 WGR（对数）与累计产气量（线性）的半对数交会图。当两者间呈近似线性关系时，则可根据水气比的经济极限值外推出在不采取控水情况下的累计产气量,如该产量近似等于本井预计的储量,则可不控水或治水,只需排水采气,反之则需进行控水或治水。

生产历史图是气和水每天的产量与时间的双对数交会图,当图中突然在相同时间出现水产量增加和气产量下降,则意味着应尽快采取控水措施。

递减曲线图是气、水日产量(对数)与累计产气量(线性)的半对数交会图。在无水或低产水时的气产量基本为较稳定的平直线;而当气产量持续下降使其斜率突然变化,则表明可能是过量产水而必须采取控水措施,也可能是地层压力严重衰竭或天然气流动路径中发生某种堵塞而必须采取降压生产或解堵措施。

②水侵状态的诊断。

水侵状态可利用水气比—时间双对数图特征来诊断,如图7-5-3所示[23],图中实线为水气比,虚线为水气比斜率的变化状态。当地层水沿裂缝或高渗透带呈不规则水侵时,水气比在较稳定的背景上突然随时间剧烈增大,如图7-5-3(a)的特征所示。当边水、底水界面呈均匀推进的水侵时,水气比在基本为零的状态下突然随时间快速增加,其斜率接近无穷大,然后增速变慢,或为一倾斜直线(单一气层),或为阶梯状折线(多个气层),其斜率变小,或略有起伏,如图7-5-3(b)的特征所示。

当底水呈锥进水侵时,水气比开始比较稳定,然后转入缓慢上升,最后又逐渐趋于稳定,其斜率由正到零,由零到负,如图7-5-3(c)的特征所示。

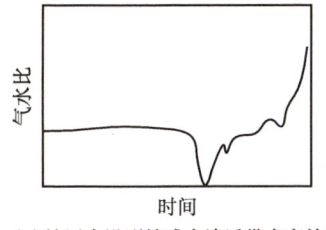
(a)地层水沿裂缝或高渗透带水窜特征

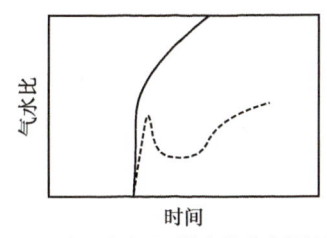
(b)边、底水界面均匀推进水侵特征

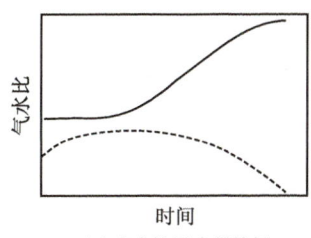
(c)底水锥进水侵特征

图7-5-3 水气比—时间双对数交会图

(4)治水措施。

当不规则水侵达到需要采取控水或治水的程度时,就应尽快采取相应的措施予以治理。目前主要有井底排水、地层排水、地层堵水、钻井避水、综合治水等五种措施。

①井底排水。

通过流型、临界流量、临界流速等判别方法确定可能造成井底积液后,就需要采取有效措施防止积液的形成。最常用的方法是减小油管直径,以减少井中流体流动的截面积,使之在相同压力下获得更高的流速,从而提高气流的携液能力,以避免积液的发生。井底排液主要用于共生水出水的排水采气,而不适用于层间水的排水采气。

a. 泡沫排液采气

当井液中无凝析油时,可将泡沫剂用泵和脉冲器由油管与套管的环空注入,使井底积液呈泡沫段塞状态,其密度明显降低,故容易被连续排出。该法适用于液气比较小,地层压力较高的自喷井排液。

b. 活塞气举排液采气

将一个带有阀的钢质活塞下入油管中，由于油管底部有一开孔，可使气体和液体通过它进入油管。当活塞在油管底部时，油管关闭，井中的全部产出物进入环形空间。当套管压力恢复，并在环形空间中储集能量，以达到推动活塞并将其上的液体举到地面。该法实用于井底压力较高或便于获得高压气源的气井。

c. 抽油机排液采气

将油管下到气层射孔段以下，利用抽油杆泵将井中积液从油管中泵出，而气体从环形空间采出。该法适用于气层浅、气产量小而液体产量较大的井。

电潜泵排液采气：利用下入井底的电潜泵机组将井底积液通过井下旋转式分离器、多级离心泵、单流阀、油管、井口采气装置举升到地面排水管线的一种排水采气技术。这一技术主要适用于产水量在 100m^3/d 以上的出水井。

射流泵排液采气：利用地面泵提供高压动力流体，再通过喷嘴将其位能（压力）转换成高速液流束的动能，该喷射液流束将周围的井液从汇集室吸入喉道而充分混合。在喉道末端，两种完全混合的流体仍具有很高的流速。但当它们进入扩散管后，流速迅速降低，于是将其动能又转换成位能（压力），该压力能足以将积液从井底推到地面。由此可知，射流泵的基本原理是通过压力与流速的转换，即位能与动能的转换，将地面的高压转换为井下的压力，从而将井底积液泵到地面。这一技术适用于排液量、举升高度范围较广的水淹气井。其最大优点是井下设备中没有运动件，故可靠性较高，维修费用低。

②地层堵水。

地层堵水采气法是主要用于层间水出水时的治水方法。根据层间水出水路径的差异选取不同的堵水措施。

a. 机械堵水法。当层间水来自气层之下时，可采用封隔器将出水层在井筒内隔开，阻止水流在井内进入产气层。因此该法要求封隔器座封严密、准确，且堵水位置处需有泥岩或致密隔层。如井下条件复杂，封隔器难以奏效，可打水泥塞封堵水层，或下尾管封堵气层和水层，再射开气层。当层间水来自气层之上时，只能下尾管封堵气层和水层，再射开气层。

由于固井质量不好，导致层间地层水窜槽的情况，可对窜槽段射孔，挤入水泥封堵，再补孔打开气层。

在套管环空水窜状况下，且气层下部套管穿孔或破裂，导致地层水进入套管。可用封隔器将气层之下的破损套管封隔。

b. 化学堵水法。当气层中发生了非均匀的水窜、较严重的水淹时，显然机械堵水已无能为力，这时需采用化学堵水，堵住水窜路径。为此需用封隔器将水淹层与气层在井眼中隔离开，然后分别向水淹层注入处理液，向气层注入防护液。其中处理液是化学堵水的关键所在，因为它可成功封堵生产井周围广泛分布的裂缝或高渗透性的水窜带。但目前化学堵水法受地层温度的限制，只能在温度较低的油气藏中使用。

③钻井避水。

当水窜十分严重，常规堵水技术已无能为力时，需全面分析水源位置，水窜路径，油气藏隔夹层状态，储层物性及储渗空间结构等资料，从中找到合理的避水方向和层位，设计新的井位或在老井设计合理的侧钻方向及井身轨迹，从根本上避开水源和窜流路径。

④地层排水采气或找气。

地层排水不同于井底排水。它是针对裂缝、溶洞型储层，不存在大范围连片分布，而是呈分散的"鸡窝状"分布。在储层内部很少有统一的油水或气水界面，且这些流体界面的海拔高度也可能相差很大。为此，陈立官教授建立了如下三类气水共存分布模式，如图7-5-4所示。

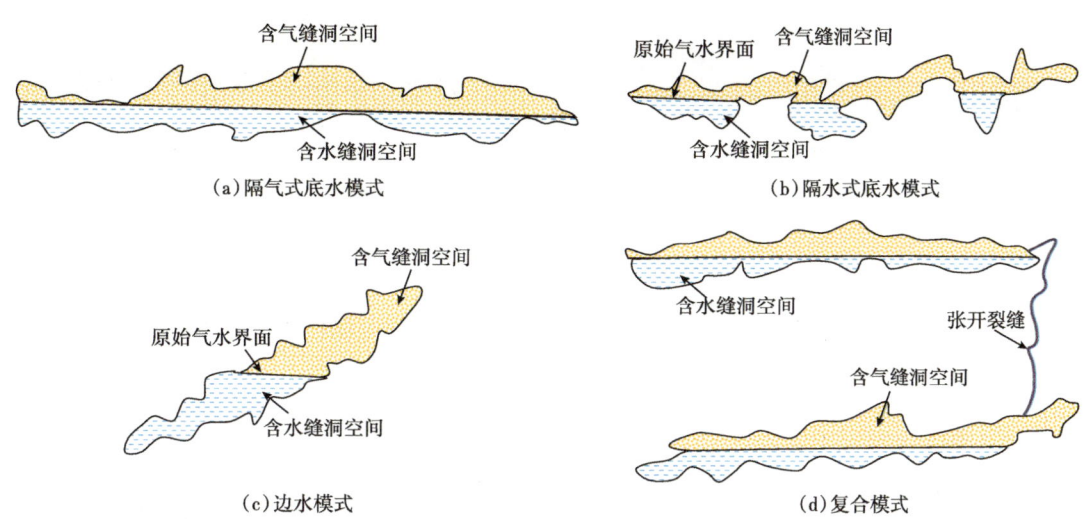

图 7-5-4　缝洞性储层的气水共存分布模式示意图

a. 底水式。

缝洞性储层的底水模式与一般底水气藏大体相同。差别主要在于前者的顶底面凹凸不平外，且可受不渗透边界封闭，后者则可能与大面积的含水层相连通。此外缝洞性储层的底水模式还可分为隔气式和隔水式两种。隔气式是指同一气藏中的天然气是相互分隔的；隔水式是指同一气藏中的地层水是相互分隔的。如图 7-5-4（a）所示。

b. 边水式。

缝洞型储层的边水式相似于一般的边水气藏，不同之处是前者的顶底界面凹凸不平，上倾方向有不渗透边界封闭，如图 7-5-4（b）所示。

c. 复合式。

上下两个缝洞系统被裂缝连通成为复合式，如图 7-5-4（c）所示。图中下部储气空间通过含气裂缝与上部含水空间连通。

由于缝洞性储层所含流体基本是有限的，加之气水赋存的状态千差万别，使得这类储层的产出情况会变得十分复杂，难以预料和控制，可能是先产气，后产水；也可能先产水，后产气；或气水同产，或气水交替产出。如图 7-5-5（a）所示，由井所打到的部位可知，应是先产气，气产完才产水，水产完再产气。而图 7-5-5（b）模式则是先产气，再产水，然后气水同产，直至枯竭[24]。

因此对于这类缝洞性储层，由于所含气水的有限性及其连通状况的复杂性，造成了流体产出的多变性。所幸的是这类储层中的地层水均是有限水体，故在无外来水侵入条件下，只要有气，就不管它产出状况如何，就总能获得天然气流。由此就找到了一种对付这类储层水窜的新方法——排水采气和排水找气。其实质就是见水不堵、不防、不避,因为一堵、一防、一避,水没有了,气也没有了。应采取边采气,边排水,即排水采气,同时也可能在这一过程中得到了新的气源,即排水找气。

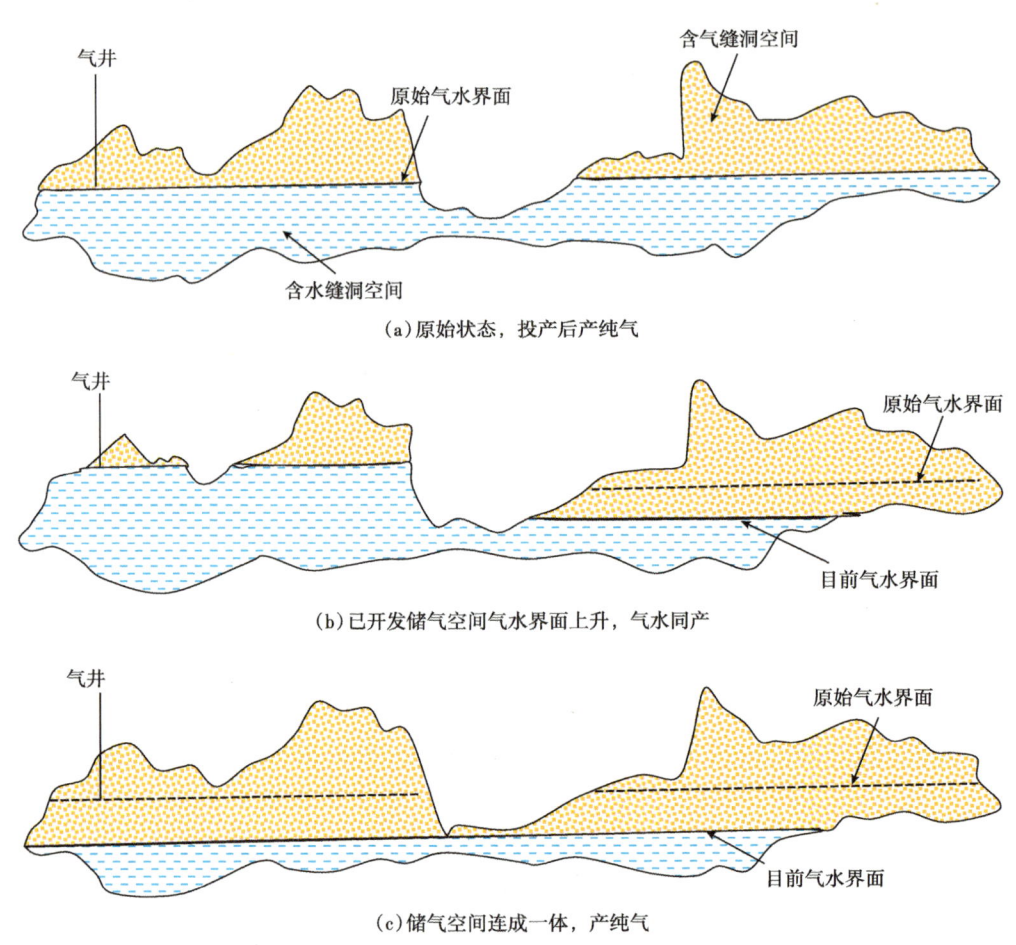

图 7-5-5　隔气底水式的产出示意图

⑤综合治水措施。

对于裂缝性储层和裂缝性油气藏的治水,常因情况复杂,状况多变,往往需要采用诸如堵水、补孔、换生产管柱、侧钻等多种措施方能奏效;还因随着储层的生产,油气藏的开发,水侵的路径、性质、程度都会发生变化,因此治水不是一蹴而就的事情,而是一个伴随油气井生产,油气藏开发整个历程中分阶段的、持续不断的工作,这就是对于有水裂缝性油气藏的综合治水。

二、裂缝性储层开采中的治堵

1. 堵塞的性质及其对油气开采的影响

(1)钻井液漏失造成的堵塞。

钻井液漏失的程度取决于地层压力的高低,钻井液密度的大小及储层物性的好坏,特别是裂缝发育的程度。当地层压力与钻井液柱压力之间的压差越大，储层物性越好，裂缝越发育，漏失越严重，对储层的污染和堵塞也就越严重。

（2）地层水矿化物结垢造成的堵塞。

地层水中常溶有大量的矿化物质，当地下条件改变时，使压力下降，流速减小，温度降低，使水中部分矿物可能沉淀结垢，造成储层近井带、生产管柱中的垢堵。这在裂缝—孔隙型储层开采出水时，水流速度常有较大的变化，容易造成矿物析出沉淀结垢而堵塞地层和生产管串。

（3）凝析油析出造成的堵塞。

由于天然气中析出的凝析油在离井最近的第一区域内其饱和度最高，这不仅造成油与气的双相流动而使相对渗透率降低导致产量下降，而且当其饱和度高于临界饱和度时，部分凝析油将沉降下来，对部分流通孔缝造成堵塞，特别是对射孔孔眼的堵塞。此外，当剩余的凝析油进入油管后，如遇到地层水、油管中的腐蚀掉渣，则不仅增加天然气的流动阻力，还容易形成聚集于油管中的有机垢而堵塞油管。

（4）硫磺沉积造成的堵塞。

在地层高温、高压下，元素硫与硫化氢反应生成多硫化氢，伴随着流体开采的减压、降温过程，多硫化氢分解析出硫而沉积，这是硫沉积的主要原因。此外当天然气中的硫磺含量超过一定温度、压力下的溶解度，也可能发生硫磺沉积。

由上述硫磺沉积的条件可知，当井口处于高压、低温时比高温、低压时出现硫沉积的几率小。在井底温度较高时，出现硫沉积的可能性大。当采气速度较低，气流携带沉积硫磺晶体的能力低于硫磺晶体的析出量时，既可造成剩余硫磺晶体堵塞储层孔喉或缝洞，也会因气体对硫磺的携带能力不足，增加硫磺的井底沉积。反之，由于凝析油对硫有溶解能力，因此一般凝析油产量高的井不容易出现硫沉积。硫的沉积不仅使储层渗透率剧烈下降而影响产量；还可能堵塞生产管道、阀门而影响油气正常生产。

（5）出砂造成的堵塞。

当储层中流体的流动超过临界流速范围时，使储层孔、缝中原有的自由砂粒运移速度加快，获得足够大的动量，当其作用于岩石骨架时，可产生较大的剪切力，使岩石颗粒脱落而由骨架砂变成新的自由砂。这些自由砂粒与油气一起在储层内流动时，如遇到渗透率突然降低的孔缝，这在非均质性很强的裂缝性储层中是会经常发生的，则流速降低，使砂粒沉淀而对储层造成堵塞；在接近生产井段时，特别在射孔段附近处，由于压降漏斗的作用，使砂粒沉淀而增大产层的表皮系数，将极大地影响产量；当自由砂流入井筒后，还会形成井底残积物的堆集、压实而逐渐堵塞储层；当自由砂进入生产管柱将腐蚀设备，砂卡井下工具，形成对抽油泵的进、出口阀、活塞、衬套等设备的堵塞。

（6）结冰和水合物造成的堵塞。

在地面输气管道施工过程中，由于种种原因导致管道中进水，而又未完全清除干净，在严寒季节因结冰造成管道堵塞。

天然气在高压、低温环境下输送中，如当管道中有少量的水，则当天然气以高速通过较窄的阀门腔体时，可导致较大的降温而形成固态的水合物。此外天然气剧烈的搅动，管道中有某些缺陷、焊点、残渣、断削、淤泥或沙子都会促进水合物的合成。由于水合物的合成温度高于水的冰点，因此高压输送管道容易被固态的水合物堵塞。

2. 堵塞部位的判断

1）堵塞部位判断的基本概念

油气井生产系统包括三个流动环节：油气流克服储层各种阻力由储层渗流进入井中的流动环节；油气流克服油管摩阻和滑脱损失沿管线从井底向井口流动的环节；油气流克服地面设备和管线的阻力沿集输管线进入气液或油水分离器环节。因此油气井生产系统中就可能在这三个环节中发生堵塞，即储层和射孔孔眼的堵塞、油管堵塞、地面集输管线堵塞。显然任何一个环节的堵塞都将影响正常生产，因此对这三个油气流动环节是否发生堵塞都需要及时做出判断。

为了对油气井的堵塞状况进行判断，需依据以下几个基本原则建立相应的堵塞判断模型：

（1）应以一定的生产制度为前提。

油气从地层到井底，从井底到井口，从井口到分离器是一个串联系统，其间任何一个流通环节出现堵塞都会使流量和压差改变，从而给堵塞位置的判断造成很大的困难。为此需在控制一个参数稳定的情况下来建立堵塞与另一个参数之间的关系。通常可选择定产量，或定压（包括井口油压、井底流压，或井底压差）作为工作制度，因此堵塞判断模型也就必须建立在相应的工作制度下。

（2）对油气井生产流线进行合理的节点划分。

为了能分别判断地层、油管、地面管线的堵塞，将油气流的流动环节分成四部分：地层到井底岩面，以井底岩面压力为节点；井底岩面到井底，以井底流压为节点；井底到井口，以井口油压为节点；井口到分离器，以分离器压力为节点。

（3）建立节点间压差与堵塞的关系。

地层压力与井筒岩面压力之间的压差变化反映了近井地层带的堵塞；井底流压与井口油压之间的压差变化反映了油管中的堵塞；井口油压与分离器之间的压差变化反映了地面管串中的堵塞。

2）定产量制度下的堵塞部位判断模型

（1）地层堵塞判断模型。

①地层压力计算模型。

当井壁附近地层发生堵塞，必然在油气生产中造成井壁处压力下降，进而改变井底流压。因此有可能通过井底流压的变化来推测地层的堵塞情况。但这必须要首先知道当前的地层压力 p_r，因为在一口井投产后，随着天然气的产出，地层压力将逐渐下降，不再为原始地层压力。

由于在气井关井时，井底静止压力等于地层压力，而井底静止压力可用以下公式计算：

$$p_{ws} = p_{th} e^{\frac{0.03415 r_g L}{T_{avg} Z_{avg}}} \tag{7-5-1}$$

式中：p_{ws} 为井底静止压力，MPa；r_g 为天然气相对密度；L 为从气井井口到产层中部的深度，m；T_{avg} 为井筒平均温度，K；Z_{avg} 为井筒平均偏差系数；p_{th} 为井口静止压力，MPa。

$$T_{avg} = t_0 + \frac{L}{2M} + 273.15 \tag{7-5-2}$$

式中：t_0 为气井所在地常年平均温度，℃；M 为地热增温率，m/℃。

②井底流压和地层表皮系数计算模型。

建立流入状态下的井底流压计算模型，采用二项式反映地层中的渗流规律：

$$p_r^2 - p_{wf}^2 = \frac{1.291 \times 10^{-3} q_g \mu_g Z_{avg} T [\ln(x) + S]}{k_g h} \tag{7-5-3}$$

式中：p_r 为当前地层压力，MPa；p_{wf} 为井底流动压力，MPa；q_g 为天然气产量，m³/d；k_g 为气体在地层中的有效渗透率，mD；h 为地层有效厚度，m；μ_g 为气体平均黏度，mPa·s；Z_{avg} 为气体平均偏差系数；T 为平均地层温度，K；S 为表皮系数。

供气面积系数 x 一般按下式取值：

$$x = \frac{0.472 r_g}{r_w} \tag{7-5-4}$$

对规则井网中的井，供气面积应是圆形，则按下式取值：

$$x = \frac{r_g}{r_w} \tag{7-5-5}$$

式中：r_g、r_w 分别为供气半径和钻开产层段的钻头尺寸。

建立流出状态下的井底流压计算模型：

$$p_{wf}^2 = p_{wh}^2 e^{2s} + \frac{1.324 \times 10^{-10} f q_g^2 T_{avg}^2 Z_{avg}^2}{d^5} (e^{2s} - 1) \tag{7-5-6}$$

$$S = \frac{0.03415 r_g L}{T_{avg} Z_{avg}} \tag{7-5-7}$$

式中：p_{wh} 为井口流动油压，MPa；d 为油管内径，mm；f 为油管摩阻系数。

③天然气平均偏差系数、井底流动压力的计算模型。

计算天然气平均偏差系数。在利用上述模型计算井底静止压力和井底流压中，都必须考虑天然气平均偏差系数 Z_{avg}，而该参数的计算需先求得井筒平均压力 p_{avg}、拟对比温度 T_{pr}、拟对比压力 p_{pr}：

$$p_{pr} = \frac{p_{avg}}{p_c} \tag{7-5-8}$$

$$T_{pr} = \frac{T_{avg}}{T_c} \tag{7-5-9}$$

计算井底静止压力时的井筒平均压力：

$$p_{avg} = \frac{p_{ws} + p_{th}}{2} \tag{7-5-10}$$

计算井底流压时的井筒平均压力:

$$p_{avg} = \frac{2}{3}\left(p_{wf} + \frac{p_{wh}^2}{p_{wf} + p_{wh}}\right) \quad (7-5-11)$$

式中：p_c 为天然气临界压力；T_c 为天然气临界温度。

天然气临界压力和临界温度可根据天然气组分查表并计算求得。根据所得的拟对比温度 T_{pr} 和拟对比压力 p_{pr} 就可利用 Standing—Katz 图版（图 7-5-6）求得天然气偏差系数。

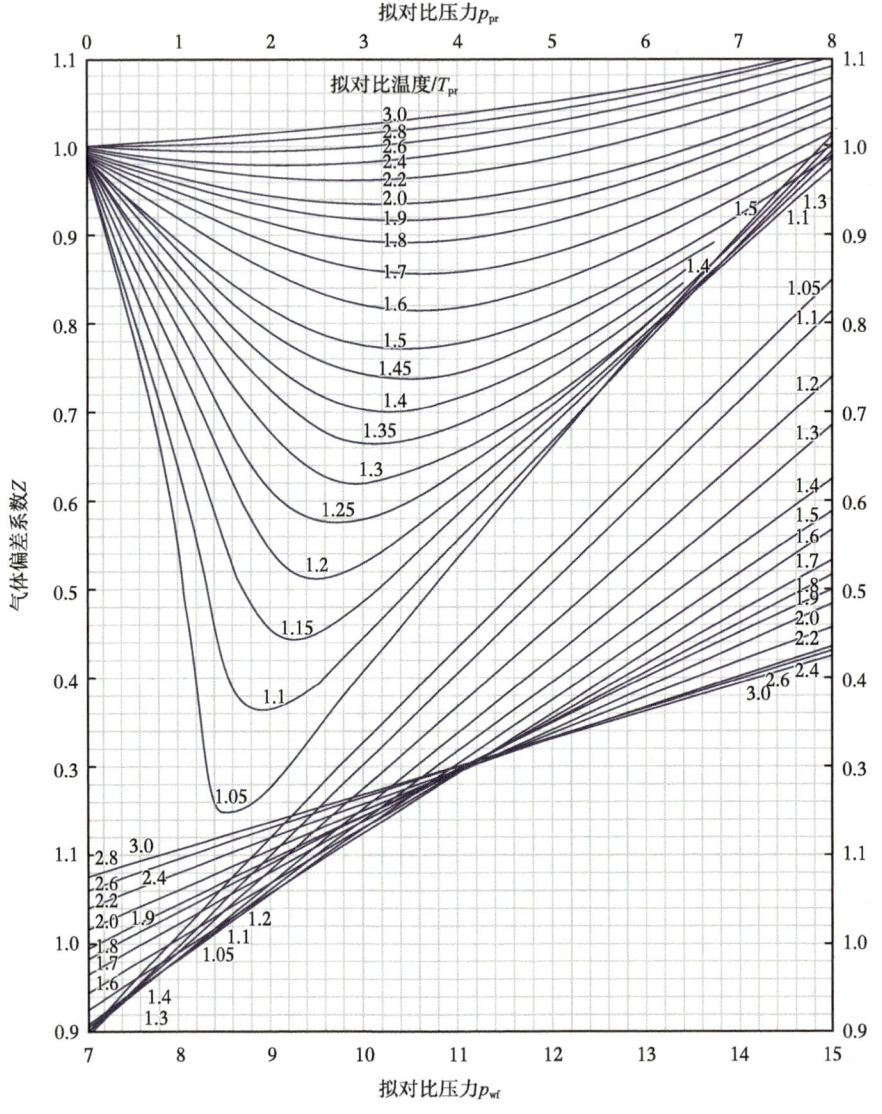

图 7-5-6　确定天然气平均偏差系数的 Standing—Katz 图版

计算井底流压和表皮系数。在求得天然气平均偏差系数后，用迭代法就可最终算出井底静止压力；再将井底静止压力作为当前地层压力代入式（7-5-3），因产量已知，于是可求得不同表皮系数状况下的井底流压；对于同样的产量和已知的油管参数及井口油压，由式（7-5-6）可求得此时的井底流压。显然由式（7-5-3）和式（7-5-6）求得的井底流压应该相等，因此将式（7-5-6）结果再代入式（7-5-3），就可最终求得地层当前的表皮系数。

④地层堵塞判断方法。

根据式（7-5-3）计算出不同地层表皮系数对应的井底流压，进而可做出一条当前产量下的井底流压与表皮系数的关系曲线。首先计算出当前正常生产情况下的井底流压，然后实时跟踪计算井底流压。一旦地层发生新的堵塞，使井壁岩面压力下降，但为了维持产量不变，必须降低井口油压，这样根据式（7-5-6）就可计算出一个新的、降低了的井底流压。将该流压与原有流压相比就能判断地层发生了新的堵塞；进而还可根据流压 p_{wf} 与表皮系数 S 关系求得新的表皮系数，用以估计堵塞的程度。

（2）油管堵塞判断模型。

式（7-5-6）可作为油管堵塞的判断模型。因为当油管发生堵塞，而地层未发生堵塞时，按照管线中流体流动的基本原理，对于定产量工作制度而言，井底流压不会改变，但井口油压必然降低。由式（7-5-6）可知，在其他参数不变时，井口油压的降低必然使井底流压随之降低。造成这一矛盾的根本原因是油管堵塞等效于油管直径的减小，而在用式（7-5-6）计算井底流压时仍然用原直径，所以使井底流压偏低。只有通过减小油管直径，才能使计算的井底流压保持不变。

基于上述事实，可用以下方法实现对油管堵塞的判断。

由式（7-5-6）建立井口油压与井底流压的压差与油管内径 d 的关系曲线，即将式（7-5-6）变为以下形式：

$$p_{wf}^2 - p_{wh}^2 e^{2s} = \frac{1.324 \times 10^{-10} f q_g^2 T_{avg}^2 Z_{avg}^2}{d^5}\left(e^{2s}-1\right) \quad (7\text{-}5\text{-}12)$$

显然在其他参数固定时，每给定一个油管内径值，就可得到一个反映井口油压与井底流压压差的 $(p_{wf}^2-p_{wh}^2 e^{2s})$ 值，于是可构成一条 $(p_{wf}^2-p_{wh}^2 e^{2s})$ 与 d 的关系曲线。由实测井口油压与地层未堵塞条件下计算的井底流压计算出一个当前的 $(p_{wf}^2-p_{wh}^2 e^{2s})$ 值。将计算的 $(p_{wf}^2-p_{wh}^2 e^{2s})$ 值点在 $(p_{wf}^2-p_{wh}^2 e^{2s})$ 与 d 的关系曲线上，可以得到一个对应的 d 值，如该 d 值与原油管内径相等，意味着油管未堵塞；如小于原油管内径，则油管发生堵塞。

（3）地面管线堵塞判断模型。

①建立分离器正常工作曲线。

在天然气正常生产的整个路线中，可根据式（7-5-3）和式（7-5-6）逐步算出产量与井底流压的关系、产量与井口油压的关系，再根据水平管线中气体流动方程[式（7-5-11）]：

$$p_{wh}^2 = p_{sep}^2 + 9.04 \times 10^{-20} \frac{r_q TZfL}{d^5} q_g^2 \quad (7\text{-}5\text{-}13)$$

式中：d 为地面水平管线内径，mm；f 为地面水平管线摩阻系数。

可算出不同流量下对应的分离器压力。于是可制作出一张 p_{sep}—q_g 关系曲线，即分离器工作曲线，如图7-5-7所示。

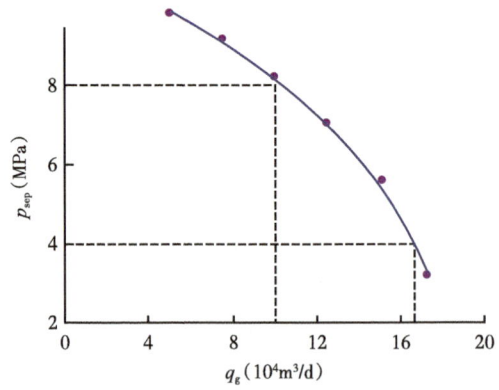

图 7-5-7　分离器工作曲线

②建立地面管线堵塞判断模型。

当气流在井底流压作用下，克服气柱压力、摩阻而流到井口后，又在所剩余的井口油压作用下输送到分离器，因此它们之间有如下压力关系：

$$p_{\text{sep}} = p_{\text{r}} - \Delta p_{\text{res}} - \Delta p_{\text{tud}} - \Delta p_{\text{fL}} \tag{7-5-14}$$

式中：p_{sep} 为分离器压力，MPa；p_{r} 为地层压力，MPa；Δp_{res} 为气体经过流入段时的总压力降，MPa；Δp_{tud} 为气体流经油管时的总压力降，MPa；Δp_{fL} 为从井口到分离器地面管线的总压降，MPa。

由式（7-5-14）可知，如果地面水平管线发生堵塞，而地层和油管未发生堵塞，对于一定的流量来说，井口油压不变，必然造成 Δp_{fL} 增加，分离器压力 p_{sep} 下降。因此根据实测分离器压力和产量，并将其交会点点在 p_{sep}— q_{g} 关系曲线上，该点将偏离关系曲线，说明地面管线发生堵塞。交会点降低的多少，也就反映了地面管线堵塞的程度。

3）定压力制度下的堵塞部位预测模型

（1）定压制度的必要性。

定压制度，既可定井口油压，也可定井底流压或井底压差。如当气井生产一定时间后，地层压力下降，为维持产量不变，必须降低油压，但当降到接近输气压力时，则不能再降油压，这时就必须将生产制度调整为定井口油压，而用降低产量来满足这一要求。

（2）定压制度下流动线路中的基本特征。

当地层压力和流动线路中某节点压力固定时，任何部位的堵塞都会造成产量的降低，因此各节点处不仅压力改变，而且节点间的压差也会改变，更为麻烦的是无论堵塞段，还是非堵塞段，压差均要改变。所不同的是非堵塞部位的压差完全随流量而变，堵塞部位则在流量变化造成的压差变化基础上再叠加上堵塞阻力造成的压差变化。为了判断堵塞，不仅需要应用产量和压力两个参数，算出流量与各节点处压力的关系，还必须观察各节点间的压差有无除流量以外的因素形成的额外压差。

（3）堵塞部位判断模型。

①井口油压以前流动环节堵塞部位的判断模型。

首先制作气井系统分析曲线。当堵塞发生在井口油压以前流动部位，即井壁附近地层和油管发生堵塞，则在地层压力不变的条件下，除流量降低外，井底流压也可能发生变化，且变化情况与堵塞是发生在地层还是油管密切相关。因此要想判断堵塞部位，必须同时考虑流量和井底流压的变化，显然只有气井的系统分析曲线最能全面反映他们之间的这种变化。

系统分析曲线是以 p_{wf} 为解节点而构成的流入曲线和流出曲线，前者是描述气体从地层到井底的渗流规律，后者是反映井筒内流体压力与流量之间的变化关系，如图 7-5-8 所示。

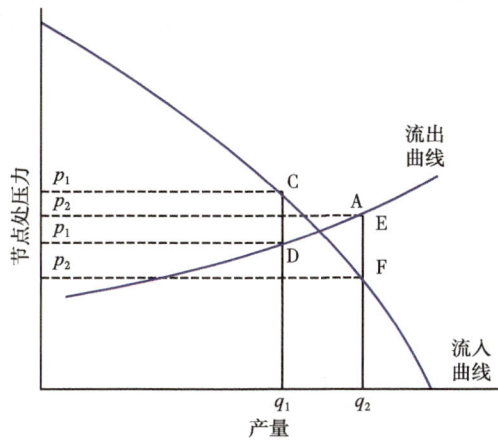

图 7-5-8　气井系统分析曲线

其次计算井底流压。当堵塞发生在井壁附近的地层中时，则井底流压既因流量减小而增大，又因堵塞而使之降低，故井底流压的最终变化必然小于单纯由于流量减小造成的变化。因此根据实测的产量、已知的地层压力和井口油压，用式（7-5-15）可算出相应的井底流压。

最后判断堵塞部位。将该井底流压变化与系统分析流入曲线上相同流量变化对应的井底流压变化比较，如计算流压变化小于流入曲线上的流压变化，则意味着井壁附近地层中发生了新的堵塞。

如堵塞发生在油管中，则井底流压既因流量减小而井口油压固定使之降低；又因堵塞而使井底流压与井口油压之差增加，但由于井口油压固定而使之增高。于是比较计算的井底流压的变化值与流出曲线中相同流量变化对应的井底流压的变化值，如果变小，则意味着油管中发生了新的堵塞。

②井口油压以后流动环节堵塞部位的判断模型。

当地面管线发生堵塞，一方面因流量减小，使井口油压与分离器压力之差降低，在井口油压固定条件下，则使分离器压力增大；另一方面，地面管线发生堵塞，使井口油压与分离器压力之差增高，在井口油压固定条件下，则使分离器压力降低。最终使分离器压力的变化减小。

因此根据实测的流量、已知的井口油压，用以下公式算出相应的分离器压力：

$$p_{wh}^2 = p_{sep}^2 + 9.04 \times 10^{-20} \frac{r_q T Z f L}{d^5} q_g^2 \qquad (7\text{-}5\text{-}15)$$

利用实测的分离器压力，并与分离器压力—气产量曲线比较，如对应于相同流量变化发生的变化较小，则说明地面管线中有堵塞。

4）增压开采状况下的堵塞部位判断模型

当产量和压力均已很低，井口油压降至低于输气压力时，则进入增压开采状态，这给预测堵塞部位造成比定产或定压时更大的困难，因为这时流动系统中各节点处的流量和压力都可能变化，要准确计算井底流压变得非常困难。

针对上述情况，应抛开各节点压力的计算，而主要考虑压差的变化。因为任何部位的堵塞都必将造成两端压差在相同流量下的增大，因此只要掌握了没有堵塞情况下流量与压差的关系，将其作为标准，与当前的流量与压差关系进行比较，就有可能判断有无堵塞发生。为此可利用以下三个压差方程来建立堵塞预测模型：

$$p_{wh}^2 - p_{sep}^2 = 9.04 \times 10^{-20} \frac{r_q TZfL}{d^5} q_g^2 \quad (7\text{-}5\text{-}16)$$

$$p_r^2 - p_{wf}^2 = \frac{1.291 \times 10^{-3} q_g \mu_g Z_{avg} T [\ln(x) + S]}{k_g h} \quad (7\text{-}5\text{-}17)$$

$$p_{wf}^2 - p_{wh}^2 e^{2s} = \frac{1.324 \times 10^{-10} f q_g^2 T_{avg}^2 Z_{avg}^2}{d^5} (e^{2s} - 1) \quad (7\text{-}5\text{-}18)$$

（1）地面管线堵塞判断模型。

利用式（7-5-16）并根据地面管线参数和不同产量可计算出对应的 q_g^2 和（p_{wh}^2-p_{sep}^2），进而做出 q_g^2—（p_{wh}^2-p_{sep}^2）关系曲线，以此当作正常流动情况下井口与分离器之间压差与产量的标准关系。一旦地面管线发生堵塞，在当前产量条件下，其压差必然高于标准关系中该产量对应的压差。这是因为地面管线的堵塞可等效于管线内径 d 的减小，由式（7-5-16）可知，必然造成（p_{wh}^2-p_{sep}^2）的增大。

（2）井内管线堵塞判断模型。

利用式（7-5-17）并根据井中管线参数和不同产量可计算出对应的 q_g^2 和 p_{wf}^2-$p_{wh}^2 e^{2s}$，进而做出 q_g^2—（p_{wf}^2-$p_{wh}^2 e^{2s}$）关系曲线，以此当作正常流动情况下井口与井底之间压差与产量的标准关系。一旦井中管线发生堵塞，在当前产量条件下，其压差必然高于标准关系中该产量对应的压差。这是因为井中管线的堵塞可等效于油管内径 d 的减小，由式（7-5-17）可知，必然造成 p_{wf}^2-$p_{wh}^2 e^{2s}$ 的增大。

（3）近井壁地层带堵塞判断模型。

当地层未发生堵塞时，式（7-5-18）中的表皮系数 S 应为 0，于是利用式（7-5-18）和各已知参数及不同产量 q_g 可算出对应的（p_r^2-p_{wf}^2），进而做出 q_g—（p_r^2-p_{wf}^2）关系曲线，以此当作正常流动情况下地层与井底之间压差与产量的标准关系。一旦地层发生堵塞，在当前产量条件下，其压差必然高于标准关系中该产量对应的压差。这是因为地层的堵塞意味着表皮系数 S 的增大，由式（7-5-18）可知，必然造成（p_r^2-p_{wf}^2）的增大。

（4）多部位同时发生堵塞的判断问题。

利用压差变化判别堵塞的模型不仅可用于增压开采状况下的堵塞部位判断，还可用于多部位同时发生堵塞的判断,因为各堵塞部位的压差并不受其他部位堵塞的影响。需要做的只是不同部位体积流量的换算,因为不同部位的温度、压力有所不同,导致天然气偏差系数的变化。

3. 堵塞程度的判断

(1)地层堵塞程度的判断模型。

利用流动效率或产能损失可判断地层堵塞程度。因为两者均与能反映地层堵塞程度的地层表皮系数有如下关系:

流动效率:

$$FE = \frac{J_a}{J_i} = \frac{p_r^2 - p_{wf}^2 - \Delta p_s^2}{p_r^2 - p_{wf}^2} = 1 - \frac{\Delta p_s^2}{p_r^2 - p_{wf}^2} \qquad (7\text{-}5\text{-}19)$$

产能损失:

$$DF = 1 - FE = \frac{\Delta p_s^2}{p_r^2 - p_{wf}^2} \qquad (7\text{-}5\text{-}20)$$

式中:J_a 为当前采油指数;J_i 为原有采油指数;p_{wf} 为井底流动压力;p_r 为地层平均压力;Δp_s 为地层表皮系数造成的压力降。

因此利用计算井底静止压力和流动压力的公式求得当前的地层压力和井底流动压力,再根据当前产量算出当前采油指数,与原有采油指数相比就最终求得流动效率和产能损失。于是根据地层伤害程度标准就可对储层堵塞程度做出判断,如表 7-5-1 所示。

表 7-5-1 地层伤害判别标准

伤害程度	判别标准		伤害程度分级
	流动效率 FE	产能损失 Q_{ss}(%)	
严重	<0.2	>80	Ⅳ
较严重	0.2~0.5	80~50	Ⅲ
中等	0.5~0.8	50~20	Ⅱ
轻度	0.8~1.0	20~0	Ⅰ
无	≥1.0	0	

(2)油管堵塞程度的判断模型。

根据实测产量,在流出曲线上找出相应的井底流压,然后再根据实测的井口油压和产量,利用井底流压公式计算出对应流出曲线上井底流压的油管直径,用该直径与流出曲线上对应的油管直径比较,根据直径减小程度判断油管堵塞程度,如图 7-5-9 所示。

井底流压公式:

$$p_{wf}^2 = p_{wh}^2 e^{2s} + \frac{1.324 \times 10^{-10} f q_g^2 T_{avg}^2 Z_{avg}^2}{d^5}(e^{2s} - 1) \qquad (7\text{-}5\text{-}21)$$

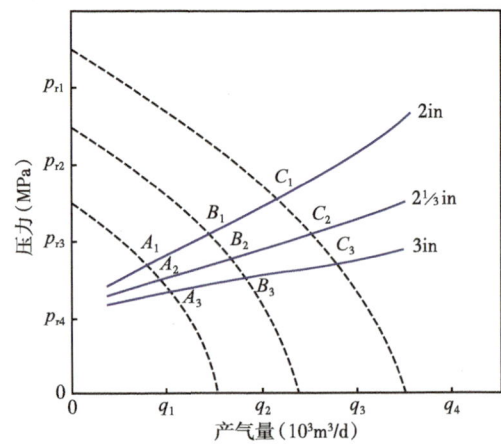

图 7-5-9　不同油管直径的流出曲线

（3）地面管线堵塞程度的判断模型。

根据实测分离器压力 p_{sep} 对 q_g—p_{sep} 曲线的偏离情况可用来判断地面水平管线的堵塞程度。根据水平管线气体流动方程：

$$p_{wh}^2 = p_{sep}^2 + 9.04 \times 10^{-20} \frac{r_q TZfL}{D^5} q_g^2 \qquad (7-5-22)$$

当井口油压和流量不变时，分离器压力也不应改变；但如油压和流量未变，而实测分离器压力却出现降低，那只能是管径发生堵塞，相当于管径缩小所致。因此可将实测的流量、井口油压、分离器压力代入流动方程，反算出新的管径，然后根据管径减小的多少来等效于堵塞的程度。

4. 治堵的措施

治堵的措施必须根据堵塞的性质、部位和程度来选取，方可达到预期的效果。

1）对地层堵塞的解堵措施

（1）凝析油堵塞地层的解堵措施。

①压裂技术。

对于砂岩储层，采用水力压裂技术，对于碳酸盐岩储层，采用酸化压裂技术。其目的一是要增加天然气流向井筒的通道面积，以减轻凝析油已造成的堵塞；二是要使压裂缝必须穿过第一区和第二区而进入无凝析油的第三区，才能将不含凝析油的天然气引入井筒，而不至于再次造成新的堵塞。因此如整个储层的地层压力都低于露点压力使全储层内都有凝析油，则压裂技术只能缓解堵塞程度，而不能从根本上解决凝析油的堵塞问题。

②水平井或大斜度井技术。

利用水平井或大斜度井可以大大增加井眼与气层的接触面积，这虽然不能阻止凝析油在井周围的聚集，但可以延迟凝析油具有明显堵塞作用的时间，以保持气井较长时间的高产。

③向井内注入对凝析油的溶剂。

当气井因凝析油严重堵塞而停产时，可向井内注入丙烷、丁烷混合气，当其与凝析油接触时，可与天然气、凝析油融合成单相气体，同时使凝析油饱和度接近零，再注入干气，则可能恢复气井生产。在天然气生产一段时间后，当然又会有凝析油析出而逐渐发生堵塞，直至停产，于是需要再次进行注入溶剂恢复生产。这样重复进行，可提高天然气的最终采收率。

④改变岩石润湿性。

近来国外大力开展了用改变气层岩石润湿性来防止凝析油聚集造成堵塞的实验研究工作。目前已取得初步成果，即用氟化合物表面活性剂可将岩石的润湿性由液湿改变为气湿，而且这一作用在104℃的高温条件下对气—水—岩石系统中效果特别明显，可使凝析液和天然气的相对渗透率成倍提高。这样不仅解决了凝析油堵塞的根本问题，而且使用表面活性剂所需的成本比之增加的天然气和凝析油价值低得多。

⑤补射孔。

对生产已久的气层补孔，最好采用深穿透、大直径射孔弹补孔，可以避开原射孔孔眼及其附近的污染和堵塞，从而起到减小地层与井筒之间的压力降。

（2）水侵造成储层污染的解堵措施。

水侵对储层的污染和堵塞主要发生在近井带，特别是在射孔孔眼处因压降漏斗的作用而使水中矿物质沉淀堵塞孔眼。因此用深穿孔、大直径的射孔弹补孔可取得良好的效果。

2）对井底堵塞的解堵措施

由于地层出砂、地层水溶质沉淀和在套管内壁上形成的盐垢脱落、井内生产管串腐蚀残渣、漏失钻井液返出沉降井底等原因都会造成井底堵塞而直至掩埋产层，严重影响产量。为此必须清除井底堵塞物，其措施有以下几种。

（1）井底冲砂。

方法是首先用高速流动液体将井底砂面冲开，再利用液体的携砂能力，通过循环将冲散的砂粒带到地面，使产层重新暴露。根据沉砂性质的不同，可使用正冲砂、反冲砂、正反冲砂结合三种方式进行。

正冲砂是将冲砂液从油管注入，通过冲砂管口以较高的流速冲击砂面，使砂面疏松，被冲散的砂粒在冲砂液携带下，从环形空间返至地面。反冲砂是将冲砂液从冲砂管与套管的环形空间注入井筒，冲击砂面，使砂与冲砂液混合，由冲砂管反至地面。由于反冲砂的携砂能力较正冲砂强，故当套管内径大，正冲砂上返速度不足以携带冲散的砂粒时，反冲砂则可取得较好的效果。而且反冲砂还可排除砂卡的可能性。但反冲砂的缺点是冲砂液对砂面的冲击力小，对砂面强度高的砂堵难以解除。

正、反冲砂结合是先利用正冲砂，冲散砂堵；然后迅速改用反冲砂，提高冲砂液的携液能力，就可兼顾正冲砂与反冲砂的优缺点，明显提高冲砂效果。因此在井底砂堵较严重时，应采用正、反冲砂结合方式。但需注意的是，应尽量缩短因改换冲砂方式而停止循环的时间，以避免井内悬浮的砂粒下沉而降低冲砂效果，甚至造成砂卡事故。此外，还必须在井口安装能满足正、反冲砂的管汇。

（2）井底捞砂。

对于低压气井，因无法建立正常的循环，采用冲砂方法不能达到清除井底积砂的目的，而只能采取捞砂和酸液清砂等方法。

①捞砂。

捞砂是用油管下带捞砂工具来进行。常用捞砂工具有吸入式捞砂筒和泵式捞砂筒。其工作原理是用油管井泵体下到预定井深，管油鞋接触砂面后，利用油管柱上下活动循环操作进行捞砂。当油管下放时，活门阀和上球阀打开，砂粒水液体进入油管。泵筒内液体经上球阀至上部旁通排出油管外；当油管上提时，伸缩器伸长，泵筒内形成真空，下球阀开，其他阀关闭，液体被吸入泵筒内，砂粒沉降在上活门以上的油管内。反复进行下放、上提操作，预计油管内的砂粒装满后起出管柱，捞出管内砂粒，再行下井捞砂。

在实际操作中，如遇高强度的砂面，直接捞砂效果很差。这时可在捞砂工具下端安装特制的刮刀钻头。捞砂时，转动井下管柱，带动钻头旋转，破碎砂面后再行捞砂，会取得好的效果。

②酸液清砂。

对于碳酸盐岩气田中不能建立循环的低压井，因井底积砂多为盐酸可溶物，故可采用盐酸液作为冲砂液，进行酸溶蚀清砂，使砂面降低，暴露出产层。漏入地层的残酸，可在气井恢复生产后由天然气流带至地面。

（3）循环划眼冲砂。

当井底沉砂的砂面强度很高时，单靠冲砂泵的水力冲击不能破坏砂面，使冲砂失败。这时可借助旋转动力，采用钻机转盘带动冲砂管柱，下带钻头，先破坏沉砂砂面，然后进行循环划眼、冲砂，可取得良好效果。

3）对生产管汇堵塞的解堵措施

（1）冰堵的解堵措施。

①对管道中水结冰堵塞的解堵措施。

可采用管道干燥的施工方法，即干燥剂干燥法、真空干燥法、干空气干燥法。干燥剂干燥法一般用甲醇、乙二醇或三甘醇作为干燥剂，干燥剂和水可以任意比例互溶，所形成的溶液中水的蒸汽压大大降低，从而达到干燥的目的。残留在管道中的干燥剂同时又是水合物抑制剂，能抑制水合物的形成。真空干燥法主要是在控制条件下应用真空泵通过减小管内压力而除去管内自由水的方法。其原理是创造与管内温度相应的真空压力，以使附着在管内壁上的水分沸腾汽化。目前在我国广泛使用的是干空气干燥法，具体有两种操作方法，一是直接应用干燥空气对管道进行吹扫；二是用通球法对管道进行干燥。从干燥效率和效果上看，前者不如后者，从应用范围上讲，后者适用于同径管线，前者适用于所有管线，包括变径管线。

②对管道中水合物堵塞的解堵措施。

应采取预防水合物堵塞的措施。需对天然气进行脱水处理，因为当天然气的含水量低于一定范围时，在相同条件下，冰堵现象会被有效遏制；使用电伴热或是流体伴热线对气体进行加热，加入甲醇以抑制水合物的形成。一旦发现有水合物形成时，则可采用减压，使已形成的水合物融化。

（2）垢堵的解堵措施。

各种原因形成的无机盐垢和有机垢很容易造成对油管的堵塞。对油管解堵的措施有以下几种：一是酸蚀垢堵物；二是加大压差放喷冲出垢堵物；三是将连续油管下到油管内的堵塞面，开泵冲刺，循环出垢堵物；四是更换油管。

参 考 文 献

[1] R.A.纳尔逊.天然裂缝性储集层地质分析[M].北京：石油工业出版社，1991.
[2] 戴弹申，欧振洲.裂缝圈闭及其勘探方法[C].1990年碳酸盐岩（国际）地震技术报告会论文集，1990.
[3] 周文.裂缝性油气储集层评价方法[M].北京：科学技术出版社，1998.
[4] 徐开礼，朱志澄.构造地质学（第二版）[M].北京：地质出版社，1989.
[5] 赵良孝.现代构造应力方向的确定及其在裂缝性油气藏勘探开发中的应用[C]// 地球物理测井国际讨论会论文集.北京：学术书刊出版社，1990.
[6] Sibbit A M, Faivre Q.The dual laterolog response in fractured rocks[J].SPWLA Annual Logging Symposium, 1985.
[7] O.Serra. Advanced interpretation of wireline logs[M]. Schlumberger, 1986.
[8] 赵良孝，补勇.碳酸盐岩储层测井评价技术[M].北京：石油工业出版社.1994.
[9] James R.Jorden, Frank L.Campbell. Well Logging II-Electric & Acoustic Logging[J]. Society of Petroleum Engineers, New York, 1986.
[10] Luthi S M, Souhaité, P.Fracture apertures from electrical borehole scans[J]. Geophysics, 1990, 55（7）: 821-833.
[11] 陈颙，黄庭芳，刘恩儒.岩石物理学[M].北京：中国科学技术大学出版社，2009.
[12] 斯伦贝谢.声波测井新技术[J].斯伦贝谢公司：油田新技术，2006年春季刊.
[13] 赵良孝.碳酸盐岩裂缝性储层含流体性质判别方法的使用条件[J].测井技术，1995.
[14] 杨华，张本健，陈明江，等.裂缝性碳酸盐岩储层气水识别的测井解释新途径——以四川盆地九龙山地区中二叠统为例[J].天然气工业，2021，41（7）: 56-62.
[15] Newberry B M, Grace L M, Stief D O. Analysis of Carbonate Dual Porosity Systems from Borehole Electrical Images[J].Oil Well, 1996: 123-129.DOI: 10.2118/35158-MS.
[16] Bergosh J L, Marks T R, Mitkus A F. New Core Analysis Techniques for Naturally Fractured Reservoirs[J]. spe reservoir simulation symposium, 1985. DOI: 10.2118/13653-MS.
[17] 钟孚勋.气藏工程[M].北京：石油工业出版社，2001.
[18] 马克D.佐白科.储层地质力学[M].北京：石油工业出版社，2012.
[19] Mishari AL-Awadi William J.Clark. 白云岩油气藏评价[J].斯伦贝谢公司：油田新技术，2009年秋季刊.
[20] Victor Aarre. Donatella Astratti. 利用地震资料识别隐蔽断层和裂缝[J].斯伦贝谢公司：油田新技术，2012年夏季刊.
[21] Tong Addis. Nigel Last. The for borehole stability in the Cusiana field, Colombia[J].Schlumberger: Oilfield Review, 1993.
[22] 郭海敏.生产测井导论（第二版）[M].北京：石油工业出版社，2010.
[23] Bill Bailey. Mike Crabtree. 控水[J].斯伦贝谢公司：油田新技术，油藏管理专题增刊.
[24] 陈立官，李鸿智，刘文碧，等.试论在川南二叠系阳新统中找气的新途径——排水找气[J].天然气工业，1986，3.
[25] 陈元千，李璗.现代油藏工程[M].北京：石油工业出版社，2001.
[26] 陶振宇.岩石力学的理论与实践[M].武汉：武汉大学出版社，2013.
[27] 潘祖福，杨先杰.碳酸盐岩裂缝性气层检测方法探索[J].天然气工业，1990（5）: 8-13.